内容提要

本教材系统地介绍了与园林植物育种相关的遗传基础知识、园林植物种质资源、育种技术、良种繁育方法等。全书分上、下两篇，共13章。

上篇为园林植物的遗传学基础，包括遗传的细胞学基础、遗传物质的分子基础、遗传的基本规律、数量性状的遗传和遗传物质的变异等，共5章，从细胞和分子水平对遗传物质的形态、组成、结构及其运动规律进行了全面阐述。

下篇为园林植物育种技术，包括园林植物种质资源、园林植物引种、选择育种、有性杂交育种、诱变和倍性育种、转基因育种、良种繁育以及主要园林植物的育种技术等，共8章，在了解种质资源的基础上，对传统的和新的育种技术、良种防杂保纯和加速繁殖的方法作了详细的介绍，并列举了有代表性的园林植物育种方法。

实验实训部分是针对高职高专培养生产、建设、管理、服务第一线的高技能型人才的目标而设置，以加强对学生实践技能的培养。

本教材突出科学性、实用性、先进性和针对性，可作为农林类高职高专的林学、园艺、园林规划等专业的教材，也可供相关专业及行业人员参考。

普通高等教育“十一五”国家级规划教材
21 世纪农业部高职高专规划教材

园林植物遗传育种

第二版

张明菊　主编

中国农业出版社

第二版编审者

主　编　张明菊（黄冈师范学院）

副主编　刘国兴（山东农业大学）

编　者　（按姓氏笔画排列）

马新才（潍坊职业学院）

刘国兴（山东农业大学）

张明菊（黄冈师范学院）

张翠翠（河南农业职业学院）

段鹏慧（山西林业职业技术学院）

审　稿　程水源（黄冈师范学院）

刘继红（华中农业大学）

第二版前言

《园林植物遗传育种》自2001年7月出版以来，深受广大读者喜爱，得到许多专家和老师的一致好评，并于2006年7月完成了第七次印刷。近年来，生命科学飞速发展，新的生物技术成果不断应用于生产，根据教学需要，我们修订了《园林植物遗传育种》。

第二版基本保持了第一版的结构体系，对以下几部分进行了增删和修改：

遗传学基础部分：在细胞的遗传学基础中，去掉了与普通生物学或植物生理学中雷同的细胞结构与功能部分；为使学生容易理解，将植物性状表达中蛋白质的合成从纯粹的理论改为实际的一条多肽链的合成；针对高职教育中理论知识够用、实用的理念，将数量性状遗传中的遗传力估算删除，遗传物质的变异中染色体结构变异的细胞学鉴定和遗传效应进行了简化，基因突变的分子基础删除。

园林植物育种部分：选择育种中增加了分子标记辅助选择方法；增加了转基因育种这一新的育种技术；诱变育种中简要介绍了太空育种；删去了良种繁育中的植物组织培养一节。

实验实训部分：删除了植物组织培养技术，添加了园林植物品种比较和区域试验及园林植物抗病性鉴定两个实训。

本教材修订编写分工：绪论、第四、六、十一章和第十三章的第二、三、七节由张明菊编写；第一、二、五章由张翠翠编写；第三、九章和第十三章的第一、九节由段鹏慧编写；第七、八章和第十三章的第四、六、十二节由马新才编写；第十、十二章和第十三章的第五、八、十、十一节由刘国兴编写。各人同时负责每章的复习思考题和相应的实验实训内容。全书由张明菊统稿，程水源和刘继红负责审稿。

本教材在修订过程中得到了黄冈师范学院、山东农业大学、潍坊职业学院、河南农业职业学院、山西林业职业技术学院、华中农业大学有关领导和老师的大力支持，书中还引用或借鉴了同行的一些资料和图片，在此一并表示感谢。

尽管我们在修订过程中力求语言精练，通俗易懂，既能反映该领域的最新动态，又能符合高职高专的教育理念，但由于水平和能力所限，遗漏和不妥之处在所难免，敬请广大读者批评指正。

编　者

2007年9月

第一版编者

主　编　张明菊

编　者　（按姓氏笔画排列）

马新才　周政华

钱拴提

第一版前言

现代教科书种类繁多，大学、中专教材比比皆是，但《园林植物遗传育种》则很少，特别是随着我国教育事业的发展，高职、高专教育方兴未艾，为填补这方面的空白，我们编写了这本书。

本教材除绪论外，共分上、下两篇，再加上14个实验实训内容。全教程共需82学时。其中理论54学时，实验实训28学时。也可根据自己的实际情况，选用其中某些章节。学时数同样有伸缩性，可灵活掌握。

本书绪论、第6、7章、第11章的第四节、第12章的第九、十节由钱拴提编写；第1、3、10章、第12章的第六、七、八节由周政华编写；第2、4、5章、第11章的第五节、第12章的一、二、三、十一节由张明菊编写；第8、9章、第11章的一、二、三节、第12章的四、五节由马新才编写。同时各人负责相应的实验实训内容的编写。

本书在编写过程中得到领导的关心与支持，得到许多相关人员的帮助，在此一并表示衷心的感谢。

由于时间仓促，水平有限，错误在所难免，敬请读者批评指正。

编　者

2001年3月

目　录

下篇 园林植物育种技术

绪 论

一、优良品种在园林事业中的作用

园林事业是美化、绿化环境的事业，也是人类按照自己的理想重塑自然的一种文化和精神追求。园林花卉业是当今世界最具活力的产业之一。园林事业的发展与经济的发展密不可分。除受自然因素影响外，园林事业的兴旺程度几乎与各地的经济繁荣呈正相关。全球花木在欧洲热销，亚洲的花木强国当数日本。据统计，1986 年全世界花卉的年销售额达 200 亿美元，1992 年突破 1 000亿美元。荷兰 2006 年种苗业的总产值近 219 亿人民币，品种达 25 万个。2003 年我国花卉销售额为 353 亿美元，出口创汇 2.9 亿美元。2004 年我国花卉种植面积达 63.6 万 hm^2，年产值 430.6 亿人民币。浙江省 2005 年实现销售总额 62.5 亿元。安徽省合肥市 1998 年花卉苗木生产基地仅 666.67hm^2，截至 2006 年 1 月达到 1.13 万 hm^2，涉及 30 余个乡镇，从业人员 12 万余人，生产企业 1 200 余家，年销售额逾 7 亿人民币，逐步形成产业，仅新加坡北方兰业就在该市投资 300 万人民币培育高档花卉蝴蝶兰，由此可见一斑。广东省花卉研究中心年产优质种苗 1 000万株以上。全国最大的鲜切花生产基地，素有“植物王国”之称的云南省，2004 年底鲜切花产量为 33.6 亿枝。山东、江苏、上海等地也把园林植物生产作为主导产业来开发。在构建和谐社会的今天，随着城镇化建设、精神文明建设和社会主义新农村建设的逐步推进，人们对小区绿化和居室的美化要求越来越高，给园林事业的发展带来了新的契机。园林植物是园林事业的基本要素，而优良品种的多样性才是园林植物的魅力所在。那么，什么是品种呢?

品种是人类创造的，经济性状和生物学特性符合生产、生活要求，性状相对整齐一致，又能稳定遗传的栽培植物群体。多数园林植物品种是由植株的枝、芽、鳞茎等营养器官经多次无性繁殖培育成的，因此又叫作优良无性系。

园林植物品种是园林事业中的重要生产资料和造园材料，它必须在绿化、观赏或其他方面满足园林生产的需要。一个品种必须具有相对相似的性状，其一致性水平能达到不妨碍使用这个群体所需要的整齐程度。如某种阔叶树的伞形树冠，或某种针叶树的塔状树形，对庭园布置中的总体设计有着重要影响，而某种花卉花期的一致性影响着一定时间内能否出现繁花似锦的效果。相反，某些一年生草本花卉花色上的多样性却不影响在花坛布置上的使用价值。要求一个品种在遗传上相对稳定，是指在通常繁殖方式下能保持其主要性状基本一致。许多园林植物都可无性繁殖，能够做到遗传相对稳定。对一些有性繁殖的观赏植物群体，如果在正常繁殖过程中仍然产生影响其使用价值的性状分离，则只能是育种材料而不能算作品种。

要正确区分品种与种。品种是人工进化的产物，而种是植物分类单位。任何栽培植物都起源于野生植物，从分类学来说，无论野生植物或栽培植物都可以根据其进化系统、亲缘关系划归到不同的科、属、种、变种中去。也就是说，任何一个品种从分类学的角度都有一定种的归属。但品种只是栽培植物的特定群体，在野生植物中，只有不同的类型，而无品种之分。

任何品种的使用都有一定的地域性。品种是在一定的生态条件下形成的，没有一个品种能适应所有地区或一切栽培方法。许多花卉的重瓣品种，如放在不适栽培条件下，重瓣性状往往会退化或消失；有些花卉的花色也会随土壤 pH 不同而发生显著的变化，因此应用品种要因地制宜。

品种的使用还具有时效性。随着经济、自然栽培条件以及人们欣赏水平的变化，对品种的要求会不断地发生变化。因此，任何一个品种在生产上被利用的年限都是有限的，研究人员必须不断探索，培育出适应不同时期、不同地区生产要求的新品种，甚至创造新物种，以实现品种更换。

在园林事业中，不论是经营、造园，还是绿化观赏栽培，优良品种都起着重要的作用。一是可增加产量。百合品种‘魅力’（又名‘橘红朝天百合’）和‘金百合’曾红极一时，但因温室栽培光线较弱，开花率仅 36%，产量不高。后来育成的新品种‘派莱特’和‘山姆叔叔’，在同样光照条件下开花率可达 96%，通过新品种的育成解决了这一切花生产中的问题。在花卉王国——荷兰，郁金香占出口总值的 1/4 以上，也正是他们所拥有的 1 400 多个品种，创造了较好的经济效益，才维系了其在世界花卉市场上的领先地位。二是能提高品质。在许多花卉生产中，重瓣花的观赏价值要比单瓣花高得多；花色、花型的出奇制胜也要从品种上获得。三是增强抗逆性。世界著名的切花之一——麝香石竹，由于育成了耐运输的品种‘Scania 3C’取代了不耐运输的原有品种，而使生产者获得了更好的经济效益。加拿大在 20 世纪 80 年代靠育成的新品种‘Charles Albanel’和‘Champlain’解决了玫瑰花的露地越冬问题。又如‘细弱翦股颖’在北京地区能保持 8 个月的绿色，较之过去常用的野牛草、羊胡子草等延长了 1～2 个月。同时还在调节花期、减少污染和节约能源等方面起着十分重要的作用。故优良品种才真正是发挥园林经济、生态、社会效益的载体。

但是品种并不是万能的。一个品种的生物学性状和观赏性状的表现，是品种本身遗传特点和外界环境相互作用的结果，优良品种必须在良好的栽培条件下，才能更好地发挥作用。

二、园林植物遗传育种的主要内容

园林植物遗传育种是指根据园林植物遗传变异规律，研究园林植物良种选育的原理、方法和技术，采用有效的育种手段，改良现有园林植物品种或创造新品种。它包括遗传学基础、种质资源、育种方法、良种繁育等主要内容。

遗传学是生命科学的重要组成部分，是育种技术的理论基础。它从细胞和分子水平上对遗传物质的形态、组成、结构及其运动规律进行研究，从而揭示生命发生、发展的规律。遗传变异是生物的普遍属性，园林植物也一样，在遗传变异方面有许多共同规律，指导园林植物育种工作进行科学设计和试验研究，提高工作效率，减少盲目性。

育种方法是良种选育具体操作方法和步骤。植物育种方法一般分为常规育种和新技术育种两类。常规育种包括选择育种、引种、杂交育种；新技术育种有单倍体育种、多倍体育种、诱变育种、包括细胞融合和转基因等方法在内的生物技术育种等。高新生物技术用于植物育种实践是 21 世纪育种技术发展的方向，而且也必将成为育种方法和技术史上的一次革命。

良种繁育是指在生产中如何复壮或保持优良品种的种性，以及如何快速大量繁殖和推广优良品种。其任务就是要建立良种繁育基地，建立高效的推广体系，促进优良品种迅速转化为现实生产力。良繁的传统方法是建立种子园和采穗圃，这也是目前主要的应用形式；同时应用组织培养技术可以大大提高良种繁育的效率。

园林植物遗传育种是一门集基础理论与应用技术于一身的综合性课程，与其他基础课和专业基础课如植物学、树木学、植物栽培学、植物生理学、植物生态学、细胞生物学、分子生物学、生物物理学、生物化学、生物统计学、生物工程技术、计算机应用等有着密切的关系。学习和掌握这些相关科技知识，综合运用各学科的先进成果，对加速园林植物育种工作的进程和我国园林植物产业化具有非常重要的意义。

三、园林植物育种的研究对象及育种目标

园林植物育种的研究对象既包括多年生乔木、灌木，又包括一二年生草本植物。这两类植物在育种上有许多不同的特点。如木本植物生长周期长，选择到第一代的改良就需要漫长的岁月；在个体发育中，某些性状也需要一段较长的时间才能表现出来；树木遗传规律的基础理论研究薄弱，大多数树木是异花授粉植物，亲本的杂合性给评定杂交结果造成困难。另一方面树木寿命长，可以繁殖大量的后代，可以在一段时期内不断地选择淘汰；许多树木可以无性繁殖，借此能缩短育种年限和简化育种手续。草本植物又以其观赏为主要目的的育种目标和多样的繁殖方式而具有与农作物和蔬菜育种不同的特点。更为突出的是，许多观赏树木是未经人为选育的、处于野生或半野生状态的原始材料，而大多数的花卉植物往往有着几百年、上千年的栽培历史，经过许多世代的人工选育，存在着丰富多彩的品种。它们在种的特性和种群结构上有很大差别。

园林植物育种目标就是人类对所要选育品种的具体要求。随着经济社会的发展，生产条件和生活水平的提高，人类对园林植物品种的要求也在不断提高。不仅要求园林植物发挥绿化、美化环境的作用，而且要求它们在保护环境和建立新的生态平衡方面作出贡献；在经营中，品种往往还要满足提高经济效益的要求。

园林植物育种目标的制订，既要考虑本地区园林植物存在的种性方面的问题，又要考虑当地的资源、经济和技术力量与市场需求；既要考虑综合性状，又要重点突出；还要密切注意国内外的有关动向，避免重复劳动和无效劳动。

目前园林植物的基本育种目标主要包括以下几个方面：

（1）抗性育种。包括园林植物抗病性、抗虫性、抗寒性、耐盐碱性等，常常是园林树木或花卉育种的重要目标。例如合欢是一种很有价值的观赏树木，株型、叶、花均极美观，又耐瘠薄、干旱，被誉为沙荒造林的先锋树种，但在北京地区却因为抗病虫害能力极弱而不能得到充分利用，急需抗病虫害的品种或类型。又如镰刀菌所致凋萎病是一种普遍发生而又较难防治的病害，通过抗病育种已育成了抗这种病害的郁金香、香雪兰、麝香石竹和百合等。近来，从节约能源的角度也要求温室栽培的切花品种能适应较低的温度。

（2）观赏品质育种。重瓣性、大花性、芳香性、叶形、叶色、早花或晚花、花期长、多花性以及艳丽或新奇的花色是不同花卉植物的育种目标。例如菊花育种中常常考虑培育四季开花的品种；

月季常以新奇的花色为目标。北京城市美化中应用很多的丰花月季，抗寒、耐粗放管理、耐灰尘污染，花朵多，花期长，但存在着花色单一的严重缺点，因此花色多样就成为其主要育种目标。

(3) 高产与耐贮运育种。在花卉生产中，高产是对品种的一个基本要求，花枝的数量和花序的花数多是推广应用的前提。在经营栽培中常常还注重耐贮藏运输的能力等。

一个优良品种，必须具有综合的优良性状，但也不可能完美无缺。因此，育种目标必须分清主次，有时也可能因对某些性状的突出要求而对另一些性状降低标准。丰花月季即由于具有多项适于城市街道美化的特点而降低了对花色的要求，得到了广泛的应用。

四、国内外园林植物育种事业的发展

(一) 我国园林植物育种工作历史回顾

我国园林植物栽培历史悠久，种质资源极其丰富。古代劳动人民挑选最满意的或奇特的类型留种，开始了原始育种工作。几千年来，积累了丰富的经验，也创造了大量的优良园林植物品种。早在5 000年前的“仰韶文化”遗址（河南郑州大河村），就发掘到两粒莲子。古代文献中，《周南·桃夭》篇中，有“桃之夭夭，灼灼其华”的句子，便是对繁茂艳丽的桃花园林的写照。公元前140年已开始了大规模的引种工作，“武帝建元三年，开上林苑”，“上林苑，方三百里，苑中养百兽，……群臣远方，各献名果异卉，三千余种植其中……”。另据《西京杂记》所载，当时所搜集的果树、花卉达2 000余种，其中梅花即有候梅、朱梅、紫花梅、同心梅、胭脂梅等多个品种。菊花自晋代开始已有1 600多年的栽培历史，至宋代，刘蒙等人所写的《菊谱》(1104年）中已记述了选育重瓣、并蒂、新型、大花的菊花品种的经验。牡丹也是自魏晋南北朝时已有记载的名花，至唐代已有芽变选种的记录：“潜溪绯者，千叶绯花。出于潜溪寺，潜溪寺在龙门山，唐李蕃别野，本是紫花，忽于丛中时出绯者一二朵，明年花移他枝，洛人谓之转枝花，其花绯色”（欧阳修《洛阳牡丹记》，1031年）。至于观赏树木更有自古留传至今者：江苏吴县司徒庙有4株“汉柏”，名为“清、奇、古、怪”，已有1 900多岁；山东曲阜孔庙现在有2 400多年生的圆柏；山东莒县定林寺里，有一株粗大的银杏树，最大胸径达15.7m，据说已有3 000多年的历史。这不仅反映了我国古代园林植物育种工作的伟大成就，同时也展示了我国园林文化的悠久历史。

新中国成立以来，园林植物育种工作得到了极大的发展。首先，在园林植物种质资源方面做了大量的调查、整理、研究工作。如对梅花不仅写出了中国梅花分类系统的专著，而且对实生梅树的遗传变异、引种驯化进行了研究。对其他一些传统名花，如牡丹、山茶、杜鹃、桂花、兰花、菊花、芍药、水仙、荷花等的起源、品种、花型等方面也都进行了系统研究。在秦岭（陕、甘)、大兴安岭（黑)、天目山（浙)、鸡公山（豫)、百花山（京)、长白山（吉)、神农架（鄂)、鼎湖山（粤)、庐山（赣)、黄山（皖）及云南等地都开展了相当规模的野生花卉资源调查，据1987年资料，广州华南植物园、昆明园林研究所、亚热带林业科学研究所、武汉园林研究所已收集木兰科植物200余份近90种，相当于我国原产木兰科植物种的80%。广西南宁树木园收集号称“茶族皇后”的金花茶22种（变种)。武汉市东湖磨山植物园收集梅花80多个品种；上海植物园收集小檗属、槭属植物各几十种，栒子属植物60余种；华南植物园收集石斛属植物10余种；南京和北京收集菊花近3 000个品种；山东菏泽、河南洛阳及北京收集牡丹品种500多个；北京市园林局植物园收集丁香属植物20种。这些说明我国园林植物种质资源基地已初步形成网络。与此同时，树木、花卉、草坪植物的引种工作也取得了很多成就。1963年陈俊愉等报道，梅花引种北京露地开花，其中由湖南引入的‘沅江梅’已北移了1 300多千米，其他如水杉、楝树、乌桕和外国松的引种驯化，‘野牛草’、‘细弱翦股颖’等草坪植物的引种推广也都获得成功。其次，在育种工作中，对前述几种传统名花进行的包括远缘杂交在内的杂交育种、多倍体育种工作都有一定的成效。其他花卉的育种工作，诸如多倍体萱草的选育，百合的远缘杂交育种，月季、文竹、番红花、四季海棠、垂笑君子兰等的杂交结合生物技术育种，美人蕉、金鱼草、悬铃木等的辐射育种也都卓有成效。

在充分总结了成绩的同时，还必须清醒地看到在园林植物育种工作中所存在的问题和差距：①对于野生植物资源的调查、利用还有许多工作要做；②大量珍奇花卉资源，至今仍埋没山野，没能进一步开发利用，另一方面又花大量外汇引进种苗；③我国切花市场几乎是洋花一统天下，国内名贵花木的种苗生产远远没有形成规模，更谈不上打入国际市场；④育种工作所需设施和手段相对落后；⑤体制和机制方面的改革步伐与市场需求不能协调一致等。

（二）目前国内外育种工作的发展动态

1. 重视种质资源的收集和研究　种质资源是育种工作的物质基础，许多国家很早就开始了对园林植物种质资源的收集、研究、鉴定和保存。如美国1905年就派人到亚洲寻找对美国有用的植物，他们沿着中国的东北、新疆等地考察，10年间陆续从中国运走了几百船植物幼苗和几千袋植物种子，大约收集了2 500种原产中国的植物，其中包括园林植物。至今一些花卉生产的先进国家仍十分重视种质，特别注重对园林植物原产地的调查、考察、发掘工作，对一些重要的花卉资源甚至不惜重金。我国1980年夏在成都召开了花卉种质资源学术会议，开始着手园林植物基因库的建立，目前已初步形成种质资源基地网络。

2. 突出抗性育种和适应商品生产要求

（1）抗性育种。近年来农药、化肥的应用，造成生态环境的严重污染。因此，抗病虫害、抗污染以及为使优良种类的园林植物适应范围更广的抗逆性（抗寒、旱、盐、碱等）育种，已日益成为园林植物育种工作的重要内容。

（2）适应商品生产需求。随着生产的发展和人们生活水平的提高，美化居室和环境对观赏植物的数量和质量要求越来越高。由于观赏植物生产规模日益扩大，一些主要的花卉生产国家如荷兰、德国，开始考虑培育节约能源、耐贮藏和运输、节约生产成本的品种。西欧、北欧及北美等地，由于地处温带或北温带，温室的能源费用占温室全部生产费用的30%以上，为此，要求培育出生长期短或耗能少的品种。目前菊花中已选育出白天、晚上10℃就能开花的品种（原有品种要求白天18℃，晚上15℃，表示为18℃/15℃）；一品红已选出14℃/12℃的品种（原有品种为28℃/25℃）。盆栽花卉向“矮、小、轻”的方向发展，要求植株矮、株型紧凑、花朵多。如美国利用日本、荷兰、德国以及美国矮生、半矮生的种质资源，选育适合盆栽生产的香石竹，已选育出多分枝、植株矮、花期一致、花朵芳香的类型。

3. 杂种优势在花卉育种中得到广泛的应用　目前培育的花卉新品种中，杂种一代（F_1）占70%～80%。利用杂种一代的花卉主要有金鱼草、紫罗兰、三色堇、矮牵牛等一二年生草本花卉。全美花卉评选会（AAS）是世界性的最有权威的花卉新品种评选会（基本限于一年生草花），每年从世界各国送来的种子分送到全美30个点栽培，由各地专家打分，最后评出金奖、银奖、铜奖。从获得AAS奖的品种来看，近10年中杂种一代占71.8%。

4. 名花走出新路，也是当前国内外花卉育种方向之一　如落叶杜鹃中的所谓比利时杜鹃系列，是欧洲人用原产我国的杜鹃花与同属异种植物反复杂交改良而成。现在该系列的杜鹃花大量"回娘家"，以其花瓣增多、花色翻新、株矮花多、花期长而受到普遍欢迎。江苏宜兴等地大量生产比利时杜鹃，1996年达40万盆。而比利时之根特研究所，即以选育落叶杜鹃而闻名遐迩。目前，除原品种在圣诞节前开花外，该所更进而培育了'夏花'（8月15日前）、'冬花'（12月1日、1月5日）、'早春花'（2月15日、3月15日）等杜鹃系列新品种。

5. 育种和良种繁育的种苗业规模化、产业化是当前的趋势　如荷兰的梵·斯达芬公司，香石竹育种每年要选用1 000个亲本，配制5 000多个组合，新品种出现的几率为2%，7～10年可育成一个新品种。日本专营菊花种苗生产的国华园公司，杂交育种每年要生产杂种实生苗10万株，从中选出20～30个品种。荷兰扎顿尼公司是一个规模较大的种苗公司，有100多公顷土地用于花卉和蔬菜杂种一代的种子繁殖。

6. 探索育种新途径、新技术的研究与应用　目前除常规的有性杂交之外，对于物理、化学因素诱变、单倍体育种、单细胞营养突变体的选择、体细胞杂交以至基因的转移等也已进入了园林植物育种工作领域。据1989年资料，美国利用根癌农杆菌为载体（将土壤中沙门氏菌的抗除草剂基因拼接到根癌农杆菌的Ti质粒上），将杂种杨树进行组织培养，方法是将彻底灭菌的叶片切碎，与改造过的根癌农杆菌共培养，促成转化，筛选后继续培养，建立无性繁殖系，最终获得了抗除草剂的杨树新品种。开花基因的发现，可望通过该基因的导入，使花随时开放。

此外，随着遗传学、生理学等基础科学的发展以及现代分析检测手段的应用，园林植物育种工作也在不断加强与多学科联系，不断运用先进的测试手段，使育种工作的预见性日益增强，工作效率不断提高。

复习思考题

1. 从经济、社会、生态需求方面说明园林植物品种多样性的意义。

2. 谈谈你所在地区园林植物生产中使用品种的情况。

3. 对照我国和国外发达国家园林植物育种的历史现状，分析我国园林植物育种事业的发展前景。

上篇　园林植物的遗传学基础

第一章　遗传的细胞学基础

【本章提要】 本章主要介绍了园林植物细胞中染色体的形态、结构、数目及在细胞分裂过程中的变化规律，园林植物的染色体周期变化及生活史。在细胞水平上阐明了生物亲代与子代性状相似的原因，为园林植物育种奠定了细胞学基础。

第一节　染色体的形态、结构和数目

细胞是植物生命活动的基本单位。植物细胞是由细胞壁、细胞膜、细胞质和细胞核等几个部分组成。细胞核内的染色体是遗传物质的主要载体，是细胞核中最重要、最稳定的部分。细胞分裂过程中染色体的行为变化致使遗传物质重组。

一、染色体的形态特征

每种生物的染色体都有其特定的形态和数目。在细胞分裂过程中，染色体的形态和结构表现出一系列规律性的变化。在光学显微镜下观察细胞分裂间期，是一团无特定结构的易被碱性染料染色的染色质，而在分裂期则形成有特定形态的染色体。因此，染色质和染色体是同一物质在细胞分裂的不同时期所呈现的不同形态。

（一）染色体的组成

染色体是细胞分裂过程中出现的结构，是遗传物质的主要载体。一条完整的染色体通常由5部分组成：着丝点、主缢痕、染色体臂、次缢痕和随体（图1-1）。

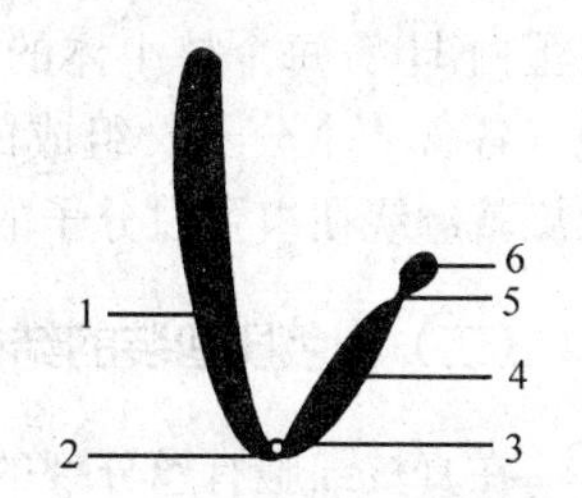

图1-1　细胞分裂后期染色体形态示意图

1. 长臂　2. 主缢痕　3. 着丝点　4. 短臂　5. 次缢痕　6. 随体

着丝点不易被碱性染料染色。细胞分裂时，纺锤丝就附着在着丝点上。着丝点对染色体在细胞分裂期间向两极移动起决定性作用，通常着丝点在每条染色体上只有一个，且位置恒定，把染色体分成两条臂。不含着丝点的染色体片段，常常在细胞分裂间期被丢失在细胞质中。坐落着丝点的部位叫主缢痕，有的染色体短臂的一端还有一个很细的凹陷部位叫次缢痕，次缢痕末端的圆形或长形突出体叫随体。

（二）染色体的类型

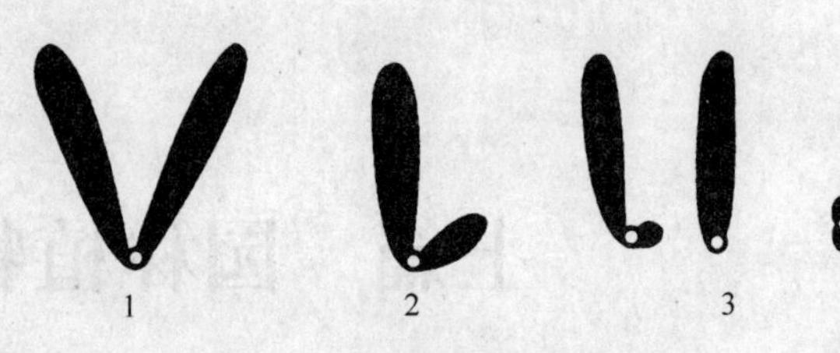

图 1-2　细胞分裂后期染色体的形态
1. V 形染色体　2. L 形染色体　3. 棒状染色体　4. 粒状染色体

根据着丝点的位置，在细胞分裂后期可以将染色体划分为不同的类型。如果着丝点在染色体的中间，则两臂等长，在细胞分裂后期，当染色体被拉向两极时表现为 V 形；如果着丝点位于染色体的一端，则形成长短臂，表现为 L 形；若着丝点近染色体末端则呈棒形；若染色体很粗短则呈粒状（图 1-2）。

二、染色体的结构

（一）染色体的主要成分和基本结构

染色质是在细胞分裂间期染色体所表现出的形态，呈纤细的丝状结构。在真核生物中，染色质的主要成分是脱氧核糖核酸（DNA）、蛋白质和少量核糖核酸（RNA）。其中 DNA 的含量约占染色质质量的 30%。蛋白质包括组蛋白和非组蛋白两类。组蛋白是与 DNA 结合的碱性蛋白，有 H_1、H_2A、H_2B、H_3 和 H_4 共 5 种，组蛋白与 DNA 的含量比率大致相等，且较稳定，在染色质结构上具有决定性的作用，而非组蛋白在不同细胞间变化很大。

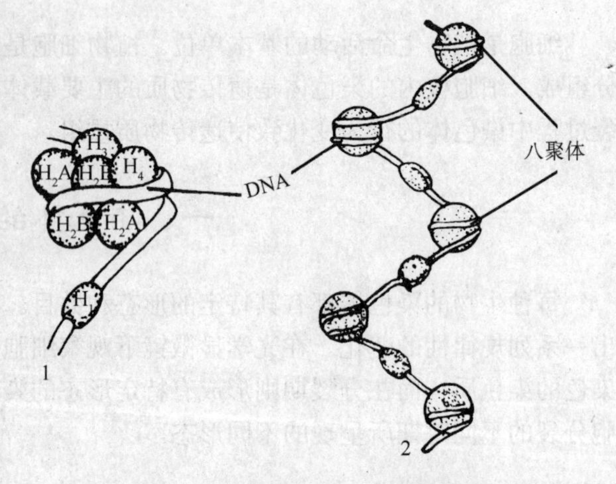

图 1-3　染色质的核小体结构模型
1. 单一的核小体　2. 串珠式的核小体

奥林斯（Olins）等人在 1974—1978 年通过电子显微镜的观察和研究，提出了染色质结构的串珠模型（图 1-3），认为染色质的基本结构单位是核小体、连接丝和一个分子的组蛋白 H_1。每个核小体的核心是由 4 种组蛋白（各含 2 个分子）组成的八聚体。DNA 双螺旋就缠绕在组蛋白分子的表面。连接丝把核小体彼此串联起来。

（二）染色质包装的结构模型

在真核细胞有丝分裂的中期，利用光学显微镜观察到一条染色体是由两条染色单体组成的，每条染色单体包括一条染色质线及位于线上的许多染色很深的颗粒状染色粒。那么，在细胞分裂过程中细长的染色质是怎样变成具有一定形态结构的染色体的呢？目前认为至少存在 3 个层次的卷缩（图 1-4）：第一个层次是 DNA 分子超螺旋化形成核小体，产生直径约 10nm 的间期染色质线；第二个层次是核小体的长链进一步螺旋化形成直径约 30nm 的螺线管；最后是染色体螺线管进一步卷缩，并附着于由非组蛋白形成的骨架上面成为一定形态的染色体。

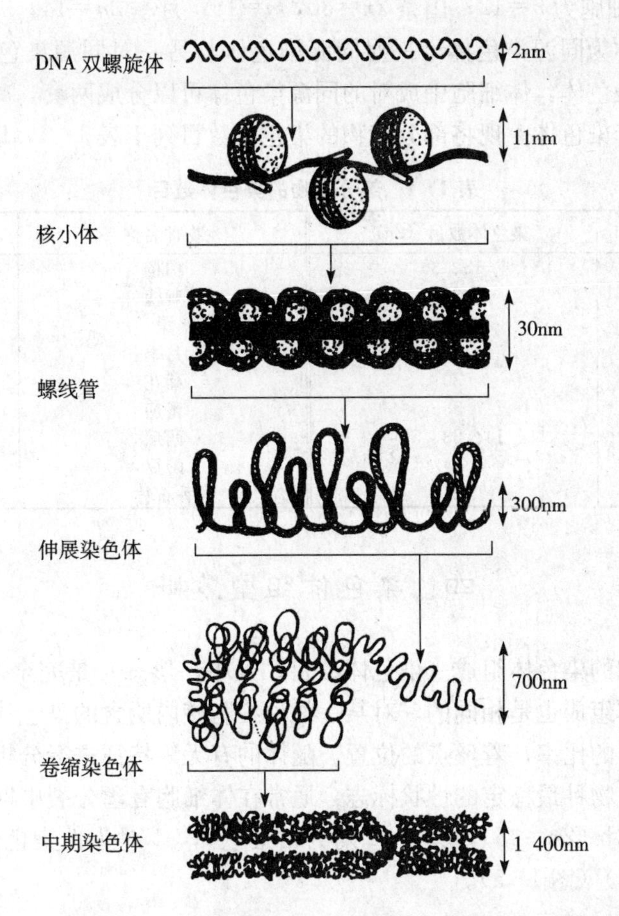

图 1-4　染色体包装的不同组织水平模型
（引自朱军，2002）

（三）异固缩现象

染色体上各部分的染色质组成不同，对碱性染料的反应也不同，染色较深的区段为异染色质，染色较淡的区段为常染色质。两者相比，异染色质和常染色质在结构上是连续的，只是DNA的紧缩程度和含量不同。在同一染色体上所表现的这种差别称为异固缩现象。异染色质在染色体上的分布以及含量的多少，因不同植物不同染色体而异。例如，茅膏菜的异染色质位于染色体的末端；番茄、蚕豆和月见草则分布于着丝点附近，这些也是识别不同物种染色体的重要标志。

三、染色体的数目

不同植物的染色体数目不同，但同一植物细胞核内染色体数目是相对恒定的。如杨树为 38 条，月季为 14 条。而且染色体在体细胞中是成对存在的，用 $2n$ 表示，如菊花 $2n=54$。在性细胞中是成单存在的，用 n 表示，即体细胞染色体数目是其性细胞的 2 倍。例如，松树体细胞染色体数目为 $2n=24$，性细胞为 $n=12$；山茶 $2n=30$，$n=15$；月季 $2n=14$，$n=7$。在形态结构上彼此相同的一对染色体称为同源染色体；一对同源染色体与另一对同源染色体的形态结构彼此不同，则互称为非同源染色体。体细胞中成对的同源染色体可以分成两套，减数分裂形成的雌雄性细胞将只分到其中一套染色体。现将部分植物的染色体数目列于表 1-1，以供参考。

表 1-1　部分植物的染色体数目

物种名称	染色体数目（$2n$）	物种名称	染色体数目（$2n$）
甜橙	18、36	白杨	38
苹果	34	刺槐	20
桃	16	桑	28
李	16	月季	14
荔枝	30	菊花	54
香蕉	33	番茄	24
草莓	14、28、56	西瓜	22
梨	34	豌豆	14
松	24	香石竹	30

四、染色体组型分析

一个生物体体细胞的染色体组成（染色体数目、大小、形态）是完全一样的。一般情况下，同一物种细胞的染色体组成也是相同的。对某一物种细胞核内所含的染色体进行分析，即对所有染色体的长度、长短臂的比率、着丝点的位置、随体的有无等特征进行分析，称为染色体组型分析或核型分析。核型是物种最稳定的性状标志，通常在体细胞有丝分裂中期时进行核型分析。例如，人的染色体有 23 对（$2n=46$），其中 22 对为常染色体，1 对为性染色体（X 和 Y 染色体的形态大小和表现均不同）（图 1-5）。

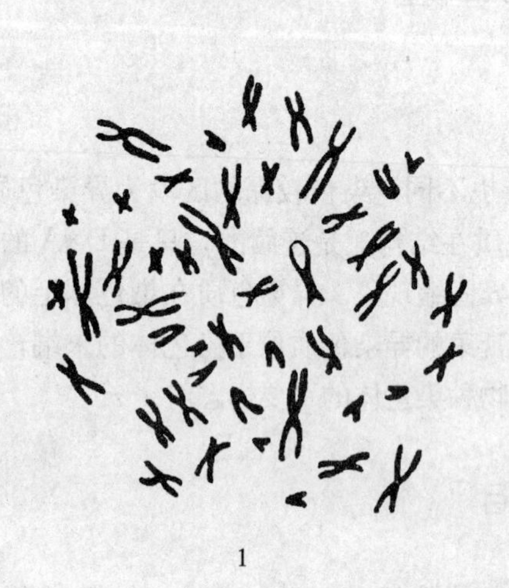

1

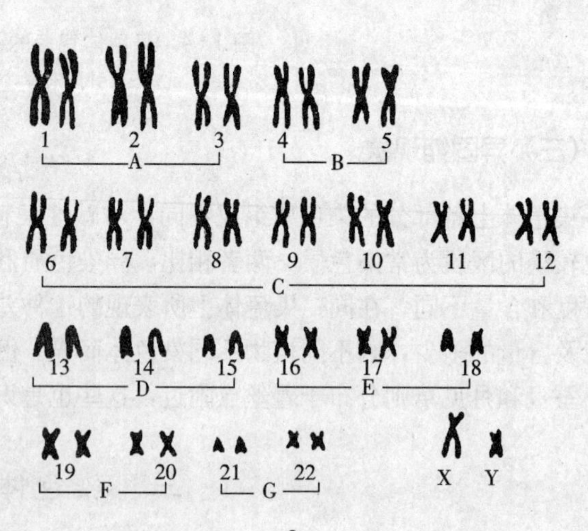

2

图 1-5　男性染色体的组型及其编号

1. 中期的染色体图像　2. 染色体分组

染色体组型分析的方法，可根据不同物种染色体的数目、大小，采用以芥子喹吖因染色的荧光带型分析法，或采用以吉姆萨染色的吉姆萨带型分析法。

第二节　细胞分裂

细胞分裂是植物进行生长和繁殖的基础，亲代的遗传物质就是通过细胞分裂传递给子代的。细胞分裂的方式可分为无丝分裂和有丝分裂两种。植物的个体发育是以有丝分裂为基础，而减数分裂是在配子形成时所发生的一种特殊的有丝分裂。

一、有丝分裂

有丝分裂又称体细胞分裂或等数分裂，是高等植物细胞分裂的主要方式。

（一）有丝分裂的过程

在细胞有丝分裂过程中，细胞核和细胞质都发生很大的变化，但变化最明显的是细胞核内的染色体。一般根据细胞核中染色体变化特征，把有丝分裂分为前期、中期、后期和末期。在两次细胞分裂之间的时期，称为间期（图1-6）。

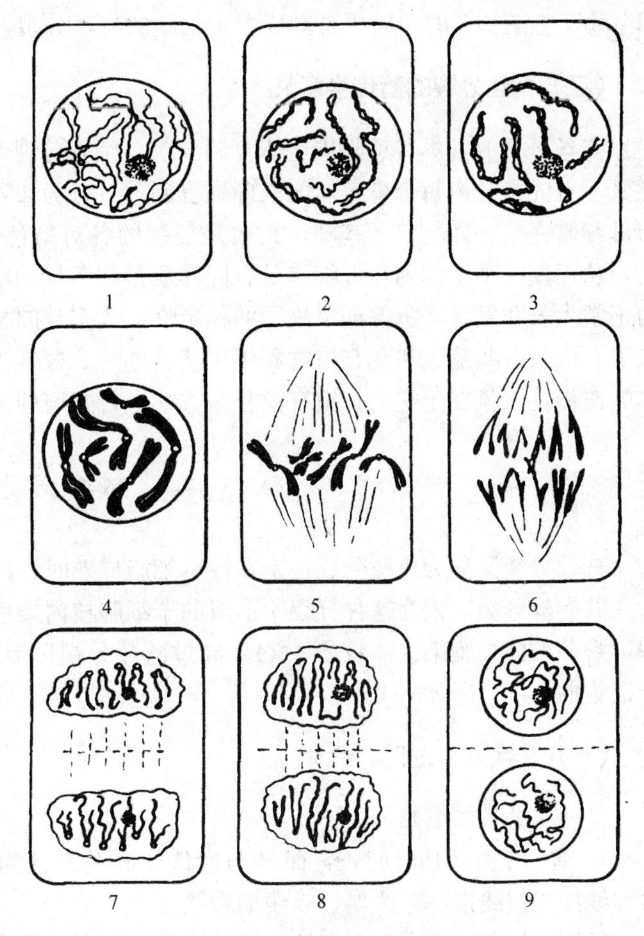

图1-6　细胞有丝分裂模式图

1. 极早前期　2. 早前期　3. 中前期　4. 晚前期　5. 中期　6. 后期　7. 早末期　8. 中末期　9. 晚末期

（引自浙江农业大学，1989）

1. 间期　在光学显微镜下看不到染色体的结构。很多实验证明，间期的核是处于高度活跃的生理、生化代谢阶段。DNA在间期进行复制合成，与DNA结合的组蛋白也在加倍。也就是说，细胞在间期进行遗传物质的复制，同时也进行着能量的贮备，为继续分裂准备条件。

2. 前期　细胞核内出现细长而卷曲的染色体，随后逐渐缩短变粗。每条染色体包含着2条染色单体，共用一个着丝点。核仁、核膜逐渐模糊不清，从两极逐渐形成纺锤丝。

3. 中期　核仁、核膜均已消失，核与细胞质已无明显界限，细胞内清晰可见由两极发出的纺锤丝所构成的纺锤体。各染色体的着丝点均排列在纺锤体中央的赤道板上，而其两臂则自由地分散在赤道板的两侧。中期染色体形态最典型，适于采用适当的制片技术进行染色体鉴别和计数。

4. 后期　染色体的着丝点分裂为二，两条染色单体各自独立，随着纺锤丝的收缩牵引分别移向两极，因而两极都具有与母细胞相同的染色体数。

5. 末期　染色体到达两极，其周围出现新的核膜，染色体又变得松散细长，核仁重新出现。接着细胞质分裂，在纺锤体的赤道板区域形成细胞板。此时，1 个细胞分裂为 2 个子细胞，又恢复为分裂前的间期状态。

有丝分裂的全过程所经历的时间，因植物种类和外界环境条件而不同。一般前期的时间最长，可持续 1～2h；中期、后期和末期的时间都较短，通常是 5～30min。例如，同样在 25℃时，豌豆根尖分生细胞的有丝分裂时间约为 83min，而蚕豆根尖细胞完成有丝分裂需要的时间约为 114min；但在 3℃时，同样是蚕豆根尖细胞的有丝分裂，则需 880min。

（二）有丝分裂的遗传学意义

有丝分裂的基本特点是染色体复制 1 次，细胞分裂 1 次，这种分裂方式在遗传学上具有重要意义。首先是核内每个染色体能准确地复制并一分为二，为形成的 2 个子细胞在遗传组成上保持与母细胞完全一样奠定了基础；其次是复制的各对染色体有规则且均匀地分配到 2 个子细胞中去，从而使 2 个子细胞与母细胞具有同样质量和数量的染色体，这种均等式的分裂既维持了个体的正常生长和发育，也保证了物种的稳定性。大多数园林植物通过无性繁殖，如嫁接、扦插、压条等，以及一些蔬菜和花卉植物利用块茎、球茎、根茎等器官进行繁殖，后代之所以能保持其母体的遗传性状就在于它们是按有丝分裂方式进行繁殖的。

二、减数分裂

减数分裂又称为成熟分裂，是在性母细胞成熟时，配子（配子体）形成过程中所发生的一种特殊的有丝分裂。因为这种分裂所形成的子细胞核内染色体数目减少一半，故称为减数分裂。例如，番茄的体细胞染色体数 $2n=24$，经过减数分裂后形成的精子和卵细胞染色体数都只是原来母细胞的一半，即 $n=12$。

（一）减数分裂过程（图 1-7）

第一次分裂（Ⅰ）。

1. 前期Ⅰ　经历时间长，而且与遗传变异关系甚为密切。一般把前期Ⅰ又分为 5 个时期，即细线期、偶线期、粗线期、双线期和终变期。

（1）细线期。核内出现细长如线的染色体。因染色体在间期已经复制，故每条染色体包含 2 条染色单体，由一共同的着丝点连接。但此时在显微镜下分辨不清。

（2）偶线期。各同源染色体分别配对，出现联会现象，这是偶线期最显著的特征。联会的 1 对同源染色体称为二价体。一般来说，有多少个二价体，就表示有多少对同源染色体。

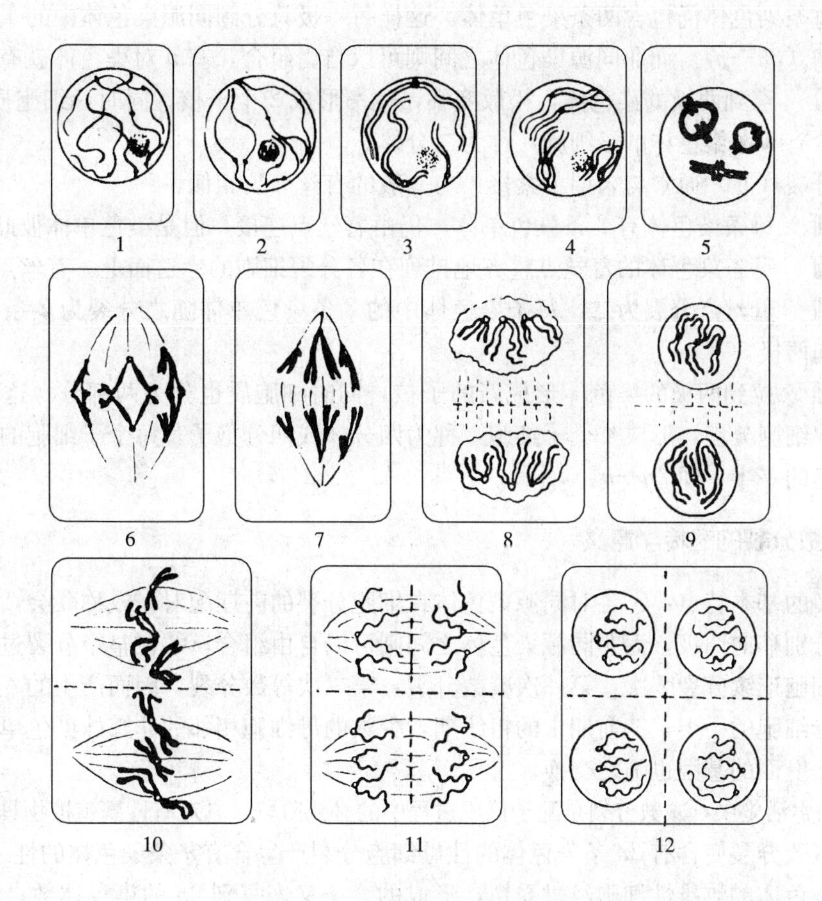

图 1-7　细胞减数分裂模式图

1. 细线期　2. 偶线期　3. 粗线期　4. 双线期　5. 终变期　6. 中期Ⅰ
7. 后期Ⅰ　8. 末期Ⅰ　9. 前期Ⅱ　10. 中期Ⅱ　11. 后期Ⅱ　12. 末期Ⅱ

（引自浙江农业大学，1989）

（3）粗线期。二价体不断螺旋化而逐渐缩短变粗。此时二价体中可见含有 4 条染色单体，称为四合体。在遗传学中，把 1 条染色体中的 2 条染色单体互称为姊妹染色单体；把四合体内的不同染色体的染色单体互称为非姊妹染色单体。这一时期相邻的非姊妹染色单体之间会出现片段交换，造成遗传物质重组。

（4）双线期。四合体继续缩短变粗。每个二价体中的非姊妹染色单体相互排斥而松解，但由于某些片段的交换，仍交叉连接在一起。这些交叉现象就是粗线期交换的结果。

（5）终变期。染色体螺旋化到最短最粗，这是前期Ⅰ终止的标志。此时，每个二价体分散在整个核内，可以区分开来。所以终变期是鉴定染色体数目的最好时期。

2. 中期Ⅰ　核仁、核膜消失，纺锤丝出现，同源染色体分散排列在赤道板两侧，着丝点分别朝向两极。来自两极的纺锤丝分别牵引着各个二价体内每对同源染色体上的着丝点。此时二价体还未解体，也是鉴定染色体数目的最佳时期。

3. 后期Ⅰ　由于纺锤丝牵引，二价体解体，同源染色体彼此分开，分别移向两极，但着丝点不分裂，每条染色体仍包含两条染色单体。这样每一极只分到同源染色体中的1条，实现了染色体数目减半（$2n \rightarrow n$）。而非同源染色体之间则可以自由组合，有 n 对染色体就有 2^n 个组合。

4. 末期Ⅰ　移到两极的染色体，松散变细，逐渐形成2个子核。同时，细胞质分为两部分，形成两个各含有 n 条染色体的子细胞，称为二分体。

第二次分裂（Ⅱ）通常与末期Ⅰ紧接，与一般的有丝分裂相似。

1. 前期Ⅱ　每条染色体有2条染色单体，仍由着丝点连接，但是染色单体彼此散开。

2. 中期Ⅱ　每条染色体的着丝点整齐地排列在各分裂细胞的赤道面上。着丝点开始分裂。

3. 后期Ⅱ　着丝点分裂为二，每条染色体中的2条染色单体随之分裂为2条染色体，由纺锤丝分别拉向两极。

4. 末期Ⅱ　拉到两极的染色体形成新的子核，同时细胞质也分为两部分。这样，每个性母细胞经过两次细胞分裂，形成4个子细胞，称为四分体或四分孢子。每个子细胞的染色体数目只有最初母细胞的一半，即 $2n \rightarrow n$。

（二）减数分裂的遗传学意义

减数分裂的基本特点：①各对同源染色体在细胞分裂的前期配对，或称联会，后期Ⅰ联会的同源染色体分别移向两极，而非同源染色体之间则可以自由组合；②在整个分裂过程中，染色体复制1次，细胞连续分裂2次，第一次减数分裂，第二次等数分裂，因而产生的4个子细胞染色体数目为其母细胞的一半；③前期Ⅰ的粗线期，少数的母细胞相邻的非姊妹染色单体之间会发生片段的交换，上面的基因也随之交换。

在植物的生活史中，减数分裂是配子形成过程中的必要阶段，它对有性繁殖植物具有重要意义。

首先，减数分裂使含有 $2n$ 条染色体的性母细胞分裂产生含有 n 条染色体的性（子）细胞，2个含有 n 条染色体的雌雄性细胞经过受精，形成的合子又恢复到 $2n$ 的染色体数。从而保证了亲代与子代染色体数目的恒定、种质的连续及物种的相对稳定。

其次，减数分裂时非同源染色体的自由组合和非姊妹染色单体片段的交换，是遗传物质重新组合的重要方式，这使植物能在一定的遗传背景基础上发生变异，有利于植物的适应和进化，为选择提供了丰富的物质基础。

三、园林植物配子的形成和受精结实

园林植物一般以两种方式繁殖后代：无性繁殖和有性繁殖。无性繁殖是通过亲本营养体的分割而产生许多后代个体，故又称营养体繁殖。例如，植物利用块根、块茎、鳞茎、球茎、珠芽、枝条等营养体产生后代，都属于无性繁殖。由于它是通过体细胞的有丝分裂繁殖的，后代与亲代具有相同的遗传组成，因而后代与亲代一般总是简单地保持相似的性状。有性生殖是通过亲本的雌配子和雄配子受精形成合子，随后进一步细胞分裂、分化和发育而产生后代。有性生殖是最普遍、最重要的生殖方式，大多数园林植物都可进行有性生殖。

园林植物的有性生殖过程是在花器里进行的。由雌蕊和雄蕊内的孢原细胞经过减数分裂，形成雌配子和雄配子，即卵细胞和精子（图1-8）。

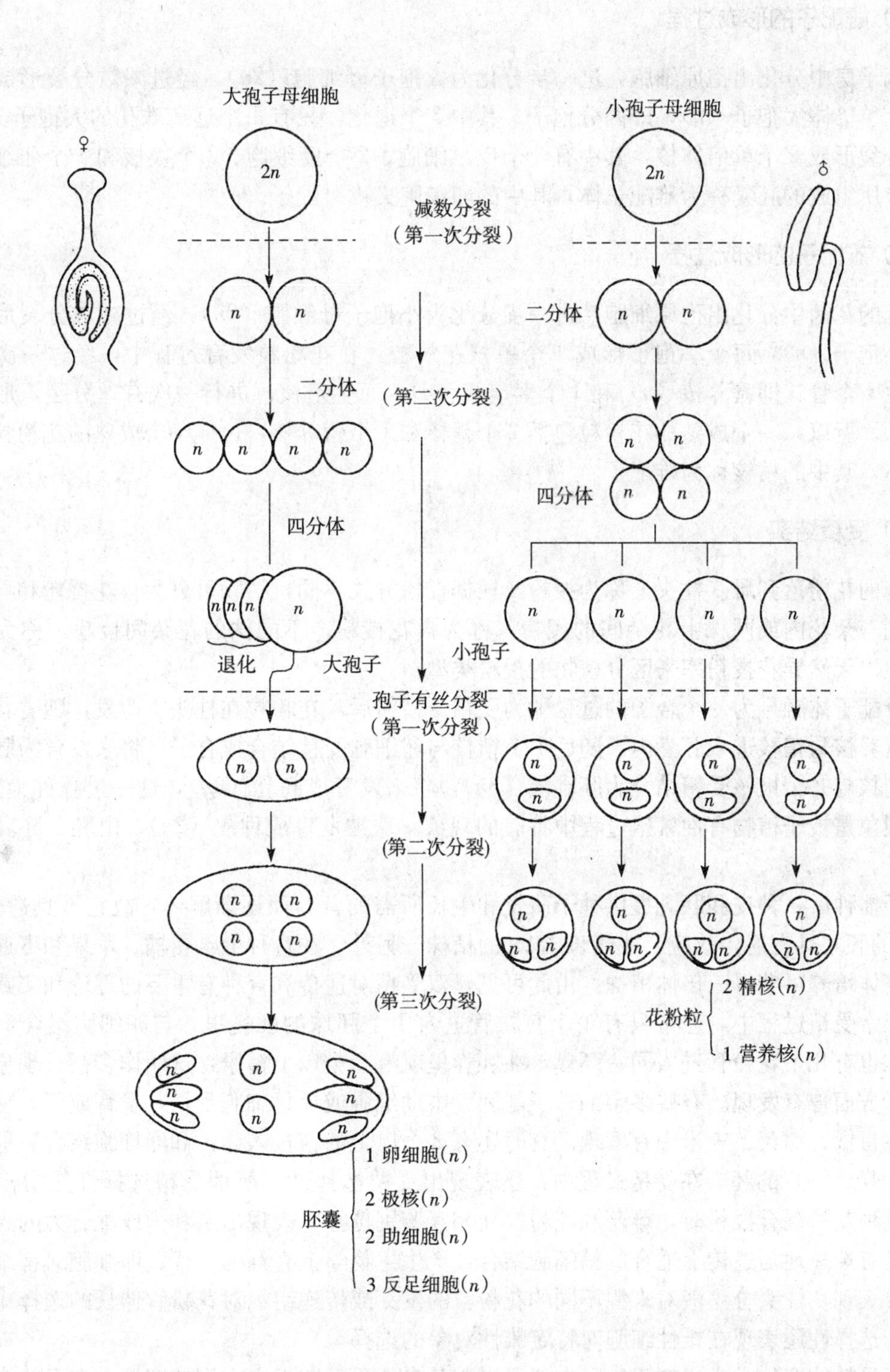

图 1-8　高等植物雌、雄配子形成过程

（一）雌配子的形成过程

雌蕊子房中分化出孢原细胞，进一步分化为大孢子母细胞（$2n$），经过减数分裂形成直线排列的4个单倍体大孢子（n），即四分孢子。其中3个退化，只有1个远离珠孔的大孢子又经过3次有丝分裂形成8个单倍体核，其中有3个反足细胞、2个助细胞、2个极核和1个卵细胞，由这8个核所组成的胚囊称为雌配子体，其中的卵细胞又称雌配子。

（二）雄配子的形成过程

雄蕊的花药中分化出孢原细胞，进一步分化为小孢子母细胞（$2n$），经过减数分裂形成4个单倍体小孢子（n），每个小孢子形成1个单核花粉粒。在花粉粒发育过程中，经过一次有丝分裂，产生1个管核即营养核（n）和1个生殖核（n）；而生殖核再进行一次有丝分裂，形成2个精核（n）。所以，一个成熟的花粉粒包括2个精核和1个营养核，这样一个成熟的花粉粒被称为雄配子体，其中的精核称为雄配子。

（三）受精结实

雄蕊的花粉落到雌蕊柱头上称为授粉。根据授粉方式不同，植物可分为自花授粉和异花授粉两类。同一朵花内或同株上花朵间的授粉，称为自花授粉。不同株的花朵间授粉，称为异花授粉。一般以天然异花授粉率来区分植物的授粉类型。

雌雄配子体融合为一个合子的过程即为受精。授粉后，花粉粒在柱头上萌发，随着花粉管的伸长，营养核与精核进入胚囊内，随后1个精核与卵细胞受精结合成合子，将来发育为胚（$2n$），另1个精核与2个极核受精结合为胚乳核（$3n$），将来发育成胚乳（$3n$），这一过程称为双受精。双受精现象是被子植物有性繁殖过程中特有的现象。珠被发育成种皮（$2n$）。由胚、胚乳和种皮构成种子。

种子播种后，种皮和胚乳提供种子萌发和生长所需的营养而逐渐解体，故它不具遗传效应；只有$2n$的胚才具有遗传效应，才能长成$2n$的植株。另外，在育种上，柑橘、苹果和枣通过胚乳细胞的离体培养可获得三倍体植株。由此可见，双受精对遗传和育种有重要的理论和实践意义。

在正常受精过程中，通常只有1个花粉管进入1个胚珠的胚囊里，与卵细胞结合，完成受精。偶尔也有几个花粉管进入同一胚囊，在胚囊里就有2个以上精子，这叫作多精子现象，在莱豆和玉米方面曾有发现。有些多余的精子与胚囊中助细胞或反足细胞受精，发育成胚，形成多胚现象，在柑橘、甜菜、玉米中有发现。有时还有2个以上的精核入卵，和卵细胞结合后形成多倍性（$3n$、$4n$、$5n$）的胚。在受精过程中，还表现出受精选择性。所谓受精选择性是指植物在不同种或同种花粉混合授粉时，雌蕊和花粉粒间相互鉴别选择，表现出亲和力或配合力的大小。卵细胞总是有选择地与遗传上适合的精细胞结合，产生生物学上有利的后代。卵细胞对精细胞的选择，主要表现在柱头分泌液对来源不同的花粉粒的发芽或传递组织对花粉管伸长的选择作用。实际上受精选择性还表现在雄性细胞对特定雌性对象的选择。

选择受精的遗传学意义在于：一方面可以避免自体受精和近亲交配的害处，有可能充分获得异体受精的利益，保证生物学上最相适应的雌、雄性细胞融合受精，从而产生生活力强的后代；

另一方面限制了物种间的自由交配，形成生殖隔离，从而保证物种的相对稳定。

第三节　染色体在园林植物生活史中的周期变化

高等植物一个完整的生命周期是指从种子胚萌发到下一代种子胚形成。它包括无性世代和有性世代两个阶段，两个世代交替发生，称为世代交替（图 1-9）。

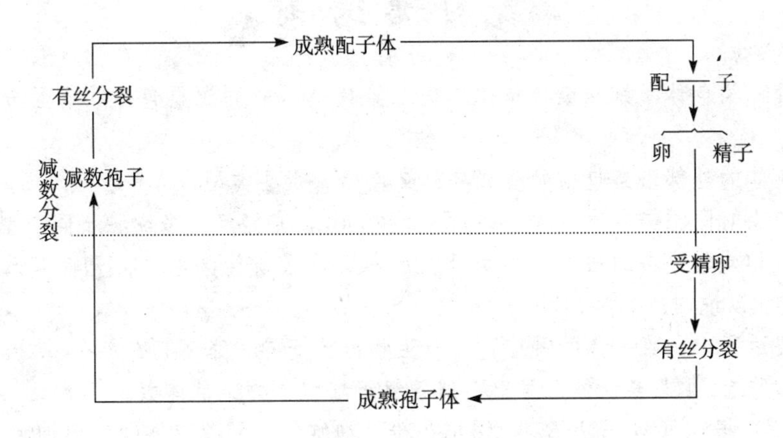

图 1-9　植物的有性世代与无性世代

从胚发育成一株完整植株，是植物生命周期中的孢子体世代，即无性世代。在无性世代中，体细胞的染色体数目是 $2n$。当孢子体生长发育到一定阶段时，就开花产生大、小孢子（减数分裂的结果），其细胞中的染色体数目是单倍性的（n），大、小孢子经发育形成雌雄配子体。雌雄配子体的形成标志着植物进入生命周期中的配子体世代，即有性世代，有性世代随两性配子结合——受精，形成合子而结束。

从遗传角度看，世代交替是染色体的分离—组合—分离的变化。正是由于染色体数目的规律性变化，才保证了物种的稳定性和连续性。

大多数园林植物的配子体世代是在孢子体内度过的，配子体世代时间较短，但对完成生活周期和进行有性繁殖具有重要意义。植物越高等，孢子体世代越长，其繁殖方式也越复杂。

园林植物种类繁多，生活史表现多样：

1. 一二年生植物　如长春花、矮牵牛等，在它们的生活周期中，从种子胚开始必须经过无性世代和有性世代才能形成下一代种子胚，它们的生命周期很短暂，只有 1～2 年的寿命。在开花结子后，植株衰老死亡。

2. 多年生草本（宿根）**植物**　如草莓、菊花、兰花等，它们每年随季节变化而进行生长发育和休眠，一般没有种子，长期处于孢子体世代，进行无性繁殖。需要进行种子繁殖时，才进入配子体的有性世代。

3. 球根植物　如仙客来、郁金香、水仙花等，都是利用营养器官，如块茎、球茎、鳞茎、根茎和块根等进行无性繁殖，一年一个无性世代。有些长期不开花，有些能开花但不结子，只有极少数能结子。

4. 多年生木本植物　如柑橘、苹果、丁香、杜鹃等，它们的生活史是从种子播种开始，经过不同年数的无性世代，才能进入有性世代。当开花结果后，再在发育周期中既有有性世代，也有无性世代，如此循环往复。

可见，不同种类的园林植物生活周期差异很大，为了研究它们的遗传变异规律，必须先了解它们的生长发育特点、生命周期及繁殖方式。

复习思考题

1. 名词解释：染色体　姊妹染色单体　同源染色体　非同源染色体　有丝分裂　减数分裂　联会

2. 一般染色体的外部形态包括哪些部分？染色体有哪些类型？

3. 某细胞有 4 对同源染色体（Aa、Bb、Cc 和 Dd），它能产生多少种不同类型的配子？

4. 有丝分裂和减数分裂的根本区别是什么？各有什么遗传学意义？无性繁殖的后代会发生变异分离吗？试加以说明。

5. 减数分裂过程中，染色体的哪些行为与生物遗传变异关系密切？

6. 月季体细胞有 14 条染色体，写出下列各组织细胞中的染色体数。

(1) 叶　(2) 根　(3) 子房壁　(4) 花粉母细胞　(5) 胚　(6) 卵细胞　(7) 花药壁

7. 以金盏菊为例，说明高等植物的世代交替过程及染色体变化的规律。

第二章　遗传物质的分子基础

【本章提要】 本章主要介绍核酸的分子结构和组成成分、遗传物质DNA的复制过程和复制特点、基因表达的方式、蛋白质的合成、中心法则及其发展以及基因工程的概念和原理。从分子水平上解释了生物遗传物质的传递和变异，及基因是如何通过控制蛋白质的合成来控制生物性状表达的。

第一节　核酸的分子组成及结构

一、核酸的分子组成

植物体的细胞中都含有核酸。核酸可分为 2 大类：脱氧核糖核酸（DNA）和核糖核酸（RNA）。在高等植物中大量的DNA存在于细胞核内的染色体上，少量的DNA存在于细胞质中的叶绿体、线粒体等细胞器上。RNA在细胞核和细胞质中都有。

核酸是一种高分子的化合物，是以核苷酸为单位的多聚体，每个核苷酸由 3 部分组成：1 个五碳糖、1 个磷酸和 1 个含氮的环状碱基。

1. 五碳糖　五碳核糖有 2 种形式，在RNA中为核糖，在DNA中为脱氧核糖，其结构见图 2-1。

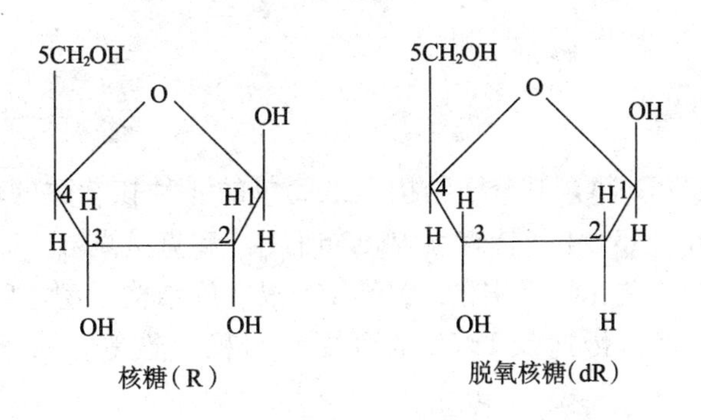

图 2-1　核糖的分子结构

2. 碱基　脱氧核糖核酸（DNA）和核糖核酸（RNA）所含的碱基稍有差别，DNA含有的碱基是腺嘌呤（A）、鸟嘌呤（G）、胞嘧啶（C）和胸腺嘧啶（T）；RNA含有的是腺嘌呤（A）、鸟嘌呤（G）、胞嘧啶（C）和尿嘧啶（U）（图 2-2）。嘌呤以第 9 氮位、嘧啶以第 1 氮位与核糖的第 1 碳位上的羟基相连形成核苷；而嘌呤与嘧啶间的氢键（H…O，H…N）分别发生在嘌呤与嘧啶的第 1、3 氮位上，组成氢键的双键和三键。

3. 磷酸（H_3PO_4）　核酸长链中的磷酸是核苷间的连接部分。磷酸上、下两个羟基分别与

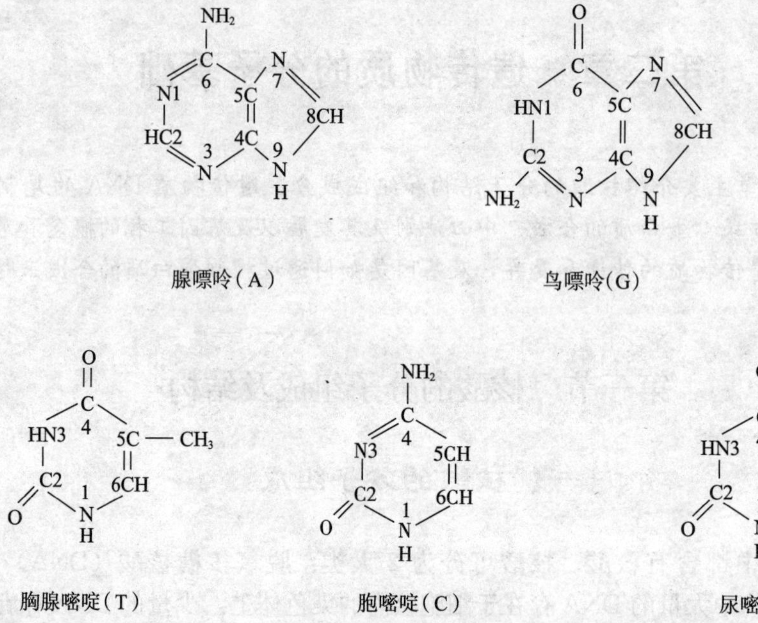

腺嘌呤(A)　　鸟嘌呤(G)

胸腺嘧啶(T)　　胞嘧啶(C)　　尿嘧啶(U)

图 2-2　DNA 和 RNA 中的 5 种常见碱基

两个核苷的第 3 和第 5 碳位上的两个羟基，缩去一分子水，形成 3′，5′磷酸二酯键。核酸链就是多个核苷酸分子通过 3′，5′磷酸二酯键连接而成的。

二、核酸的分子结构

(一) DNA 的分子结构

作为主要遗传物质的 DNA，其分子结构不是简单的 4 种核苷酸的单调排列，否则很难解释纷繁复杂的生物世界。1953 年瓦特森（Watson J. D）和克里克（Crick F. H. C）根据 X 射线对 DNA 衍射的研究结果，提出了著名的 DNA 分子双螺旋结构模型，从而圆满地解答了 DNA 的复制、遗传信息的贮存与传递及 DNA 的可变性与稳定性等，从而奠定了分子遗传学的基础。

(1) DNA 分子是由 2 条多核苷酸链互相缠绕形成的双螺旋结构，核苷酸之间通过 3′，5′磷酸二酯键连接。其中一条 5′→3′，另一条 3′→5′，这种现象称为反向平行（图 2-3），2 条核苷酸链围绕一个公共的轴，形成右旋的双螺旋结构（图 2-4）。

(2) 碱基位于螺旋的内侧，磷酸和脱氧核糖骨架在螺旋的外侧。2 条反向平行的链通过内侧碱基间形成的氢键连接，A 与 T 之间由 2 个氢键连接，C 与 G 之间由 3 个氢键连接。

(3) 螺旋的直径为 2nm，相邻两对碱基间的距离为 0.34nm，每 10 个核苷酸绕螺旋转一圈，螺距为 3.4nm。

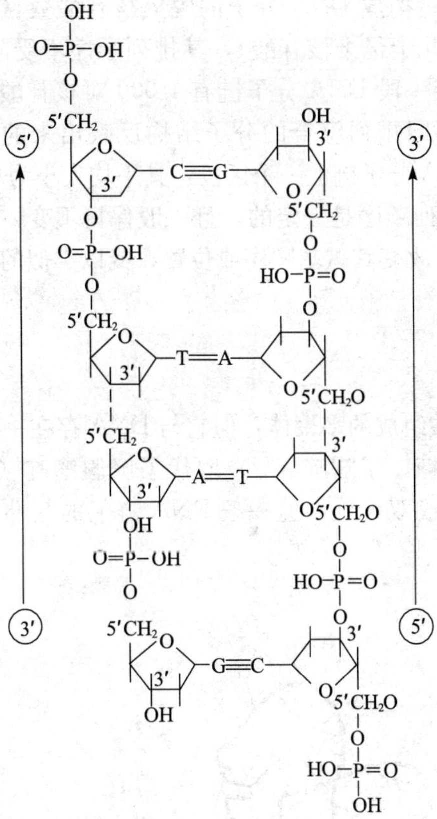

图 2-3　DNA 分子 2 条反向平行的链

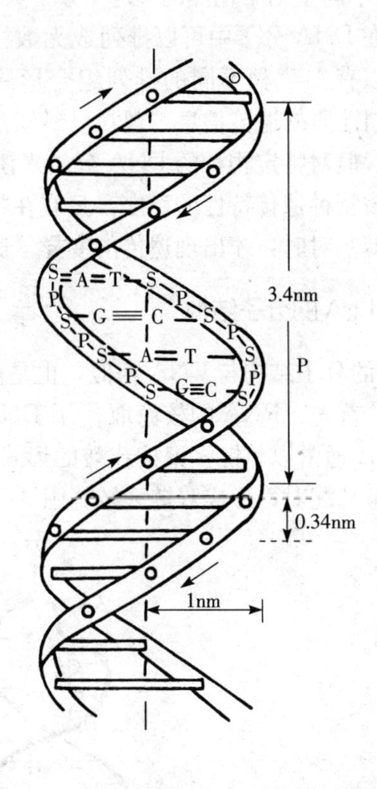

图 2-4　DNA 分子的双螺旋结构模型

(4) 2 条链的对应碱基是互补配对的，即腺嘌呤（A）与胸腺嘧啶（T）配对，鸟嘌呤（G）与胞嘧啶（C）配对（图 2-5），配对的碱基称为互补碱基。因此，DNA 分子中 2 条多核苷酸链是互补的，即如果一条链上的碱基顺序确定，那么另一条链上必有相对应的碱基序列。

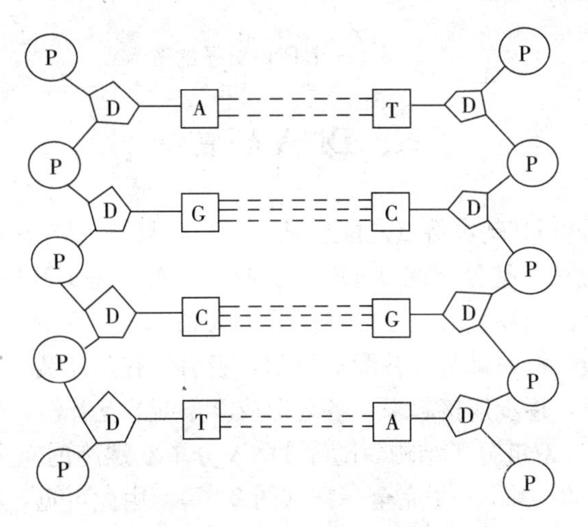

图 2-5　DNA 分子的碱基配对示意图

组成DNA分子的脱氧核苷酸虽然只有4种，但是构成DNA分子的脱氧核苷酸数目极多(据估计，不同生物染色体的DNA分子大致有几十到几十亿个核苷酸)，其排列顺序不受限制，核苷酸对在DNA分子中可以排列成无数样式。如果某一段DNA分子链有1 000对核苷酸，则该段就可以有$4^{1\,000}$种不同的排列组合形式，$4^{1\,000}$种不同排列组合的分子结构反映出来的就是$4^{1\,000}$种不同性质的遗传信息。现在已经知道基因是DNA分子链上一个区段，其平均大小为1 000对核苷酸。但对特定物种的DNA分子来说，其碱基排列顺序是一定的，且一般保持不变，因此才保证了该物种遗传特性的稳定。只有在特殊条件下，改变其碱基顺序或位置，或以类似的碱基替代某一碱基对时，才出现遗传的变异（突变）。

（二）RNA的分子结构

RNA的分子结构与DNA相似，也是由多个核苷酸组成的多聚体，但它与DNA存在一些重要的区别。首先，RNA的核糖取代了DNA的脱氧核糖，尿嘧啶（U）取代了胸腺嘧啶（T）；其次，RNA通常以单链多聚核苷酸的形式存在，不形成双螺旋，但一条RNA链上的互补部分也会产生碱基配对，形成双链区域（图2-6）。

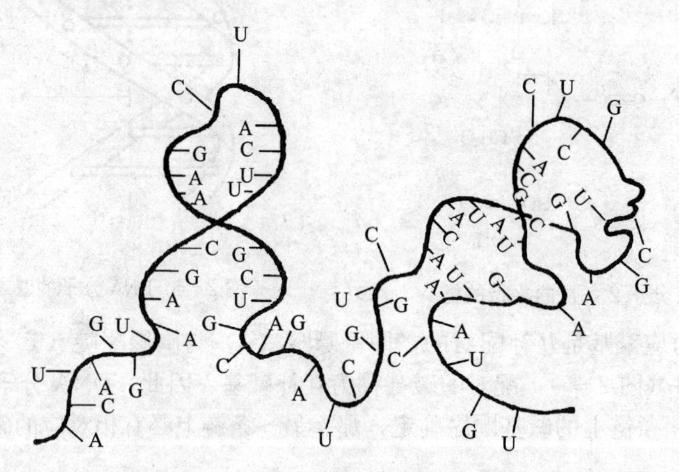

图2-6　一个RNA分子的图示

三、DNA的复制

作为遗传物质的DNA，其基本特点是能够准确地自我复制。Watson-Crick根据DNA分子的双螺旋结构模型，认为在细胞分裂间期DNA复制时，首先是DNA双链在解旋酶的作用下，从其一端沿氢键逐渐断开。当双链的一端已经拆开为2条单链，而另一端仍保持为双链状态时，以分开的每条单链为模板，按照碱基互补配对原则，吸引带有互补碱基的核苷酸，进行氢键的结合，在多种酶系的作用下，逐步连接起来，各自形成1条新的互补链，与原来的模板单链互相盘旋在一起，又恢复了DNA双链分子结构。随着DNA分子双螺旋的完全拆开，逐渐形成了2个新的DNA分子，与原来的DNA分子完全一样（图2-7）。由此可见，在DNA分子的子代双链中，一条是亲本链，另一条是新合成的链，这种复制方式称为半保留复制，这是DNA复制的特点之一，对保持生物遗传的稳定性是非常重要的。其二是 DNA 复制时复制叉的出现，表明 2 条互补的 DNA 链在复制开始前的解开是不完全的，而是与复制同时进行。其三是 DNA 复制有方向性。组成 DNA 分子的双链走向相反，从新链的 5′→3′方向的合成是连续的；而对应的另一条模板链上新链的合成则是不连续的，日本学者冈崎认为 3′→5′方向的 DNA 链实际上是由许多 5′→3′方向合成的 DNA 片段连接起来的。这些片段（原核生物 1 000～2 000 个核苷酸，真核生物 100～150 个核苷酸）称为冈崎片段。冈崎片段在连接酶的作用下连接起来成为新链（图 2-7）。其四是 DNA 复制中冈崎片断的合成需要 RNA 引物，位于 DNA 片段的 5′端，在 DNA 短链连接成长链前脱掉。

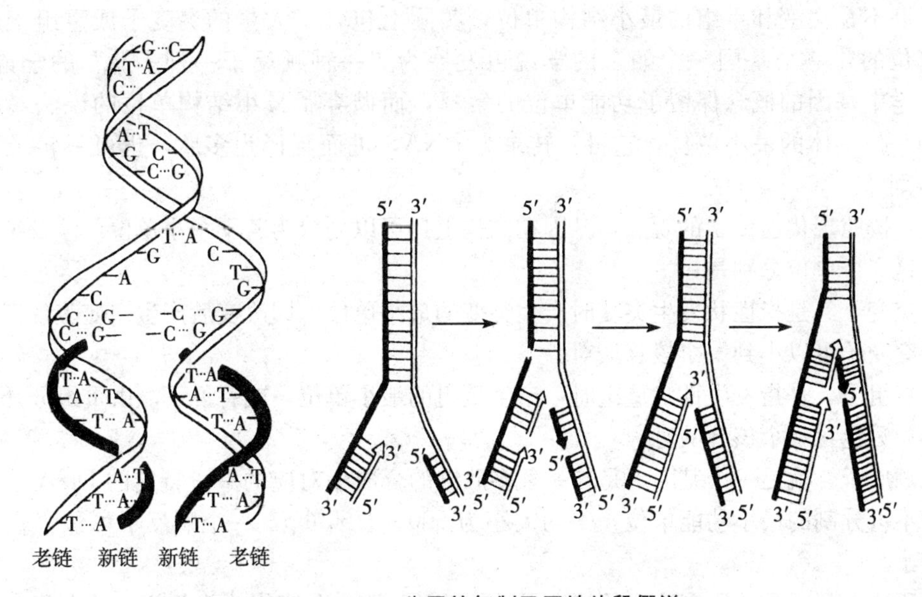

图 2-7　DNA 分子的复制及冈崎片段假说

DNA 分子这种准确自我复制的能力，使控制性状的遗传物质能够世代相传，从而使性状在繁殖过程中保持其稳定性和连续性，在保证子代和亲代具有相同遗传性状上具有重要意义。但在 DNA 复制过程中，也会发生差错，一般是每 10^3～10^9 碱基对可能出现一次误差，如果在强烈的理化因素影响下，其差错频率可大大增加，这是 DNA 分子可变的一面。如果出现成对碱基排列顺序的重新组合，一对或几对碱基的重复，或某些成对碱基的缺失等差错，DNA 分子就会按照已发生改变的结构进行复制，并反映到新合成的蛋白质结构上，使生物的性状和功能发生变异，这样就在分子水平上圆满地解释了生物的遗传变异现象。

第二节　基因的表达

一、基因的概念

基因是生物遗传变异的基本单位。孟德尔最初将控制生物性状的遗传物质称为遗传因子。1906 年丹麦遗传学家约翰生提出了基因一词，取代了孟德尔的遗传因子，一直沿用至今。以后摩尔根及其同事以果蝇、玉米为材料，经过大量研究，证明基因位于染色体上，且呈直线排列，染色体是基因的载体，从而提出了经典的基因概念：基因是突变的、交换的、功能的三位一体的最小单位。20世纪40年代以后，随着分子遗传学的发展，对基因的认识越来越深刻。DNA双螺旋模型的建立、遗传密码的破译，使基因的概念有了更加具体的内容，提出了基因是DNA分子上有遗传效应的一个特定区段（含有500～1 500个核苷酸）。

拟等位基因和顺反子的发现，对经典基因三位一体的概念产生了巨大的冲击，这些发现充分说明了基因并不是不可分割的最小单位，它在结构上是可以分割的，因为作为功能单位的顺反子并不是突变和重组的最小结构单位，实际上包含了大量的突变子或重组子。同时作为功能单位的“一个基因一个酶”的学说也发展为“一种顺反子一种多肽”的学说。因此，分子遗传学中基因的概念保留了功能单位的解释，而抛弃了最小结构单位的说法，认为基因是功能的一位一体的最小单位，它可被转录为RNA，进而翻译为多肽，也可只转录不翻译或不转录不翻译。

因此，按照现代遗传学的观点，基因在结构上还可以划分为若干个小单位，涉及突变、重组和功能，这3个单位分别是：

(1) 突变子。是指性状发生突变时产生突变的最小单位，即改变后产生突变表现型的最小单位。一个突变子可以小到一个核苷酸对。

(2) 重组子。是指发生性状重组时，产生重组的最小单位，或者说不能由重组分开的基本单位，可小到只包含一个核苷酸对。

(3) 顺反子。就是一个基因，是与一条多肽链的合成相对应的一段特定的DNA序列。是一个完整的不可分割的最小功能单位，平均大小为500～1 500bp，一个顺反子可包含若干个重组子和突变子。

综上所述，基因是一段有功能的特定DNA序列，是一个遗传功能单位，其内部存在许多的重组子和突变子。

二、遗传密码

(一) 三联体密码

基因控制性状的表达并不是直接的，而是一个与蛋白质合成密切相关的复杂过程。各种生物遗传性状的差异是由DNA分子上碱基排列的差异造成的，由DNA分子的碱基序列决定的遗传信息，传递到具有相应序列的信使RNA（mRNA）分子上，从而决定相应的氨基酸序列，合成蛋白质分子。将核苷酸顺序对应“翻译”成氨基酸顺序，靠的是DNA分子上3个连续碱基构成的遗传密码。

通过大量实验证实，DNA或RNA上的碱基序列3个为1组，可以编码1种氨基酸。这样的3个连续碱基称为1个三联体密码子，或叫1个密码子。4种碱基能够形成4^3＝64种密码子，负责编码构成蛋白质的20种氨基酸（表2-1）。

表 2-1　编码构成蛋白质的 20 种氨基酸的遗传密码

第一碱基	第二碱基				第三碱基
	U	C	A	G	
U	UUU　苯丙氨酸	UCU　丝氨酸	UAU　酪氨酸	UGU　半胱氨酸	U
	UUC　苯丙氨酸	UCC　丝氨酸	UAC　酪氨酸	UGC　半胱氨酸	C
	UUA　亮氨酸	UCA　丝氨酸	UAA　终止信号	UGA　终止信号	A
	UUG　亮氨酸	UCG　丝氨酸	UAG　终止信号	UGG　色氨酸	G
C	CUU　亮氨酸	CCU　脯氨酸	CAU　组氨酸	CGU　精氨酸	U
	CUC　亮氨酸	CCU　脯氨酸	CAC　组氨酸	CGC　精氨酸	C
	CUA　亮氨酸	CCA　脯氨酸	CAA　谷氨酰胺	CGA　精氨酸	A
	CUG　亮氨酸	CCG　脯氨酸	CAG　谷氨酰胺	CGG　精氨酸	G
A	AUU　异亮氨酸	ACU　苏氨酸	AAU　天冬酰胺	AGU　丝氨酸	U
	AUC　异亮氨酸	ACC　苏氨酸	AAC　天冬酰胺	AGC　丝氨酸	C
	AUA　异亮氨酸	ACA　苏氨酸	AAA　赖氨酸	AGA　精氨酸	A
	AUG　甲硫氨酸 （起始密码）	ACG　苏氨酸	AAG　赖氨酸	AGC　精氨酸	G
G	GUU　缬氨酸	GCU　丙氨酸	GAU　大冬氨酸	GGU　甘氨酸	U
	GUC　缬氨酸	GCC　丙氨酸	GAC　天冬氨酸	GGC　甘氨酸	C
	GUA　缬氨酸	GCA　丙氨酸	GAA　谷氨酸	GGA　甘氨酸	A
	GUG　缬氨酸 （兼作起始信号）	GCG　丙氨酸	GAG　谷氨酸	GGG　甘氨酸	G

（二）遗传密码的特点

1. 遗传密码的简并性　从遗传密码表可以看到，三联体密码子的种类（64 种）多于氨基酸的种类（20 种），如 ACU、ACC、ACA、ACG 都编码苏氨酸，说明除了甲硫氨酸和色氨酸外，每种氨基酸都受 1 种以上的三联体密码决定，这种现象称为简并现象或遗传密码的丰余。编码同一氨基酸的密码子称为同义密码子。同义密码子之间很相似，例如，GCU、GCC、GCA、GCG 同时编码丙氨酸，同义密码子的差别通常发生在第 3 个碱基上，这个碱基的位置被称为摆动位置。密码子的简并性可以减少突变的影响，因为这样可以减少因碱基发生改变而引起氨基酸改变的机会，避免了对蛋白质功能可能产生的有害作用，对生物的遗传稳定性具有重要的意义，即同义密码子越多，生物遗传的稳定性越强。

2. 遗传密码指导蛋白质合成的有序性　遗传密码指导蛋白质合成总是从起始密码开始，到终止信号结束。在蛋白质的合成过程中，编码甲硫氨酸的 AUG 也是起始密码，UAA、UAG、UGA 则表示蛋白质合成的终止信号，又称为无义密码子。一个 DNA 分子，常常含有几十万到几百万个核苷酸，而一个蛋白质分子一般只含有几十到几百个氨基酸，因此，一个 DNA 分子可以控制合成许多种蛋白质。

3. 遗传密码与氨基酸密码的差异性　DNA 分子中核苷酸的碱基是 A、T、G、C，但氨基酸密码中的碱基却是 A、U、C、G。这是因为蛋白质的合成不是直接用 DNA 分子作模板，而是以 DNA 转录的 mRNA 作为模板。因此，是用尿嘧啶（U）取代了胸腺嘧啶（T）。

4. 遗传密码的通用性　整个生物界从病毒到人类，遗传密码是通用的，即所有的核苷酸语言都是由 4 个基本的碱基符号所编写，而所有的蛋白质语言都是由 20 种氨基酸所编成。它们用共同的语言形成不同的生物种类和性状，这从分子水平上进一步证实了生命的共同本质和共同起源，也说明了生物变异的原因和进化的漫长过程。

三、蛋白质的合成

DNA 对性状的控制作用并不是直接的，遗传密码到蛋白质的合成过程包括遗传密码的转录和翻译两个步骤。转录就是以 DNA 的 1 条链为模板，把遗传密码以互补的方式传递到信使核糖核酸（mRNA）上。翻译就是按照转录形成的 mRNA 密码顺序，把由转移核糖核酸（tRNA）运来的各种氨基酸相互连接起来形成多肽链，再进一步折叠为蛋白质分子。最后生物才表现出相应的性状。所以蛋白质的合成是 mRNA、tRNA、rRNA、核糖体及多种酶共同作用的结果。

（一）RNA 的转录与 RNA 的种类

1. RNA 的转录　在细胞核中以 DNA 为模板合成 RNA 的过程叫转录。从 DNA 上转录的 RNA 有信使 RNA（mRNA）、核糖体 RNA（rRNA）和转移 RNA（tRNA）。现以 mRNA 的合成为例介绍转录的过程。

一个 RNA 聚合酶与 DNA 分子相结合，沿着 DNA 分子移动时，DNA 的两条链局部解旋，以其中一条链为模板（称这条链为模板链，另一条链为编码链），按照碱基互补配对原则，吸收游离的 NTP，形成一条与模板 DNA 互补的 RNA 链，当聚合酶移至适当的位置时，新生的 RNA 链从 DNA 分子上脱离，形成独立的 RNA 分子。解旋的两条 DNA 单链又恢复成双螺旋（图 2-8）。这样，RNA 链的碱基顺序与编码链是一致的，只是 U 代替了 T。

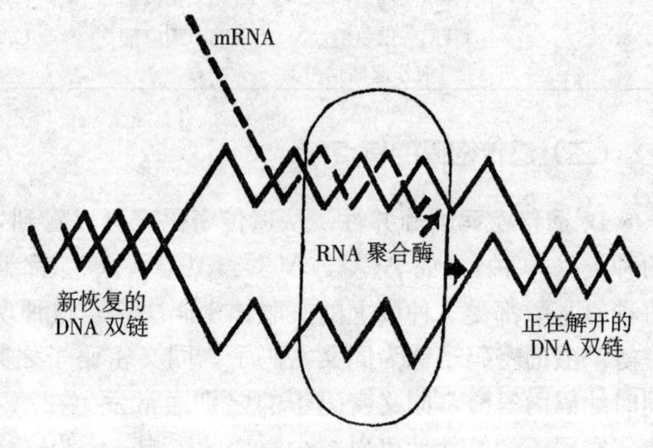

图 2-8　mRNA 的合成

2. RNA 的种类　在蛋白质合成过程中涉及的 RNA 有 3 种：

（1）mRNA。mRNA 的主要功能是把 DNA 上的遗传信息携带到核糖体上指导蛋白质的合成。

（2）tRNA。tRNA 的功能是根据 mRNA 上的遗传信息依次准确地识别相应的氨基酸，并将其搬运到核糖体上，连接成多肽链，以实现蛋白质的合成。tRNA 是一种三叶草状的发卡结构（图 2-9）。4 个分子的臂协同作用完成蛋白质的合成。值得一提的是反密码子环，其前端的三联体密码与 mRNA 上的三联体密码相反（互补），故称反密码子。通过反密码子确定要搬运的氨基酸的种类。反密码子是 tRNA 性质的标志，不同的 tRNA 主要体现在它的反密码子上。有什么种类的氨基酸，就有相对应的 tRNA。实际上，tRNA 有 60 种，而常见氨基酸只有 20 种，可见搬运同一氨基酸的 tRNA 可能有几种（通常是 1～4 种），这种可以接受相同氨基酸的不同 tRNA，称为同功 tRNA。在线粒体中没有同功 tRNA。

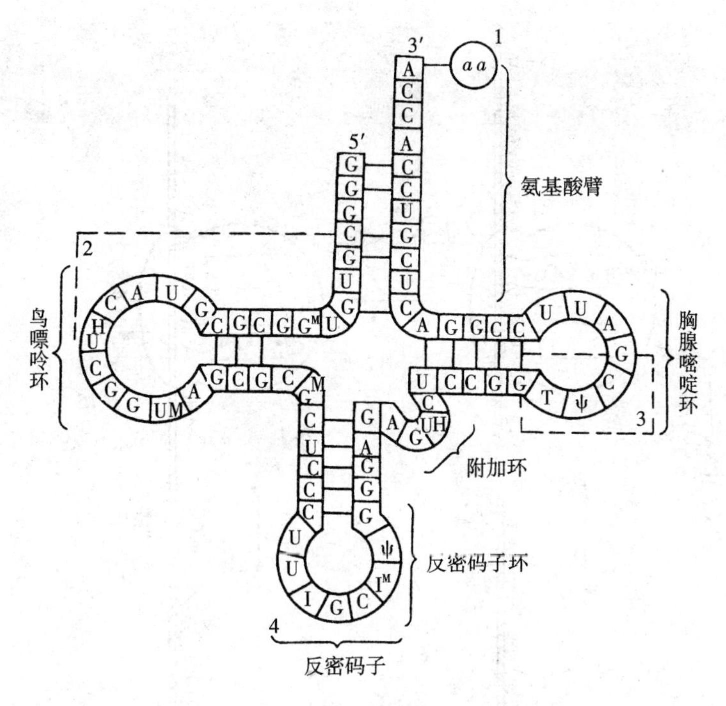

图 2-9　酵母丙氨酸 tRNA 分子结构示意图

1. 氨基酸附着的位置　2. 丙氨酸活化酶识别 tRNA 的位置

3. 识别核糖体的部位　4. 反密码子中的 I 可与密码子中的 A、U 或 C 配对

G^{M}——甲基鸟嘌呤核苷　I^{M}——甲基次黄嘌呤核苷　I——次黄嘌呤核苷

T——胸腺嘧啶脱氧核苷　U^{H}——二氢尿嘧啶核苷　ψ——假尿嘧啶核苷

(3) rRNA。rRNA 的功能是与蛋白质结合在一起，形成核糖体，成为蛋白质合成中心。核糖体包含大、小两个亚基，由 Mg^{2+} 结合起来，呈不倒翁形（图 2-10）。在高等生物中，大多数核糖体附着在细胞质的内质网上。

（二）蛋白质的合成过程

以 mRNA 为模板合成蛋白质的过程叫翻译。翻译需要 mRNA、tRNA、rRNA 3 种 RNA 的共同参与。现以一段 mRNA（5′AUGACACUGGAGAGUGGUUAA3′）为例说明蛋白质的合成过程（图 2-10）。首先，mRNA 携带着转录的遗传密码从细胞核进入细胞质中，并附着在核糖体上，与核糖体的 mRNA 结合部位相连。核糖体沿着 mRNA 的 5′→3′方向移动，当核糖体与 mRNA 上的起始密码部位结合时，蛋白质的合成开始。首先进入核糖体空位的是携带甲硫氨酸的 tRNA，因为它的反密码子是 UAI，与 mRNA 上的密码子 AUG 相对应。同时第 2 个携带苏氨酸的 tRNA 也进入到核糖体的另一个空位中，它的反密码子与 mRNA 上的密码子 ACA 相对应。在核糖体中，甲硫氨酸和苏氨酸结合，第 1 个 tRNA 释放氨基酸离开核糖体，核糖体向前移动 1 个密码子距离，第 3 个携带亮氨酸的 tRNA 进入到核糖体的 1 个新的空位中，接着亮氨酸和苏氨酸结合，第 2 个 tRNA 释放氨基酸又离开核糖体，核糖体再向前移动 1 个密码子距离，第 4 个携带某氨基酸的 tRNA 进入到核糖体的 1 个新的 tRNA 空位中……以此类推。随着核糖体在

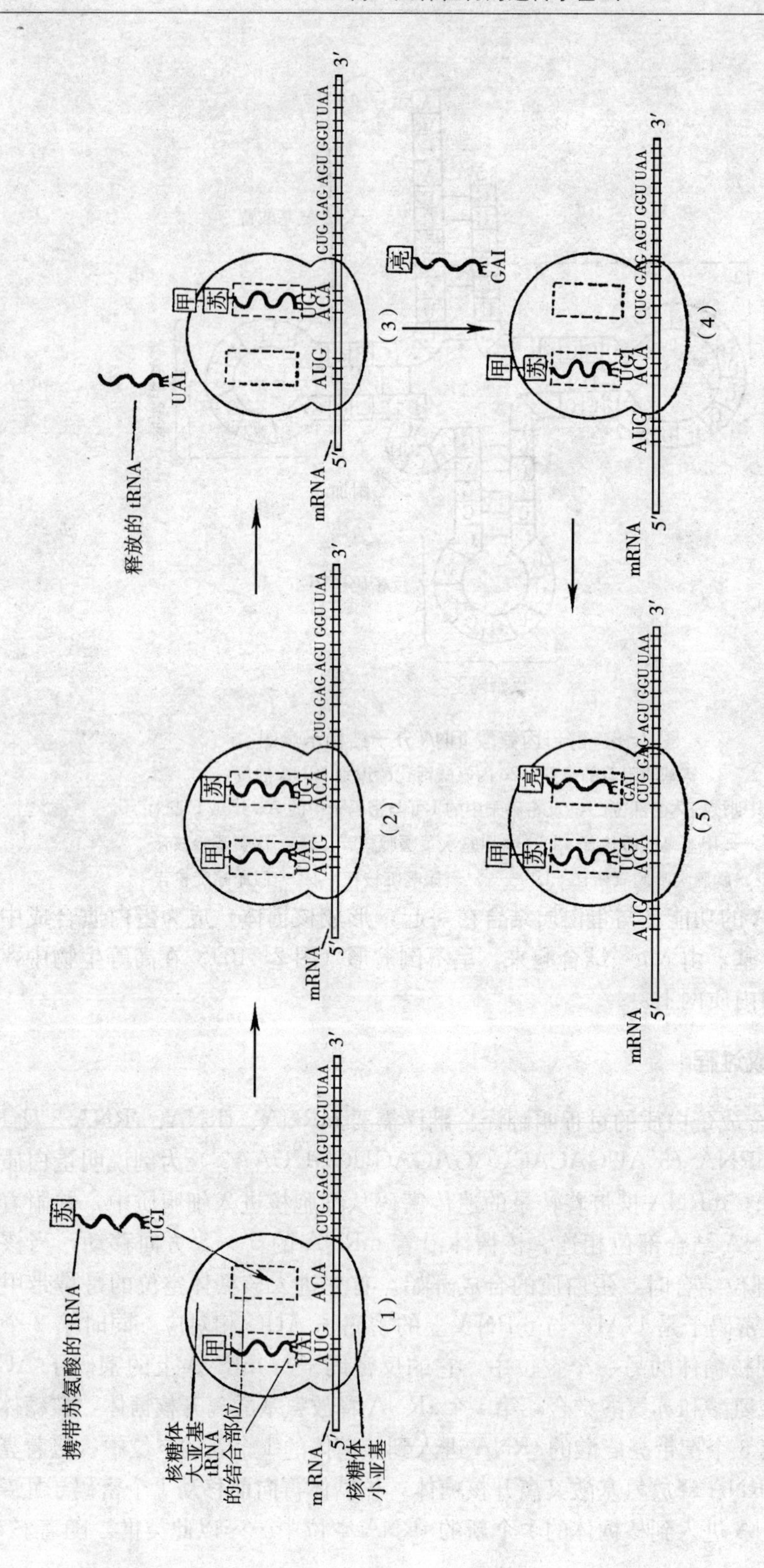

图 2-10　蛋白质合成模式图

mRNA 分子上的移动，氨基酸就一个个地结合起来形成肽键，当核糖体在 mRNA 上遇到终止信号（如 UAA、UAG 或 UGA）时，核糖体从 mRNA 上脱落下来，蛋白质的合成终止。以后几个肽链结合起来，经过盘绕、折叠，即可形成一个具有一定空间结构的蛋白质分子，从而行使相应的生物学功能。每一反应需要的酶可参看《普通遗传学》的有关内容。

必须指出，当 1 个核糖体沿着 mRNA 的 5′→3′方向移动后，第 2 个核糖体又结合到 mRNA 上去，以后第 3 个，第 4 个，……顺次结合上去，这样，在一条 mRNA 链上同时有多个核糖体结合上去，进行蛋白质的合成，这种构造称为多核糖体（图 2 - 11）。如此可大大提高对 mRNA 模板翻译的效率，提高蛋白质的合成速度。

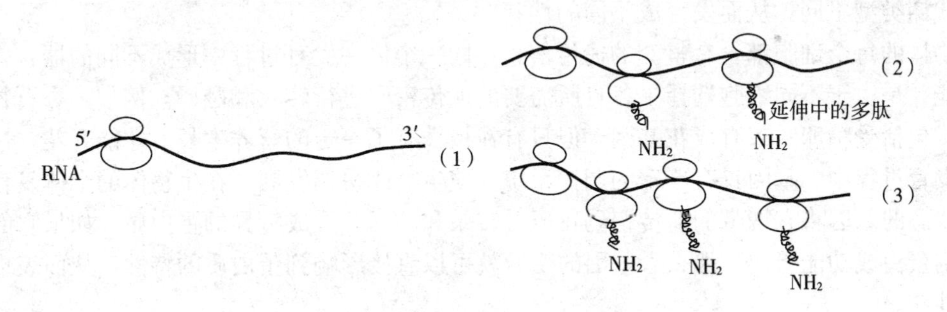

图 2 - 11　多核糖体合成蛋白质图解

四、中心法则及其发展

前面叙述的蛋白质的合成过程，就是遗传信息从 DNA→DNA 的复制过程以及遗传信息从 DNA→mRNA→蛋白质的转录和翻译过程，这就是分子生物学的中心法则。中心法则被认为是整个生物界共同遵循的规律。

进一步的研究发现，在许多引起肿瘤的 RNA 病毒中存在反转录酶，它能以 RNA 为模板合成 DNA。如 HIV 病毒 RNA 经反转录成 DNA，然后整合到人类染色体中。迄今不仅在几十种由 RNA 致癌病毒引起的癌细胞中发现反转录酶，甚至在正常细胞，如胚胎细胞中也有发现。这一发现增加了中心法则中遗传信息的流向，丰富了中心法则的内容。另外，还发现大部分 RNA 病

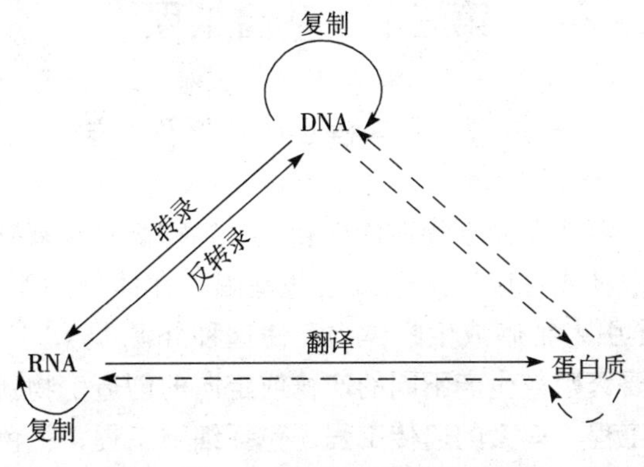

图 2 - 12　中心法则及其发展示意图

毒可以进行 RNA 的复制。鉴于这些新的发展，中心法则作了修改，如图 2-12。

反转录酶的发现不仅具有重要的理论意义，而且对于遗传工程中基因的酶促合成以及致癌机理的研究都有重要的作用。

五、基因的作用与性状的表达

生物体的主要组成成分是蛋白质，蛋白质是性状的主要体现者。基因对性状的控制就是通过 DNA 控制蛋白质的合成来实现的。不同的生物体具有不同的基因，生物体在生长发育过程中由于新陈代谢类型不同，从而发育成不同的性状。

生物体的每个细胞都含有整套的遗传信息，同一个体在发育过程中形成不同的器官，行使各自的功能，是由于不同细胞选择了各自所需要的遗传密码进行转录和翻译。例如，香石竹的全部细胞内（包括受精卵）都有成花基因，但只有在植株有了一定的营养生长后才能开花。这是由于在个体发育过程中，基因具有严密的调控系统，使生物体协调发展。在生物体的个体发育中，处于活跃状态的基因将它携带的遗传密码，通过转录和翻译，形成特异的蛋白质。如果它的最后产品是结构蛋白或功能蛋白，那么，基因的变异就可以直接影响到蛋白质的特性，从而表现出不同的遗传性状。

研究表明，在大多数情况下，基因是通过控制酶（特殊蛋白）的合成间接地影响生物性状的表达。例如在孟德尔的豌豆杂交试验中，高茎豌豆（HH）×矮茎豌豆（hh），其 F_1 表现为高茎豌豆（Hh），这是因为高茎基因 H 对矮茎基因 h 是显性的。为什么 H 表现为高茎，而 h 表现为矮茎呢？研究表明，这主要是由于高茎品种中含有一种能促进茎部节间细胞伸长的物质——赤霉素，而矮茎品种中则没有这种物质。赤霉素的产生需要酶的催化。高茎豌豆中的 H 基因具有特定的核苷酸序列，可以转录翻译成正常的促进赤霉素合成的酶，使之产生赤霉素，从而使细胞得以正常伸长，表现为高茎；矮茎豌豆的 h 具有与 H 不同的核苷酸序列，不能转录翻译成促进赤霉素合成的酶，因而不能产生赤霉素，细胞不能正常伸长，表现为矮茎。

由此可见，基因对性状的控制并不是直接的，而是通过控制特定的酶的合成来影响特定的生化过程，从而间接地实现性状的表达。

第三节　基因工程

一、基因工程的概念及原理

基因工程是 20 世纪 70 年代在微生物遗传学和分子生物学发展基础上形成的学科。所谓基因工程就是在分子水平上提取（或合成）某个或某些基因，在体外切割，再和一定的载体拼接重组，然后将重组 DNA 分子引入细胞或生物体内；使这种外源 DNA（基因）在受体细胞中进行复制与表达，按人们的需要繁殖或生产不同的产物或定向的创造生物新性状，并能稳定地遗传给后代。基因工程又名遗传工程（广义的遗传工程还包括细胞工程、染色体工程等）、DNA 重组技术等。基因工程核心内容包括基因克隆和基因表达。

基因工程不是通过一般传统的有性杂交方法，而是采取类似于工程建设的方式，按照预先设计的蓝图，借助于实验室的技术，将某种生物的基因或基因组转移到另一种生物中去，使后者定向地获得新的遗传性状，成为新的类型。它可以绕过远缘有性杂交的困难，利用无性的操作技术使基因在微生物、植物、动物等各大系统间进行交流，以便迅速地和定向地获取人类所需要的新的生命类型，这使得遗传学与育种学发展到了一个新的阶段。

从理论上看，基因工程是研究分子遗传学基本理论的一个重要方面，它既为细胞分化、生长发育、肿瘤发生等高等生物的基础研究提供有效的实验手段，又为解决基因和基因组的精细结构、功能、控制机理等问题提供必要的分析方法；从实践上看，基因工程的研究，将为解决农业、工业、医学等部门所面临的许多重大问题开辟了新的途径。例如，固氮基因的转移，提高禾谷类作物蛋白质的含量与质量，提高工业发酵产品的产量与质量；创造清除污染的新微生物类型（如 4 种假单胞杆菌和新的噬浮油细菌）；治疗人类的遗传疾病；用微生物生产人类所需的抗体、激素、酶、维生素等。

一般来说，基因工程除了预先要有周密的施工蓝图和材料准备（包括各种工具酶、运载体、供体和受体细胞等）外，还有以下几个步骤：①目的基因或特定 DNA 片段的分离；②目的基因或 DNA 片段与载体连接，构建重组体；③重组体的转化；④克隆子的鉴定；⑤目的基因表达，获得转基因产品。

（一）准备材料

1. 工具酶　工具酶指在重组 DNA 技术中用于切割、连接、修饰 DNA 或 RNA 的一系列酶。它们是基因工程中的基本工具，其中最重要的是限制性核酸内切酶和 DNA 连接酶，其他常用工具酶还包括 DNA 多聚酶、反转录酶、核酸酶 H、碱性磷酸酶等。下面扼要介绍限制性核酸内切酶和 DNA 连接酶。

（1）限制性核酸内切酶。DNA 是生物大分子，要对其进行遗传操作，必须将 DNA 链在特定部位切断。产生这种作用的酶就是限制性核酸内切酶。1970 年开始分离得到限制性核酸内切酶，开拓了基因操作新领域。

限制性核酸内切酶能识别 DNA 的特定碱基序列，并把 DNA 链在特定位点切断。限制性内切酶可分为 2 大类：Ⅰ类是以 *Eco*B、*Eco*K 等为代表，相对分子质量约为 300 000，其作用是在 ATP、Mg^{2+}、S-腺苷甲硫氨酸等辅助因子参与下，能识别 DNA 分子内非甲基化的特定序列，但切割是随机的，切割位点远离识别位点，不能形成特定片断；第Ⅱ类以 *Eco*RⅠ、*Hind*Ⅲ为代表，相对分子质量比第Ⅰ类小，为 20 000～100 000，与底物作用时只需 Mg^{2+} 存在，能切断双链，切割部位在 DNA 分子上有特定的碱基顺序，即切割部位具有特异性。基因工程中多采用Ⅱ类限制性内切酶。这一类酶有两大特点：一是它们只在特定核苷酸顺序上起作用，在基因工程上应用最多的是 *Eco*RⅠ和 *Hind*Ⅲ，它们的切割部位各不相同（图 2-13）；二是多数限制性内切酶切割可产生黏性末端，即在酶解时 DNA 双链不在同一地方断开，因而产生的片断两端都带有数个可配对的碱基单链尾巴，这两个单链尾巴带有互补的碱基配对顺序，在适当的温度下，能退火形成双链 DNA，使 2 个不同的 DNA 分子之间的缝合更快、更简便，故称之为黏性末端。

已知的限制性内切酶已超过 350 种。细菌细胞中除了限制性内切酶以外，还存在有修饰酶。

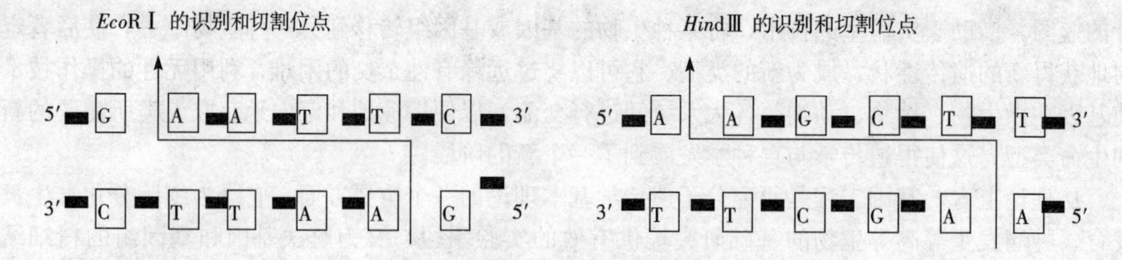

图 2-13　限制性核酸内切酶的识别和切割位点

修饰酶也能识别特定碱基顺序，但它的作用是在特定部位将碱基甲基化，如使腺嘌呤成为 6-甲基腺嘌呤，使胞嘧啶成为 5-甲基胞嘧啶，从而使其对限制性内切酶不敏感。限制性内切酶和修饰酶常以成对方式存在于细胞内，但也有酶同时具备这两种酶的活性。

(2) DNA 连接酶。内切酶造成的黏性末端只能使 DNA 片段的互补单链尾巴彼此靠拢，但不能连接，中间还留下一个裂隙，DNA 连接酶就是专门缝合这种裂隙的酶。它可以催化 2 条 DNA 链的 3′-OH 和 5′-PO_4^{3-} 之间形成磷酸二酯键，从而把 2 个 DNA 片段连接起来。

DNA 连接酶催化的反应需要 Mg^{2+} 和 ATP，最适 pH 为 7.5～7.6。就酶的活性而言，在 37℃时最高，但考虑到连接反应时 DNA 的稳定性和 DNA 片段之间末端的相互作用，在实际操作中，黏性末端采用 12～16℃，少数平末端则用 20～25℃。

2. 载体　载体又称运载体，是基因克隆载体的简称，是能将目的基因的 DNA 片段带入宿主细胞并能进行扩增的一类较小的 DNA 分子。作为运载工具，载体必须具备以下功能：

(1) 在宿主细胞中能自我复制，并能稳定地保存。

(2) 有多种限制性内切酶的切点，且酶切后嵌入外源 DNA 片段时不影响其复制能力。

(3) 能较自由地进入受体细胞，实现转化。

(4) 带有可供识别的标记基因，作为重组 DNA 分子选择鉴定的依据。

目前可作为载体的有质粒、噬菌体、病毒、细菌或酵母菌人工染色体（BAC、YAC）等。作为转入原核细胞宿主的载体主要有 λ-噬菌体和细菌质粒；而作为转入真核细胞宿主的载体，在动物方面主要有类人猿病毒 SV_{40}，在植物方面主要有农杆菌的 Ti 质粒。

Ti 质粒是最有希望应用于植物基因工程的质粒，它的 T-DNA 可以插入到植物染色体上并表达。如果把目的基因与 T-DNA 重组，就可以实现目的基因转移，但由于 Ti 质粒上带有 Onc 致癌基因会引起细胞生瘤，因此应用时要加以改造。一般的方法是除去 T-DNA 上的基因，只留下调控部分与目的基因连接，转化后就可以表达。

（二）目的基因的分离

得到目的基因或特定 DNA 片段的方法很多，可以人工合成，可以从自然基因组中分离，也可以以 mRNA 为模板，获得互补 DNA（cDNA）等。目前常采用的方法是散弹射击法（或称鸟枪射击法）。即将提出的 DNA 分子，通过限制性内切酶切成许多片段，每个片段上可能带有 1 个或几个基因，然后再将这些片段整合到载体上，再转移给大肠杆菌，建立许多带有不同基因的无性繁殖系（或称克隆），把这些克隆贮存起来，建立基因文库，作为下一步施工时提供基因的原料，以后再通过基因重组、转化和表达，最终把带有目的基因的重组体筛选出来。这种方法正像鸟枪散弹作用猎物那样一个不漏，因此，称为散弹射击法。

（三）构建重组体

构建重组体是指将目的基因或特定DNA片段与载体DNA连接形成重组DNA分子的过程。重组DNA分子即重组体。由于外源基因（或DNA片段）很难直接透过受体细胞的细胞膜进入受体细胞，即使进入，也会受到细胞内限制性酶的作用而降解。因此要将外源DNA片段导入受体细胞，选择适当的载体是关键步骤之一。

构建重组体的核心步骤是将载体DNA与目的基因或特定DNA片段在体外连接，其本质是涉及限制酶、连接酶等工具酶的酶促反应过程。根据DNA片段末端性质不同，形成重组体的方式也有所不同。

1. 黏性末端的连接　用同一种限制性内切酶或者用能够产生相同黏性末端的两种限制性内切酶分别消化外源DNA分子和载体，所形成的DNA末端彼此互补，用DNA连接酶共价连接起来，形成重组体（图2-14）。

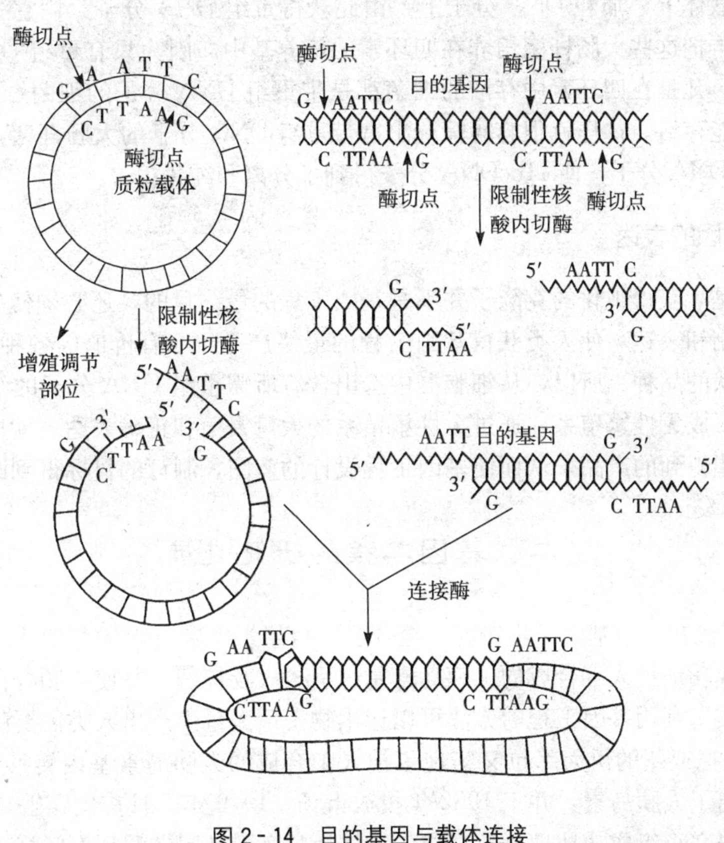

图2-14　目的基因与载体连接

（引自卢良峰，2006）

2. 平末端的连接　可先生成黏性末端，即在平末端的DNA片段的3′-末端加上多聚核苷酸的尾巴，在载体上加上互补的尾巴，然后用 DNA 连接酶连接。

（四）重组体的转化

以质粒载体的重组体导入受体细胞称为转化；以噬菌体或病毒为载体的重组体导入受体细胞则称为转染；遗传物质借助于中间媒介从一个细胞转移到另一个细胞的过程称为转导。转化和转染没有本质的区别，关键在于重组体能顺利进入受体细胞，并掺入或整合到受体细胞的基因组中，表现出生物活性，即行使复制、转录和翻译的全部功能。

（五）克隆子的鉴定

克隆子是指含有重组 DNA 的受体细胞。目前，用于基因工程的受体细胞主要是细菌。因细菌是单细胞生物，操作比较方便。发生转化或转染的细菌只是其中的一小部分，如何把转化了的细菌从未转化的细菌中识别和筛选出来，获得纯化的重组体，是基因工程中一个很重要的问题。解决这个问题最常用的方法，是利用重组体上的抗药或其他遗传标记基因，利用其表达的特定性状和其他鉴定方法进行筛选。例如，一个控制合成珠蛋白的 HbcDNA 基因，被整合到携带有抗四环素的基因的载体 P^{MB9} 质粒 DNA 分子上，由此获得重组 DNA 分子。用它去转化对四环素敏感的大肠杆菌，再把这些大肠杆菌培养在四环素的培养基中。因为只有重组 DNA 分子有抗四环素的基因，所以，凡是在四环素中存活的细菌都是带重组 DNA 分子的细菌，不带重组 DNA 分子的细菌就都不能存活。这样就很容易筛选出携带重组 DNA 分子的大肠杆菌，并从中获取均一的、纯化的重组 DNA 分子，使 HbcDNA 分子得到了分离和纯化。

（六）目的基因的表达

需要说明的是，获得纯化的克隆子并不是基因工程的最终目的，还必须使外源目的基因在受体细胞中得到复制和表达，使人类获得基因工程的最终产品——有价值的各种氨基酸、蛋白质、激素或具有新性状的品种。所以，从细胞群中选出含有所需重组 DNA 分子的细胞，接着进行克隆，即大量繁殖形成无性繁殖系，通过无性繁殖系的大量繁殖和正确表达，就可以经济、快速地生产出人类所希望得到的产品，从而使基因工程设计的蓝图、制订的目标得到圆满完成。

二、基因工程的研究进展

20 世纪 70 年代初开始基因工程研究，至今已取得累累硕果。1978 年哈佛大学吉尔伯特为首的一个小组首先成功地把人工合成的鼠胰岛素基因引入大肠杆菌，并使大肠杆菌制造出了鼠胰岛素，这一成果证实了利用基因工程的方法可以让生物工厂大量生产出人类需要的生物产品。同年 9 月，美国加利福尼亚州的伊太库拉又实现了把人工合成的人胰岛素基因转移到大肠杆菌中去，使大肠杆菌生产出了人胰岛素，并于 1982 年投放市场。1979 年 7 月美国霍普市国家医学中心和加利福尼亚大学研究小组成功地把人工合成的人体生长激素基因转移到大肠杆菌中去，并获得了人体生长激素，在青春期之前治疗患侏儒症儿童，能长成正常人高度，并很快投放市场。在短短的几年里，遗传工程已经成功地生产出人体生长激素、胰岛素、血球凝结素、干扰素及口蹄疫苗等贵重药品。

在植物育种上，主要有以下几个方面：①通过对植物的 RuBp 羧化酶和光能吸收及转化效率的改良来提高光合作用的效率，最终提高农作物产量；②将豆科植物的固氮基因转移到非豆科作物中，即生物固氮的基因工程；③通过改变种子贮存蛋白质编码基因的特定碱基顺序改良作物种子的营养品质，通过转基因提高种子油含量；④通过将细菌的毒素基因转移到植物中，培育抗病虫或抗除草剂的作物品种；⑤提高植物次生代谢产物的合成效率。

基因工程一直是园林植物育种研究的热点，在花色、花型、花香、株型、抗性等性状的改良方面表现出了广阔的应用前景，尤其是花色育种。世界上第一个操纵花色的基因是由德国科学家于 1987 年获得的玉米色素合成中的一个还原酶基因，将它导入矮牵牛，使矮牵牛产生新的颜色——砖红色。随后荷兰科学家在红色矮牵牛中插入苯基乙酮合成酶的反义基因，结果获得了白色的矮牵牛及另一种新的色素。同样，荷兰的花卉专家已利用基因工程将粉色菊花变成了白色。北京大学植物基因工程国家实验室利用矮牵牛，首次在我国培育出白色、紫色相间的转基因花。在加利福尼亚州的一家从事通过基因操作改良植物的专业公司，从矮牵牛中分离出一种编码蓝色的基因，导入玫瑰中获得世界上独有的蓝玫瑰。日前有的研究人员正在培育发光植物，如日本将取自萤火虫体内可产生发光酶的基因，成功地重组在桔梗植株上，使它的叶子发出淡绿光。研究人员还从海带中提取了发光蛋白质，并将其利用到鲜花培育中。此外，基因工程在增强园林植物对病虫害抵抗能力、改变植物花型、延长切花插瓶时间及缩短生育期等方面都已取得了初步成效。

复习思考题

1. 名词解释：基因 遗传密码 简并现象 转录 翻译 中心法则 基因工程
2. 比较 DNA 与 RNA 的分子组成与结构。
3. 试述 DNA 的复制特点。
4. 基因是如何控制性状表达的？
5. 简述蛋白质的合成过程。
6. 简述 RNA 的种类及其在蛋白质合成中的作用。
7. 已知一条核苷酸链为 A—C—C—G—T—T—T—A，试问：

(1) 这条链是 DNA 链还是 RNA 链？

(2) 以该条链为模板，合成的 DNA 碱基顺序是什么？

(3) 以该条链为模板，合成的 RNA 碱基顺序是什么？

8. 如果一个双链 DNA 分子中 G 的含量是 0.24，试问 T 的含量应为多少？
9. 结合教材内容，查资料说明基因工程在园林植物育种中的应用。

第三章　遗传的基本规律

【本章提要】分离规律研究了1对相对性状的遗传现象；独立分配规律解释了2对及2对以上相对性状的遗传规律；连锁遗传规律说明了连锁现象的实质。细胞质遗传是由细胞质基因决定的遗传现象，F_1通常只表现母本性状。

第一节　分离规律

分离规律是孟德尔从1对相对性状遗传试验中总结出来的。性状就是指生物个体表现出来的各种形态结构特征和生理生化特性的统称。为了便于研究，孟德尔又把植株所表现的性状总体区分为各个单位作为研究对象，这些被区分开的每一个具体性状称为单位性状，如豌豆的花色、种子的形状、茎的高矮等。而每个单位性状在不同个体表现不同，存在差异，如豌豆的红花和白花、种子的圆粒和皱粒等。遗传学中把同一单位性状在不同个体间所表现出来的相对差异称为相对性状。

一、1对相对性状的杂交试验

（一）豌豆的杂交试验

孟德尔选用了具有明显差异的7对相对性状的品种作为亲本，分别进行杂交，并按照杂交后代的系谱进行详细的记载，采用统计学方法对杂交后代进行处理和分析，从而找出其遗传规律。现以红花×白花杂交组合的试验结果为例，其过程如图3-1所示。

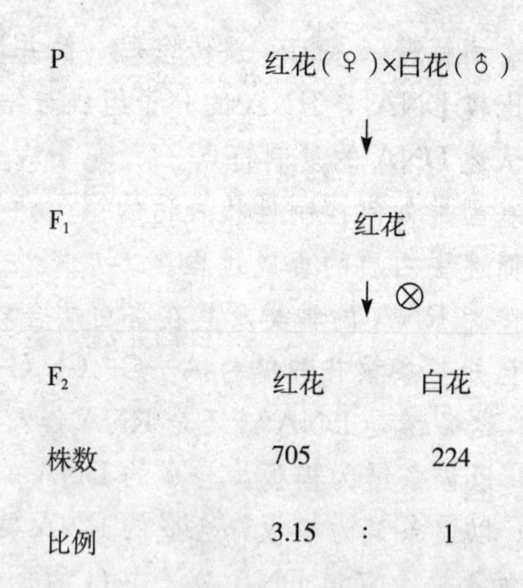

图3-1　1对相对性状的豌豆杂交试验

P表示亲本；♀表示母本；♂表示父本；×表示杂交；F_1表示杂种第一代，是指杂交当代母本植株所结的种子及由种子长成的植株；⊗表示自交，是指雌雄同花植物的自花授粉或雌雄同株异花植物的同株授粉；F_2表示杂种第二代，是指由F_1代自交产生的种子和由F_1代种子长成的植株。

由图3-1可知，红花×白花杂交后，无论获得多少F_1植株，全部开红花；在F_2代群体中出现了开红花和开白花两种类型，其中红花植株约占总数的3/4，白花植株约占总数的1/4，二者之比约为3∶1。孟德尔还进行了白花×红花的杂交，所得结果与前一杂交组合完全一致，F_1全部开红花，F_2代群体中红花和白花植株的比例也接近3∶1。如将前一组合称为正交，则后一组合称为反交。正反交的结果相同，说明F_1和F_2的性状表现不受亲本组合方式的影响。孟德尔在豌豆的其他6对相对性状的杂交试验中获得了类似的结果（表3-1）。

表3-1　孟德尔豌豆1对相对性状杂交试验结果

性　状	杂交组合	F_1表现的显性性状	F_2的表现		
			显性性状	隐性性状	比例
花色	红花×白花	红花	705红花	224白花	3.15∶1
种子形状	圆粒×皱粒	圆粒	5 474圆粒	1 850皱粒	2.96∶1
子叶颜色	黄色×绿色	黄色	6 022黄色	2 001绿色	3.01∶1
豆荚形状	饱满×不饱满	饱满	822饱满	299不饱满	2.75∶1
未成熟荚色	绿色×黄色	绿色	428绿色	152黄色	2.82∶1
花着生位置	腋生×顶生	腋生	651腋生	207顶生	3.14∶1
植株高度	高株×矮株	高株	787高株	277矮株	2.84∶1

从表3-1的杂交试验结果可归纳出以下共同特点：

(1) F_1全部个体的性状表现一致，只表现一方亲本的性状，另一亲本的性状没有表现出来。在F_1中得到表现的性状，称为显性性状，如红花、圆粒等性状；F_1中没有表现出来的另一亲本的性状，称为隐性性状，如白花、皱粒等性状。

(2) F_2的不同个体之间表现不同，一部分植株表现了这个亲本的性状，另一部分植株表现了另一亲本的性状，即显性性状和隐性性状都出现了，这种同一个体的后代（或同一群体的后代）之间出现显性和隐性不同性状的现象称为性状分离现象。隐性性状在F_2中能够重新表现出来，说明它在F_1中并未消失或融合。

(3) 在F_2群体中显性和隐性植株的比例大致为3∶1。

（二）分离现象的解释

1. 杂种后代性状分离的原因　孟德尔为解释上述结果，提出遗传因子分离假说，科学地解释了分离现象产生的原因。这一假说之后被大量的遗传学实验所证实，并发展成现代基因学说。

(1) 每一性状都由相应的遗传因子（基因）控制。

(2) 遗传因子在体细胞中是成对的，1个来自父本，1个来自母本。

(3) 杂种F_1体细胞内的相对遗传因子各自独立，互不混杂。

(4) 形成配子时，成对因子彼此分离，并各自分配到不同的配子中去，在每一个配子中只含有成对因子中的1个。

(5) 杂种产生不同类型配子的数目相等，各种雌雄配子随机结合，机会均等。

根据遗传因子分离假说要点，以红花×白花的杂交试验为例来解释分离现象。以C表示控制红花性状的显性因子，c表示控制白花性状的隐性因子。由于遗传因子在体细胞中是成对存在的，因此红花植株的遗传组成为CC，白花植株的遗传组成为cc。形成配子时，成对因子彼此分离，红花植株与白花植株的配子类型分别为C和c。杂交时，雌雄配子结合，子一代（F_1）的遗传组成为Cc。C和c同在F_1体细胞中，但彼此独立存在，互不融合，只是由于C对c为显性，所以F_1所有个体表现为红花性状。F_1形成配子时，由于减数分裂，C和c分离，各自进入不同的配子中，形成了C和c两种类型的配子，且数目相等，其比例为1∶1。F_1自交时，雌雄配子的结合是随机的，杂交情况可用图3-2表示。

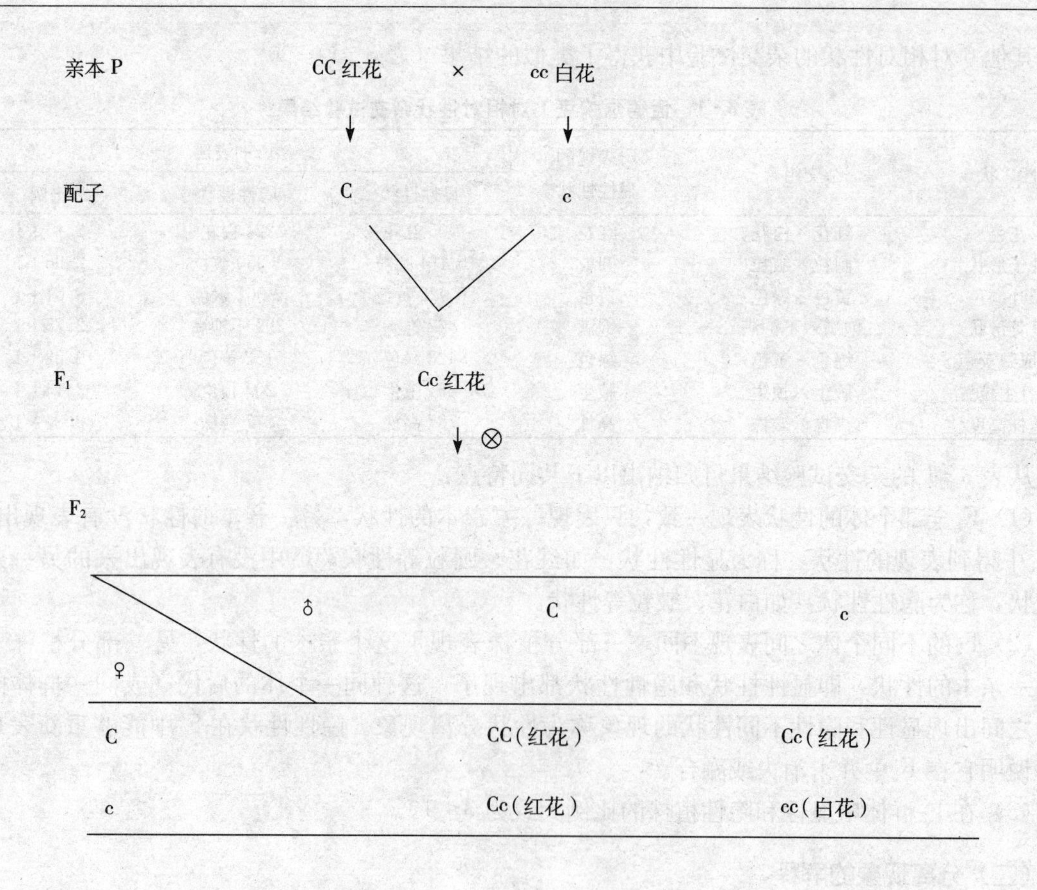

图3-2　豌豆花色的遗传

由图3-2可知，F_2出现4个组合，但遗传组成只有CC、Cc、cc 3种，其中CC、Cc都表现为红花，cc表现为白花。红花∶白花=3∶1。根据上述假设，孟德尔进行的7个相对性状的结果有了圆满解释。

2. 基因型、表现型及基因型分析　孟德尔在解释上述杂交试验时所用的遗传因子，现代遗传学统称为基因。在杂交试验中，植物细胞内的基因组成如CC、Cc、cc等称为基因型（或遗传型），是性状发育必须具备的内在因素，是肉眼看不到的。植物体性状的表现（如红花、白花）称为表现型（或表型），是基因型和环境相互作用下最终表现出来的，可以观察到的具体性状。

在体细胞中成对基因分别位于1对同源染色体上，遗传学上把同源染色体上位置相同、支配相对性状的基因称为等位基因。而非同源染色体上的基因或同源染色体上不同位置的基因称为非等位基因。等位基因成员完全相同的，如CC、cc，称为纯合体或同质结合，这种个体只能产生一种类型的配子，自交后代不会出现分离现象；等位基因成员不同的，如Cc，称为杂合体（或异质结合），这种个体可以产生两种类型的配子，自交后代将出现分离现象。

在遗传育种工作中，常需要研究植物的基因型，以便深入了解植物的遗传特性。对于控制隐性性状的基因型，一般通过性状表现即可得出结论，但对于控制显性性状的基因型就必须进行基因型分析，分析方法有2种：

(1) 测交法。就是把被测个体 (F_1) 与隐性纯合亲本进行杂交，根据后代的表现型种类和比例推断被测个体的基因型（图 3-3）。

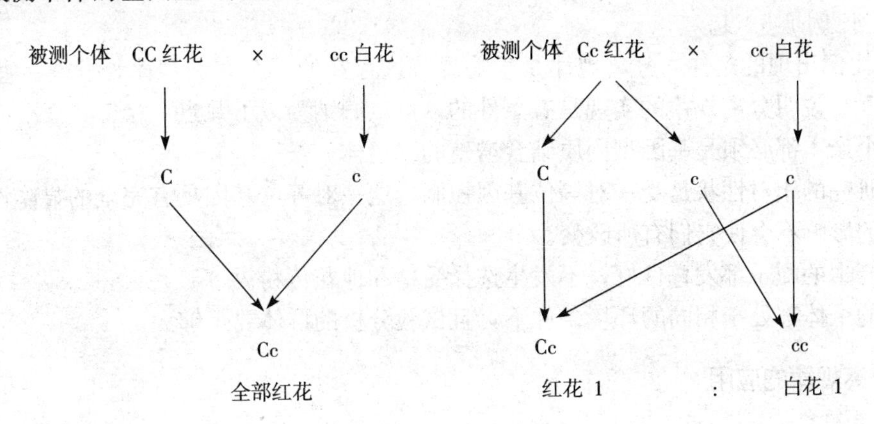

图 3-3　测交法

以豌豆为例，被测个体表现出显性性状，即开红花时，其基因型类型有 CC 和 Cc 两种，测交后，如果子代全部开红花，可判断其基因型为 CC；如果子代表现为两种性状，有开红花的，也有开白花的，且二者比例为 1∶1，可断定其基因型为 Cc。

(2) 自交法。被测个体进行自交，根据其后代表现型推断其基因型。例如，红花豌豆自交后，子代全部开红花，可推断其基因型为 CC；如果后代表现为 3/4 开红花，1/4 开白花，则可推断其基因型为 Cc。

(三) 分离规律的验证

分离现象的实质在于杂种体细胞中的成对因子在减数分裂形成配子时发生分离，产生了类型不同但数目相同的两类配子。

孟德尔用遗传因子分离假说圆满地解释了分离现象。但是假说只是理论上的分析，必须通过实践验证，才能加以应用。

孟德尔用测交法证实了他的假说。测交是被测个体与隐性纯合体进行杂交，因为隐性纯合体只能产生一种含有隐性基因的配子，在形成合子时，不会发生遮盖作用，被测个体中被掩盖的基因可以在测交后代中得以表现，这样测交后代的表现型种类及比例就可以反映被测植株产生的配子类型和比例。孟德尔将杂种 F_1 红花与隐性的白花亲本进行测交，结果在 166 株测交后代中有 85 株开红花，81 株开白花，两者接近 1∶1 的比例。由此可见，试验结果与假说完全吻合，证明 F_1 的基因型确实为 Cc，并且在减数分裂时，确实形成两种类型的配子，一半为 C，另一半为 c。

二、分离规律及其应用

(一) 分离规律

1. 分离规律的内容　是指一对基因在异质结合状态下，其基因之间彼此互不影响，互不融合，各自保持独立，因而在形成配子时能按原样分配到不同配子中去，从而形成带有不同基因的配子，其比例为1∶1；在完全显性的情况下，其后代（F_2）出现3种基因型，比例是1∶2∶1；2种表现型，比例是3∶1。

2. 分离比例出现的条件　分离规律是生物界普遍存在的一个客观规律，但在一些试验中发现有例外情况，说明分离规律的实现是有条件的，可以归纳为以下几点：

（1）两个亲本都必须是基因型同质结合增殖的二倍体。

（2）所研究的相对性状是受一对等位基因控制，这一对等位基因具有完全的显隐性关系，而且其他基因的影响不会使它们有所改变。

（3）F_1产生的配子都发育良好，不发生选择受精和他花传粉。

（4）F_2的个体都处于相同的环境条件下，且试验分析的群体要足够大。

（二）分离规律的应用

分离规律是遗传学中最基本的规律，这一规律从理论上说明了生物由于杂交和分离出现变异的普遍性。了解基因分离的规律，不仅可以正确认识生物的遗传现象，而且根据分离规律、显隐性的表现规律，在农业生产实践上能增加培育优良品种的计划性和预见性。

（1）必须重视表现型之间的联系和区别。在遗传研究中要严格选用合适的材料，才能获得预期的结果，得到可靠的结论。例如，选用纯合基因型的两个亲本，F_2才会出现分离；如果双亲不是纯合体，F_1即可出现分离现象。

园林植物育种过程中，如一二年生种子繁殖的花卉，必须根据表现型推断，选择优良基因型，并使之纯合，才能培育成新品种。

（2）通过对各种性状的研究，可以比较准确地预计后代分离的类型及其出现的频率，从而可以有计划地种植杂种后代群体，提高选择效率，加速育种进程。

例如，园林植物的抗病和感病是由1对相对基因控制的。抗病品种和感病品种杂交，在F_2群体内很容易选到抗病植株，但根据分离规律，可以预料其中某些植株的抗病性仍要分离，因此还要通过自交和进一步选择，才能从中选出抗病性稳定的纯合体植株。

（3）根据分离规律的启示，杂种产生的配子在基因型上是纯粹的，它们只有成对基因之一，不再产生分离。近年来利用花粉培养的方法，已经培育出优良的纯合二倍体植株，可以大大缩短育种年限。

（4）无性繁殖的园林植物多数为杂合体，通过有性繁殖方式，其后代会发生分离现象，可以利用无性繁殖方法来保持无性系品种的纯度。

（5）为了防止品种因天然杂交发生生物学混杂，导致种性退化，繁殖时应当严格去杂去劣或进行适当的隔离。

第二节　独立分配规律

孟德尔在1对相对性状的基础上，又做了2对和2对以上相对性状的遗传试验，发现了第二个遗传规律，即独立分配规律（又叫自由组合规律）。

一、2对相对性状的杂交试验

(一) 豌豆的杂交试验

孟德尔选用豌豆为试验材料，两亲本分别为黄子叶、圆粒种子和绿子叶、皱粒种子的纯合植株，通过正反交后，其遗传行为均一致：F_1植株全部是黄子叶圆粒种子，表明黄色和圆粒是显性性状。F_1（15株）自交，所获得的F_2种子（556粒）表现出4种性状，其中2种类型和亲本相同，另外2种类型为新组合，且4种类型有一定的比例关系（图3-4）。

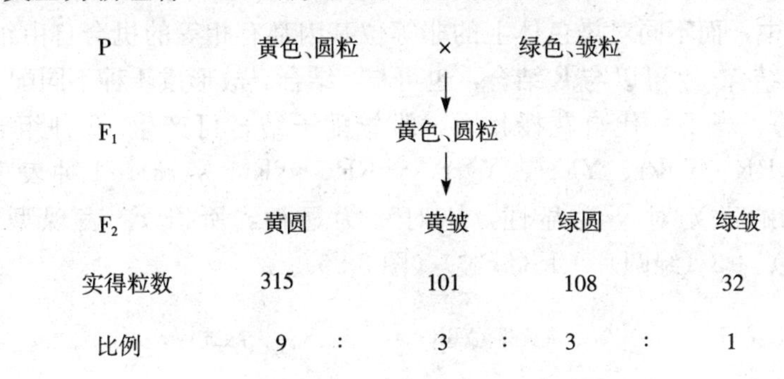

图3-4　孟德尔2对相对性状遗传试验

对图3-4的试验结果进行分析，可以得出以下结论：

(1) 具有2对相对性状差异的两个亲本杂交时，与1对相对性状的杂交一样，F_1全部为黄子叶、圆粒，说明黄色对绿色为显性，圆粒对皱粒为显性。

(2) F_2出现4种类型，除2个亲本类型（黄子叶圆粒与绿子叶皱粒）外，还有2种重组类型（黄子叶皱粒与绿子叶圆粒），4种表现型的比例为9∶3∶3∶1。

如果把以上2对相对性状的杂交试验结果按1对性状分析，其结果如下：

黄子叶∶绿子叶＝（315＋101）∶（108＋32）＝416∶140＝2.97∶1≈3∶1

圆粒∶皱粒＝（315＋108）∶（101＋32）＝423∶133＝3.18∶1≈3∶1

可见虽然2对相对性状同时由亲代传递给子代，但是每对性状的分离仍然符合3∶1。说明一对相对性状（如黄子叶与绿子叶）的分离，与另一对相对性状（如圆粒与皱粒）的分离是互不干扰的，二者在遗传上是独立的。

再把2对相对性状结合起来比较：

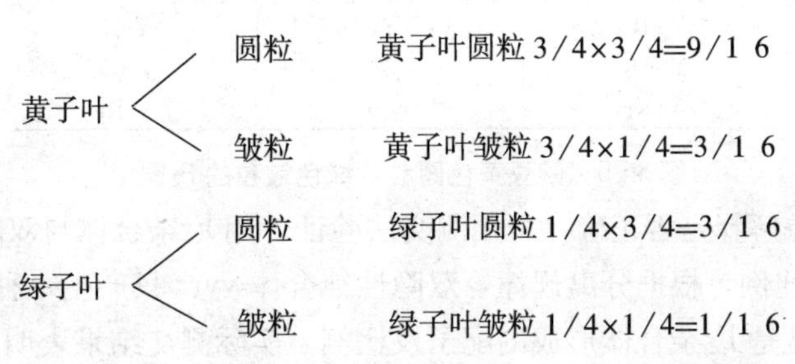

以上分析说明：黄子叶可以分别与圆粒或皱粒组合，绿子叶也可以分别与圆粒或皱粒组合。同样，圆粒可分别与黄子叶或绿子叶组合，皱粒也可分别与黄子叶或绿子叶组合。即2对相对性状可以自由组合，使F_2出现性状重新组合的类型。

（二）独立分配现象的分析

分别用Y和y代表控制黄子叶与绿子叶的基因，R和r代表控制圆粒种子与皱粒种子的基因。黄子叶圆粒亲本的基因型为YYRR，能产生一种配子YR；绿子叶皱粒亲本的基因型为yyrr，能产生一种配子yr，两者杂交形成F_1，F_1的基因型为YyRr，表现型为黄子叶圆粒。

子代YyRr在形成配子时，同源染色体上的2对等位基因Y与y，R与r彼此分离，各自独立分配到不同的配子中，而不同对染色体上的非等位基因都有相等的机会自由组合。即Y可以与R结合，也可与r结合；y可以与R结合，也可与r结合。故形成4种不同配子YR、yR、Yr与yr，而且数目相等。当子一代自花授粉时，雌雄配子结合可产生16种组合，9种基因型（YYRR、YYRr、YyRR、YyRr、YYrr、Yyrr、yyRR、yyRr、yyrr），4种表现型（黄圆、黄皱、绿圆、绿皱）。由于Y对y为显性，R对r为显性，所以F_2表现型的分离比例为9（黄圆）∶3（黄皱）∶3（绿圆）∶1（绿皱）（图3-5）。

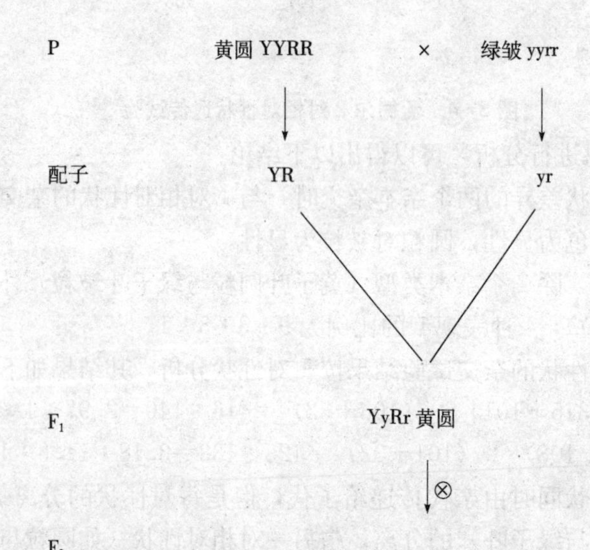

♀ \ ♂	YR	Yr	yR	yr
YR	YYRR	YYRr	YyRR	YyRr
Yr	YYRr	YYrr	YyRr	Yyrr
yR	YyRR	YyRr	yyRR	yyRr
yr	YyRr	Yyrr	yyRr	yyrr

图3-5　豌豆黄色圆粒×绿色皱粒的F_2图解

以上独立分配现象解释是否正确，可用测交法验证。用F_1杂合体与双隐性纯合体yyrr测交，以测定F_1配子类型和比例。根据分离规律，双隐性纯合体yyrr只产生一种配子yr，所以，测交后代的表型比例应该就是F_1杂合体形成的配子及比例。实际测交结果表明，无论正交还是反交，都得到4种数目相近的不同类型（即YR、Yr、yR、yr）的测交后代，且比例为1∶1∶1∶1，与预期结果相符。这证实F_1在形成配子时，确实产生4种类型的数目相等的配子，从而验证了独立分配规律的正确性。

二、独立分配规律及其应用

（一）独立分配规律及其实质

1. 独立分配规律的内容 由2对等位基因控制的2对相对性状，其遗传规律是：2个纯合体杂交后，F_1全为杂合体，只表现亲本的显性性状；F_1减数分裂时，2对等位基因的分离是互不牵连、独立分配的，它们的结合是自由、随机的。因此，F_1产生4种不同类型的配子，16种配子组合；F_2有9种基因型，4种表现型，表现型比例为9∶3∶3∶1。

2. 独立分配规律的实质 控制2对或2对以上相对性状的不同等位基因分布在不同的同源染色体上，减数分裂形成配子时，同源染色体上的等位基因分离，互不干扰，独立分配到不同的配子中；而位于非同源染色体上的基因可以自由组合。

（二）独立分配规律的应用

独立分配规律是在分离规律的基础上，进一步揭示了多对基因之间自由组合的关系。它解释了不同基因的独立分配是自然界生物发生变异的重要来源之一。

（1）选择性状互补的亲本，可以创造综合性状优良的新品种。按照独立分配规律，具有不同性状的亲本杂交，产生的F_1由于基因的独立分配和自由组合，F_2会出现各种性状的自由组合，亲本的优缺点可能得到互补，产生具有双亲优点的个体，从而使原品种得到改良。

（2）由于基因重组，杂交后代常常会出现变异类型，因此生产中需要采取有效措施防止自然杂交，以保持品种优良性状。

（3）可以估计杂交育种的规模和进程。根据独立分配规律，可以预见杂种后代中出现某些优良性状个体的大致比例，以便确定杂种后代种植群体的大小，估计育种工作的进展。例如，番茄甲品种［裂叶、矮株、不抗萎蔫病（CCddrr）］与乙品种［薯叶、高株、抗萎蔫病（ccDDRR）］杂交，是符合独立遗传规律的，那么可以预见在F_2中，裂叶、矮株、抗病植株C _ ddR _ 占$3/4\times1/4\times3/4=9/64$，其中裂叶、矮株、抗病的纯合体CCddRR占$1/4\times1/4\times1/4=1/64$。由于$F_2$中纯合的个体只有到$F_3$才能确认。因此，希望在$F_3$得到5个纯合体，$F_2$杂种群体必须要达到$5\times64=320$株，才能从中选出$5\times9=45$株裂叶、矮株、抗病的单株。

三、多对相对性状的遗传

1对相对性状的遗传符合分离规律，2对相对性状的遗传符合独立分配规律。那么3对或3对以上的多对相对性状的遗传又如何呢？孟德尔又用3对和3对以上的相对性状做了杂交试验，其结果仍然符合独立分配规律。以豌豆为例，红花黄色圆粒×白花绿色皱粒，F_1植株全部为红花、黄色、圆粒种子；F_2则出现复杂的分离现象，F_1配子有8种，基因组合数有64种，基因型有27种，共产生8种表现型，即红花黄色圆粒、白花黄色圆粒、红花黄色皱粒、红花绿色圆粒、白花绿色圆粒、白花黄色皱粒、红花绿色皱粒、白花绿色皱粒，它们的比例为27∶9∶9∶9∶3∶3∶3∶1，即$(3∶1)^3$（表3-2）。

表3-2　豌豆红花黄色圆粒×白花绿色皱粒的F_2基因型、表现型及比例

基因型	基因型比例	表现型	表现型比例
YYRRCC	1	Y_R_C_ 黄色、圆粒、红花	27
YyRRCC	2		
YYRrCC	2		
YYRRCc	2		
YyRrCC	4		
YyRRCc	4		
YYRrCc	4		
YyRrCc	8		
yyRRCC	1	yyR_C_ 绿色、圆粒、红花	9
yyRrCC	2		
yyRRCc	2		
yyRrCc	4		
YYRRcc	1	Y_R_cc 黄色、圆粒、白花	9
YyRRcc	2		
YYRrcc	2		
YyRrcc	4		
YYrrCC	1	Y_rrC_ 黄色、皱粒、红花	9
YyrrCC	2		
YYrrCc	2		
YyrrCc	4		
yyrrCC	1	yyrrC_ 绿色、皱粒、红花	3
yyrrCc	2		
YYrrcc	1	Y_rrcc 黄色、皱粒、白花	3
Yyrrcc	2		
yyRRcc	1	yyR_cc 绿色、圆粒、白花	3
yyRrcc	2		
yyrrcc	1	yyrrcc 绿色、皱粒、白花	1

随着杂交亲本相对性状的增加，杂种后代的分离更加复杂，但这种分离都是有规律的。只要各对基因独立遗传，在亲代1对基因差异的基础上，F_2基因型种类、表现型种类及其比例都遵循着一定的规律（表3-3）。

表 3-3　基因对数与基因型种类、表现型种类和比例的关系

基因对数	F_1 配子种类	F_1 配子可能组合数	F_2 基因型种类	F_2 表现型种类	F_2 表现型比例
1	2	4	3	2	3∶1
2	4	16	9	4	$(3:1)^2$
3	8	64	27	8	$(3:1)^3$
4	16	256	81	16	$(3:1)^4$
⋮	⋮	⋮	⋮	⋮	⋮
n	2^n	4^n	3^n	2^n	$(3:1)^n$

四、基因互作——孟德尔定律的发展

所谓基因互作是指由于同一生物个体内的等位基因或非等位基因间的相互作用，对表现型产生影响的现象。基因互作有等位基因间互作和非等位基因间互作之分。

（一）等位基因间互作

1. 显性作用的相对性　一般情况下，大量试验都具备分离条件，所以试验结果都符合分离规律。但是在有些情况下，显性基因作用是不完全显性，即显性作用是相对的。

(1) 完全显性。两个纯合体杂交，F_1只表现一方亲本的性状，即显性性状，F_2发生了显隐性性状的分离，分离比例是3∶1，这种显性叫作完全显性。例如，孟德尔7对相对性状的杂交试验都属于完全显性。

(2) 不完全显性。2个纯合体杂交，F_1表现父母本的中间性状，这种显性作用称为不完全显性。如金鱼草的花色遗传，用深红花金鱼草与白花金鱼草杂交，F_1为淡红花，F_2中深红花占1/4，淡红花占2/4，白花占1/4。日本报春花的叶形和香石竹的花瓣也是不完全显性遗传。

(3) 共显性。2个纯合体杂交，如果双亲的性状在F_1个体上同时出现，而不表现单一的中间性状，这种显性叫共显性。如正常人的红细胞是蝶形的，人类有一种镰刀形红细胞贫血病，患者的红细胞是镰刀形的。如果正常人和患者结婚，他们子女的红细胞既有蝶形的，又有镰刀形的，这就是共显性。

(4) 超显性。F_1的性状表现超过双亲的现象称为超显性，这是杂种优势形成的原因之一。如矮牵牛的普通品种间杂交，F_1得到了重瓣矮牵牛。

另外，显性的表现还与植物体内外环境条件有关，内环境包括生物体的性别、年龄、营养、生理等状况。环境发生改变，显隐性关系也随之发生改变。如紫茎曼陀罗×绿茎曼陀罗，F_1在夏天种于阳光下，表现为紫色茎；冬天种于温室中，则显性表现不完全，呈淡紫色茎。由此可见，植物性状的发育与表现（表现型）不仅需要一定的遗传物质基础（基因型），而且还要有一定的发育条件（环境），即表现型是基因型和环境共同作用的结果。

2. 复等位基因　决定某性状的一组等位基因可能不止2个，而是2个以上，如控制果蝇眼色的基因可达二三十个。所谓复等位基因是指在同源染色体的相同位点上，存在3个或3个以上的等位基因，这种等位基因在遗传学上称为复等位基因。复等位基因在生物中广泛存在，如人类

的 ABO 血型基因。

人类的 ABO 血型有 A、B、AB、O 4 种类型，由 I^A、I^B和 i 3 个复等位基因决定。I^A和 I^B对 i 是完全显性，而 I^A和 I^B之间为共显性。血型和基因型的关系如下：

基因型	表现型
I^AI^B	AB 型
I^AI^A、I^Ai	A 型
I^BI^B、I^Bi	B 型
ii	O 型

由此可见，人类的 ABO 血型有 6 种基因型，4 种表现型。这 4 种血型是由一组复等位基因成员的不同组合而决定的。这组复等位基因的所有成员广泛分布在人群中，但对每个人只能具有这组复等位基因的两个成员。

应当指出，复等位基因只能存在于某一生物种群中，而对于正常二倍体生物个体来说，在同源染色体的相同位点上只能存在一组复等位基因中的 2 个成员，这 2 个成员可以相同，也可以不相同。

（二）非等位基因间的互作

1 对等位基因控制 1 对相对性状，如 C 和 c 控制豌豆花色的遗传，R 和 r 控制豌豆子粒形状的遗传，这种现象叫作一因一效。其实生物体中基因对性状的控制很复杂，性状与基因之间的关系并不是简单的一对一关系。植物的各个性状常受 2 对、3 对或更多对基因的直接或间接作用，这种多对基因共同决定着一个单位性状的遗传，称为多因一效或基因间的相互作用。如在玉米中，就已知至少有 50 多对等位基因与其叶绿素的形成有关，当其中的任一个基因发生变化时，都能阻碍叶绿素的正常形成。1 对等位基因不仅对某一性状的发育起决定作用，还能对其他性状的发育起直接或间接作用。如控制桃果颜色的基因，也同时控制叶片和花萼筒的颜色，使这 3 种性状呈现出很强的相关性，这种情况叫一因多效。

在两对独立遗传的基因同时控制一种性状的情况下，它们对性状的作用表现为以下几种方式：

1. 互补作用　2 对独立遗传基因分别是纯合显性或杂合显性时，共同决定一种性状的发育；当只有 1 对基因是显性或 2 对基因都是隐性时，表现为另一种性状，这种现象称为基因的互补作用。

例如，香豌豆中 2 个白花品种杂交，F_1开紫花，F_1自交后，其 F_2有 9/16 紫花∶7/16 白花。

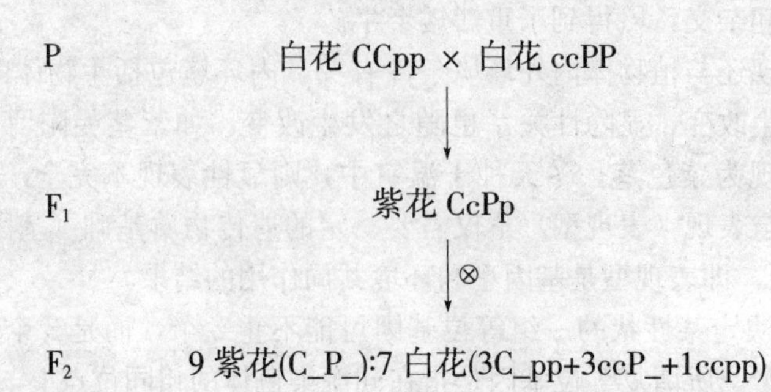

2. 积加作用　2 对基因控制 1 种性状，当 2 种显性基因同时存在时表现 1 种性状；只有 1 对

有显性基因时表现另1种性状；当2对均为隐性基因时，则表现第3种性状，这种现象称为积加作用。

例如，美国南瓜有不同的果形，其中扁盘形对圆球形为显性，圆球形对长圆形为显性。2个圆球形南瓜杂交，F_1表现为扁盘形，F_1自交，F_2分离出了9/16扁盘形，6/16圆球形，1/16长圆球形。

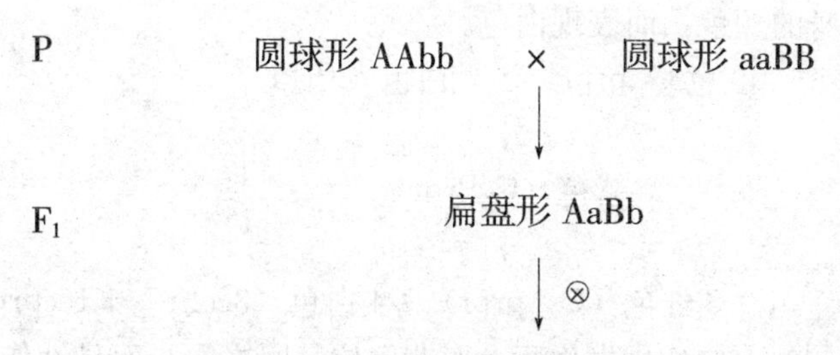

F_2　9扁盘形(A_B_):6圆球形(3A_bb+3aaB_):1长圆形(1aabb)

3. 重叠作用　不同对基因互作时，不论显性基因多少，对表现型产生相同的作用，这种现象称为重叠作用。

例如，芥菜常见植株结三角形蒴果，极少数植株结卵形蒴果。这2种植株杂交后，F_1全结三角形蒴果，F_1自交，F_2分离为15/16三角形蒴果，1/16卵形蒴果。F_2自交后，三角形蒴果的后代中有一部分发生了3∶1的分离，即分离出3/4三角形蒴果和1/4卵形蒴果，还有一部分分离出15/16三角形蒴果和1/16卵形蒴果，而另外一部分则不再分离；卵形蒴果的后代不再分离；可见F_2中15∶1的分离是由于每1对基因中的1个或多个显性基因都具有表现三角形蒴果的相同作用。如果缺少显性基因，只存在2对隐性基因时，则表现为卵形蒴果。

P　　三角形 $T_1T_1T_2T_2$　×　卵形 $t_1t_1t_2t_2$

↓

F_1　　三角形 $T_1t_1T_2t_2$

↓⊗

F_2 15三角形（$9T_1\_T_2\_+3T_1\_t_2t_2+3t_1t_1T_2\_$）∶1卵形（$t_1t_1t_2t_2$）

重叠作用与积加作用的区别在于：重叠作用一般不随显性基因的个数增加而发生性状的改变；而积加作用则随着显性基因个数的改变而发生性状的改变。

4. 显性上位作用　2对独立遗传基因共同对1对性状发生作用，其中1对基因的显性基因对另1对基因的表现有遮盖作用，这种现象叫显性上位作用。

例如，西葫芦中W和Y 2对基因同时控制皮色这一性状。决定西葫芦的显性白皮基因（W）对显性黄皮基因（Y）有上位性作用，当W基因存在时能阻碍Y基因的作用，表现为白色。缺少W时Y基因表现其黄色作用。如果W和Y都不存在，则表现y基因的绿色。

P　　白皮 WWYY　×　绿皮 wwyy

↓

F_1　　白皮 WwYy

↓⊗

F_2　12白皮（9W_Y_+3W_yy）∶3黄皮（wwY_）∶1绿皮（wwyy）

5. 隐性上位作用 在 2 对互作的基因中，其中 1 对基因的隐性基因对另 1 对基因起上位性作用，这种现象称为隐性上位作用。

例如，萝卜中的红色品种与白色品种杂交，当基本色泽基因 C 存在时，另 1 对基因 Pr、pr 都能表现各自的作用，即 Pr 表现紫色、pr 表现红色。当 c 单独存在时，由于 c 基因的上位作用而使 Pr 和 pr 都不能表现自身的颜色，而表现白色。

P 红色 CCprpr × 白色 ccPrPr

↓

F_1 紫色（CcPrpr）

↓⊗

F_2 9 紫色（C _ Pr _）∶3 红色（C _ prpr）∶4 白色（3ccPr _ ＋1ccprpr）

上位作用和显性作用不同，上位作用发生于 2 对非等位基因之间，而显性作用则发生于同 1 对等位基因的 2 个成员之间。

6. 抑制作用 在 2 对独立遗传基因中，其中 1 对显性基因本身并不控制性状的表现，但对另 1 对基因的表现有抑制作用，这种现象称为抑制作用。

例如，玉米胚乳蛋白质层颜色由 2 对基因 C-c、I-i 控制，其中 I 是抑制基因，它控制 C 和 c 的颜色表现。在白色蛋白质层杂交时，F_1 全部表现为白色，F_2 分离出了 13 白色∶3 有色。

P 白色蛋白质层 CCII × 白色蛋白质层 ccii

↓

F_1 白色 CcIi

↓⊗

F_2 13 白色（9C _ I _ ＋3ccI _ ＋1ccii）∶3 有色（C _ ii）

上位作用和抑制作用不同，抑制基因本身不能决定性状，而显性上位基因除遮盖其他基因的表现外，本身还能决定性状。

上述 6 种基因互作的形式，都是 2 对非等位基因共同控制 1 对相对性状时的表现。这 2 对等位基因在共同作用于同一性状时，仍严格遵守独立分配规律，它们的配子仍能独立分配和自由组合。只不过是由于非等位基因之间的相互作用，致使 F_2 的表现型分离比例出现了 9∶3∶3∶1 的特殊形式。

第三节 连锁遗传规律

独立分配规律中控制相对性状的基因分别位于不同的同源染色体上。实际上，一种生物体中存在的基因数很多，而染色体数目是有限的，远远少于基因数目。即每个染色体上不能只有 1 个基因，它们常带有许多基因。凡是位于同一染色体上的基因将不能独立遗传，它们必然随着所在染色体一起传递。2 个或 2 个以上的基因随所在的染色体一起遗传的方式叫连锁遗传。遗传学上把位于同一染色体上的所有基因叫一个连锁群。一个物种有多少对同源染色体，就有多少个连锁群。

贝特生等首先在香豌豆的 2 对相对性状的杂交试验中发现了性状连锁遗传现象，但他们未能提出科学的解释。直到 1910 年，美国遗传学家摩尔根通过大量的实验，总结出遗传学的第三大规律——连锁遗传规律，并创立了基因论，不仅补充和发展了孟德尔遗传规律，而且对整个遗传学的发展也具有重大意义。

一、完全连锁

1. 完全连锁现象　摩尔根用灰身长翅（BBVgVg）的雌果蝇与黑身残翅（bbvgvg）的雄果蝇杂交，已知灰身（B）对黑身（b）为显性，长翅（Vg）对残翅（vg）为显性，得到的 F_1 全部为灰身长翅（BbVgvg）的类型。如果再用灰身长翅 BbVgvg 的雄果蝇与黑身残翅 bbvgvg 的雌果蝇进行测交，按照独立分配规律，测交后代应该出现灰身长翅、黑身残翅、灰身残翅、黑身长翅 4 种类型，而且比例应该是 1∶1∶1∶1。但实际只出现了和亲本完全相同的 2 种类型：灰身长翅（BbVgvg）和黑身残翅（bbvgvg），其数量各占 50%。这种控制不同相对性状的位于同一染色体上的基因具有连在一起不分开的遗传现象叫完全连锁现象。

2. 摩尔根关于果蝇完全连锁现象的解释（图 3-6）　B 和 Vg 位于同一染色体上，b 和 vg 在另一染色体上，灰身长翅（BBVgVg）的亲本只产生 BVg 配子，黑身残翅（bbvgvg）的亲本只产生 bvg 配子。F_1 的基因型为 BVg/bvg，F_1 雄果蝇产生配子时，同一染色体上的 2 个基因随所在染色体的分离而分离，所以，只产生 2 种亲型配子，没有重组类型出现，即 BVg 和 bvg。所以测交后代只有 2 种类型，且数目相等。具有 2 对基因的杂合体在形成配子时，位于同一对染色体上的非等位基因随其所在的染色体一起传递，只产生亲型配子，没有重组型配子产生，表现为完全连锁。

实际上，完全连锁的情况在自然界是非常罕见的，在雄果蝇和雌家蚕中发现过完全连锁。更多的是另一种情况，即不完全连锁现象。

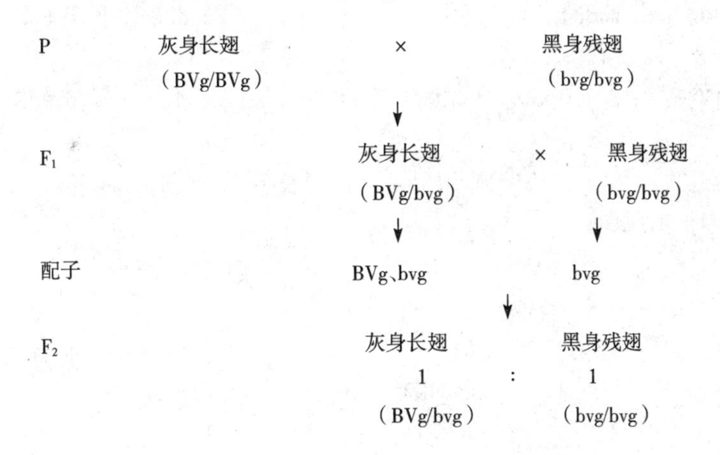

图 3-6　摩尔根关于果蝇完全连锁现象的解释

二、不完全连锁

1. 不完全连锁现象　摩尔根用灰身长翅 BbVgvg 的雌果蝇与黑身残翅 bbvgvg 的雄果蝇进行

测交，结果出现了以下4种类型的测交后代：灰身长翅41.5%，黑身残翅41.5%，灰身残翅8.5%，黑身长翅8.5%。以上结果显然不是完全连锁，但又不是独立遗传的，因为4种类型的数目不相等，而是亲本类型多，占83%，重组类型少，只占17%。这种同一染色体上的基因既有连锁又有交换的现象叫不完全连锁现象。

2. 摩尔根关于果蝇不完全连锁现象的解释　摩尔根认为：F_1雌果蝇在形成配子时，少部分性母细胞发生了交换，产生了数目相等的4种配子，即BVg、bvg、Bvg、bVg。其中，前2种为亲本型，后2种为重组型；大部分性母细胞没有发生交换，只产生了数目相等的2种配子，即BVg、bvg。结果亲型配子占了多数，且2种亲型配子的数目相等；重组型配子只占少数，且2种重组型配子的数目也相等。从而表现为不完全连锁。

三、不完全连锁在自交群体中的表现

香豌豆的杂交试验：香豌豆的紫花与红花为1对相对性状，紫花（P）对红花（p）为显性，长花粉粒（L）对圆花粉粒（l）为显性。试验结果如下：

试验一

P　　紫长 PPLL × 红圆 ppll

↓

F_1　　紫长 PpLl

↓⊗

F_2表现型	紫长 （P_L_）	紫圆 （P_ll）	红长 （ppL_）	红圆 （ppll）	合计
实际个体数	4 831	390	393	1 338	6 952
按9∶3∶3∶1 推算的理论数	3 910.5	1 303.5	1 303.5	434.5	6 952

试验二

P　　紫圆 PPll × 红长 ppLL

↓

F_1　　紫长 PpLl

↓⊗

F_2表现型	紫长 （P_L_）	紫圆 （P_ll）	红长 （ppL_）	红圆 （ppll）	合计
实际个体数	226	95	97	1	419
按9∶3∶3∶1 推算的理论数	235.8	78.5	78.5	26.2	419

遗传学中把像试验一那样，甲乙2个显性性状联系在一起遗传，而甲乙2个隐性性状联系在一起遗传的杂交组合，叫相引组；把像试验二那样，甲显性性状和乙隐性性状联系在一起遗传，而乙显性性状和甲隐性性状联系在一起遗传的杂交组合，叫相斥组。

从以上2个试验结果看，不管是相引组还是相斥组，F_1全部表现显性性状紫长，F_2分离出4种表现型，但这4种表型个体数与9∶3∶3∶1理论数相差很大，其中亲本组合性状的实际数多于理论数，而重新组合性状的实际数少于理论数，显然不符合独立分配规律，这种遗传现象的根本原因就在于不完全连锁的F_1减数分裂形成的4种配子数目不相等，它们的比例不是1∶1∶1∶1，而是亲型配子多，重组型配子少。

四、交换值及其意义

1. 交换值的概念　交换值（Rf）又称为重组率，是指重组型配子数占总配子数的百分率。即：

$$交换值=\frac{重组型配子数}{总配子数}\times 100\%$$

2. 交换值的测定

（1）测交法。交换值的测定最简单、准确的方法是用双隐性亲本与F_1杂合体测交，再根据测交子代性状发生重组的个体数计算交换值。在测交后代中重组表型的数目也就是F_1重组型配子的数目。

（2）自交法。利用自交法估计交换值较测交法复杂。对于完全显性基因，纯合体和杂合体在表型上没有区别。和独立分配一样，2对基因连锁的杂合体也形成4种配子，但在F_2的表型上不符合9∶3∶3∶1的分离比例。一个明显的偏离现象就是与亲本表型相同的类型偏多，重组类型偏少。

前述香豌豆的连锁遗传资料是用自交法得到的，现以相引组为例，说明估算交换值的理论和具体方法。香豌豆的F_2有4种表型，可以推想它的F_1能够形成PL、Pl、pL和pl 4种配子，假定各配子的频率分别为a、b、c、d，则F_2双隐性个体频率$=d^2$，而F_2双隐性个体频率$=F_2$双隐性个体数/F_2个体总数。所以，pl配子的频率$d=\sqrt{F_2\text{双隐性个体的频率}}$，由于在不完全连锁遗传中，2种亲型配子的数目相等，即PL配子的频率＝pl配子的频率，所以

$$交换率=\left(1-2\sqrt{F_2\text{双隐性个体的频率}}\right)\times 100\%$$

同理可证，在相斥相中：

$$交换率=2\sqrt{F_2\text{双隐性个体的频率}}\times 100\%$$

交换值的大小介于0～50%。当交换值越接近0时，说明连锁强度越大，2个连锁的非等位基因之间发生交换的孢母细胞数越少，在完全连锁情况下，交换值等于0。当交换值接近50%时，连锁强度越小，2个连锁的非等位基因之间发生交换的孢母细胞数越多。所以当非等位基因为不完全连锁遗传时，交换值总是大于0，而小于50%。

基因在染色体上都有一定的位置，基因定位就是通过遗传学试验，确定基因在染色体上的位置及排列顺序。由于基因间交换值的大小与它们在染色体上的距离成正比，所以可根据交换值的大小，将基因定位在染色体上。

五、连锁遗传规律的应用

1. 连锁遗传规律的发现，可将基因定位在染色体上　连锁遗传规律证实了染色体是基因的

载体，基因在染色体上呈直线排列，这为遗传学的发展奠定了坚实的科学基础。

2. 通过测定交换值可以确定基因间的相对距离　因为交换值的变化是基因间相距远近的一种反映。基因间的距离越大，其间发生交换的可能性越大，交换值也就越大；基因间的距离越小，发生交换的可能性就越小，交换值也就越低。反过来，根据交换值的大小可以进行基因定位，确定基因之间的距离和相对位置关系。

3. 根据连锁强度，估计群体大小　杂交育种的目的在于利用基因重组综合亲本优良性状，培育理想的新品种。当基因连锁遗传时，重组基因型的出现频率，因交换值的大小而有很大差别。交换值大，重组型出现的频率高，获得理想类型的机会就大；反之，交换值小，获得理想类型的机会就小。因此，要想在杂交育种工作中得到足够的理想类型，就需要慎重考虑有关性状的连锁强度，有计划地安排杂种群体的大小，估计优良类型出现的频率，估计育种的进展。

例如，已知水稻的抗稻瘟病基因（Pi-zt）与晚熟基因（Lm）都是显性，而且是连锁遗传的，交换值仅2.4%。如果用抗病晚熟材料作为一个亲本，与染病早熟的另一亲本杂交，计划在F_3选出抗病早熟的5个纯合株系，F_2群体至少要种植多少株？

（1）先根据交换值求得F_1配子的类型及比例。按上述亲本组合进行杂交，F_1的基因型应该是Pi-zt pi-ztLmlm。已知交换值为2.4%，说明F_1的2种重组配子（Pi-zt lm、pi-zt Lm）各为2.4%/2=1.2%，2种亲型配子（Pi-zt Lm、pi-zt lm）各为（100－2.4）%/2=48.8%。

（2）计算理想类型在F_2中出现的频率。理想类型抗病早熟类型纯合体基因型为Pi-zt Pi-zt lmlm，这种基因型出现的概率仅有Pi-zt lm 1.2%×Pi-zt lm 1.2% =1.44/10 000株，即在10 000株中，只可能出现1.44株。

（3）计算F_2群体大小。可以推想，要从F_3中选得5株理想的纯合体，按10 000∶1.44=x∶5的比例式计算，其群体至少需种3.5万株，这样才能满足原定计划的要求。

4. 利用性状的连锁关系，可以提高选择效率　生物的各种性状相互间都有着不同程度的内在联系。利用性状间的相关性从事选择工作，会起到一定的指导作用，特别是前期性状（如种子苗期的一些性状）和后期某些经济性状相关。例如，花卉植物在栽培上可以根据前期性状的表现及早制订田间管理措施；在多年生果树和林木育种上，可以根据童期阶段的某些性状来进行早期鉴定，预先选择那些未来有经济价值的杂种。如桃的叶色与果实成熟期有相关遗传现象，苗期秋季叶色表现紫红而落叶较早的实生苗，未来表现早熟。

5. 根据连锁强度和育种目标选用适宜的育种方法　有些植物的有利性状和不良性状连锁遗传，不易发生交换，研究中必须采用其他育种途经，如辐射育种等以打破不良的连锁关系，才能获得有利基因重组，获得目标性状。

第四节　细胞质遗传

一、细胞质遗传的概念

控制植物性状遗传的基因主要存在于细胞核内的染色体上。核内染色体上的基因称为核基因，由核基因决定的遗传叫细胞核遗传。随着遗传学研究的不断深入，人们发现细胞核遗传不是生物唯一的遗传方式。因为核外的细胞质里也存在遗传物质——DNA，这些DNA同样可以控制性状的表达。这种由细胞质基因所决定的遗传现象和遗传规律称为细胞质遗传，也称为非孟德尔遗传、核外遗传。在真核生物中，细胞质中的遗传物质存在于质体、线粒体、核糖体等细胞器中。

（一）细胞质遗传现象

1909年，德国植物学家柯伦斯首先报道了植物质体的遗传现象。他以紫茉莉为材料进行了一系列的杂交试验，发现紫茉莉质体的遗传方式与细胞核遗传方式完全不同，认为这种现象可能是细胞质遗传引起的。同年，Baur报道了天竺葵中的类似现象，并认为这是叶绿体的独立自主性造成的。现在已知20多种植物出现过这种遗传现象，其中以花斑紫茉莉的叶绿体遗传最为典型。

一般来说，紫茉莉的叶色都是绿色的，但花斑紫茉莉的植株上会同时生有绿色叶、白色叶和花斑叶3种枝。绿色叶的质体含有叶绿素；白色叶的质体不含叶绿体；花斑叶有的含叶绿体，有的不含叶绿体，故呈花斑状。当不同类型的枝条为母本与不同类型的枝条为父本进行杂交时，杂种F_1植株的性状类似于母本，与提供花粉的父本无关（表3-4）。

表3-4　紫茉莉叶色的遗传

接受花粉的枝条（♀）	提供花粉的枝条（♂）	F_1植株的性状
白色	白色 绿色 花斑	白色
绿色	白色 绿色 花斑	绿色
花斑	白色 绿色 花斑	白色、绿色、花斑

（二）细胞质遗传的特点

（1）正交和反交的遗传表现不同，F_1通常只表现母本的性状，故又称为母性遗传。

（2）遗传方式是非孟德尔式的，即杂交后代一般不表现一定的分离比例。

产生这种现象的根本原因是由于精子和卵细胞在结构上有较大差异。各种植物的精子和卵细胞就细胞核来说，其大小相似，而细胞质却相差很大。卵细胞一般都带有大量的细胞质及各种细胞器，而精子只含有很少的细胞质，再加上在受精过程如花粉萌发、花粉管伸长等生理活动中，还要消耗一部分细胞质。因此，精子只能提供其核基因，不能或极少提供细胞质基因。也就是说，一切受细胞质基因所决定的性状，其遗传信息一般只能由母本通过卵细胞遗传给子代，而不能由父本通过精子遗传给子代，其子代所表现的性状只能与母本一样。

二、细胞质基因与细胞核基因的关系

（一）质基因与核基因的比较

无论核遗传还是质遗传，其遗传的物质基础都是DNA，因此它们在结构和功能上有很多相似之处：可以自我复制并有一定的稳定性和连续性；可以控制蛋白质的合成，表现特定的性状；能发生突变并能稳定地遗传给后代。

但由于质基因的载体及其所在位置与核基因不同，因此在基因的传递、分配等方面又与核基因有区别。二者的主要区别在于：

（1）质基因数量少，由其控制的性状也较少。

（2）质基因几乎不能通过雄配子传递给后代，由此造成正交和反交结果不同，表现了母性遗传。

（3）质基因的分配与传递过程中，除其中个别游离基因有时能与染色体进行同步分裂外，绝大多数细胞质基因由于它们的载体不同于染色体，不能像核基因那样有规律地分离与重组。

（4）在人工诱导的条件下，细胞质DNA的突变率要比核DNA高。

（二）质基因与核基因的关系

虽然细胞核遗传和细胞质遗传各自都有相对的独立性，但这并不意味着它们彼此之间毫无关系。因为细胞核和细胞质都是细胞的重要组成部分，共同存在于一个整体中，它们之间必然是相互依存、相互制约、不可分割的。核基因是主要的遗传物质，但要在细胞质中才能表达；细胞质虽然控制一些性状，但常要受到细胞核的影响。总体上，在生命的全部遗传体系中，核基因处于主导和支配地位，质基因处于次要的地位。

三、植物雄性不育的遗传

所谓植物雄性不育是指植物的雄蕊发育不正常，不能产生正常的花粉；但雌蕊发育正常，可以接受正常花粉而受精结实。就是说，雄性不育的植株只能作为母本接受花粉，不可以作为父本提供花粉。这种现象广泛存在于开花植物中，据统计，目前至少在43个科162个属的617个种和种间杂种中发现了雄性不育。植物雄性不育是杂种优势利用的重要途径，许多园林植物利用这种特性来生产杂交种子，其优点是可免除人工去雄，节约人力，降低成本，保证种子的纯度。

植物雄性不育发生的原因分为2方面：一是由于环境条件影响或不适宜的生理条件造成的，这种雄性不育是不能遗传给后代的；二是遗传物质变异（包括染色体变异和基因突变）引起的，这种雄性不育是可以遗传的，在生产中有育种价值的是可遗传的雄性不育。

根据控制雄性不育的基因所在位置不同，将可遗传的雄性不育分为3种类型。

（一）细胞核雄性不育

细胞核雄性不育比较常见的是由1对隐性基因（msms）控制的，正常可育是受显性基因控制的。这种不育植株与可育植株杂交，F_1表现正常可育，F_1自交，F_2出现可育株与不育株，其育性按孟德尔遗传方式分离，分离比例为3∶1（图3-7）。

P　　雄性不育msms　×　雄性可育MsMs

↓

F_1　　Msms

↓⊗

F_2　　1MsMs∶2Msms∶1msms

可育　　可育　　不育

图3-7　细胞核雄性不育的遗传

由图3-7可知，细胞核雄性不育株不能始终保持不育，杂交后代群体中会出现育性分离，且不育株与可育株只有开花时才能加以区别，因此这种雄性不育的利用受到一定的限制。

近年来，人们发现在核不育类型中有一些对环境因素如日照长短、气温高低等高度敏感的种类，称为光温敏型雄性不育。如光敏核不育水稻，在夏季长日照、高温条件下，表现为雄性不育，这时所有正常品种都能与它杂交，产生杂交种子；而在秋季短日照、低温条件下又变成了正常的水稻，可以进行自花授粉，从而使自身得以繁殖。

（二）细胞质雄性不育

这种雄性不育型是由细胞质基因控制的，一般不受父本基因的控制，因此表现为母性遗传。如果用它作母本与雄性正常可育父本杂交，F_1全部表现为雄性不育。F_1再与雄性可育父本杂交，连续多代，其后代还是表现雄性不育。由于其育性难以恢复，所以在育种上难以利用。

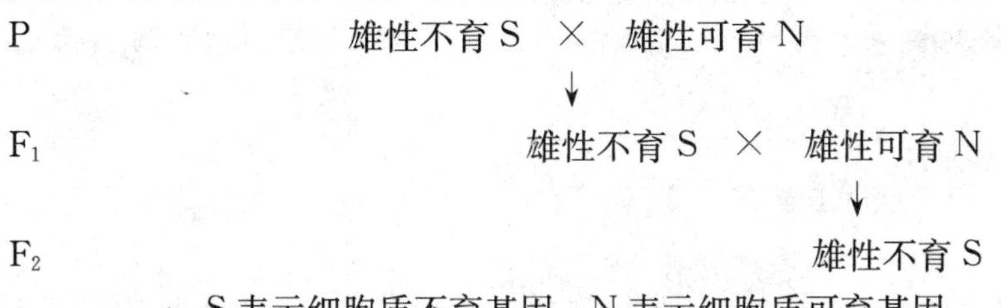

S表示细胞质不育基因，N表示细胞质可育基因

（三）质核互作雄性不育

这种雄性不育型是受细胞质基因和细胞核基因共同控制的，是质核遗传物质共同作用的结果。R表示细胞核可育基因，r表示细胞核不育基因，R对r为显性。若某一植株的细胞质不育基因是S，细胞核基因是rr，其质核基因型为S（rr），该植株表现为雄性不育；当其基因型为S（RR）或S（Rr）时，表现为雄性可育。若其细胞质基因为N时，不论核基因为RR还是rr，均表现为雄性可育。

（1）S（rr）×N（rr）→S（rr），F_1全部为雄性不育，说明N（rr）能保持不育性，因而N（rr）为雄性不育保持系，简称为保持系。保持系的雌、雄蕊均正常，其花粉传给不育系后，能使不育系结实，但其后代仍为不育系；每一个不育系都必须有其相应的保持系，才能使不育特性遗传并繁殖出大量的不育系种子。

S（rr）自身雄性不育，但雌蕊正常，能接受外来花粉受精结实，从而使不育性稳定遗传，故称雄性不育系，简称不育系，在制种时用它作母本不用去雄，即可获得杂交种子。

（2）S（rr）×N（RR）→S（Rr），S（rr）×S（RR）→S（Rr），此二者的F_1全部为雄性可育。说明N（RR）、S（RR）有恢复育性的能力，故称为雄性不育恢复系，简称恢复系。

目前生产上利用的不育系大多是质核互作型雄性不育，这种不育型的雄性不育性既容易保持，又容易恢复。利用这种不育系配制杂交种子时，需同时选出雄性不育系、雄性不育恢复系和雄性不育保持系，即“三系”配套。

复习思考题

1. 名词解释：单位性状　相对性状　等位基因　复等位基因　完全显性　不完全显性　超显性　共显性　基因型　表现型　杂合体　纯合体　一因多效　多因一效　完全连锁　不完全连锁　交换值　植物雄性不育

2. 在番茄中，红果色（R）对黄果色（r）为显性，问下列杂交可以产生哪些基因型，哪些表现型？它们的比例如何？

（1）RR×rr　（2）Rr×Rr　（3）Rr×rr　（4）Rr×RR　（5）rr×rr

3. 下面是紫茉莉的几组杂交，基因型和表现型已写明。问它们产生哪些配子？杂种后代的基因型和表现型是什么？

（1）Rr　×　RR　　（2）rr　×　Rr　　（3）Rr　×　Rr

粉红　　红色　　　白色　　粉红　　　粉红　　粉红

4. 番茄的红果R对黄果r为显性，请根据下列杂交组合的表现型，写出亲代和子代的基因型。

（1）红果×黄果→红果

（2）红果×红果→3红果∶1黄果

（3）红果×黄果→1红果∶1黄果

5. 有一豌豆杂交：绿子叶×黄子叶→F_1全部黄子叶→$F_2$3黄子叶∶1绿子叶。那么F_2中能真实遗传（即纯合体）的黄子叶的比率是多少？

6. 试写出以下6种基因型的个体各能产生哪几种配子？

AABB　Aabb　aaBB　AaBB　AABb　AaBb

7. 在南瓜中，果实的白色（W）对黄色（w）是显性，果实盘状（D）对球状（d）是显性，这2对基因是自由组合的。问下列杂交可以产生哪些基因型，哪些表现型？它们的比例如何？

（1）WWDD×wwdd　　　（2）wwDd×wwdd

（3）Wwdd×wwDd　　　（4）Wwdd×WwDd

8. 纯种的黄色圆粒豌豆（YYRR）和绿色皱粒豌豆杂交，得到F_1，F_1自交产生F_2，F_2中表现型与F_1不同的个体占多少？

9. 红花阔叶的牵牛花植株（AaBb）与某植株杂交，其后代的表现型为3红阔∶3红窄∶1白阔∶1白窄。该植株的基因型和表现型是什么？

10. 在豌豆中，蔓茎（T）对矮茎（t）是显性，绿豆荚（G）对黄豆荚（g）是显性，圆种子（R）对皱种子（r）是显性。现在有下列杂交组合，问它们后代的表现型如何？

(1) TTGgRr×ttGgrr　(2) TtGgrr×ttGgrr　(3) TtGgRr×TtGgRr

11. 在番茄中，缺刻叶和马铃薯叶是一对相对性状，显性基因C控制缺刻叶，基因型cc的植株是马铃薯叶。紫茎和绿茎是另一对相对性状，显性基因A控制紫茎，基因型aa的植株是绿茎。把紫茎、马铃薯叶的纯合植株与绿茎、缺刻叶的纯合植株杂交，在F_2中得到9∶3∶3∶1的分离比。问：如果把F_1：(1) 与紫茎、马铃薯叶亲本回交；(2) 与绿茎、缺刻叶亲本回交；(3) 用双隐性植株测交时，下一代表型比例各如何？

12. 在下列的婚配中，子女的表型是什么？比例关系如何？

(1) I^AI^A×ii；　(2) I^AI^A×I^BI^B；　(3) I^AI^A×I^Bi；　(4) I^AI^A×I^Ai；

(5) I^Ai×I^Ai；　(6) I^Ai×I^AI^B；　(7) I^Ai×ii。

13. 如果一个植株有4对显性基因是纯合的，另一植株有相应的4对隐性基因是纯合的，把这2个植株相互杂交，问F_2中：(1) 基因型；(2) 表现型全然像亲代父母本的各有多少？

14. 1个基因型为AaBb的个体产生的配子中，18%为AB，17%为ab，34%为aB，31%为Ab。问：

(1) A和B是否连锁？

(2) 如果这个个体的2个亲本是纯合的，那么它们的基因型如何？

15. 在玉米试验中，高茎基因D对矮茎基因d为显性，常态叶C对皱叶c为显性，纯合高茎常态叶DDCC与矮茎皱叶ddcc杂交，子代是高茎常态叶，测交后：高茎常态叶83株，矮茎皱叶81株，高茎皱叶19株，矮茎常态叶17株。问有无连锁？有无交换？为什么？有交换的话交换值是多少？

16. 遗传的3个基本规律有什么区别与联系？

17. 什么是细胞质遗传？怎样区别细胞质遗传和细胞核遗传？

18. 雄性不育类型有几种？它们是如何遗传的？

第四章　数量性状的遗传

【本章提要】数量性状的变异是连续的，且容易受环境条件的影响。其作用机制可用微效多基因假说解释。遗传力是指亲代将某一性状遗传给子代的能力。它是性状遗传能力的指标，在对性状的成因评定和选择中具有非常重要的意义。

第一节　数量性状的特征及遗传机理

一、数量性状的遗传特征

前面几章中讲到的性状，如豌豆的红花和白花，种子的圆粒与皱粒等，相对性状之间有质的差别，界限分明，在群体或杂种后代中可以根据表现型分组归类，不同类型之间没有过渡类型，非此即彼，所以性状的变异是不连续的。这种相对性状之间有明显的界限、表现不连续变异的性状称为质量性状。质量性状一般受 1 对或几对基因控制，遗传方式基本受孟德尔遗传规律的控制，受环境条件的影响较小。

自然界形形色色的生物遗传性状，除了前面所涉及的质量性状以外，还有另一类性状，它们往往表现为连续变异，例如，在一片同龄林中，树木的高度不一，从最矮到最高，中间有很多过渡类型，不能分组归类，这类相对性状之间没有明显的界限、呈现连续变异的性状，称为数量性状。这类性状常常是非常重要的经济性状，包括植物产量的高低、植株高度、早熟（早花）的程度、果实的重量、花冠的直径等。例如，花瓣里香精油的含量，有些品种的含量不足 0.1%，有的却超过 1%，中间又有一切过渡的含量。蔷薇果实的维生素含量也是如此。就花期的早晚来讲更复杂，以菊花为例，上海龙华苗圃用早开花的‘五七菊’品种与晚开花的秋菊品种杂交，其杂种第一代的花期大多数介于双亲之间，而又有一定变化幅度。杂种第二代则出现早花到晚花之间的一系列中间类型的分离，没有明显的显隐关系。这类性状肉眼是难以区分的，只能用长度、重量、体积等数值来表示其差异。大小、轻重、多少或早晚等只能定性不能定量的词语已不能描述这类性状了，要用统计分析的方法来研究它们的遗传规律。

数量性状表现的特征主要有：①数量性状的变异是连续的；②数量性状易受环境条件的影响。但要注意，数量性状与质量性状既有区别，又有联系。例如，小麦粒色的遗传，在具有 1 对基因差异时，其遗传动态类似于质量性状，F_2 呈现 3∶1 的分离比例。但有 3 对基因差异时，F_2 则表现了数量性状的连续变异。数量性状与质量性状有时还有重叠现象。例如，玉米有一种矮生型，其控制基因 d_1 与正常株（D_1）为 1 对基因差别，当 D_1D_1 与 d_1d_1 杂交时，F_1（D_1d_1）全部正常，F_2 中正常型与矮生型比例为 3∶1，表现了质量性状的特点。但在正常型和矮生型中又都分别有高与矮的数量性状的连续变异。现在以玉米穗长遗传的实例来说明数量性状的特征（表 4-1）。

表 4-1　玉米穗长杂交试验结果　　单位：cm

	5	6	7	8	9	10	11	12	13	14	15	16	17	18	19	20	21	总穗长	平均数
短穗亲本	4	21	24	8														57	6.63
长穗亲本									3	11	12	15	26	15	10	7	2	101	16.80
F_1					1	12	12	14	17	9	4							69	12.12
F_2			1	10	19	26	47	73	68	68	39	25	15	9	1			401	12.89

从表 4-1 看出：①2 个亲本及 F_1、F_2（13～21cm）的穗长均有从短到长的连续变异；②2 个亲本的穗长平均值（$F_1$6.63cm、$F_2$16.80cm）相差很大，说明确属遗传的差异；③F_1 的平均数 12.12cm 介于双亲平均数之间，F_1 的变异幅度（9～15cm）较小，说明 F_1 遗传基础是纯合的，它的变异是环境条件的影响；④F_2 的穗长平均数同样介于 2 亲本平均数之间与 F_1 近似（12.89cm），但变异范围比 F_1 大（7～15cm），这里既有基因型的差异，又有环境条件差异的影响。

二、数量性状的遗传机理——微效多基因假说

由上述不同穗长的玉米品种杂交的结果看出，长穗和短穗之间无明显的显隐性关系，F_2 中也不存在一方性状完全压倒另一方的情况，不能用孟德尔规律来解释。那么数量性状的遗传方式如何？是否与孟德尔遗传规律相矛盾呢？1908 年，瑞典尼尔逊—埃尔（Nilsson-Ehle）根据小麦粒色的试验资料，对比孟德尔豌豆试验的结果，提出了多基因假说，后来伊斯特（East）等人又根据玉米穗长的试验，发展了这个假说。

（一）小麦粒色试验

Nilsson-Ehle 在对小麦粒色的研究中，发现当红粒与白粒杂交时，在不同品种的组合中，可以出现以下几种情况：

试验一　3∶1 分离

P 红粒×白粒

↓

F_1　红粒

↓⊗

F_2 3 红粒∶1 白粒

在 3∶1 中，若进一步观察，红色还有程度不同，可细分为 1/4 红粒∶2/4 中红粒∶1/4 白粒，即成 1∶2∶1 的比例。

试验二　15∶1 分离

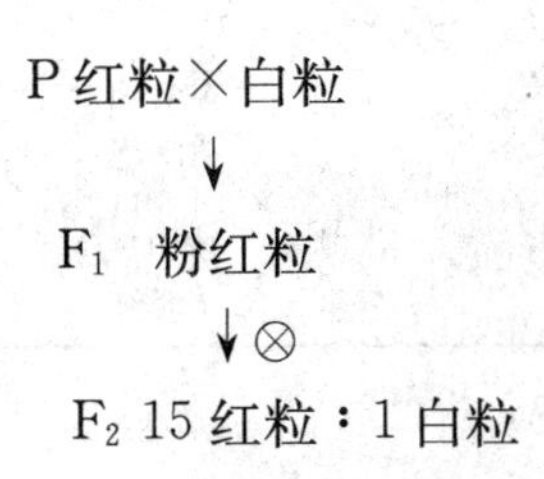

在 15∶1 中，同样可细分为：1/16 深红∶4/16 次深红∶6/16 中红∶4/16 淡红∶1/16 白色，成 1∶4∶6∶4∶1 的比例。

试验三　63∶1 分离

P 红粒×白粒

↓

F_1　粉红粒

↓⊗

F_2 63 红粒∶1 白粒

在 63 红粒中仔细区分，颜色深浅不同，可分为：1/64 极深红∶6/64 深红∶15/64 次深红∶20/64 中红∶15/64 中淡红∶6/64 淡红，即结果表现为 1∶6∶15∶20∶15∶6∶1 的比例。

从上述结果可见，不同组合分离的比例是（$1/2R+1/2r)^{2n}$（R 和 r 分别代表 F_1 产生的雌、雄配子，n 为基因对数）展开式的系数。这其中涉及的基因不止 1 对，而是多对都同时对子粒颜色起作用。在此基础上 Nilsson-Ehle 提出了多基因假说，来解释数量性状的遗传机理。

（二）微效多基因假说

Nilsson-Ehle 认为，数量性状的遗传，也同质量性状一样，都是由基因控制的，不同之处是数量性状是受多基因控制，每个基因对性状表达的效应相等且很小，整个基因群对性状的作用就等于所有基因的分别作用累加，这些加性的微效多基因的遗传，仍遵守孟德尔规律，服从分离、重组和连锁遗传规律。分离时按（1∶2∶1)^n 的比例分离（n 为基因对数）。例如，在试验二中 F_2 分离比例为 1∶4∶6∶4∶1，平均每 16 个麦粒中就有 2 个亲本类型。显然这一杂交组合中，小麦粒色的遗传是受 2 对基因控制的，其遗传机理如下：

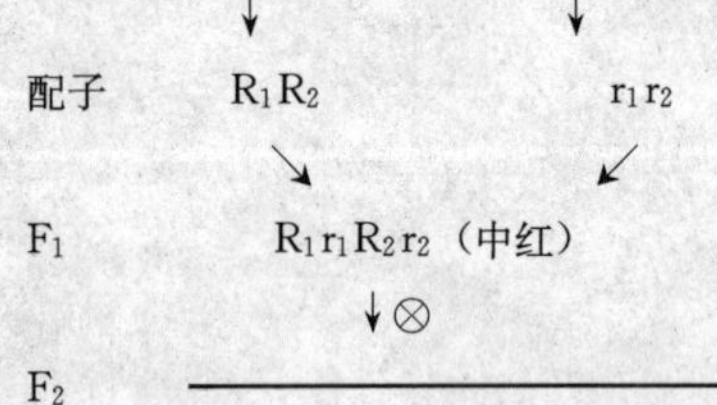

F_2

	R_1R_2	R_1r_2	r_1R_2	r_1r_2
R_1R_2	$R_1R_1R_2R_2$ 深红	$R_1R_1R_2r_2$ 次深红	$R_1r_1R_2R_2$ 次深红	$R_1r_1R_2r_2$ 中红
R_1r_2	$R_1R_1R_2r_2$ 次深红	$R_1R_1r_2r_2$ 中红	$R_1r_1R_2r_2$ 中红	$R_1r_1r_2r_2$ 淡红
r_1R_2	$R_1r_1R_2R_2$ 次深红	$R_1r_1R_2r_2$ 中红	$r_1r_1R_2R_2$ 中红	$r_1r_1R_2r_2$ 淡红
r_1r_2	$R_1r_1R_2r_2$ 中红	$R_1r_1r_2r_2$ 淡红	$r_1r_1R_2r_2$ 淡红	$r_1r_1r_2r_2$ 白色

对 F_2 进行整理结果见表 4-2。

表 4-2　小麦粒色试验中 F_2 代 15∶1 分离

基因型及其频数	R 基因数目	表现型	表现型比例
$1R_1R_1R_2R_2$	4R	深红	1
$2R_1r_1R_2R_2$ $2R_1R_1R_2r_2$	3R	次深红	4
$1R_1R_1r_2r_2$ $4R_1r_1R_2r_2$ $1r_1r_1R_2R_2$	2R	中红	6
$2R_1r_1r_2r_2$ $2r_1r_1R_2r_2$	1R	淡红	4
$1r_1r_1r_2r_2$	0R	白色	1

由此可见，试验结果与理论推出的结果一致，说明数量性状遗传受多基因控制的假说是合理的，R 基因累加的数目越多，子粒的颜色越深，所以红的程度决定于有效基因（对某一表型起作用的基因）的累加数，但各个基因的效应是微小的、相等的、可加的。所以决定这类数量性状的基因称为加性基因。

在试验三杂交组合中，F_2 的红白颜色分离为 63∶1，分离比例为 1∶6∶15∶20∶15∶6∶1，这表明小麦粒色的遗传是受 3 对基因控制的。用上述同样的方法整理 F_2，见表 4-3：

表 4-3　小麦粒色试验中 F_2 代 63∶1 分离

R 基因数	6R	5R	4R	3R	2R	1R	0R
表现型	极深红	深红	次深红	中红	中淡红	淡红	白
表现型比例	1	6	15	20	15	6	1

可见 F_2 表型类别和比例与有效基因的数目有直接关系，分离比例符合二项式 $(a+b)^{2n}$ 的展开式，n 代表基因对数，a、b 分别代表 F_1 中 R 和 r 基因分配到每一配子内所出现的几率（各 1/2）。当 $n=1$，2，3 时就分别得到上述 3 个试验的分离比例。

实际上，由于决定数量性状的基因对数（n）是很多的，而且每个基因都受环境的影响，把每个基因的环境影响也累加起来，就会使数量性状对环境更敏感，这二重作用（基因累加和环境影响）交织在一起，使表现型比例更会出现连续性的变异，使其 F_2 分布呈光滑的常态分布曲线。这一假说，也同时解释了 F_2 表型变异幅度大于 F_1 的现象。

综上所述，微效多基因假说的要点如下：

（1）数量性状受微效多基因控制，每个基因的效应是独立的、微小的和相等的。

（2）各基因对性状表现的作用是累加的，这个加性是指成对基因作用于个体同一性状时，它们是以累加的方式，对所控制的性状共同起作用，即各基因总的作用是可加的，不同位点基因的作用也是可加的。

（3）大写基因为有效基因，小写基因为无效基因。有效基因不掩盖无效基因的表现，无明显的显隐性关系。

（4）微效多基因的遗传仍遵守遗传的基本规律，同样有分离、重组、连锁和互换现象。只不过控制性状的基因很多，所以分离后的表型比例呈常态分布。

第二节　遗传力

一、遗传力的概念

遗传力（率）(heritability,）又称遗传传递力，是指亲代将某一性状遗传给子代的能力。它是性状遗传能力的指标，以百分数表示，它在对性状的成因评定和选择中具有非常重要的意义。

遗传力是反映生物在某一性状上亲代与子代间相似程度的一项指标。某一性状的遗传力高，说明在该性状的表现中由遗传所决定的比例大，子代重现其亲代表现的可能性就大。

生物体的性状表现，既受环境条件的影响，又受基因型的控制，通常把某一性状的表现型测定值称为表现型值（P），由基因型决定的那一部分称为基因型值（G），环境条件决定的部分，可以认为是表现型值与基因型值之差，称为环境差值（E）。则任何性状的表型值，可用下式表示：

$$P=G+E$$

若用变量 V（方差：表示变异的程度）来表示，表达式则可写成 $V_P=V_G+V_E$，即表型方差（总变量）等于遗传型方差与环境方差之和。

广义遗传力（h_B^2）就是某一性状的遗传方差占总方差的百分比，即：

$$h_B^2=V_G/V_P\times100\%=V_G/V_G+V_E\times100\%$$

从上式可知，如果遗传方差占总方差的比例大，则遗传力高，说明表型变异主要是由遗传变异引起的，是可以遗传的，因此根据表型变异进行选择是有效的。如果遗传方差占总方差的比例小，遗传力低，说明环境影响大，选择的效果就不显著。因此，在实际应用中可以利用不分离世代（只具有一种基因型的世代），即纯种亲本 P_1、P_2 和杂种 F_1 代的表型方差作为环境方差的估值来计算广义遗传力。这是由于 P_1、P_2 纯合，F_1 个体间的杂合性是一致的，它的表型变异完全是由环境变异引起的，因此 $V_{F_1}=V_{E_1}$，假定 F_1 与 F_2 处于相似的环境条件，即 F_2 的环境方差与 F_1 的环境方差相似，即 $V_{E_2}=V_{E_1}$，则 $V_{F_2}-V_{F_1}$ 就是 F_2 的遗传方差 V_G。所以，

$$h_B^2=(V_{F_2}-V_{F_1})/V_{F_2}\times100\%$$

例 1　用表 4-1 中所列出的玉米穗长试验结果计算 h_B^2。

据表中数据可求得 $V_{F_2}=5.072$，$V_{F_1}=2.307$。

$$h_B^2=(V_{F_2}-V_{F_1})/V_{F_2}\times100\%=(5.072-2.307)/5.072\times100\%=54.52\%$$

结果表明：玉米穗长的变异中约 54.52%是由遗传差异引起的，45.48%是环境差异引起的。

树木中多数是高度的杂合体，虽然 F_1 有分离，但大多数树种可以进行无性繁殖，同一无性系的分株具有相同的基因型，故 $V_G=0$，$V_P=V_E$。以同一无性系的不同分株间的表型方差作为环境方差的估计量，以同时并栽的同一树种有性后代间的表型方差作为表型总方差，即可求出广义遗传力。

例 2　某优树半同胞家系（Pf）实生苗高生长标准差为 22.52cm，而同龄并栽的优树无性系 Pr 苗高标准差为 15.19cm，求树高遗传力。

$V_{Pr}=(15.19)^2=230.74$　　$V_{Pf}=(22.52)^2=507.15$

$h_B^2 = (V_{Pf} - V_{Pr}) / V_{Pf} \times 100\% = (507.15 - 230.74) / 507.15 \times 100\% = 54.50\%$

这就是说，这个家系半同胞苗高生长差异的54.50%是由遗传原因造成的，而45.50%是由环境原因引起的。

如果对基因的作用进一步分析，遗传方差又可分解为3个部分，即基因的加性方差（V_A）、显性方差（V_D）和上位性方差（V_I）。其中加性方差是由基因的累加效应产生的，是可以稳定遗传的；显性方差是杂合的基因间互作产生的，纯合时就会消失，是遗传方差中不稳定的部分；上位性方差是非等位基因互作产生的，目前难以估计。显性方差和上位性方差统称非加性方差。加性方差占总方差的百分率称为狭义遗传力（h_N^2），$h_N^2 = V_A / V_P \times 100\%$。

二、遗传力的应用

遗传力所反映的是性状遗传给后代的能力，因此在育种实践中具有重要意义。

（一）遗传力的高低可作为育种工作中对性状选择的依据

生物的数量性状对环境比较敏感，一个分离世代群体的表型变异，包含遗传变异和环境变异两种成分，所以2个基因型相同的个体，可能具有不同的表现型，而表现型相同的个体，基因型可能不同。遗传变异和环境变异同时存在，影响了选择的可靠程度。广义遗传力的估算就是对遗传变异在表型变异中所占的比重作出大致的估计，为育种工作提供选择的依据。遗传力越高，表示环境影响越小，群体的表型变异主要由遗传因素引起的，换句话说，个体间的表型差异很大程度上是由基因型决定的，在这种情况下进行选择，效果往往比较显著；反之，选择的效果差。

（二）根据遗传力的高低确定杂交后代不同世代性状选择的重点和标准

凡遗传力高的性状，应在早代进行选择，因为性状遗传力高，该性状在杂交后代中容易表现出来，所以早代选择效果好，以减轻育种工作量；遗传力低的性状则可在后期世代进行选择，因为随着基因型纯合度的增加，性状的遗传力也会随之增加，加上控制数量性状遗传的微效多基因具有累加作用，所以晚代选择有效。

遗传力高的性状选择时可以严格按育种目标进行，以控制群体规模；遗传力低的性状，选择时可适当放宽标准，因为这些性状不容易表现出来，适当放宽标准，增加出现优良个体的机会，避免丢失有效基因。

值得说明的是，遗传力是遗传方差与总方差之比，而这两个成分都是从具体环境的田间试验中估算出来的，所以会随环境的改变而改变，因而遗传力不是常数，只是一个估计值。不同植物、不同性状、不同世代、不同地点的材料，不同的估算方法，估算结果往往不同，在应用时应当注意，对同一性状往往用多年多点的遗传力才可靠。不过，同一品种，在环境条件相对一致情况下，遗传力仍是相对稳定的，因此它可作为应用的参考。

复习思考题

1. 比较质量性状和数量性状的遗传特征。

2. 用松树针叶长短不同的2个亲本杂交，短叶亲本为隐性纯合，松针长为4cm，每个有效基因可使松针增长2cm，长叶亲本松针长16cm，根据下表解释针叶长短的这一性状的遗传行为。

松针数量性状遗传时 F_2 的基因型、表现型和个体分配

类　别	基因型	表现型（针叶长度/cm）	个体数（总数64）
6个有效基因	$A_1A_1A_2A_2A_3A_3$	16	1
5个有效基因	$A_1a_1A_2A_2A_3A_3$ $A_1A_1A_2a_2A_3A_3$ $A_1A_1A_2A_2A_3a_3$	14	6
4个有效基因	$A_1A_1A_2a_2A_3a_3$ $A_1a_1A_2A_2A_3a_3$ $A_1a_1A_2a_2A_3A_3$ $A_1A_1A_2A_2a_3a_3$ $A_1A_1a_2a_2A_3A_3$ $a_1a_1A_2A_2A_3A_3$	12	15
3个有效基因	$A_1a_1A_2a_2A_3a_3$ $A_1A_1A_2a_2a_3a_3$ $A_1a_1A_2A_2a_3a_3$ $A_1A_1a_2a_2A_3a_3$ $A_1a_1a_2a_2A_3A_3$ $a_1a_1A_2A_2A_3a_3$ $a_1a_1A_2a_2A_3A_3$	10	20
2个有效基因	$A_1a_1A_2a_2a_3a_3$ $A_1a_1a_2a_2A_3a_3$ $a_1a_1A_2a_2A_3a_3$ $A_1A_1a_2a_2a_3a_3$ $a_1a_1A_2A_2a_3a_3$ $a_1a_1a_2a_2A_3A_3$	8	15
1个有效基因	$A_1a_1a_2a_2a_3a_3$ $a_1a_1A_2a_2a_3a_3$ $a_1a_1a_2a_2A_3a_3$	6	6
0个有效基因	$a_1a_1a_2a_2a_3a_3$	4	1

3. 设小麦早熟品种（P_1）和晚熟品种（P_2）杂交，先后获得 F_1、F_2、B_1、B_2 的种子，将它们同时播种在均匀的试验地里，经记载和计算，求得从抽穗到成熟的平均天数和方差于下表，试计算广义遗传力。

世　代	P_1	P_2	F_1	F_2	B_1	B_2
X	13	27.6	18.5	21.2	15.6	23.04
V	12.02	10.8	4.5	40.20	18.25	32.15

第五章　遗传物质的变异

【本章提要】 本章主要介绍基因重组之外的遗传改变，即染色体变异和基因突变的遗传效应及其在园林植物育种上的应用。

第一节　染色体的变异

前面讲到，在生物体内作为遗传物质主要载体的染色体，其结构和数目是相对稳定的，但在某些条件的作用下，可能发生结构或数目的改变，统称为染色体变异。如各种射线、化学药剂、温度剧变等外界条件的影响，或生物体内生理生化过程不正常、代谢失调、衰老等内因的变化以及远缘杂交等，均有可能使其结构和数目发生改变。一旦染色体有任何改变，都会引起其上所承载的基因的改变，从而使生物产生可遗传的变异。

一、染色体结构的变异

染色体结构的变异，是指染色体结构发生断裂，断裂后重接时发生差错而产生的变异，又称为染色体畸变。染色体的结构变异包括缺失、重复、倒位和易位 4 种类型。

1. 缺失　缺失是指一条染色体的某一区段丢失，因而丢失了区段中的基因。如果丢失的是某臂的外端一段，称为顶端缺失；如果丢失的是一个臂内的一段，则称为中间缺失（图 5-1）。顶端缺失染色体因很难定型而比较少见。中间缺失的类型比较稳定。发生缺失时无着丝点的染色体断片会随细胞分裂而消失。某个体的细胞中一对同源染色体中的一个发生了中间缺失，称为缺失杂合体；一对同源染色体都在同一位置发生了中间缺失，称为缺失纯合体。

缺失生物对个体发育和配子育性都有不利的影响。如果缺失区段太大，或缺失了很重要的基因，那么这个个体不能成活；缺失纯合体更不能成活；缺失杂合体有时能成活，但在遗传上有些反常的表现。因为缺失杂合体产生 2 种配子，1 种是带有正常染色单体的配子，正常可育；另 1 种是带有缺失染色单体的配子，往往败育。缺失杂合体还常表现出假显性。同源染色体上带有显性基因的一段染色体丢失，致使隐性基因得到表现的现象称为假显性。例如，有人曾经将紫株玉米（PlPl）用 X 射线照射后，给绿株玉米（plpl）授粉，结果在 734 株 F_1 中发现了 2 株绿苗。对这 2 株绿株进行细胞学检查，发现其第 6 染色体长臂外端带有 Pl 基因的部分缺失，长成绿株是同源染色体对应缺失位点上的 pl 基因得以表现的结果（图 5-2）。对于这种现象，如果不进行细胞学检查，仅根据表型判断，就会误认为是 Pl（紫色显性）突变成 pl（绿色隐性）。

2. 重复　重复是指染色体增加了与自身相同的某一区段。它也是由染色体断裂和错接产生的。如果重复区段基因排列顺序与原顺序相同，称为顺接重复；如果重复区段基因排列顺序与原顺序相反，则为反接重复（图 5-1）。由于重复发生在同源染色体之间，因此可能一个染色体发

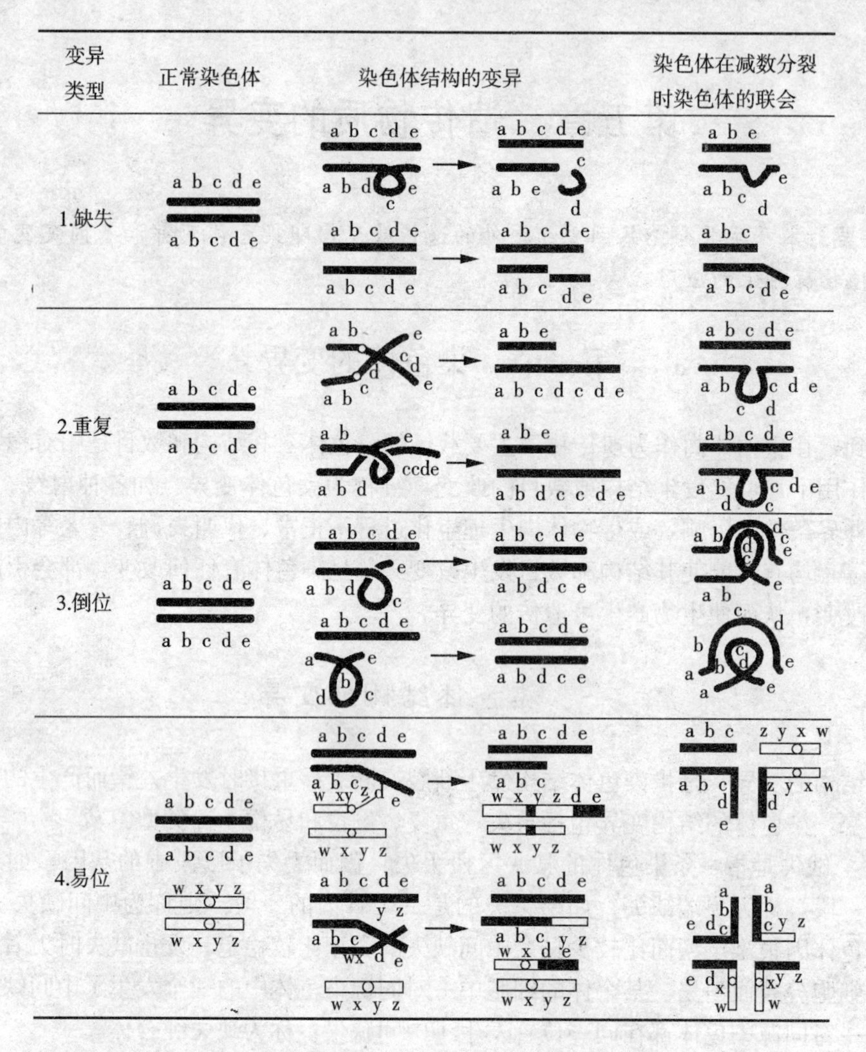

图 5-1　染色体的结构变异及其杂合体同源染色体联会示意图

生重复时，在同源的另一个染色体上发生缺失。

一般情况下，重复对生物体的影响比缺失要缓和一些，但因它扰乱了基因固有的平衡体系，严重的也会影响个体的生活力，甚至导致个体死亡。重复区段上的基因在重复杂合体内是 3 个，在重复纯合体内是 4 个，往往产生剂量效应和位置效应。突出表现在果蝇的棒眼遗传。野生型果蝇的每个复眼大约由 780 个红色小眼组成。曾发现 X 染色体 16 区 A 段有一次重复的个体，其表现型由复眼变成条形的棒眼。在重复纯合体雌果蝇中，1 对 X 染色体上 16 区 A 段各有一次重复时（即共有 4 个 16 区 A 段），复眼的小眼数目从正常的大约 780 个变成仅 68 个，表现出较细的棒眼，这种重复区段数目的增多产生的影响即为剂量效应。在杂合体中有一种类型，1 对 X 染色体上有 1 条具有 3 个这样的区段，虽然总数也是 4 段重复，其复眼却成为更细的条形，小眼数目减少到 45 个，称为重棒眼或加倍棒眼，这种重复区段排列方式的不同引起遗传的差异为位置效应。

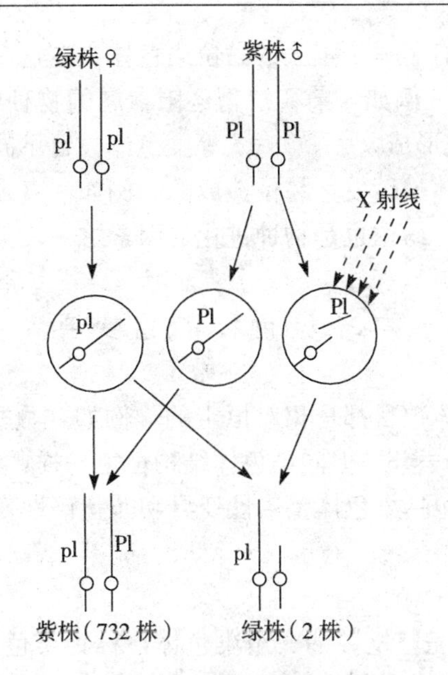

图 5-2　玉米株色因缺失而造成的假显性现象

3. 倒位　倒位是指正常染色体的某一区段断裂后倒转 180°重新接上。发生倒位的染色体没有遗传物质的丢失，基因总数没有改变，只是基因的排列顺序发生了变化。如果倒位区段发生在着丝点一侧臂上，称为臂内倒位；如果倒位区段包括着丝点在内，涉及染色体的两个臂，称为臂间倒位（图 5-1）。

倒位杂合体能产生部分不育的配子，能引起重组值大大降低，还可以形成新物种，促进生物进化。倒位杂合体自交形成的倒位纯合体一般生活力正常，但由于基因的位置效应会造成遗传性状与原始类型的差异，也会导致与原始物种形成生殖隔离，逐渐形成新物种。例如，研究认为，百合科的两个种——头巾百合（*Lilium martagon*）和竹叶百合（*Lilium hansoni*）的分化，就是由于染色体发生臂内倒位形成的。

4. 易位　易位是指非同源染色体之间发生某个区段的转移。染色体某一断裂片段转移到另一非同源染色体上，实现了非同源染色体间的交换。如果易位是单方面的，称为单向易位或简单易位；若是双方互换了某些区段，则称为相互易位（图 5-1）。易位和交换都是染色体片段的转移，不同的是交换发生在同源染色体之间，而易位则发生在非同源染色体或者异源染色体之间；交换属于细胞减数分裂中的正常现象，而易位是异常条件影响下发生的染色体畸变，所以也称为非正常交换。

易位改变了正常的连锁群，导致易位杂合体表现半不育。在中期Ⅰ 2 对相互易位的染色体组成四价体，后期Ⅰ如果一条正常染色体和一条易位染色体分到一极，另一条正常染色体和另一条易位染色体分到另一极，由此产生的 4 种配子在染色体组成上既有缺失，又有重复，所以都是不育的。如果正常的 2 条非同源染色体分到一极，相互易位的 2 条非同源染色体分到另一极，由此产生的 4 种配子在染色体组成上有正常染色体和易位染色体，但没有缺失和重复，配子生活力正常。

易位有时还能引起染色体数目的改变。由于 2 个易位染色体的其中一个只得到 2 个正常染色体的很小一段，另一个却得到 2 个正常染色体的大部分，在形成配子时，前者丢失，未能进入配子核内，而后者使1个配子具有了一个很大的易位染色体，在这一个体的自交子代中，便将出现少了1对染色体的易位纯合体。例如，菊科植物还阳参属的物种中，$n=5$ 的种来自 $n=6$ 的种，还有 $n=3$、$n=4$ 的种，经杂交形成 $n=7$、$n=8$ 等染色体数目不同的种。有许多植物的变种或变异品系都是在进化过程中染色体连续发生易位造成的。例如，直果曼陀罗的许多变异品系就是不同染色体的易位纯合体。所以，易位也是物种进化的因素之一。

二、染色体数目变异

自然界中各种生物的染色体数目都是相对恒定的，例如，月季 $2n=14$，菊花 $2n=54$，人类 $2n=46$，银杏 $2n=24$，杨树 $2n=38$。但同染色体结构恒定一样，染色体数目的恒定也是相对的，在一定条件下也能发生变化，包括染色体整倍性变异和非整倍性变异。

（一）染色体整倍性变异

1. 染色体组　同属生物中完整基数的一组染色体，称为染色体组，也称基因组。其基本特征是：同一染色体组内各个染色体的形态、结构、功能和基因连锁群都彼此不同，但它们包含着生物体生长发育所必需的全部遗传信息，并且构成一个完整而协调的体系，保证了生物正常的生命活动，缺少其中任何一个都会造成不育或性状变异。每个染色体组所包含的染色体数目称为染色体基数，用 x 表示。配子中的染色体数用 n 表示。自然界中，多数物种的体细胞内含有2个完整的染色体组（$2x$），即二倍体。体细胞内超过2个染色体组如 $3x$、$4x$、$5x$ 等，则为多倍体。对二倍体生物而言，$n=x$，如玉米配子中有10条染色体，而玉米一个染色体组也含有10条染色体，即 $n=x=10$。对多倍体生物而言，n 是染色体组数的一半，如栽培菊花体细胞中大多数含6个染色体组，每组的染色体基数是9，即 $2n=6x=54$，$n=3x=27$。

2. 整倍体　所谓整倍体是指细胞核内含有完整染色体组倍数的生物体。

（1）单倍体。单倍体是指体细胞内具有本物种配子染色体数（n）的个体。在高等植物中，所有单倍体几乎都是由于生殖过程不正常产生的，如孤雌生殖、孤雄生殖等。在自然界，大部分单倍体是孤雌生殖形成的，人工单倍体多数是通过花药的离体培养得到的。

高等植物的单倍体和二倍体比较起来一般体型弱小，全株包括根、茎、叶、花等器官都成比例地变小。当减数分裂时，染色体成单价体存在，没有相互联会的同源染色体，所以最后将无规律地分离到配子中去，结果绝大多数不能发育成有效配子，因而表现高度不育。例如，刺槐的单倍体有10条染色体，减数分裂时理论上10条染色体都分向一极的几率只有 $(1/2)^{10}=1/1\,024$，而且单价体在减数分裂过程中存在落后现象，常常不能进入子细胞的新核中，所以实际上获得可孕配子的几率比理论值还要低。只有雌雄配子都是可育的，才能得到具有10对染色体的正常植株，这便是单倍体表现高度不育的原因。

单倍体在遗传研究和育种实践上具有重要价值：①由于单倍体中每个基因都是成单的，不论显隐性都可以表达，因此是研究基因及其作用的良好材料；②利用 F_1 花粉培养成单倍体植株，可以获得广泛变异的个体，特别是隐性突变可以得到表现；③使单倍体植株染色体加倍可以得到育性正常的纯合个体，从而缩短育种年限；④人工诱变单倍体植株，在当代就能发现变异类型，从而提高诱变效果。

(2) 一倍体。体细胞中只含有1个染色体组的生物体，称为一倍体。要正确区分一倍体和单倍体。例如，二倍体毛白杨体细胞中含有38条染色体，配子中含有1个染色体组，即$2n=2x=38$，$n=x=19$，所以，其单倍体也是一倍体；而四倍体的欧洲山杨体细胞中含有76条染色体，配子中含有2个染色体组，即$2n=4x=76$，$n=2x=38$，其单倍体就不是一倍体。

(3) 二倍体。生物体细胞中含有2个染色体组的个体，称为二倍体。大多数的植物和几乎所有的动物都是二倍体。正常情况下，二倍体生物生长发育正常，育性正常。

(4) 多倍体。生物体细胞中含有3个或3个以上染色体组的个体，称为多倍体。多倍体在植物界比较普遍。按照多倍体产生的途径不同，又可分为同源多倍体和异源多倍体。一种植物的同一染色体组加倍2次或2次以上形成的个体称为同源多倍体。自然界中自然加倍的花卉或树木，如月见草、水仙花、金钱松等都是同源多倍体。同源多倍体中常见的是同源四倍体。三倍体的出现大多数是由于减数分裂不正常，由未经减数分裂的配子（$2n$）与正常配子（n）受精形成，如山杨（$3x=57$）、风信子（$3x=48$）。而异源多倍体是指加倍的染色体组来源于不同物种，包括偶倍数的异源多倍体和奇倍数的异源多倍体。自然界中能够自繁的异源多倍体种都是偶数倍的，这种偶数倍的异源多倍体在被子植物中占30%～50%，禾本科植物中约占70%。如小麦、燕麦、棉花、烟草、苹果、梨、樱桃、菊花、水仙、郁金香等都属于这种类型。

对异源多倍体的研究，一方面是分析植物进化的一个重要途径，同时也为人工合成新物种提供了理论基础。通过人工诱导多倍体的试验表明，使种间或属间远源杂交然后染色体加倍是异源多倍体形成的主要途径。例如，欧洲七叶树和美国七叶树杂交，获得的杂种F_1经过染色体加倍得到红花七叶树为异源四倍体。大丽花的祖先为二倍体（$2n=16$），许多杂种二倍体经过染色体加倍形成两组杂种双二倍体即异源四倍体（$2n=32$），当其杂种分离时出现开洋红或象牙白花的类型和开朱红或橙红色花的类型，再把这两种类型杂交并使染色体加倍，形成异源八倍体的大丽花园艺品种（图5-3）。

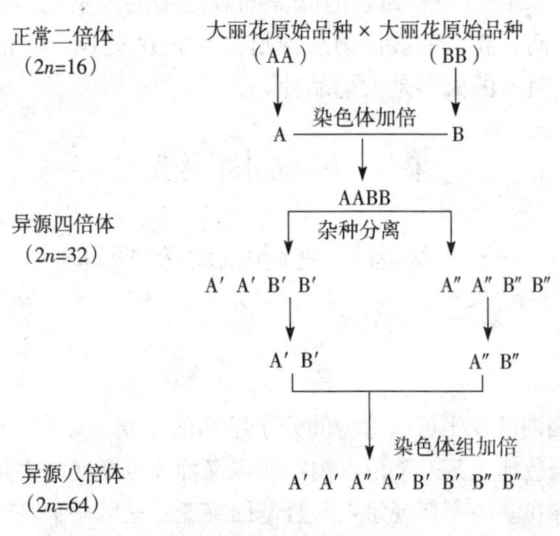

图5-3　大丽花异源八倍体的形成示意图

（二）染色体非整倍性变异

生物体细胞染色体数目的变化不是染色体基数的完整倍数，这种染色体变异称为非整倍性变异，非整倍性变异产生的生物体为非整倍体。在非整倍体范围内，以 $2n$ 为标准，又常把染色体数多于 $2n$ 者称为超倍体，把染色体数少于 $2n$ 者称为亚倍体。

1. 亚倍体　比正常整倍体减少 1 条或 2 条染色体的生物体。

（1）单体。比 $2n$ 正常染色体数少了 1 条，使体细胞内染色体数成为 $2n-1$，称为单体。

（2）双单体。缺少 $2n$ 染色体中 2 条非同源染色体，使体细胞内染色体数成为 $2n-1-1$，称为双单体。

（3）缺体。比正常 $2n$ 缺少了 1 对同源染色体，使体细胞内染色体数成为 $2n-2$，称为缺体。

2. 超倍体　比正常染色体数多 1 条或 2 条的生物体。

（1）三体。一个正常的 $2n$ 染色体组增加了 1 条，使体细胞内染色体数成为 $2n+1$ 时，称为三体。

（2）双三体。一个正常的 $2n$ 染色体组增加了 2 条非同源染色体，使体细胞内染色体数成为 $2n+1+1$ 时，称为双三体。

（3）四体。一个正常的 $2n$ 染色体组增加了 2 条同源染色体，使体细胞内染色体数成为 $2n+2$ 时，则称为四体。

染色体结构和数目的变异都是可遗传的，因此有利的变异在育种上可加以利用，甚至人为地诱发生物产生变异，从而选择培育获得新品种。如诱变育种、单倍体育种、多倍体育种都已在各自领域内取得了许多成就。三倍体无籽西瓜已开始大面积推广；德国赫森州林科所选育的三倍体欧洲山杨已成功地用于山杨丰产林中，获得材质、抗性和生长量上显著的改进。

此外，非整倍体的变异如单体、三体也可用来测定某个基因所在的染色体，还可以进行染色体的替换，从而有目的、有计划地改造生物，培育新物种。如菊花的一些品种是非整倍体，菊花 $x=9$，多数品种是 6 倍体（$2n=6x=54$），但欧洲的栽培菊品种染色体数在 47～63 之间；日本的栽培菊品种在 53～67 之间；我国的栽培菊品种则在 52～71 之间，一般小菊、中菊的染色体数在 53～55 之间，染色体数目多的大多是大菊品种。

第二节　基因突变

一、基因突变的概念及特征

（一）基因突变的概念

基因突变是指一个基因内部发生可以遗传的分子结构的改变，如 DNA 碱基对的置换、增添或缺失。这些变化多发生在染色体上某一个位点内，所以又称为点突变。大量研究表明，在动、植物以及微生物、病毒中广泛存在基因突变现象，并且基因突变总是从一个基因变成它的等位基因，产生一种新的基因型上的差异，通常还会引起一定的表型变化。例如，小麦从高秆变为矮秆，花瓣由单瓣变为重瓣，棉花由长果枝变为短果枝，野生型细菌变为对链霉素的抗药型或依赖型等。

基因突变在植物界更普遍，人们利用这些突变体培育出不少新品种，并开创了诱变育种的新途径。例如，在植物育种上常常利用体细胞突变，尤其是多年生植物。如果芽中有一个体细胞产生突变，这个突变细胞就会发育成新芽，再长出枝条，其中很多细胞带有这个突变，用突变枝条可以繁殖出一个突变品系来，这就是芽变育种，许多园林植物品种就是这样选育出来的。

（二）基因突变的特征

1. 基因突变的重演性　同一种生物不同个体独立地发生相同的基因突变，称为突变的重演性。在多次试验中发现很多性状都会出现类似的突变，而且突变的频率先后也极其相似。

2. 基因突变的可逆性　基因突变是可逆的。由显性基因A突变为隐性基因a，称为正突变；相反，由隐性基因a突变为显性基因A，称为反突变或回复突变。自然突变大多为隐性突变，故一般正突变率总是大于反突变率。突变的可逆性足以说明，基因突变是基因内分子结构的改变，而不是遗传物质的缺失，否则，将不可能发生回复突变。

3. 基因突变的多向性　基因突变可以多方向发生。例如，基因A可以突变为a，也可以突变为a_1、a_2、a_3等。正是由于这种多向性导致了复等位基因的产生。由于复等位基因的出现，增加了生物的多样性和适应性，为育种工作提供了丰富的资源，也使人们在分子水平上进一步理解了基因的内部结构。

复等位基因在生物界广泛存在。例如，在烟草属中有2个野生种（*Nicotiana forgationa* 和 *N. alata*）表现为自交不亲和性，在这些烟草中已发现15个自交不亲和的复等位基因（S_1、S_2、S_3、S_4… S_{15}）控制自花授粉的不结实性。

应该指出，基因突变的多方向是相对的，并不是可以发生任意的突变。这主要是由于突变的方向首先受到构成基因本身化学物质的制约，一种分子是不可能毫无限制地转化成其他分子的。例如，桃花有红色、粉红色、紫红色和白色等颜色，但从未有黄色或蓝色花瓣的出现。

4. 基因突变的有害性与有利性　很多事例表明，大多数的基因突变不利于生物的生长发育。因为任何一种生物的遗传基础——基因型，都是经历了长期自然选择的结果，所以从外部形态到内部结构，包括生理生化状态及其与环境条件的关系等方面都已达到相对平衡和协调。突变打破了这种协调关系，干扰了内部生理生化的正常状态，因此，大部分突变对生物的生存往往是不利的，一般表现为生活力和繁殖力降低以及寿命缩短等，严重的会导致个体死亡。例如，在玉米品种的自交后代中，有时会出现白化苗，这种白化苗就是由于正常绿色基因C突变成了c，突变杂合体自交时，就会分离出隐性纯合体cc，表现白化苗。由于白化苗不能形成叶绿素，无法制造养分，当耗尽子粒中贮存的养分（3～4片真叶）时即死亡。

有些基因仅仅控制一些次要性状，即使发生突变，也不会影响生物的正常生理活动，因而仍能保持其正常的生活力和繁殖力，为自然选择保留下来。例如，小麦粒色的变化、小麦和水稻芒的有无等。

也有少数突变能促进或加强某些生命活动，对生物生存有利。例如植物的抗病性、早熟性和茎秆矮化坚韧、抗倒以及微生物的抗药性等。但有些突变虽然对生物体是有利的，却不符合人类要求。例如，禾谷类作物的落粒性，有利于植物本身的繁殖，却不利于人类收获。

还有一些突变对生物本身不利，但可被人类利用。例如，广泛存在于植物中的雄性不育性，不利于作物本身的繁殖，但在杂种优势利用中，通过不育系来生产杂交种，可省去人工去雄的麻烦，提高制种的产量和质量。

5. 基因突变的平行性　亲缘关系相近的物种因遗传基础比较近似，往往发生相似的基因突变，这种现象称为突变的平行性。如梨、海棠甚至桃、李、杏等都可能发生短果枝突变。由于突变平行性的存在，如果在某一个物种或属内发现一些突变，可以预期在亲缘关系相近的其他物种或属内也会出现类似的突变，这对选种或人工诱变育种有一定的参考价值。

二、基因突变与性状表现

突变可以发生在生物个体发育的任何时期、任何部位。基因突变根据其性质和表现分为以下几种。

（一）体细胞突变与性细胞突变

体细胞和性细胞都可以发生突变，且性细胞中发生突变的比率、频率比体细胞高，这是因为性细胞对外界环境条件具有较大的敏感性。

1. 体细胞突变　在体细胞中，如果显性基因发生隐性突变，当代不能表现，只有等到突变基因处于纯合状态时才能表现出来。如果隐性基因发生显性突变，则当代就会表现出来，突变性状与原来性状并存，产生镶嵌现象或称嵌合体。镶嵌范围的大小取决于突变发生时期的早晚，突变发生越早，镶嵌范围越大，发生越晚，镶嵌范围越小。例如，果树、花卉的腋芽若在早期发生突变，则由这个芽可以长成一个变异的枝条；如果在花芽分化时发生突变，那么可能只在单一花序或在一朵花上表现变异，甚至变异只出现在一朵花或一个果实的某一部分，像半红半白的大丽花或茉莉花、半红半黄的番茄果实等，就是这样的嵌合体。

由于突变了的体细胞在生长能力上往往不如周围的正常细胞，因此一般长势较弱，甚至受到抑制而得不到发展。所以要保留体细胞突变，需将它从母体上及时分割下来加以无性繁殖，或者从突变部分分化产生性细胞，再通过有性繁殖传递给后代。许多植物的芽变就是体细胞突变的结果，当发现优良的芽变后，要及时采用扦插、压条、嫁接、组织培养等方法对其加以繁殖，进而培育成新品种。芽变在园林、园艺植物生产上有着重要意义，不少果树新品种是由芽变选育成功的，如温州早橘就是通过选育温州蜜橘的早熟芽变类型培育成的。

2. 性细胞突变　若突变发生在有机体的1个配子中，则后代中将有一个个体可获得突变基因。性细胞发生显性突变，a→A，则突变性状在后代中立刻表现出来，但要到子代的突变体通过自交产生的第二代中才出现纯合突变体，需在第三代才能检出纯合体；性细胞发生隐性突变，要在第二代当突变基因处于纯合状态时才能表现出来，一旦表现即能检出。因此，显性突变表现得早而纯合得慢，隐性突变表现得晚而纯合得快。

（二）可见突变与生化突变

突变性状能通过表现观察出来的，称为可见突变；如果必须借助生化手段，测定代谢过程中某些生理生化功能的消失（如红色面包霉某种氨基酸合成功能的丧失）才得知发生突变的，叫生化突变。

（三）大突变和微突变

根据突变引起表现型改变的显著程度，可将突变分为大突变与微突变。如果突变效应表现明显，容易识别，叫作大突变。控制质量性状的基因突变都属于大突变，如花的颜色、毛的有无、玉米子粒的糯性与非糯性等。如果突变效应表现微小，较难觉察，叫作微突变。控制数量性状的基因突变大都属于微突变，如玉米的长果穗与短果穗、结实率的高低等。为了鉴别微突变的遗传效应，常需要借助统计方法加以分析。控制数量性状的基因是微效的、累加的，因此，尽管微突变中每个基因的遗传效应比较微小，但在多基因的条件下可以积小为大，最终可以积量变为质变，表现出显著的作用来。试验表明，在微突变中出现的有利突变率高于大突变，所以，在育种工作中要特别注意微突变的分析和选择，在注意大突变的同时，也应重视微突变。

三、基因突变的鉴定

（一）基因突变的频率

基因突变的频率又称为基因突变率，是指在一个世代中或其他规定的单位时间内，在特定的条件下，一个细胞发生某一突变的概率。基因突变率一般是很低的，但不同生物和不同基因有很大差别。据估计，在自然条件下，高等生物基因突变率平均为 10^{-5}～10^{-8}，而低等生物如细菌的突变率为 10^{-4}～10^{-10}，变化幅度较大。由于基因突变而表现突变性状的细胞或个体，称为突变体。由于微生物的繁殖周期较短，所以微生物比高等生物更容易获得突变体。

基因突变率的估算因生物生殖方式不同而不同。在有性生殖的生物中，突变率通常是用每一配子发生突变的概率，即用一定数目配子中的突变配子数表示。例如，玉米子粒 7 个基因的自然突变率各不相同，其中有的较高，如控制子粒颜色的 R 基因在每 100 万个配子中平均突变 492 次；有的很低，如非糯 Wx 基因在 150 万配子中没有发生过 1 次突变。

突变的发生往往受到生物体内的生理生化状态以及外界环境条件（包括营养、温度、化学物质以及自然界的辐射等）的影响。其中以生物的年龄和温度的影响比较明显。例如，在诱变条件下，一般在 0～25℃的温度范围内，每增加 10℃，突变率将提高 2 倍以上。在老龄种子的细胞内，常产生具有某种诱变作用的代谢产物——自发诱变剂，因此突变频率较高。

（二）基因突变的鉴定

鉴定植物是否发生了基因突变，基本方法是把突变体与原始亲本放在相同的环境条件下栽培。若突变体仍然表现突变性状，则可证明确实发生了遗传性变异；若突变体的突变性状消失了，和原始亲本表现一样，则说明发生的是假突变，即遗传基因没有改变，而是由环境条件引起的非遗传变异。

鉴定基因突变的另一方法是把突变体与原始亲本杂交。若 F_1 完全表现亲本性状，F_2 发生分离，则说明发生的是隐性突变；若 F_1 出现分离，既有亲本性状个体，又有突变体，则说明发生的是显性突变（图 5-4）。

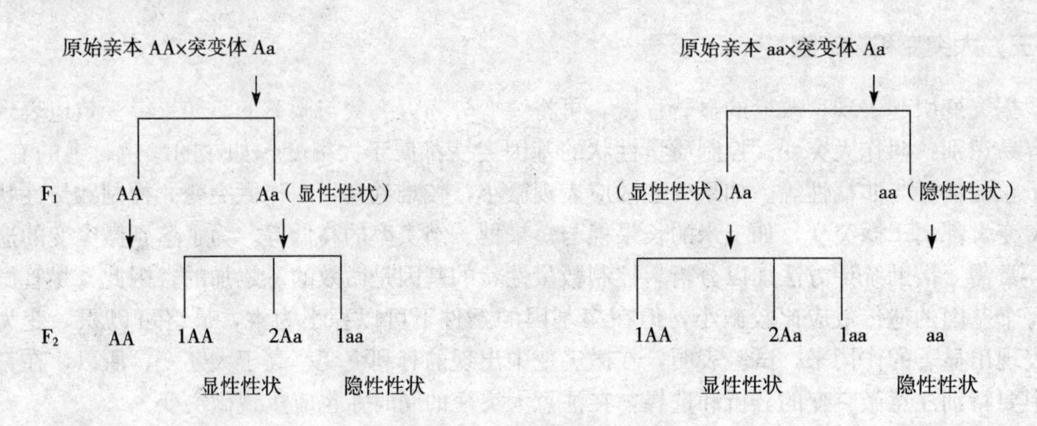

图 5-4　基因突变的鉴定试验

（三）基因突变率的测定

测定基因突变率的方法很多，最简单的是利用花粉直感现象，根据杂交后代出现的突变体占观察总个体数的比例进行估算。例如，测定玉米子粒由非甜粒变为甜粒（Su→su）的突变率，则用甜粒玉米纯种（susu）作母本，非甜粒玉米纯种（SuSu）先经诱变处理，用处理后的花粉作父本进行杂交，若在杂交子粒中出现甜粒玉米，则说明有部分 Su 突变成了 su，甜粒数量占观察总子粒数的比例即为 Su 基因的突变率。

值得说明的是，突变率和突变体率是两个不同的概念，尤其对于高等生物和多倍体生物而言，发生了基因突变的个体并不一定能表现出来。因此，不能以突变体率代替突变率。

复习思考题

1. 名词解释：缺失　重复　倒位　易位　染色体组　单倍体　多倍体　同源多倍体　异源多倍体　基因突变　基因突变率　突变体

2. 染色体组有哪些基本特征？

3. 缺失、重复、倒位、易位在减数分裂联会时的细胞学特征和遗传效应有哪些？

4. 三倍体香蕉为什么没有种子？

5. 某植株是 AA 显性纯合体，将其花粉用 X 射线照射后给隐性 aa 植株授粉，在 500 株杂种一代中有 3 株表现为隐性性状，如何解释和证明这个杂交结果？

6. 性细胞和体细胞内基因发生突变后，有什么不同的表现？体细胞中的突变能否遗传给后代？怎样保留优良的体细胞突变？

7. 基因突变有哪些特征？突变的平行性说明什么问题？有什么实践意义？

下篇　园林植物育种技术

第六章　园林植物种质资源

【本章提要】 园林植物种质资源是园林植物育种的物质基础，我国园林植物资源丰富，分布集中，特点突出。园林植物种质资源按来源可分为本地资源、外地资源、野生资源和人工创造的种质资源。在此基础上，本章详细介绍了园林植物种质资源的搜集和研究利用等方面的内容。

第一节　园林植物种质资源的概念及作用

一、园林植物种质资源的概念

园林植物种质资源又叫基因资源，是指含有不同种质的所有园林植物类型，它可以小到具有植物遗传全能性的器官、组织和细胞，以至于控制生物遗传性状的基因，大到植物个体甚至种内许多个体的总和（种质库或基因库）。

在育种工作中，常把种质资源也称为育种资源。因为种质资源提供了植物育种的原始材料，是培育和改良植物品种的物质基础。植物育种的原始材料往往就是直接利用种质资源，如植物栽培类型或品种，野生、半野生类型，人工诱变材料和杂交中间材料。广泛地调查搜集园林植物种质资源，正确地研究利用，充分发挥种质资源的潜力，对于选育和创造新品种、新物种具有决定意义。

我国园林植物种质资源十分丰富，在30 000多种植物中，园林植物达5 000多种，目前研究利用的只是其中极少部分，自然界中还蕴藏着大量的野生资源尚待开发。据调查，世界广为栽培的园林植物中，有许多都是原产中国，如菊花、桂花、荷花、翠菊、凤仙花、中国兰、牡丹、山茶花、杜鹃花等。我国的园林植物不仅种类多，而且品种类型资源也极丰富，如枣树种内有金丝小枣、晋枣、木枣、板枣等700多个品种类型；柿树有800多个品种，如陕西‘墨柿’、山东‘金瓶柿’、北京‘昌平大四瓣’、河南‘鬼青脸’等均是很有特色的秋季观赏品种。我国丰富的园林植物种质资源不仅在经济建设和人民生活中发挥了作用，也为世界园林美化、绿化做出了贡献。如我国西南地区的山茶属花卉，被美国、日本、英国广泛引种；杜仲先后被前苏联、日本、美国等引种；猕猴桃被引入新西兰后，现已培育成为世界著名园林栽培植物；中国梅花、牡丹、兰花、竹也早已进入世界级的观赏植物之列。

二、园林植物种质资源的作用

园林植物种质资源在整个园林植物育种工作中的重要性，主要表现在以下几个方面：

1. 园林植物种质资源是园林植物育种的物质基础　自然进化加上人工选育，对自然资源进行充分利用，变野生植物为栽培植物是人类文明的标志。现有的栽培植物种类都起源于野生种。如水稻起源于野生稻，苹果起源于野生苹果，银杏、白皮松、核桃、山茱萸等更是由野生向人工栽培过渡的树种。在育种实践中有些种质资源一经发现，就可直接用于生产，发挥出优良品种应有的效果。如我国在四川和湖北交界处发现的水杉，被很快地广泛用于园林栽培；火棘、云杉、三白树亦然。

自然种质资源中除了能被直接利用的种类外，更有大量材料可被间接利用。如毛叶杜鹃用作比利时杜鹃的砧木，枸橘用作柑橘砧木，中国栗用作美国栗的抗病性亲本等，都能大大增强栽培品种的适应性和抗逆性。

可以预言，随着人类需求的多元化发展以及育种新技术的出现，更多更好的野生种质资源将被源源不断地发掘出来，不断为人类生产和生活服务。目前人们正在开发利用的野生树种就有几十种，如沙棘、红豆杉、白皮松、番石榴、番木瓜、西番莲、银杏、金银花等。

2. 园林植物种质资源能更新产品、更新工艺，满足人民生活的多种需求　随着经济的发展，生产工艺的改革，社会对植物产品的需求不管是数量还是花色品种都将与日俱增，只有丰富多彩的种质资源作保证，才能适应这种要求。如沙棘，过去人们只把它作为水土保持灌木，因它根系发达，枝繁叶茂，有根瘤，可以防风固沙、改良土壤。后来人们又发现沙棘果实的用途更大，果汁是营养丰富的饮品，种子油有很高的药用价值。从此，果实累累的种质类型才被人们发掘出来，既有经济意义，又有观赏价值。

3. 园林植物种质资源具有不断改进栽培品种的作用　栽培植物品种化的过程，是植物群体或个体遗传基础变窄的过程。因为一个品种形成就意味着淘汰了大量的品种以外的基因型。如果没有丰富的种质资源作后盾，如果不是不断地引进和补充新的基因资源，多世代育种工作必然受到限制；当一个品种的经济性状与适应性和抗性间发生矛盾时亦将无从补救。山茶花是名贵花卉，但在其众多的花色品种中，偏偏缺少黄花类型，成为一大缺憾。然而，当人们对山茶属的野生种质资源调查研究后，找到了几个黄花的物种，除它们自身有极高的观赏价值外，更重要的是成为全球培育优良金色山茶花新品种的宝贵基因资源。

现代育种是人工促进植物向人类所需要的方向进化的科学。即用不同来源的、能实现育种目标的各种种质资源，按照尽可能理想的组合方式，采用适合的育种方法，把一些有利的基因组合到另一个基因型中去。如目前已成功地将抗虫基因 Bt 转入棉花，育成 Bt 抗虫棉新品系，并且已经大面积推广，取得很好的经济效益。

植物种质资源是人类的宝贵财富。未来植物性产业的发展，在很大程度上将取决于掌握和利用植物种质资源的程度。正如 Harland（1970）指出的，人类的命运将取决于人类理解和发掘植物种质资源的能力。

三、我国园林植物种质资源的特点

1. 种类繁多，变异丰富　我国地域辽阔，气候、地形、地貌变化复杂，植被类型丰富。原产我国的乔木树种约 8 000 种，在世界园林植物总数中所占比例较大。在亚洲，以华西山区为例，这一地区原产中国的植物种类比印度、缅甸、尼泊尔等国多 4～5 倍；又如槭树，全世界有 205 种，我国约有 150 种。原产我国的植物种质资源不仅数量多，而且变异广泛，类型丰富，如圆柏（*Sabina chinensis* L.）原产我国中部，其在北京的变种有偃柏（var. *sargentii* Cheng et L. K. Fu）、鹿角桧（*cv. Pritzeriana*）、金叶桧（*cv. Aurea*）、龙柏（*cv. Kaixuca*）、球柏（*cv. Globosa*）等。又如杜鹃属植物，在我国除新疆和宁夏外，各地区都有分布，以云南、西藏、四川、贵州、广西、广东一带分布最集中，且主要分布在山地。因其分布的地理环境、生态环境差异大，因此，杜鹃的不同种之间变异幅度也很大。仅以原产我国的野生杜鹃为例，既有五彩缤纷的落叶杜鹃，又有多姿多彩的常绿杜鹃。其中常绿杜鹃在花序、花形、花色、花香上差异很大。就杜鹃植株高度而言，既有高不盈尺的平卧杜鹃（*Rhododendron gigateum*），又有数米以上的乔木杜鹃。再如高山区（4 000～4 500m）杜鹃能耐寒，花期在 7～8 月，个别品种为 9 月；中山区（2 800～4 000m）的种类，花期多在 4～6 月；低山区（1 000～2 800m）的种类在 2～3 月开花，耐寒性也较差。由此看出，杜鹃不同种之间的植物形态特征、生态习性、生物学特性及地理分布等方面差异甚大。

2. 分布集中　许多世界著名的园林植物在我国都可以找到其分布地区，特别是在相对较小的地区内，集中着众多的种类。

据有关资料报道，仅广东的草本植物就占全国高等植物的 2/3 强；世界上兰属（*Cymbidium*）植物共 50 余种，我国仅云南一省就有 33 种；百合属（*Lilium*）植物在世界上共有 80 余种，我国有 42 种，而在云南省就有 23 种。我国台湾省有维管束植物 3 577 种，其中 1/4 是台湾省所特有，因而台湾有天然植物园之称。

3. 特点突出，遗传性好　我国有一些科、属、种世界稀有物种，如银杏科的银杏属、松科的金钱松属、银杉属，杉科的台湾杉属、水松属、水杉属，红豆杉科的白豆杉属，榆科的青檀属，蓝果树科的珙桐属、喜树属，杜仲科的杜仲属，忍冬科的猬实属等。

我国园林植物种质资源除具有观赏价值外，还具有特殊的抗逆性，是园林植物育种的珍稀原始材料和关键亲本。如美国曾利用原产我国的白榆（*Ulmus pumila*）与美国榆树杂交，选育出抗病的新品种。

第二节　园林植物种质资源调查

一、园林植物种质资源分类

分类是认识和区别种质资源的一种基本方法。正确的分类可以反映资源的历史渊源和系谱关系，反映不同资源彼此间的联系和区别，为调查、保存、研究和利用资源提供依据。

（一）按栽培学分类

1. 种　又称物种，是植物分类学上的基本单位。它具有一定的形态特征与地理分布，常以种群形式存在，一般不同种群在生殖上是隔离的。但是园林植物中，有些种间常能杂交，如杨属、栗属、茶属等可种间杂交育成新品种。

2. 变种　同种植物在某些主要形态上存在着差异的类群。如桃、蟠桃、碧桃、油桃、寿星桃等变种。

3. 类型　种和变种以下的分类单位，通常是指在形态、生理和生态上有一定差异的群体。如杜仲有光皮类型和粗皮类型，核桃有早实类型和晚实类型，油茶有红花类型、白花类型和黄花类型等。

4. 品系　在遗传学上，一般是指通过自交或多代近交，所获得的遗传性状比较稳定一致的群体。在育种学上，指遗传性状比较一致而起源于共同祖先的群体。在栽培实践中，往往将某个表现较好的后代群体称为品系。

5. 家系　某株母树经自由授粉或人工控制授粉所产生的子代统称家系。前者叫半同胞家系，后者叫全同胞家系。

6. 无性系　由同一植株上采集枝、芽、根段等材料，利用无性繁殖方式所获得的一群个体称无性系。

7. 品种　是经过人工选育的，具有一定的经济价值，能适应一定的自然及栽培条件，遗传性状稳定一致，在产量和质量上符合人类要求的栽培植物群体。品种是育种的成果，品种可以由优良类型、优良品系、优良家系、优良无性系上升而来。现代意义上的品种实际上就是优良家系或优良无性系。对于大多数能够无性繁殖的园林植物来说，品种就是优良无性系。

（二）按来源分类

1. 本地种质资源　是指在当地的自然条件和栽培条件下，经过长期选择和培育形成的园林植物品种和类型。它的主要特点是：①对当地条件具有高度适应性，抗逆性强，并且在产品品质等经济性状方面也基本符合要求，可直接用于生产。②有些是在长期变化着的条件影响下形成的一个复杂群体，其中有多种多样的变异类型，只要采用简单的品种整理和株选工作就能迅速有效地从中选出优良类型。③经长期栽培已适应当地特点，如果还有缺点，经过改良就能成为更好的新品种。因此，本地资源是育种的重要种质资源。

2. 外地种质资源　是指从国内外其他地区引入的品种或类型。外地种质资源具有多样的栽培特点和基因贮备，正确地选择和利用它们可以大大丰富本地的种质资源。如我国从国外已引入了法国梧桐、84k 毛白杨、美国黑核桃等树种，并很快形成规模栽培。

3. 野生种质资源　是指自然野生的、未经栽培的野生植物。野生种质资源多具高度的适应性，有丰富的抗性基因，并大多为显性。但一般经济性状较差，品质低劣，产量低且不稳定。因此，常被用作抗性杂交育种的亲本和砧木。

4. 人工创造的种质资源　指人工应用杂交、诱变等方法所获得的种质资源。因为在现有的种类中，并不是经常有符合人们所需要的综合性状，仅从自然种质资源中进行选择，常不能得到满足。这就需要用人工方法创造具有优良性状的新类型。它既可能满足生产者和消费者对品种的复杂要求，又可为进一步育种提供新的种质资源。

二、园林植物种质资源的调查

我国地跨热带、亚热带、温带直至寒带，南北绵延长达万余千米，在地球演变的过程中，受冰川期影响较小，自然条件非常优越，植物种类特别丰富。据资料记载，我国植物种类近 3 万种，为世界上植物种类最丰富的国家，其中有观赏价值的约占 1/6，素有“世界园林之母”之称，有极丰富的园林植物资源。有的野生植物本身就有很高的观赏价值，有的可用作杂交亲本。例如，闻名于世的金花茶［*Camellia chrysantha*（Hu）Tuyama］就是植物学家胡先骕等在广西南部高山深谷中发现的，在此之前，世界上茶花有红、白、橙、蓝、绿、紫等色，独无黄色，美国引入后，以之与我国固有栽培品种杂交育成黄色山茶花品种，成为名噪世界的珍品。又如，世界三大名花中的杜鹃，全世界有 800 多种，原产我国的有 650 种，黔西大芳县，杜鹃花百里成林；蔷薇，全世界约有 150 种，我国有 100 种；山茶，全世界有 400 种，原产我国的有 230 种；菊花，全世界有 50 种，原产我国的有 38 种。我国还生存着一些北半球其他地区早已灭绝的孑遗植物，如银杏、水杉。除野生植物资源外，我国的园林植物栽培品种资源也极其丰富。早在汉代就有‘重瓣宫粉’梅花品种的记录，宋代欧阳修所著《洛阳牡丹记》（1031 年）记载洛阳牡丹有 24 个品种。目前，像牡丹、月季、菊花等著名花卉品种，何止成百上千。因此，开展资源调查，进而研究利用，是园林植物育种极其重要的基础工作。

自 20 世纪 50 年代初以来，我国进行了果树资源调查、野生经济植物资源调查、药用植物资源调查、野生花卉资源调查、森林资源调查等大量相关内容的工作，现在主要的有用经济植物种类的基本情况已经清楚，也建立了相应的数据库，今后还应着重做好以下两方面的工作。

1. 野生园林植物种质资源调查　我国野生资源虽已开发利用了 2 000 多年，但新的种类在每次调查中仍层出不穷。在 1970 年全国板栗种质资源调查中，湖南省怀化县发现一株 14 年生的板栗，一年开花结果 3 次，群众称为三季板栗；江西发现了金坪矮垂栗，树体矮，枝叶倒披下垂，无明显主干，极适于矮密造园。国外在野生经济植物调查中，1980 年曾在亚马孙河流域的大森林中发现一株野生的奇迹橡胶树，其年产胶量在 100kg，比世界栽培的高产品种还高 10 倍。这些都说明要特别注意野生种质资源的调查和利用，才能促进栽培品种有突破性进展。

2. 品种资源的搜集整理　我国是数十种园林植物的起源中心，加上我国各地自然条件差异较大，劳动人民又长期地定向选育栽培，园林植物的品种资源十分丰富，有些还是珍贵品种，如不及时搜集整理，从而加以保护利用，必然使分散的资源不断流失，而且不可复得。

种质资源的调查是一项复杂而细致的工作，必须在各级政府部门的组织领导下进行。组织形式和规模可以多种多样，有专业调查，有综合调查；有普查，有详查。

三、园林植物种质资源调查的主要内容

1. 地区情况调查　包括社会经济和自然条件两方面，后者包括地形、气候、土壤、植被等。

2. 园林植物概况调查　包括栽培历史和分布，种类和品种，繁殖方法和栽培管理特点，产品的产供销和利用情况，以及在生产中存在的问题和对品种提出的要求。

3. 园林植物种类品种代表植株的调查　在调查代表植株时主要包括以下 4 个方面：①来源、栽培历史、分布特点、栽培比重、生产反应等一般概况；②生长习性、开花结果习性、物候期、抗病性、抗旱性、抗寒性等生物学特性；③株型、枝条、叶、花、果实、种子等形态特征；④产量、品质、用途、贮运性、效益值等经济性状。

4. 资源标本的采集和图表的制作　除按各种表格进行记载外，对叶、枝、花、果等要制作浸渍或蜡叶标本。根据需要对叶、花、果实和其他器官进行绘图和照相，以及进行芳香成分和优良品质的分析鉴定。

5. 资源调查资料的整理与总结　根据调查记录，应该做好最后的资料整理和总结分析工作，如发现有遗漏应予补充，有些需要深入调查的也可以及时充实。总结内容主要包括：①资源概况调查，包括调查地区的范围、社会经济状况、自然条件、栽培历史、品种种类、分布特点、栽培技术、贮藏加工、市场前景、自然灾害、存在问题、解决途径、资源利用和发展建议；②品种类型调查，包括记载表及说明材料，同时要附上照片和图片；③绘制园林植物种类品种分布图及分类检索表。

第三节　园林植物种质资源的搜集和保存

一、园林植物种质资源的搜集

种质资源的搜集工作要在明确的目的指导下，根据具体条件和任务确定搜集类别、数量和实施步骤。搜集可以组成调查队直接搜集或以交换的方式搜集（征集）。搜集材料要做到正确无误，纯正无杂，典型可靠，生活力强，数量适当，尽量全面，资料完整。

搜集的样本，应能充分代表收集地的遗传变异性，并要求有一定的群体。如自交草本植物至少要从 50 株上采取 100 粒种子；异交的草本植物至少要从 200～300 株上各采取几粒种子。收集的样本应包括植株、种子和无性繁殖器官。采集样本时，必须详细记录品种或类型名称，产地的自然、耕作、栽培条件，样本的来源（如荒野、农田、庭院、集市等），主要形态特征、生物学特性和经济性状，群众反映及采集的地点、时间等。我国从 20 世纪 50 年代后期开始对品种进行收集，目前已收集种质资源达 33 万余份，并在许多地区建立自然保护区，如湖北省保康县的野生蜡梅自然保护区，就拥有野生蜡梅约 60 万株。种质资源搜集的实物一般是种子、苗木、枝条、花粉，有时也有组织和细胞等，材料不同繁殖方式则不同。栽培所搜集到的种质资源的圃地叫种质资源圃。种质资源圃要有专人管理，并要建立详细资源档案。记载包括编号、种类、品种名称、征集地点、材料种类（种子、苗木、枝条等）、原产地、品种来历、栽培特点、生物学特性、经济特性、在原产地的评价、研究利用的要求、苗木繁殖年月、收集人姓名等内容。

对木本植物来说，每个野生种原则上栽植 10～20 株，每个品种选择有代表性的栽 4 株。搜集到的种质资源要及时研究其利用价值。

二、园林植物种质资源的保存

只有做好园林植物种质资源的保存工作，才能为园林植物育种准备遗传和育种研究的所有种质，包括主栽品种、当地历史上应用过的地方品种、原始栽培类型、野生近缘种、其他育种材料等；挽救可能灭绝的稀有种和濒危的种质，特别是栽培种的野生祖先；保留那些具有经济利用潜力而尚未被开发的种质；以及在普及教育上有用的种质，如分类上的各个栽培植物种、类型、野生近缘种等，为生产提供优良品种，并为研究植物分类、起源、发生与演变提供材料。

（一）园林植物种质资源流失原因

造成种质流失的因素可概括为自然和人为因素两个方面。通常如森林的砍伐、沙漠的扩大，造成生态平衡的破坏，轻者能使资源减少，重者使一些物种毁灭。其他生物的影响包括野兽的危害，或是昆虫、真菌和细菌类的危害，也造成种质的流失。如美洲栗受栗疫病菌为害，使之成为濒危物种。人类活动是种质流失的主要原因，如乱砍滥垦，造成一些种质的直接损毁。人类消费状况和破坏作用比物种自然灭绝的速度要快 1 000 倍。

值得注意的是，在人工育种和新品种大面积推广过程中，也会减少物种的遗传多样性，造成种质的贫乏。

（二）园林植物种质的保存方式

1. 原生境保存 就是将园林植物连同它生存的环境一起保护起来，达到保存种质的目的。原生境保存有两种形式，一种是建立自然保护区，如我国长白山、卧龙、鼎湖山、太白山自然保护区，这些是自然种质资源保存的永久性基地；另一种是要全力保护栽培的古树和名木，如陕西楼观台的古银杏、山东乐陵的唐枣、河北邢台的宋栗等，这些古树名木都要就地保存原树，并进行繁殖。它们经历了长期自然选择的考验，大多是遗传基础较现有栽培品种更为丰富的类型或原始品种，具有研究利用和历史纪念意义。前苏联报道，从一株 200 年生高达 10m 的老栗树实生后代中发现一株树形较矮，仅 218～263cm，且能正常结实的欧洲栗（1975），表明古老品种中有不少有用的遗传变异性状。

2. 异生境保存 是指把整个植株迁离它自然生长的地方，种植到植物园、树木园或育种原始材料圃等地方。我国的山茶以中国亚热带林业研究所、江西省林业科学研究所、广西林业科学研究所为基点，建立了国家级的山茶基因库，共收集基因资源 1 500 多号；在广东、福建、浙江、云南、贵州、安徽等省区也建立了一定规模的省级山茶基因库；在一些县如云南的腾冲，也建立了具有特色的山茶基因库，初步形成了国家、省（区）、县三级基因库，极大地促进了山茶属植物种质资源的开发利用。

3. 离体保存 是指用种子、花粉、根和茎等组织、器官，甚至细胞在贮藏条件下来保存。种子主要是利用人工创造的低温、干燥、密封等条件，抑制呼吸，使其长期处于休眠状态的原理保存的。大多数植物种子的寿命，在自然条件下只有 3～5 年，多者 10 余年。而种子含水率在 14%～4%范围内，含水率每下降 1%，种子寿命可延长一倍。在贮藏温度为 30～0℃的范围内每降低 5℃，种子寿命可延长一倍。

我国在 20 世纪 80 年代建成一座容量 40 万份的现代化国家农作物种质资源库，并已在该库保存种质资源达 30 余万份，按植物学分类统计，它们分属于 30 个科 174 个属 600 个种（亚种），其中 85%原产于我国，种质资源极其丰富，总数上已跃居世界第一。为保证种质资源在保存上的安全性，90 年代初我国建成库容量达 40 万份以上的青海国家复份种质库，该库是目前世界上库容量最大的节能型国家级复份种质库，并在世界上首次安全转移了 30 余万份种质。至此，中国在植物种质资源的搜集，保存数量、质量，以及进展速度上均跃居世界领先地位。

随着植物组织培养技术应用领域的不断拓展，国内外开展了用试管保存组织或细胞的方法，有效地在离体条件下保存种质资源材料。目前，作为保存种质资源的组织或细胞培养物有愈伤组织、悬浮细胞、幼芽生长点、花粉、花药、体细胞、原生质体、幼胚、组织块等。利用这种方法保存种质资源，可以解决用常规的种子贮藏法所不易保存的某些资源材料，如高度杂合性的、不能产生种子的多倍体材料和无性繁殖植物等；可以大大缩小种质资源保存的空间，节省土地和劳力；繁殖速度快，同时还可避免病虫的危害等。

近年来，又发展了培养物的超低温（－196℃）长期保存法。如英国的 Withers 已用 30 多种植物细胞愈伤组织在液氮（－196℃）下保存后，能再生成植株。在超低温下，细胞处于代谢不活动状态，从而可防止或延缓细胞老化；由于不需多次继代培养，也可抑制细胞分裂和 DNA 合成，因而保证资源材料的遗传稳定性。所以，超低温培养对于那些寿命短的植物，组织培养体细胞无性系、遗传工程的基因无性系、抗病毒的植物材料以及濒临灭绝的野生植物都是很好的保存方法。

4. 基因文库保存 由于自然或人为因素的影响，致使园林植物赖以生存的生态环境遭到严重破坏。尽管人类的环保意识在不断增强，但很多种质资源仍然大量流失或是濒临灭绝。在基因工程技术的支撑下，建立和完善植物基因文库是保存种质资源非常有效的途径。这样既可以长期保存某物种的种质资源，又可以随时通过筛选、扩增目的基因，然后加以利用。

种质资源的保存，除保存资源材料本身外，还需要保存种质资源的各种数据资料。每一份种质资源材料应有一份档案。档案中记录有编号、名称、来源、研究鉴定年度和结果。档案资料输入计算机贮存，建立数据库，以便于资料检索和进行有关的分类、遗传研究。

我国已建成了包括种质管理数据库、特性评价数据库和国内外种质信息管理系统在内的国家农作物种质管理系统。在杭州、广州、南宁、武汉等地建成一批中期保存库，形成布局合理、长中期保存结合的网络。

离体保存和就地、移地保存相比，节省土地和成本，但它反映不出植物与环境的关系。许多性状表现不出来，不利于直接观察、研究和利用。因此 3 种保存方式要相互补充，取长补短。

第四节 园林植物种质资源的研究利用

一、园林植物种质资源的研究

在园林植物育种上要对种质资源加以充分、合理地利用，首先必须对种质资源有详尽的了解。一般在进行资源研究过程中包含了以下内容。

（一）园林植物种质资源的基础研究内容

1. 植物学性状的研究　其目的主要在于鉴别品种类型。观察记载项目，应着重观赏和分类鉴别上有用的性状，如花、果的形状、色泽、大小、风味等是观花、观果植物的主记项目；主干高度、冠形、枝条特征、树皮特征等则是观赏树木的主记项目。

2. 分类研究　从植物形态、解剖结构和生理生化特性等方面进行分类研究。研究栽培种与野生近缘种在植物分类上和进化上的关系。这对于指导同属引种和开展远缘杂交育种等有现实意义。

3. 生理生化研究　根据生化成分的分析，可能得到定量的指标来进行生化分类。如研究各组织器官的化学成分，可以更确切的了解其利用价值，如香精提炼、抗病虫性等。

4. 遗传基础研究　研究物种的染色体数目、形态、核型，以比较物种间的差异，在减数分裂中研究染色体的行为和变异，利用标记基因研究连锁遗传，利用人工诱变研究染色体的结构和数量变异、多倍体的育性以及主要观赏性状的遗传特征。

5. 生态及地理分布的研究　研究种质材料的生态适应性、抗性、性状稳定性等，以确定最适生态地区，预测今后的发展范围。

（二）园林植物种质资源经济性状的研究

1. 种质资源经济性状的研究项目　经济生物学性状包括与人类经济利用效果有关的全部生物学性状（以观果植物为例）。

（1）产量性状。园林植物产量主要包括以下几个方面：①丰产性：一般用单株或单位面积结实量表示；②稳产性：常用大小年间隔期和产量变幅表示；③早实性：指从嫁接开始或播种当年算起，品种有50%以上植株结果时的年限为开始结果年龄；④产量构成：一般单位面积产量取决于单位面积株数、单株产品数和产品重量。单株产品数和产品重量即单株产量，它又由许多因素构成。如核桃单株产量是由分枝力、果枝坐果率、坚果重、单果出仁率等因素构成。特别对于刚进入结果期的杂种树来说，研究产量构成性状的表现，比直接记录其产量有更大的参考价值。

（2）品质性状。对于不同的产品来说有不同的品质指标，对核桃、板栗类而言，果实品质又可分为外观品质、风味品质、加工品质及贮藏品质。对观赏植物如杜鹃、梅花等，主要研究其花色、花型、花径、株型、花期等指标。

（3）生育期。生育期包括大发育周期中各个年龄时期和小发育周期年循环中的主要物候期。大发育周期的研究通常是在有代表性的自然栽培管理条件下，观察其品种类型初产年龄及产量逐年增长情况。小发育周期的研究是通过物候观测来进行的。

（4）抗性。抗性内容较多，有抗病、抗虫、抗寒、抗旱性等。对于具体品种类型往往是有针对性地研究其中1～2项。

2. 种质资源经济性状的研究方法　任何经济性状的表现都是基因型和环境因素相互作用的结果，为使研究结果准确可靠，对新品种类型都要选择有代表性的不同地点进行多点实验，同时采用科学的田间试验设计和生物统计方法，以消除不可预见因素造成的误差。

（1）观察描述。对于生育期、可观赏性、产量等项目的研究主要是通过实际田间试验，在不同年份、不同生育时期进行详细观察记载，要积累多年的研究记录，才能最终归纳总结出该资源的特征特性。产量除不同年份接近成熟时进行估测产外，还要根据实际收获的鲜花或其他目的产物的测量值，最后作出评价。

（2）生理生化指标分析。植物的很多性状可制定比较明确的分级标准，根据性状的实际情况按等级评价。如花卉的香精含量、果实的含糖量等。在田间试验的基础上，进行室内分析，对种质资源的评价会更客观。

（3）诱发鉴定。对资源的抗性如抗寒、抗旱、抗风、抗病性、耐贮运性等研究时，除经常性观察，用病情指数进行评价外，还应抓住特殊时机如冻害严重发生的年份，有重点地进行抗寒性调查研究，这种方法叫直接鉴定。但是在没有灾害发生年份要对抗性进行鉴定时，就只能通过人为因素制造发生灾害的条件来进行鉴定，这种方法称为诱发鉴定。如抗病性的鉴定可通过人工接种病原菌，再对植物的抗性进行评价。有时可以通过与需要研究的性状相关的其他性状来进行研究，如根据树液导电度研究抗寒性。还可根据幼苗期的某些形态、解剖、生理、生化性状来研究成年期有关经济生物学性状，这叫作间接鉴定。

（4）综合评价。在种质资源研究过程中，除了对单一的性状作出结论外，还有涉及多个单一性状的综合评价。如对果实的品质进行研究时，既要观察果实的大小、形状、色泽，又要分析果肉的质地、颜色、风味、汁液的多少等。对资源的最终评价必须根据不同种类组成性状的相对重要性给以不同的权重，以感官为主，进行分值评定。

另外，现代核磁共振波谱技术用于某些育种性状的研究，快速准确，结合计算机可处理大量信息。利用同工酶分析技术可以进行杂种鉴定、雄性不育性鉴定、性别鉴定等项研究。DNA 分子标记技术也正在用于生物性状研究。因此，可以预见，现代科学技术的应用，将会大大促进园林植物育种事业的飞速发展。

二、园林植物种质资源的利用

对收集到的优良野生种质和栽培品种、类型，应积极利用或有计划、有目的地改良，以便尽早发挥生产效益。种质资源利用的途径一般有 3 条。

（1）对经济价值高、资源丰富的种质进行直接选择利用，可通过以下步骤，使其尽快转化为商品：

①清查资源，了解分布及贮量；②选择优良类型、优良单株，繁殖后代开展品种比较试验；③通过品种比较试验，选择较好的材料，作区域化栽培试验，选出优良无性系或品系；④良种繁育技术研究，生产更多优质种子、种苗；⑤栽培区划；⑥基地建设，生产大宗产品，供应市场。

（2）对经济价值高，但资源贫乏的种质，应在保护的基础上，积极开展科学试验。特别是繁殖技术的研究，建立一定数量的收集区和采穗圃，使之尽快繁殖后代，以便走引种利用之路，形成品种后，再扩大面积推广应用。

（3）对于经济性状不突出，但却具有某些优良性状，有潜在利用价值的种质，应就地保存或移入种质资源收集圃，并积极开展研究工作，逐步加深认识，以便为今后杂交利用创造条件。

三、园林植物种质资源的改良

现代育种育种目标的多元化，使目标性状要求较多、较高。现有的种质资源远远不能满足需要，必须通过各种育种手段对其加以改造，拓展基因库，为育种提供特殊适用的种质材料，以获得理想的新品系或新类型，推广应用于生产。如马铃薯对青枯病的抗性就是用轮回选择的方法将野生资源中免疫的种与新型栽培种杂交，获得高抗或免疫的中间材料。又如石竹中的‘Mary’和常夏石竹的‘Night’与康乃馨杂交都不亲和，但二者的 F_1 与康乃馨杂交都能正常结实，这样通过媒介法改善其不可交配性和不育性，F_1 即是一个创新种质。远缘杂交和多倍体优势结合再培育超级稻取得可喜进展。转基因技术甚至可以将微生物、动物的基因资源也加以利用，从而为育种工作提供坚实的物质基础。

复习思考题

1. 试述你所熟悉的一个自然保护区对园林植物种质资源工作的意义。
2. 你认为我国园林植物种质资源工作的重点应放在哪些方面?
3. 生物技术对种质资源工作有什么作用?

第七章　园林植物引种

【本章提要】引种是从其他地区或其他国家引入优良品种或优异的种质资源应用于生产或作为育种的原始材料的一项经济技术活动，在园林植物生产上具有非常重要的意义。园林植物引种受很多因素的影响，除引种植物本身的生理因素外，主要受温度、光照、水分、土壤等生态因素的影响，因此，要在引种理论的指导下有步骤地进行。同时介绍了引种驯化和引种栽培措施。

第一节　园林植物引种的基本理论

一、园林植物引种的概念及意义

（一）园林植物引种的概念

引种是指从外地或外国引入优良品种或种质资源，通过适应性试验后直接在园林植物生产上推广应用或作为育种的原始材料的经济技术活动。在这一过程中，如果原产地与引种地自然条件相似，或引种植物适应性强，在不需改变引种植物遗传组成的情况下，即可引种成功，称为简单引种。反之，必须通过人工措施，改变引种植物的遗传组成，才能成功，则称为驯化引种。

园林植物引种的范围很广，可以是国内不同地区的相互引种，也可以是国际的相互交流，一般是从外地引入新品种或珍贵育种材料，从而丰富本地植物资源，为本地生产栽培和育种服务。驯化引种较为复杂，一般必须经过种子繁殖，即通过基因重组、人工选择等过程来实现。对于只能无性繁殖的植物，一般驯化不易成功。

（二）园林植物引种的意义

1. 补充本地资源的不足　一个地区往往受到自然条件和栽培条件的限制，本地的植物资源很难满足不断发展的绿化、观赏和栽培生产的要求。为培育优良品种或改良某些本地品种，克服其个别缺点，需要引入外地优良品种或珍贵的野生资源，可直接应用于生产或作为杂交亲本。

我国历史上曾经作过大量的引种工作，为园林植物生产作出了很大贡献。例如，汉代张骞出使西域，引入了核桃、石榴、葡萄等种类；晋代大师鸠摩罗什引入悬铃木；从日本引入龙柏、赤松、日本冷杉、日本五针松、日本金松、日本晚樱等；印度的雪松、柚木、印度橡胶等；从北美引入刺槐、铅笔柏、池柏、落羽松、湿地柏、火炬松、香柏、广玉兰、北美鹅掌楸等；从热带美洲引入橡胶树、金鸡纳树、轻木等；从大洋洲引入桉树、银桦、木麻黄等；从非洲引入油棕、咖啡等；地中海地区的月桂、油橄榄等。草本植物中引种的有美洲的藿香蓟、天人菊、千日红、含羞草、紫茉莉、月见草、矮牵牛、半支莲、一串红、万寿菊、金莲花、美女樱、百日菊、晚香玉、蒲包花、波斯菊、花棱草以及仙人掌科的许多多肉多浆植物等；欧洲的金鱼草、雏菊、矢车菊、桂竹香、飞燕草、香石竹、三色堇、香豌豆、唐菖蒲、郁金香、鸢尾、风信子等；非洲的天竺葵、马蹄莲、小苍兰等；大洋洲的麦秆菊。新中国成立以后，我国各大城市建立了数量众多的植物园、公园，都引种了大量园林植物。

世界各国也都重视植物引种工作，纷纷从各地引种，使很多植物遍及全世界。例如，英国从我国引入杜鹃科植物190多个原种，引进报春花属植物130多个原种；美国从我国引种植物1 500种以上。

2. 提高经济效益　引种成功的新品种可在本地直接应用于生产，扩大生产规模，提高生产质量，提高经济效益。例如，我国浙江等南方各省引入湿地松，比马尾松生长快30%～40%，我国北方引入杂交杨，比本地通常种植的加杨等生长快1～2倍。作为鲜花栽培，我国从荷兰、以色列、德国、美国、日本等国引入切花月季、香石竹、郁金香、百合、唐菖蒲、菊花、勿忘我、丝石竹等优良品种；还引入了蝴蝶兰、西洋杜鹃、巴西木、荷兰铁、美国矮一品红等盆栽植物。在全国形成许多大规模鲜切花生产基地和盆花生产基地，创造了较好的经济效益。北京近几年从外地引入大量园林植物，通过筛选，将许多优良种类和品种推广应用，在短期内使北京绿地焕然一新，达到很好的绿化效果。浙江、广东许多园林公司，近几年引进了许多国外新品种，迅速形成了生产规模。

3. 解决生产上急需品种问题　品种在生产上的使用具有一定的时效性。由于品种混杂退化，生产和市场的要求不断发生变化，原来的推广品种已不能满足需求，而育种部门无法提供生产急需品种时，园林绿化生产过程中，可在短时间内引进大量新树种、新品种，较快呈现新型的绿化效果。为解决燃眉之急，实现品种更换，引种是一项行之有效的措施。

4. 抵抗病虫害　引入新的物种或品种，可抵抗某些病虫的危害，这是由于引入的植物可能带有抗病虫遗传物质，或者引入植物与本地的病虫害发生规律不相适应。例如，欧洲引入日本落叶松，防止了落叶松癌肿病，美国引种中国栗，避免栗疫病危害，我国引入湿地松，松毛虫危害大大减轻。

5. 解决园林植物应用中的特殊问题　有些地区由于特殊环境，需要引种特殊类型的园林植物。例如，风沙严重地区、盐碱地区、污染地区、干旱地区、空气污浊地区等，可引入防风固沙、抗盐碱、耐污染、抗干旱、净化空气等特型植物解决。

（三）植物引种驯化成功的标准

（1）不需特殊保护能顺利越冬、越夏，并能正常发育生长；并无严重的病虫害。

（2）能以原来的方式进行正常繁殖。

（3）能保持原有的优良性状，不降低观赏价值或经济价值。

（4）无不良生态后果。外来树种引入后，不会占据生境，排除乡土树种，并失去人为控制。

二、引种的基本理论

（一）引种的遗传学理论

该理论认为：表现型是基因型与环境条件相互作用的结果，植物所表现的生物学特性以及生长发育规律主要是由基因型决定的，不同植物的适应范围，就是该植物基因型在不同环境条件下所表现的反应。因此，基因型决定了引种植物环境适应范围的大小，即引种是否成功的关键是引种植物的基因型。

植物的基因只有在适宜的环境条件下才能得以表达，当植物被引种到异地环境中，表现生长良好，则说明植物的遗传因素本身具有这种适应潜质。同时，新的环境条件可以激活某些基因的表达，因此原产地没有表达出来的性状有可能在异地条件下表达出来。

在引种时，要认真研究植物所表现的生物学特性，如果这种特性与引种地的环境条件相适应，则容易引种成功。在植物长期的进化过程中，对环境的适应能力不断提高，但不同植物，对环境的适应能力是不同的。因此，要充分考虑所引种植物的生物学特性是否符合引种地的气候条件，还要具体掌握引种植物的生长发育规律是否与引种地气候特点相适应，以及引种植物对温度、光照、水分、土壤等因素的适应性。

例如，植物的耐热性、抗寒性、喜光性、耐阴性、耐涝性、抗旱性、耐瘠薄性、耐盐碱性、抗污染性、抗病虫能力等特性对引种有较大影响；同时，植物的物候期、生长特性、开花结果特点等因素，对引种也有较大影响。

一般来讲，凡是进化程度高、遗传变异丰富、生态类型多、栽培群体大的植物容易引种成功。同时，分布广、种植范围大、抗逆性强的植物引种也容易成功。

（二）气候相似论

德国的 H. 迈尔教授认为，原产地与引种地的气候条件是引种成功与否的重要因素。气候条件在某种程度上决定着植物的形态，而植物对不同的气候环境有着一定的适应能力。一般情况下，在原产地和引种地生态环境差异小时，引种驯化容易获得成功；反之亦然。因此，在引种时，要求原产地和引入地气候条件相似即可，但并不要求完全一致。

在引种时，如果引种地与原产地气候条件相差较大，则要选择或创造环境条件，使之与原产地的环境相似。例如，南方植物品种向北引种，可选择背风向阳的山麓南坡，或选择四面环山之处；在北方引种竹子，要选择温暖、湿度较大的山区。在驯化引种时，常采用创造环境条件的方法，例如，南种北引，在驯化初期可种植在温室、塑膜大棚等人工小气候环境下，以后逐步驯化，使其逐渐适应自然环境。对于一二年生草花，可调节播种期，使其生长期适应新地区的环境。例如南种北引，可适当晚播种，反之，则可早播种。

（三）实生驯化论

前苏联的果树育种学家米丘林提出实生驯化论，其主要论点是：驯化引种必须从种子实生苗开始，即必须从有性繁殖开始，才容易成功。在植物的实生苗阶段，对环境适应能力的可塑性最大，而且，杂种实生苗比纯种实生苗更易驯化，地理上和生态上的远缘杂种后代适应能力更强，从而提出了实生驯化法、远缘杂交驯化法、多代连续驯化法等。其主要原因是有性后代实现了遗传基因的重组，其群体内存在丰富的遗传基础，产生较多的遗传变异，因而适应范围较广。而无性繁殖后代遗传基础相同，适应范围较窄。

（四）栽培植物起源中心学说

前苏联植物学家瓦维洛夫和茹可夫斯基认为：任何栽培植物都有其一定的起源中心（表7-1），在起源中心，表现该植物变异丰富，遗传基因多样性，变异类型较多，因此又可称为基因中心，起源中心显性基因的频率较高。

最初的起源地称为原起源中心，当植物从原起源中心向外扩散到一定范围时，在边缘地区又会因植物本身的自交和自然隔离而形成变异丰富的新起源地，称为次生起源中心，或次生基因中心，次生起源中心隐性基因频率较高。

从起源中心引种，可得到最为丰富的基因资源，引种容易获得成功。例如，山茶起源中心在中国，可到云南等地区引种，梅花的起源中心也在我国。

有时，植物可能同时存在几个起源中心，或由于自然条件的不断变化和人类栽培活动的影响，其起源中心不再明确或已经转移，这样，引种范围就可扩大。

表7-1　世界栽培植物起源中心

瓦维洛夫提出的8个起源中心	茹可夫斯基提出的12个基因中心
1. 中国起源中心	1. 中国—日本中心
2. 印度起源中心	2. 印度支那—印度尼西亚中心
2a. 印度—马来西亚起源中心	3. 澳大利亚中心
3. 中亚起源中心	4. 印度斯坦中心
4. 前亚起源中心	5. 中亚中心
5. 地中海起源中心	6. 近东中心
6. 阿比西尼亚（今埃塞俄比亚）起源中心	7. 地中海中心
7. 南美和中美起源中心	8. 非洲中心
8. 南美（秘鲁—厄瓜多尔—玻利维亚）起源中心	9. 欧洲—西伯利亚中心
8a. 智利起源中心	10. 南美洲中心
8b. 巴西—巴拉圭起源中心	11. 中美和墨西哥中心
	12. 北美洲中心

（五）系统发育的历史生态理论

该理论认为：目前的植物分布区不一定是它们的最适生长区，植物适应性的大小，不仅与目前分布区的生态条件有关，而且与该植物系统发育所经历的历史生态条件有关。例如，水杉在我国的湖北利川、四川石柱、湖南龙山毗邻地区发现，自然分布面积狭窄，被亚洲、欧洲、非洲、美洲等的许多国家引种，表现良好，据考察，水杉在第四纪冰川前曾广泛分布世界各国，遍及全球，因此，该植物在世界范围内引种都获得了成功。而油松，虽然目前分布范围较广，但许多国家引种失败，可能与历史上分布较为狭窄有关。

三、影响引种驯化的主导生态因子

植物引种驯化成功的关键是由植物内在的和外在的诸多因素决定的，植物本身的因素包括引种植物的生物学特性、生态习性、对环境的适应性、进化变异程度等，外部环境条件包括温度、光照、降水量、土壤、人工栽培技术等。

在影响引种驯化的环境条件中，往往存在1～2个关键的因素，影响到引种驯化的成功与否，即主导生态因子，在引种驯化时，要找出和重点考虑主导生态因子。

(一) 温度对园林植物引种的影响

不同植物生长发育要求的温度不同。一个地区，影响植物引种驯化的主要温度因素有年均温、有效积温、最高最低温度（一般用1月份均温和7月份均温表示）及其持续时间、无霜期、昼夜温差和季节交替特点等。

1. 三基点温度　即植物生长发育所要求的最适温度、最高温度、最低温度。植物在最适温度范围内生长良好，当环境温度高于最高温度或低于最低温度时，则植物生长发育停止，严重时植物受害。一般原产热带、亚热带的植物，要求温度较高。在引种时，要考虑到引种植物的三基点温度是否与引种地的温度变化规律相适应。

2. 年均温　年均温反映了一个地区的热量多少，热带地区年均温较高，寒带地区则较低；年均温直接影响植物的引种，一般年均温大于16℃可引种热带植物；年均温0～16℃可引种温带植物；年均温0℃以下，但7月份均温可达到10～22℃可引种亚寒带针叶树种；年均温0℃以下，7月份均温在10℃以下，则只能引种寒带植物。

3. 最高、最低温及持续时间　引种时，仅依据年均温是不全面的，最高、最低温也可成为限制因子，从而导致引种失败。对植物造成伤害的低温包括3个方面，一是极端低温，极端低温越低，危害越重；二是低温持续时间，低温持续时间越长，危害越重；三是温度剧变，温度剧烈变化的幅度越大，危害越重。

低温对南方植物北引影响较大（表7-2），在北半球，每向北移170km，温度降低1℃，许多南方植物由于低温的影响，难以在北方种植，如椰子、槟榔、散尾葵、柑橘等。北方植物品种向南引种，有时会因为冬季低温不足而导致失败，也应引起重视。

表7-2　部分园林植物的耐寒性

园　林　植　物	绝对低温/℃
白云杉、美洲山杨、美国落叶松	－50
欧洲落叶松、西伯利亚落叶松、兴安落叶松、挪威杉、欧洲赤松、短叶松、美洲椴、美洲榆、白柳	－50～－35
美洲白蜡、红松、金仲松、扁柏、大叶椴、欧洲椴、水曲柳、欧洲白蜡、刺槐、挪威槭、糖槭	－35～－20
日本落叶松、白皮松、美国西部黄松、刚松、落羽松、黑核桃、水青冈、美国板栗、光叶榆、鹅掌楸、黄金树、胶皮糖枫香、皂荚、荷兰榆、白榆、榉树、大叶椴、臭椿	－20～－10
栎树、漆树、日本冷杉、油松、池松、柳杉、大侧柏、枫杨、核桃、薄壳山核桃、赤杨、日本水青冈、白蜡、毛白蜡、泡桐、垂柳、楸树、七叶树、滇楸、锥栗、榔榆、光叶榉、英国梧桐、椴树、合欢、梧桐	－10～－5
花旗松、火炬松、长叶松、辐射松、海岸松	－5～5

同时，高温也影响植物引种，如果引种地夏季温度过高，可造成引入植物的伤害，尤其高温持续时间越长，对植物的影响越大。

4. 季节交替　某些地区（主要是中纬度地区）的冬春之交或春夏之交，温度变化频繁，变化幅度较大。一般本地植物能够适应这种变化，但引入的植物往往不能适应而受害。例如，在春季变暖植物发芽时，突然降温，则使植物受害，而本地原产植物发芽较迟，较少受害。

一般情况下，温度随纬度而变化，高纬度地区，则温度低，低纬度地区，温度高，纬度相近的地区之间引种容易成功。但国际之间要看具体情况，例如我国天津市和葡萄牙的里斯本市纬度相近，但天津最低温可达－22.9℃，1月份均温－4.1℃，里斯本只有－1.7℃，1月份均温9.2℃。其次，种源地和引种地的无霜期长短等也是引种时考虑的因子。

（二）光照对园林植物引种的影响

对引种影响较大的主要光照因子有光照长短、光照度和光质。一般随纬度、海拔和空气透明度等因素而变化。

1. 光照长短　指昼夜间光照时间长短的变化规律。一般低纬度地区变化不明显，中、高纬度地区变化明显。在我国，一年中冬至日，光照最短，夏至日，光照最长。植物对光照长短的适应性不同，可分为长日植物、短日植物和日中性植物，长日植物只有在长光照下才能进行生殖生长，短日植物只有在短光照下才能进行生殖生长。若光照不适，则会出现植物生长不良、不能形成花芽、不能开花结实等现象，严重时引起引种植物受害。

当南方植物品种向北引种时，生长季节日照变长，引种植物往往不能及时停止生长，推迟封顶，或不封顶，或出现二次生长，减少树体养分积累，形成不充实的枝条，易受冻害，影响到越冬，影响到翌年树体萌芽、生长和开花结果。当北树南引，生长季节日照变短，引种植物往往提早停止生长，表现生长不良，不能保持其优良特性，而且夏季光照强烈，温度过高，会发生日烧等现象，引起枝叶受害，严重时造成死亡。

2. 光照度　指单位面积、单位时间内的光照辐射量。植物对光照度的适应性是不同的，阳性树种适应较强的光照、阴性树种要求较弱的光照。例如，八仙花属、杜鹃属、山茶属、海桐属等阴性植物引种到光照过强的地区，就很难适应。

3. 光质　园林植物较易利用红橙光，散射光较直射光利用率高。不同植物对光质的具体要求不同。有的植物要求散射光，有的植物要求直射光，引种时也应适当考虑。例如，茶树、杜鹃花等喜散射光。

（三）水分对园林植物引种的影响

1. 降水量　水分是植物生长发育的物质基础，降水量影响到土壤含水量和空气湿度，对引种驯化影响很大。我国不同地区降水量相差甚大，低纬度地区降水量大，可达到2 000mm以上，集中在4～9月份；中、高纬度地区降水量小，有的地区不足200mm，集中在6～8月份，冬春季节干旱。引种时，要注意本地降水量的大小和引种植物对降水量的要求。有时不仅要求引种地和原产地的年降水量相似，而且要求水量的季节分配也相似。例如，夏雨型的湿地松、加勒比松，引入广东生长良好，而冬雨型的辐射松、海岸松则生长不良。

2. 土壤含水量　不同植物对土壤含水量的需求不同，有的植物耐旱性较强，有的植物耐旱性较弱，有的喜干，有的喜湿。对大多数植物来讲，要求土壤含水量适中。因此，降水量少的土壤干旱地区，应引入耐旱植物；沼泽地或降水量大的土壤潮湿地区应引入耐湿植物。

3. 空气湿度　许多植物对空气湿度要求不严格，但有的植物对空气湿度较为敏感，如竹类、水杉、桂花、杜鹃、茶花、棕榈、广玉兰等。引种时，应充分考虑引种地的空气湿度是否符合引种植物的要求。如前些年我国黄河流域有些省份引入毛竹，凡空气湿度较大，并具有灌水条件的地区均获成功，空气干燥、无浇水条件地区引种的毛竹则落叶死亡。山东省从昆嵛山引种杉木获得成功，该地区年均温只有12.7℃，与原产地相差较大；但降水量为800～1 000mm，年均空气相对湿度70%以上，与原产地相似。

（四）土壤对园林植物引种的影响

土壤对园林植物的影响主要体现在：

1. 土壤pH　园林植物对土壤pH的适应范围不同，有的要求微酸性土壤，有的要求微碱性土壤（表7-3），大多数园林植物适应范围较广，pH在6.0～8.0之间，如榆树、柳树、桑树、枣树、刺槐等；喜酸性土的园林植物要求土壤pH4.5～6.5，如马尾松、杜鹃、山茶、茉莉、米兰等；喜碱性土的园林植物要求土壤pH7.0～8.5，如沙棘、柽柳、藜科等。

表7-3　部分园林植物对土壤pH的适应范围

园　林　植　物	pH适应范围
杉木、火炬松、茶树、马尾松、黄山松、红松、池杉、杜鹃、山茶、茉莉、米兰、桂花、广玉兰、香樟、栀子、八仙花	4.5～6.5
杜仲、柿树、核桃、板栗、大叶桉、泡桐、长白落叶松、樟子松、油松、黑松、五针松、女贞、紫薇、杜仲、栾树	5.5～7.8
文冠果、白皮松、榆树、柳树、桑树、枣树、刺槐	7.5～8.0
沙棘、胡杨、柽柳	8.0～9.0

2. 土壤质地　土壤结构影响土壤的排水透气性、保肥保水性、保温性等，影响到植物根系的生长。多数园林植物要求壤土或沙壤土。但也有的植物喜欢沙土，如仙人掌科、大戟科等原产沙漠地区的某些多肉多浆植物。还有些植物也能适应黏性土壤。

3. 土壤养分　引种时，应选择有机质含量高的肥沃土壤。因其含有丰富的园林植物生长所必需的营养物质，可促进引种园林植物良好生长，利于其优良性状的充分表现。同时，土壤有机质含量越高，则越能形成良好土壤结构，有较好的供肥能力和良好的通透性，同样促进植物生长。

4. 土壤微生物　某些园林植物的根系常具有共生性真菌类微生物，如菌根等，引种时，要注意将这些菌类和引种植物一起引入，利于获得成功。例如，欧洲赤松和黑松在匈牙利引种时，屡遭失败，后来，将其土壤中的菌根一并引入，获得了成功。我国广东引进国外的松树，并引入了菌根，获得良好效果。

第二节　园林植物引种的方法步骤

一、引种程序

（一）制订引种计划

1. 做好引种的筹备工作　提前筹备资金、准备土地、建立必要设施、组织技术人员，成立专门引种科研小组，必要时做好与其他单位之间的协作工作。

2. 确定引种植物的种类和数量　根据本地区的气候特点、园林植物应用特点和本单位的具体情况，确定引种植物的种类、数量。

3. 确定种源地　根据引种植物的生物学特性，做好资源调查工作，掌握引种植物的分布范围、变异类型以及引种植物的栽培分布状况，确定引种的种源地。尽可能确定多个种源地，或到起源中心引种，以便得到较为丰富的生态类型。

4. 确定引种的具体方式、方法　要查阅大量的有关资料，制订出工作步骤、实施要点，根据实际情况，作出时间安排表，确定种植计划，制订引种筛选的标准等。引种计划要具体、详细、全面。

（二）引种植物的选择与收集

园林植物种类繁多，很难将它们全部引入，原因是任何一个地区的人力、物力、土地、资金、环境等都是有限的。因此，在引种时要认真研究，仔细选择引种植物。

1. 引种植物选择的原则　要做好考查工作，掌握本地园林绿化生产对园林植物的需求，选择本地急需的植物种类。

（1）要有明确的目的性。即有针对性、有目的地引种，不是盲目地随意引种。依据本地人力、物力、财力，园林植物在本地的应用情况，以及绿化、美化的需要，或育种的需要，选择引种植物种类，制订引种计划。例如，选择引入彩叶植物，或花色美观的植物，或抗病虫植物，或树型美观植物，或抗污染植物等。

（2）要有特殊价值。即引种植物要有较高的价值，或经济价值、或观赏价值、或育种价值、或抗性价值等。而这些价值在本地资源中是没有的、或不足的。例如，特殊花色、特殊抗性、特殊育种基因等。

（3）要有很强的适应性。即要选择能适应本地环境的植物，或经过驯化后能适应本地环境的植物。要充分研究引种植物的特性，认真分析引种地和原产地的环境因素，如自然生境、栽培地条件、主导生态因子等，充分了解和估测引种植物对本地环境的适应程度。

2. 引种植物选择的依据　研究本地气候特点和引种植物的适应性特点，真正选出能够适应本地气候条件、表现优良的植物。

（1）据引种驯化的主导生态因子。认真分析本地气候环境的特点和引种植物的特点，找出影响引种驯化的主导生态因子，作为估测引种植物适应性的主要依据。例如，寒冷地区引种，主要考虑温度，选择耐低温植物；盐碱地区引种，则主要考虑选择耐盐碱植物；本地污染严重，则应主要考虑耐污染植物。

（2）据引种植物原产地环境。植物的遗传性适应范围与它们原产地的气候、土壤等因素有密切关系。例如，原产热带的植物要求较高的温度，原产沙漠地区的植物抗旱性较强，原产华中、日本等地的桃品种耐高温、耐湿，而原产华北、西北的桃品种则耐寒、抗旱。因此，可根据原产地的环境条件，来估测引种植物的适应性。

（3）据指示植物。某些植物的适应性和引种植物适应性相似，可作为引种的指示植物。如果这些植物在引种地表现良好，则可认为引种植物在引种地将有良好的适应性，反之亦然。

一般亲缘关系相近的植物有相似的适应性，原因是同一祖先的后代具有相似的遗传基础。如蔷薇科的玫瑰、月季、蔷薇，天南星科的绿萝、红宝石、绿巨人等，兰科的蝴蝶兰、石斛兰、蜘蛛兰、凤兰等。其次，一般同类植物有相似的适应性，如多浆多肉类植物，仙人球、仙人掌、令箭荷花、景天、虎刺等。

(4) 据前人的引种经验。在全国或世界范围内，前人作了大量的引种工作，可借鉴他们成功的经验或失败的教训。查阅相关大量的资料，了解他们引种的过程，在什么环境下引入了哪些植物，这些植物的适应性如何，如果获得了成功，可以借鉴，如果失败，则分析原因，避免重犯错误。

3. 引种材料的收集　确定引种材料收集的方式，一般可通过购买、交换、实地考察采集、接受赠送等方式来获得引种材料。要尽量收集引种植物较多的生态类型，从不同原产地收集，引入较多的品种或类型，每个品种引入的数量不宜过多，切不可一次性大规模引入。对于有性繁殖植物，引种材料可以是种子或果实，也可以是幼苗，小型植物可引入成年植株；对于无性繁殖植物，则可引入植株、插条、接穗或接芽等无性繁殖材料。

对于有性繁殖植物，驯化引种时，种源地要求选择 5 株以上，最好选择靠近引种地的种源地，要从表现优良的植株上采种，每个种源地采种母株要求 10 株以上，每个母株的后代 50 株以上。对无性繁殖植物，一般选抗性强、观赏或经济性状优良的若干无性系，每个无性系后代 100 株以上，无需较多的种源地。有时为了加速引种进程，可利用各种小气候进行多点试验，则需要引进植株的数目要大。

采集工作要在引种植物的优良性状充分显现的时期进行，以便选择优良植株，如此期不宜采集繁殖材料，则要在此期先做好选择工作，以后在适宜的时期（如种子成熟期、嫁接期、扦插期、移栽期等）再来采集。

4. 引种材料的检疫　为避免在引种过程中带来本地区所没有的新型病虫和杂草，在采集引种材料时要做好种苗的检疫工作，避免外来的病原菌，害虫的成虫、幼虫、卵，杂草种子等进入引种地。此外，在以后的引种过程中，也要随时注意是否有检疫性病虫发生。

5. 引种材料的记载　对于采集到的引种材料，要做好记载工作，分门别类登记编号，并对每份材料作好详尽的描述。记载项目一般为：编号、名称、来源、材料种类（种子、幼苗、插条、接穗、接芽、球茎等）、数量、形态，还要记载引种植物的生物学特性、生长发育规律、物候期、对环境条件的要求、栽培技术要点、主要观赏性状或经济性状（例如产量、品质、花期、花型、花色、产花量）以及利用价值等。

（三）引种试验

引种试验的目的是对引种植物进行全面鉴定，确定其在本地的表现情况，筛选出适合本地的优良品种。引种试验要作全面、细致的观察，进行对比和详细记载，主要项目包括：植物学特性、物候期、生长发育特点、主要观赏性状和经济性状（产量、品质、花型、花期、花色、开花量、香味、株型等）、适应性、抗逆性、特殊价值、推广范围、潜在用途等。要建立健全管理制度，每份材料都要进入资料库。

1. 原始材料的鉴定　在种源地引入材料时，对原始材料进行鉴别，避免引入的原始材料出现品种错乱或品种混杂等现象，以便引入品种纯正、货真价实。一般要观察和研究引入材料的生物学特性、生长发育特性、物候期、主要观赏性状或经济性状等，还要了解其生态要求、生理特性、栽培特点等。在引入后，也要仔细观察，鉴别原始材料的正确与否。

2. 观察试验　从不同地区引入的材料在相同的环境下，顺序排列种植，采用相同的管理措施，观察其对本地区气候条件的适应性，筛选出适合本地区栽培和应用的类型。可同时在本地进行不同条件下的多点试验，以便全面了解各种类型的优缺点，从而进行综合筛选。

3. 品种比较试验　将筛选出的优良品种或类型与本地标准品种种植在相同条件下，进行对比试验，标准品种一般选用目前本地生产上通常应用的与引种植物同类的品种。一般采用随机设计，并设置多次重复，以减小试验误差。草本花卉试验时间可短，一般2～3年，乔、灌木试验时间应长，可3～5年，甚至更长。

4. 区域试验　将在品种比较试验中筛选出的优良品种扩大试验面积，在不同环境的多个区域进行多点试验，其目的是确定该品种适宜的推广范围。

（四）繁殖推广

对通过区域试验的品种或类型，要通过专家组成的评审委员会的评审鉴定，确定推广范围，提出发展意见，然后加速繁殖，迅速在生产上推广应用。

二、驯化引种的方法

驯化引种必须改变引种植物的遗传组成，即必须通过有性繁殖过程，使引种植物发生基因分离和重组，获得具有丰富遗传组成的后代群体，然后从中选育出符合要求的类型。

1. 实生驯化法　从多个种源地引入不同生态类型的自然授粉的种子，培养实生苗，然后按照选择标准，从实生苗中选出符合要求的类型。种子数量要大，一般要求数百、数千或数万粒种子，以便选出优良单株或优良群体。

2. 多代连续驯化法　在引入的第一代实生后代中，不能选出符合要求的类型，或仍然不能适应引种地的环境条件，可选其适应性强的优良植株，在适当保护的环境中培养，使其开花结子，然后再从第二代中选择，如此，可连续多代进行，直到选出适应引种地气候条件、表现优良的类型。

3. 逐代迁移驯化法　如果引种地与种源地南北距离相隔太远，气候条件相差过大，若将引种植物一次性引入引种地种植，会造成大量死亡，难以成功，则可采取逐步、逐代向引种地迁移的方法。例如，从南方向北方引种，可在引种地和种源地之间选一个地区，将引种植物的种子在此播种、培育，使之开花结子，然后选适应性强、表现优良的植株，采集其种子，种植在更加靠近引种地的另一地区，如此反复进行，直到在引种地种植成功，一般可进行2～3代。由于植物种类的不同，每代推进的距离也不同，一般认为，在南北方向上迁移，每个有性世代可推进200～600km。

4. 杂交驯化法　将引种植物和本地优良品种杂交，然后从其杂种后代中选择适应性强、表现优良的类型。一般选本地适应性强的品种作父本，选择引入的优良品种作母本。

5. 诱变驯化法　从种源地引入类型较多、数量较大的种子，进行物理或化学诱变，使其群体中出现变异，然后从中选出符合要求的类型，一般采用物理诱变。

通过以上驯化方法，选出优良类型后，要通过品种比较鉴定、区域试验、专家评审鉴定，然后繁殖推广。

三、引种的栽培措施

1. 调整播种期和栽植密度　对于种子繁殖的一二年生植物，南方植物品种向北引种，可延期播种，这样播种期温度升高，利于种子发芽和幼苗生长，并缩短了生长期，减少生长量，增加植株成熟度，提高抗寒力；反之亦然。

南种北引，可适当增加种植密度，形成群体效应，提高抗寒性。

2. 肥水管理　南种北引，应在植物生长后期减少氮肥使用，增施磷、钾肥，控制灌水量，避免旺长，增加组织成熟度，提高抗寒性；北种南引，则增施氮肥，增加灌水，延长生长期，推迟封顶。

3. 调节光照　南种北引，可在生长期遮光，减少日照，促使及时停长，及早封顶，利于营养积累，提高植物成熟度，利于越冬；反之亦然。

4. 土壤管理　南方植物多喜微酸性土，北方植物多喜中性到微碱性土，因此，南种北引，应选择微酸性土壤，或改良土壤。多施有机肥，避免浇施碱性水；北种南引，则要使用石灰等碱性物质改良酸性土壤。

在北方，对土壤进行覆盖，可防止土壤返碱，一般采用作物秸秆覆盖或地膜覆盖。

5. 越冬防寒、越夏降温　南种北引，做好越冬防寒工作至关重要，常采取树干涂白、建立风障、根茎埋土、包扎防寒物（稻草、麦草、无纺布、塑膜等）、覆盖塑料棚等。越夏降温措施有覆盖遮荫网、增加灌水、叶面喷水等。

6. 摘心、修剪　南种北引，可不断摘心，加强修剪，控制营养生长过旺，增加树体营养，提高抗寒性。

7. 种子特殊处理　在种子萌动时，进行低温、高温或变温处理，可促进种子萌芽。种子萌芽后进行干燥处理，利于提高抗旱力。

复习思考题

1. 从植物学、生态学、经济学等多角度分析园林植物引种驯化成功的标准应该是什么？
2. 如何评价现有的引种驯化理论？
3. 分析栽培技术在园林植物引种驯化中的作用。
4. 模拟制订一种园林植物引种驯化实施方案。

第八章　选择育种

【本章提要】选择育种是对自然变异进行选择，培育出新品种的技术。同时选择也是其他育种方法不可缺少的环节。选择的基本方法有单株选择和混合选择，并详细介绍了园林植物中常用的、有效的方法——芽变选种。分子标记辅助选择是现代育种技术的重要方法。选择的效果受原始群体的遗传基础、群体的大小、环境等多种因素影响。

第一节　选择育种的概念和意义

一、选择育种的概念

选择育种简称选种，就是从种质资源或原始材料（也称基础材料）中选出符合育种目标的群体或个体，通过比较鉴定，从而培育出新品种的方法。在遗传学上，选择、遗传和变异称为生物进化的三要素。在自然条件或人工栽培条件下，生物中广泛存在变异，且变异形式是多种多样的，有些是有利的变异，有些是不利的变异，变异了的后代表现出各种各样的性状，从而给选择育种提供了丰富的物质基础。

1. 自然选择　在自然条件下，通过“适者生存，不适者灭亡”的自然法则，淘汰那些不利于物种生存的变异，保留那些有利于物种生存的变异，使生物沿着与环境相适应的方向进化，这就是自然选择。经过长期的自然选择，使生物由简单到复杂，由低级到高级，不断进化，形成了现代生物。自然选择的结果是，使生物变得越来越适应环境，抵抗不良环境的能力越来越高，自身的生存能力越来越强。例如，在野生条件下，植物的抗旱、抗寒、耐热、抗盐碱、抗病虫、耐瘠薄等抗逆性变强，繁殖能力也加强。

自然选择对生物本身的生存发展是有利的，但不一定对人类的需要有利。例如，有些园林植物的枝条生有皮刺，对其本身有保护作用，但对人类不利。还有些园林植物的种子在成熟过程中种子脱落，这有利于植物的繁殖，但不利于种子采收。

2. 人工选择　人类根据自己的需要，按照人类的意愿对植物进行有目的的选择，淘汰不利的变异，保留有利的变异，使生物沿着有利于人类的方向进化发展，这就是人工选择。人工选择的结果是使植物变得更能满足人类的需要，但对生物本身的生存不一定有利。

例如，牡丹的‘金阁’、‘金帝’两个品种，观赏品质很好，但其抗逆性不如野生类型。有些品种不能在自然条件下开花结果、生育繁殖，只能在人工环境中才能产生后代，还有的品种只能进行无性繁殖，已失去自然生育能力。山茶品种‘恨天高’有很高的观赏价值，但繁殖能力较差。人工选择还可能使某些植物种群的遗传基础变窄，有可能丢失一些有价值的基因。

二、选择的意义

1. 选择是培育新品种的手段　通过选择，可培育出园林植物新品种。从世界各国的植物育种历史来看，选择育种是在漫长的岁月中进行的，选择方法随着生产的发展和对品种要求的日益提高而不断改善，逐渐由无意识的选择到有意识的选择。有意识的选择是指有明确目标，有周密的计划，应用有效的选择方法，通过完善的鉴定，达到预期的效果。

2. 选择育种周期短，见效快　自然界中，许多野生植物和栽培植物，有时会出现少量的优良变异，通过选择，可以直接培育利用，这些优良变异对当地又有很强的适应性。因此，比其他的育种手段省事省力，能较快地使新品种在生产上推广应用。

3. 选择可使植物向着人类需要的方向发展　由于选择是按照人类的意愿进行的，所以使植物向着有利于人类需要的方向发展。选择育种实质上是“优中选优”的过程。对于粮食、果树、蔬菜植物，选择育种，可使其产量更高，品质更好。对于园林植物，使其观赏价值、经济价值逐渐提高，从而美化环境，美化生活。

4. 选择具有间接创造性　选择虽然不能创造变异，但它的作用并不是单纯的消极的筛选，而是间接地具有创造作用。达尔文科学地总结了自然选择和人工选择在动植物品种形成过程中的作用，他认为生物具有连续变异的特性，即变异了的植物还有沿着原来方向继续变异的倾向。连续选优，最后就能创造出新的类型。微效多基因控制的数量性状需要经过多代累积，才能有显著的表现。例如，牡丹花的花型进化过程是由单瓣类逐渐形成重瓣类，这一发展过程就是长期选择的结果。许多园林植物如凤仙花、芍药、翠菊、山茶等重瓣品种，都是通过选择培育出来的。

植物定向选择的创造作用是巨大的。布尔班克曾用连续选择的方法把叶片边缘不具有皱褶的野牻牛儿苗培育成为具有显著皱褶的新品种。英国育种家坎德曾从改进栽培技术着手进行定向选择，育成皱边的唐菖蒲。许多玫瑰品种、月季品种和菊花品种等，也都是通过选择育成的。除了园林植物，其他栽培植物品种也有许多是通过选择育成的（如某些苹果品种、小麦品种、棉花品种等）。

5. 选择是其他育种方法不可缺少的环节　选择不仅是独立培育良种的手段，而且也是其他育种方式的基本步骤之一，并贯穿于其他育种工作的整个过程。例如，在杂交育种中，从亲本的选择到杂交后代的选择，选择始终起着重要作用。在诱变育种中，从诱变材料的选择到诱变后代的选择，选择仍然是必不可少的。引种和倍性育种也离不开选择，正如美国著名的育种家布尔班克所说，关于在植物改良中任何理想的实现，选择是理想本身的一部分，是实现理想的每一个步骤的一部分，也是每株理想植物生产过程的一部分。

在人工选择的同时，自然选择也同样发生作用，因为栽培植物一般不可能完全脱离自然环境而生长（特殊栽培条件下的植物除外）。人工选择应充分利用自然条件，如在感染病害严重的地区或在某种虫害严重的地区，去选择抗病、抗虫植株。在严寒发生时或在炎热发生时，进行抗寒、耐热植株的选择。

第二节　选择育种的几种主要方法

一、混合选择

1. 混合选择的概念　按照育种目标，从一个混杂的原始群体中，选出具有相似性状的若干优良植株，将其种子或无性繁殖材料混合收获、保存和繁殖，然后与标准品种进行比较、鉴定，从而选育出新品种的方法称为混合选择。混合选择可进行一次或多次，因此就有一次混合选择（图 8-1）和多次混合选择（图 8-2）。

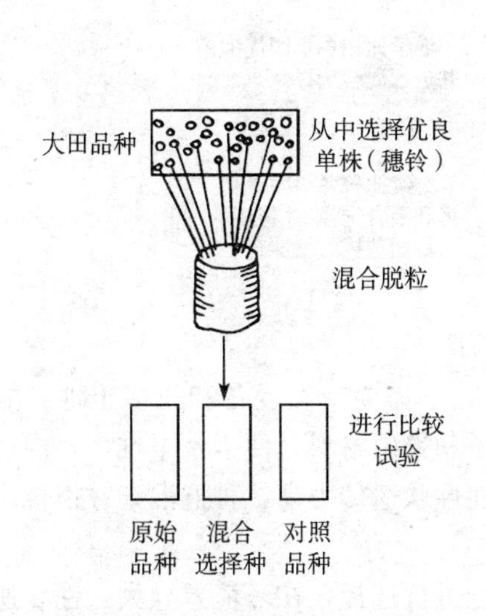

图 8-1　一次混合选择示意图

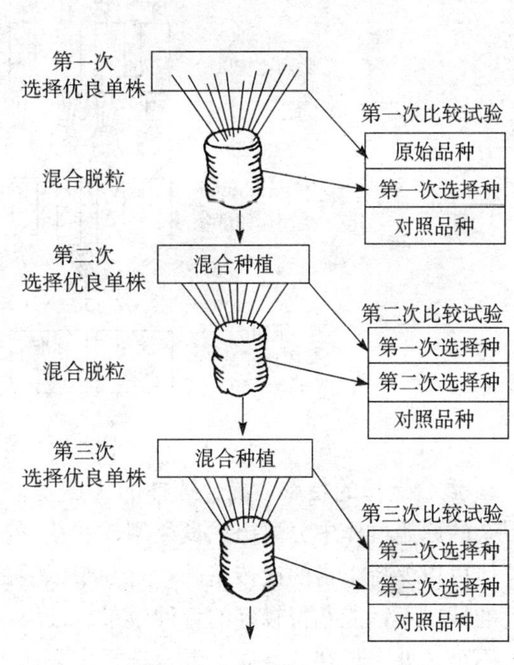

图 8-2　多次混合选择示意图

混合选择的基本步骤：

（1）按照预定的目标，在原始群体内选出符合要求的若干个优良单株。

（2）种子成熟时，混合收取它们的种子，并保存。

（3）将混合种子与标准品种及原始品种在相同环境下做对比试验，再混选出若干优良单株。

（4）按上述方法，可以进行多次对比试验，优中选优，直至选出表现稳定达到预定目标的优良群体。

（5）将选出的优良群体申请参加区域试验和繁殖推广。

按照观赏植物的不同类型归纳为若干个集团，然后从一个混杂原始群体中，将选出的同一集团的种子混合收取，混合播种，不同集团则分别收取，分别播种，从而同时选出若干个新品种的方法，称为集团选择（图 8-3）。根据选择次数的多少，可分为一次集团选择和多次集团选择。采用集团选择，可同时得到若干品系，集团选择属于混合选择的范畴。

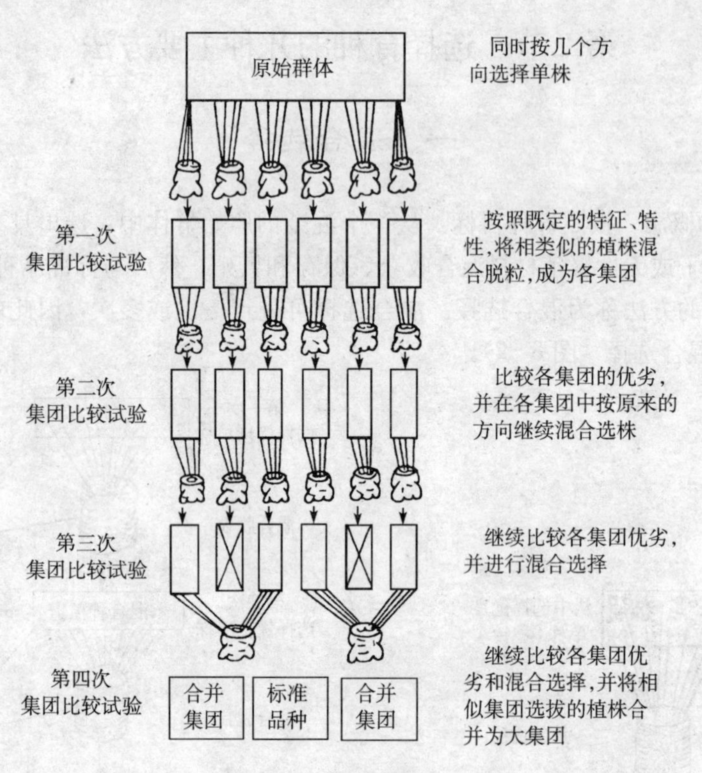

图 8-3　集团选择示意图

2. 混合选择的特点　混合选择的优点是：简便易行，不需要精确设备和较多土地，能迅速从混杂的原始群体中分离出优良类型，并获得较多的种子和繁殖材料，便于及早推广；混合选育的群体可以保持丰富的遗传基础，有利于以后的选择；在性状遗传力高，种群混杂，遗传品质差别大的情况下，能获得较好的育种效果。

不足之处表现在：首先，混合选择主要是根据表现型进行选择，在环境差异大，性状遗传力低的情况下，选择的效果将受到较大的影响；其次，由于混合选择是采用混合采种，混合繁殖的方法，子代与亲代之间的谱系关系就难以查清，不便于遗传分析；第三，混合选择得到的群体是一个混杂的群体，各个单株的基因型不同，群体后代会出现性状的分离现象，故后代表现不太稳定。只有在保持不断选择的情况下，才能保持其优良性状。

3. 混合选择的应用　对于自花授粉的植物，如凤仙花、桂竹香、紫罗兰、香豌豆、半支莲、风铃草、金盏花、刺槐、合欢、紫荆、栾树等，由于经过长期自交，其群体中每个单株大多数为纯合基因型，群体的遗传性状比较稳定，后代分离少，通常可采用 1～2 次混合选择。

对于异花授粉的植物，如石竹、万寿菊、雏菊、四季秋海棠、向日葵、金莲花、矮牵牛、大丽花、百日草、鸡冠花、百合、樱草、金光菊、福禄考、杨树、苹果、梨等，由于异花授粉，其群体内的每个单株大多数为杂合基因型，群体的不同植株基因型也不相同，在自由授粉的情况下，由于受精的选择性，才使它们保持群体遗传结构的典型性和相对稳定性。对于此类植物通常采用多次混合选择法。

二、单株选择

1. 单株选择的概念　按照育种目标，从原始群体中选出若干优良单株，将种子分别收获、贮藏，分别繁殖，然后比较、鉴定，从而选出新品种的方法称为单株选择。若只进行一次以单株为对象的选择，而后就以各株系为取舍单位，称为一次单株选择（图 8-4）。若进行连续多次的单株选择，然后再选株系，称为多次单株选择（图 8-5）。

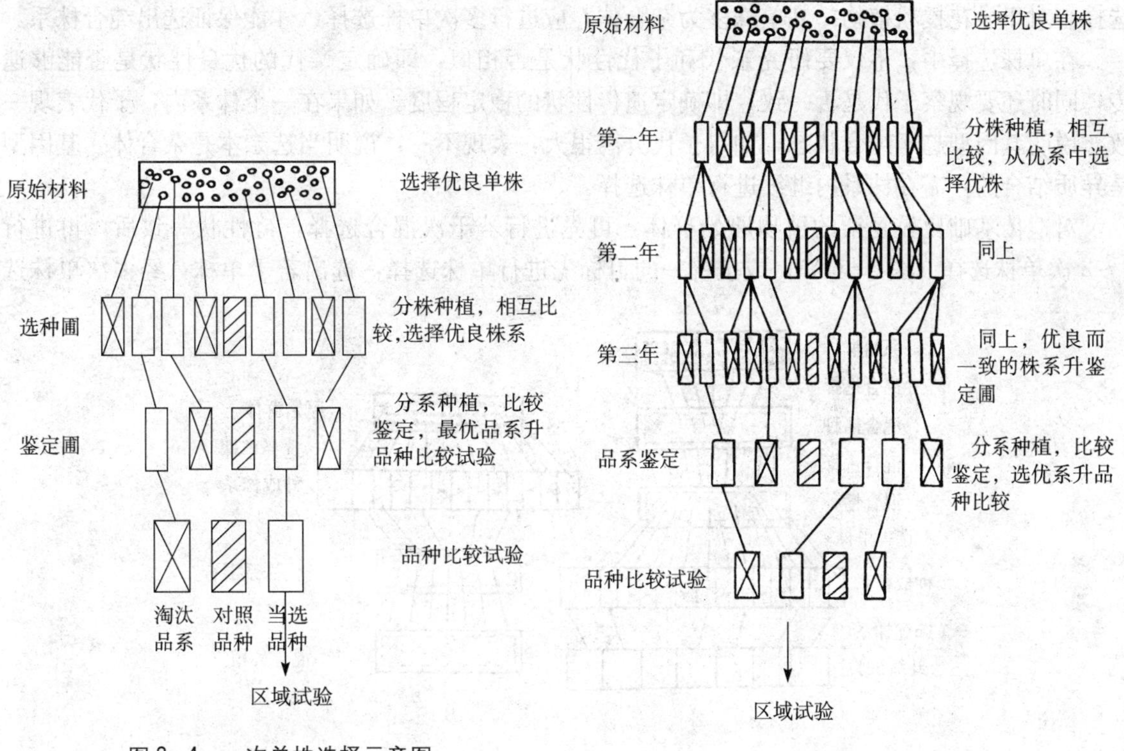

图 8-4　一次单株选择示意图

图 8-5　多次单株选择示意图

多次单株选择的基本步骤：

（1）在供试田中，选择符合要求的优良单株，然后每株分别收取种子，分别保存贮藏。

（2）播种前将每个植株上收集的种子分成两部分，其中一部分种子按田间试验设计种植，以作比较，另一部分种子按株系分别种植在隔离区内，防止相互授粉。

（3）株系比较试验中，淘汰不符合要求的株系，选留符合要求的优良株系，当选的株系要在隔离区内留种。

（4）如果当选株系中的各个植株表现整齐一致，该株系各株的种子可混合在一起，成为一个品系。如果当选株系的子代仍有分离，则要继续选优株分别收获，第二年按以前的方法一样，将种子分成两部分，继续工作，直至选出符合要求而整齐一致的株系为止。

（5）如果在株系比较试验中发现了个别优良单株，而在该株系的隔离区中又未发现同样类型，这株优良单株不论其授粉方式如何，都要加以选留，继续观察其后代的表现以决定进一步利用的可能性。

2. 单株选择的特点　单株选择的优点是，在原始品种群中入选的单株，各自独立成为株系，经数代观察鉴定，可区别其基因型的优劣，从而选出遗传性稳定的优良品系；由于子代和亲代的谱系清楚，有利于进行遗传分析。

单株选择的缺点是，工作程序比较复杂，费工费时；株系增多后，需要较多的土地；并且由于淘汰掉许多株系，可能会丢失一些有价值的基因。

3. 单株选择的应用　对于自花授粉植物，其群体内的单株多为纯合体，可采用1～2次单株选择。对于异花授粉植物，其单株多为杂合体，应进行多次单株选择，才能保证选出纯合株系。

在单株选择中，不仅要研究亲代和子代性状是否相似，即确定亲代的优良性状是否能够遗传，同时还要观察子代是否一致，即确定遗传性状的稳定程度。如果在一个株系内，子代表现一致，说明基因型趋于纯合状态；如果子代分离很大，表现不一，说明当选亲本是杂合体，基因型是异质结合的，需在株系内继续进行单株选择。

对遗传基础比较复杂的植物原始群体，可先进行若干次混合选择，待性状一致后，再进行1～2次单株选择（图8-6A）；或按统一的目标先进行单株选择，选出若干单株，经多次单株选

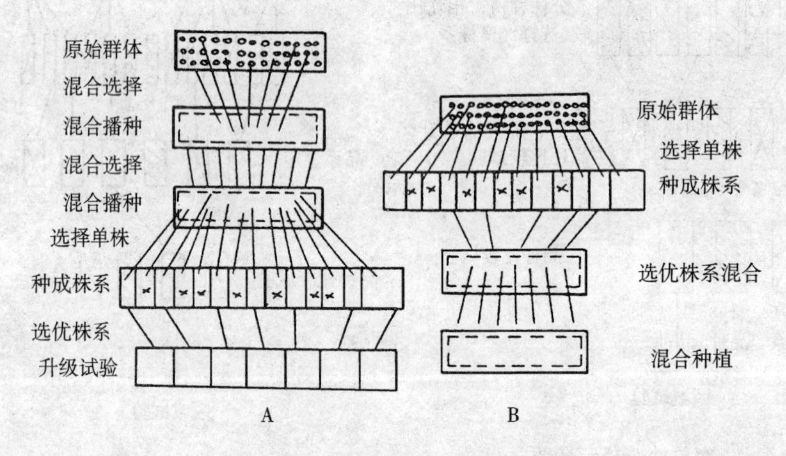

图8-6　改良的混合选择示意图

择后，性状表现稳定，再将性状一致的多个优良株系进行混合选择（图8-6B）。这两种方法都称为改良的混合选择。前者可一次得到相似性状的若干株系，后者可得到性状一致而遗传物质丰富的群体。

三、芽变选种

（一）芽变选种的概念

芽变是指发生在芽分生组织细胞中的突变，属于体细胞突变的一种，当变异了的芽分生组织萌动长成枝条时，该枝条性状表现出与原品种类型不同，即为枝变；同样，当包含突变细胞的芽

发育成一个植株或采用该芽进行无性繁殖形成新个体后，该植株被称为株变。利用发生变异的枝、芽进行无性繁殖，使之性状固定，通过比较鉴定，选出优系，培育成新品种的选择育种法称为芽变选种。

芽变不仅丰富了育种的原始材料，对优良的芽变，还可以直接作为新品种推广，所以芽变育种是一种既简单又有效的育种方法，对于园林植物的改良有着重要作用。园林植物中的芽变普遍发生，黄杨、万年青可以发生金心或银边的芽变，杜鹃花经常出现各种花色的芽变。据统计，由芽变选择培育成的月季品种有300多个。

（二）芽变的特点

1. 芽变的普遍性　芽变的产生，是植物界一个普遍的自然现象，不管是种子繁殖植物还是无性繁殖植物都可发生。无性繁殖的多年生植物，容易发生芽变，而且容易被发现。原因是变异了的性状保留时间长，随着变异性状的生长发育，将越来越明显的表现出来。同时，一旦发现了芽变，可以用无性繁殖的方法固定下来，容易大量繁殖和进行鉴定。如采用嫁接繁殖和扦插繁殖的园林植物，月季、牡丹、梅花、杜鹃、菊花等都容易发生芽变。

2. 芽变的多样性　芽变的表现是多种多样的，既有形态特征的变异，也有生物学特性的变异。

（1）叶变异。大叶、小叶、宽叶、窄叶、平展叶、皱缩叶、畸形叶等。

（2）枝条变异。枝条长短、枝条颜色、节间距离、有刺无刺、变态茎等。

（3）株型变异。乔化型、矮化型、垂枝型、藤本类、灌木类等。

（4）花器变异。花型、花径、花瓣数、花瓣颜色、花瓣形态、雄蕊颜色、花萼形态、花萼颜色、花托性状等。

（5）果实变异。果实大小、果实形状、果实颜色、果实品质等。

（6）生长结果习性变异。枝条横生长与纵生长、分枝角度、长短枝的比例及密度、结果习性及连续结果能力等。

（7）物候期变异。萌芽期、开花期、种子成熟期、落叶期等。

（8）抗性变异。抗旱性、抗寒性、耐热性、抗病性、抗虫性、抗盐碱性等。

（9）育性变异。无籽、少籽、雄性不育和单性结实等。

3. 芽变的重演性　同一品种相同类型的芽变可以在不同时期、不同地点、不同单株上重复发生，它实质上是基因突变的重演性。在过去发生的芽变，今天也可能发生；在国外发生的芽变，国内也可能发生。

4. 芽变的稳定性　有些芽变很稳定，变异的性状在其生命周期中可以长期保持，并且无论采用何种繁殖方法，都能把变异的性状遗传下去。但有些芽变的稳定性较差，例如，有的芽变只能无性繁殖时才能保持其稳定性，当采用有性繁殖时，会发生分离或恢复成原状；还有的芽变，在其自然生长发育过程中，就会失去变异的性状，恢复成原状。究其实质，一是由于基因突变的可逆性，二是与芽变的嵌合结构有关。

5. 芽变的局限性　一般情况下，芽变只表现少数性状的变异。其原因是没有像有性后代那样发生遗传物质的重组，而仅仅是原类型遗传物质发生基因突变或染色体变异，而这些突变基因所控制的性状当然是有限的。例如，月季品种‘伊丽莎白’的花为粉红色，它的芽变品种‘东方欲晓'花为白色微红，主要是花色不同，其他性状基本不变。

6. 芽变的多效性　在少数情况下，发生芽变的植物表现出较多的变异性状，这些性状之间可能是一因多效的关系。

（三）芽变的细胞学和遗传学基础

1. 芽变的细胞学基础

（1）芽变的发生与嵌合体。被子植物梢端分生组织有几个相互区分的细胞层，叫作组织发生层，用 $L_{Ⅰ}$、$L_{Ⅱ}$、$L_{Ⅲ}$ 表示。各个组织发生层按不同的方式进行细胞分裂，并且衍生为特定的组织。$L_{Ⅰ}$ 层细胞的分裂方向与生长锥呈直角，叫作垂周分裂，形成一层细胞，衍生为表皮。$L_{Ⅱ}$ 层细胞的分裂与生长锥垂直或平行，既有垂周分裂，又有平周分裂，形成多层细胞，衍生为皮层的外层及孢原组织。$L_{Ⅲ}$ 层细胞的分裂与 $L_{Ⅱ}$ 相似，也形成多层细胞，衍生为皮层的内层及中柱。

芽变是细胞中遗传物质的突变，但是只有顶端组织发生层的细胞发生突变时，将来才可能成为芽变。如果突变发生在 $L_{Ⅰ}$，则表皮出现变异；发生在 $L_{Ⅱ}$，皮层的外层及孢原组织出现变异；发生在 $L_{Ⅲ}$，皮层和内层及中柱出现变异。

在一般情况下，只有 $L_{Ⅰ}$ 或 $L_{Ⅱ}$ 或 $L_{Ⅲ}$ 个别层中的个别细胞发生突变，三层同时发生同一突变的可能性几乎是不存在的。因此，芽变开始发生时总是以嵌合体的形式出现。由于突变细胞所在位置不同，产生的嵌合体就会出现多种不同的类型（图 8-7）。如果层间不同部分含有不同的遗传物质，叫作周缘嵌合体；如果层内不同部分含有不同的遗传物质基础，叫作扇形嵌合体。周缘嵌合体根据发生的部分又可分内周、中周、外周、外中周、外中内周和中内周 6 种不同类型；扇形嵌合体又分为外扇、中扇、内扇、外中扇、中内扇和外中内扇等 6 种类型。嵌合体发育阶段越早，则扇形体越宽；发育阶段越晚，则扇形体越窄。

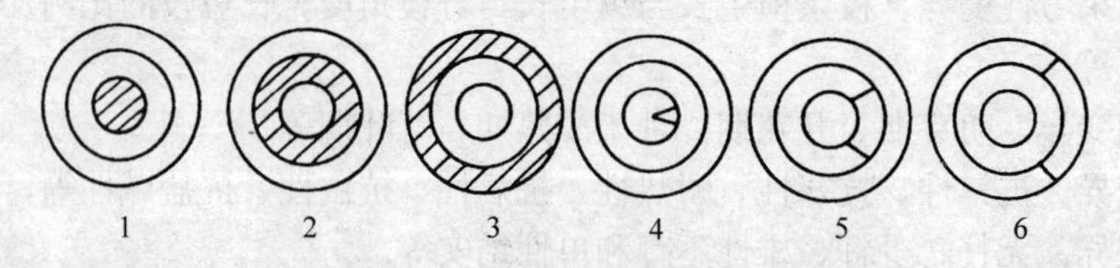

图 8-7　嵌合体的主要类型

1. 内周　2. 中周　3. 外周　4. 内扇　5. 中扇　6. 外扇

（2）芽变的转化。一个扇形嵌合体在发生侧枝时，由于芽的部位不同，有些侧枝将成为比较稳定的周缘嵌合体，有些仍为扇形嵌合体，但是扇形的宽窄与原扇形不一定相同，还有些成为非突变体。因而通过短截控制发枝，可以改变扇形嵌合体的类型。譬如剪口芽是在扇形体内时，从此往上的新生枝条都将是突变体；与此相反，剪口芽在扇形体以外时，则从此往上即不会再出现突变体；如果恰好在扇形边缘，则新生枝条仍然是扇形嵌合体。当嵌合体受到自然伤害时，也可以发生嵌合体类型的改变，如正常枝芽受到冻害或其他伤害而死亡，不定芽由深层萌发出来，而该树原来是中周或内周嵌合体时，就可能表现为同质突变体。

2. 芽变的遗传学基础　芽变是遗传物质的改变，包括以下几类。

（1）染色体数目变异。包括多倍性、单倍性及非整倍性变异，主要是多倍性突变。它们的共同特征是具有因细胞巨大性而出现各种器官的巨大性。

（2）染色体结构变异。包括易位、倒位、重复和缺失。由于染色体结构重排而造成基因线性顺序的变化，从而使有关性状发生变异。这一类突变对无性繁殖的植物有特殊作用，因为这一类突变在有性繁殖中，常由于减数分裂而被消除掉，而在无性繁殖中可保存下来。

（3）基因突变。包括错义突变及移码突变。鉴别基因突变与微小的染色体缺失或重复是比较困难的。确定基因突变的主要指标是：①没有细胞学的异常；②杂合子正常分离；③变化能够恢复。

（4）核外突变。这种突变主要是细胞质中的遗传物质发生变异。已经知道，细胞质控制的变异有雄性不育、性分化、质体和线粒体以及核糖体控制的性状变异。

（四）芽变选种的方法

1. 芽变选种的目标　确定芽变选种的目标与杂交育种不同，芽变选种主要是从原有的优良品种中进一步发现、选择更优良的变异。要求在保持原品种优良性状的基础上，通过选择、改善其存在的主要缺点，或获得有观赏价值的新类型。例如，针对花型的菊花芽变品种选种，针对花色、重瓣等其他花卉的选种，针对花期的选种等。

2. 芽变选种的时期　芽变选种在植物的整个生长发育过程的各个时期都可以进行，要注意对选择的植物做细致的观察。为提高芽变选种的效率，应根据育种目标，抓住最容易发现芽变的关键时期。要选择花期早和花期晚的芽变，要特别注意初花期和终花期的观察。选抗寒性强的芽变，应在严寒季节选择。

3. 对芽变的分析和鉴定　在芽变选种时，当发现一个变异后，首先要区分它是遗传的变异还是非遗传的变异。区分的根本方法是细胞学检查，直接检查其遗传物质，包括细胞中染色体的倍性、数量、结构变异以及 DNA 的化学测定。但是，这些方法难度较大，而基因突变之类的变异又不能以普通细胞学方法鉴定出来，因此，在实际工作中多采用移植鉴定，将变异类型与对照植株移植于同一环境中，进行比较鉴定。具体做法是：通过嫁接、扦插及组织培养等手段将变异的部分进行繁殖，并同原来的植株种植在一起，鉴定是否保持变异的性状。其鉴定过程也是将以嵌合体的形式存在的变异加以分离纯化的过程。

4. 芽变选种的程序　园林植物以观赏性状为主的芽变选种涉及的问题比较简单，一般经过初选、复选、决选等步骤，入选的材料不一定很多。对其无性后代进行 2～3 年的系统观察、记载。最后定型为品种时，应有该芽变品系的来源、选种历史、2～3 年的性状鉴定结果及综合评价等资料。

（1）初选。一般目测预选，对符合要求的植株进行编号，并作明显标记，然后专业人员对预选植株进行现场调查记载，并对记录材料进行整理，确定初选的单株，剔除环境影响的变异，对不明显或不稳定的变异，都要继续观察。如枝条变异范围太小，不足以进行分析鉴定，可通过修剪或嫁接等措施，使变异部分迅速增多以后，再进行分析鉴定；对变异性状十分优良，但不能证明是否为芽变的，可先进入高接鉴定圃；对有充分证据可肯定为芽变，而且性状十分优良，但是还有些性状尚不十分了解者，可不经高接鉴定圃直接进入选种圃；对有充分证据说明变异是十分优良的芽变，并且没有相关的劣变，可不经高接鉴定及选种圃，直接参加复选。对嵌合体形式的芽变，可采用修剪、嫁接、组织培养等方法，使嵌合体转化，变成稳定的突变体，达到纯化突变体的目的。

(2) 复选。主要对初选植株再次进行评选，通过繁殖成为无性系，在选种圃里进行比较，也可结合生态试验和生产试验，复选出优良单株。对芽变材料可进入高接鉴定圃，高接鉴定圃可提早开花。它的主要作用是为深入鉴定变异性状的稳定性提供依据，同时也为扩大繁殖准备接穗材料。为消除砧木的影响，必须把对照与变异高接在同一高接砧上。

选种圃的主要作用，是全面而精确地对芽变进行综合鉴定。因为在选种初期往往只注意特别突出的优良性状，对一些数量性状的微小变异，则常常不易发现或容易忽略。

选种圃要求地力均匀整齐，每株系不少于10株，可用单行小区，每行5株，重复2次，圃地两端要设保护行。对照用同品种的原普通型，砧木用当地习用类型，株行距应根据株型确定，选种圃内应逐株建立档案，进行观察记载。从开花的第一年开始，连续三年组织评定，对花、叶和其他重要性状进行全面鉴定。同时与其母树和对照树进行对比，将鉴定结果记入档案，根据不少于3年的鉴评结果，由负责选种的单位提出复选报告，将其中最优秀的一批定为入选系，提交上级部门组织决选。

为了对不同株系进行环境条件适应性的鉴定，要尽快在不同地点进行多点试验。

(3) 决选。在选种单位提出复选报告之后，由主管部门组织有关人员，对入选株系进行决选。参加决选的品系，应由选种单位提供下列资料和实物：①该品系的选种历史评价和发展前途的综合报告；②该品系在选种圃内连续不少于3年的鉴评结果；③该品系在不同自然区内的生产试验结果和有关鉴定意见；④该品系及对照的实物。

上述资料、数据和实物经审查鉴定后，确认某一品系在生产上有前途，可由选种单位予以命名，作为新品种向生产单位推荐。在推广新品种时，应提供该品种的详细说明书。

四、分子标记辅助选择

在育种工作中，无论是原始材料还是培育的后代都离不开选择这个重要的环节，传统育种方法是通过表现型间接对基因型进行选择，这种选择方法存在周期长、效率低、容易受环境影响等许多缺点。最有效的选择方法应当是直接依据个体基因型进行选择，分子标记的出现为这种直接选择提供了可能。

(一) 分子标记

1. 分子标记的概念 生物的遗传信息贮存在DNA序列中，生物体每一个细胞的全部DNA构成了该生物的基因组。基因组DNA序列的变异是物种遗传多样性的基础。尽管遗传信息传递过程中DNA能够精确地自我复制，但是很多因素可能引起DNA序列的变化（遗传多态性），造成个体之间的遗传差异。分子标记就是通过一定方式或特殊手段来反映生物个体或种群基因组间DNA差异的遗传标记技术。

分子标记是在DNA分子水平上直接反映不同个体核苷酸序列的差异。动、植物育种中所采用的遗传标记方法有多种，其中形态标记曾在早期的遗传研究和新品种培育中起了很重要的作用，但由于形态型数量有限，且很少与重要的经济性状连锁，因而不能直接用于改良多基因控制的性状，如产量、种子含油量等；细胞学标记通过染色体结构和数目变异与植株性状表达的相关性在染色体定位研究中发挥了重要作用，然而其材料需花费较大的人力和较长的时间来选育，且有些物种对染色体的变异反应敏感，有些不涉及染色体变异的性状，难以用细胞学方法检测，也很难开展基因的精细定位；生化标记包括贮藏蛋白、同工酶和等位酶标记，可用于作物品种鉴别和种子纯度鉴定及基因定位，与前二者相比，可以通过直接采集组织器官等少量样品进行分析，首次脱离整体植株进行分析，并可直接反映基因产物的差异，且受环境影响较小，但可使用的同工酶标记的数目还相当有限，远远不能满足植物遗传育种多方面的要求。近年来，随着分子杂交和聚合酶链式反应等技术的发展，分子标记的发展和应用异常迅速。

前三种遗传标记多态性形成的分子基础均是基因组 DNA 的差异，而分子标记所揭示的多态性是直接反映基因组 DNA 间的差异。因此，分子标记具有明显的优越性。

（1）直接以 DNA 的形式表现，在植物体的各组织、各发育时期均可检测到，不受季节、环境限制，不存在是否表达的问题。

（2）数量多，遍及整个基因组，检测位点近于无限。

（3）多态性高，自然存在着许多等位变异，不需要专门创造特殊的遗传材料。

（4）表现为“中性”，即不影响目标性状的表达。

（5）有许多分子标记表现为共显性，能够鉴别出纯合基因型与杂合基因型，提供完整的遗传信息。

2. 分子标记的类型 自从 1980 年 Bostein 等首次提出用 DNA 限制性片段长度多态性（RFLP）作为遗传标记构建遗传连锁图谱以来，分子标记技术及其应用研究日新月异。在遗传育种研究中使用的分子标记技术大体分为 3 大类。

（1）以分子杂交为基础的 DNA 标记技术。主要有限制性片段长度多态性（RFLP）、可变数目串联重复序列标记（VNTR）、原位杂交（ISH）等。

（2）聚合酶链式反应（PCR）为基础的各种 DNA 指纹技术。按 PCR 所需引物类型又可分为：①单引物 PCR 标记，其多态性来源于单个随机引物作用下扩增产物长度或序列的变异，包括随机扩增多态性 DNA 标记（RAPD）、简单重复序列中间区域标记（ISSR）等技术；②双引物选择性扩增的 PCR 标记，主要通过引物 3′端碱基的变化获得多态性，如扩增片段长度多态性标记（AFLP）；③需要通过克隆、测序来构建特殊双引物的 PCR 标记，如简单序列重复标记（SSR）、序列特征化扩增区域（SCAR）、序标位（STS）等。

（3）一些新型的分子标记。如单核苷酸多态性（SNP）、表达序列标签（EST）和反转座子等。

分子标记技术以其快速、准确、简便、高效等优点在研究中广泛采用，在各项研究中发挥着巨大作用，目前已在种质资源研究、构建遗传图谱、目的基因定位和克隆、数量性状位点或数量性状基因数目、分子标记辅助选择等方面广泛应用。

（二）分子标记辅助选择（MAS）

所谓分子标记辅助选择是指通过利用与目标性状紧密连锁的 DNA 分子标记对目标性状进行间接选择。这样在早代就能够对目标基因的转移进行准确、稳定地选择，同时能克服隐性基因再度利用时识别的困难，从而加速育种进程，提高育种效率，选育抗病、优质、高产的新品种。

1. 分子标记辅助选择的优点　与传统选择方法相比，分子标记辅助选择有许多显著优点，主要体现在：

（1）可以清除非等位基因间互作的干扰，消除环境影响。非等位基因之间互作或环境条件的作用，对基因的表达都具有一定的影响，尤其对多基因控制的性状（数量性状）来说，环境变异会使不同基因型表现为部分或全部相同的表型，造成直接选择的困难。有些表型如抗病虫性、抗旱性或耐盐性只有在特定条件下才能表现出来。在育种工作的初期，育种材料较少，不允许做重复鉴定，或需冒一定风险，这方面问题更加突出。利用分子标记技术在一定程度上克服了基因型鉴定的困难。

（2）可以进行早期选择，加速育种进程。在幼苗阶段就可以对在成熟期表达的性状进行鉴定，把不具备所期望性状基因型的个体淘汰，这样既可节省开支，又可加快育种进度，如果实性状、雄性不育等。

（3）可同时对几个性状进行选择。传统的选择方法对几个不同时期表现的性状很难同时进行选择。在抗病育种中，由于受检疫的限制，有些地方不能使用病原菌进行接种试验，使后代的抗性筛选根本无法进行。通过分子标记则可同时对几个抗性基因进行选择，又不需要对育种材料进行接种试验，能实现快速完成对多个目标性状的同时改良。

（4）能提高选择效率，缩短育种年限。进行分子标记辅助选择时，共显性标记可区分纯合体和杂合体，不需要下代再进行鉴定。

2. 分子标记辅助选择的应用　由于分子标记辅助选择是通过与目标基因紧密连锁的分子标记来判断目标基因是否存在，在育种工作中既不需要考虑植物生长条件，又不需要考虑环境条件，所以是一种有效的选择技术，目前已成功应用于以下几个方面：

（1）分子标记辅助选择技术用于转基因后代植物的选择。为改善植物的某一性状，常用方法是以该品种作轮回亲本，以具有目的性状的另一品种为供体，多次回交将目的基因从供体亲本转移到轮回亲本。然而，在回交育种过程中，目的基因导入的同时，与目的基因连锁的不利基因也随之导入成为连锁累赘。利用与目的基因紧密连锁的DNA标记，可以直接选择在目的基因附近发生重组的个体，从而避免或显著减少连锁的不利影响，提高选择效率。

（2）分子标记辅助选择技术用于植物遗传多样性分析。由于物种的多样性，仅借助直观形态特征来识别物种已很难适应现代植物学研究的要求。准确、高效的分子标记辅助选择能从DNA水平上研究植物的遗传多样性和亲缘关系，为植物起源、进化，种质资源的收集、保存、利用，品种纯度的鉴定，杂种优势利用中亲本的选配等提供科学依据。例如，在品种鉴定方面，基于整个基因组DNA检测的分子标记技术，由于其种类广、数量多、不受环境影响，直接从DNA水平上反映品种之间的差异，从而为品种纯度鉴定提供了快速、可行、高效、准确的方法。它在检测良种质量，防止伪劣种子流入市场，保护名、优、特种质，以及由它们育成的品种的知识产权和育种家的权益等方面具有重大意义。在植物遗传多样性备受关注的今天，通过DNA分子这一庞大的信息库来区分生物物种、变种、品种，分析其系谱关系，理顺分类地位，评价亲缘类群间的系统发育关系，直接从DNA水平揭示个体的差异及物种的相关性，从而做好核心种质的保护和开发工作。这是物种起源、进化研究非常有效的途径，在桉树、可可等植物研究上都取得了很好的进展。

(3) 分子标记辅助选择技术用于目标质量性状的选择。合适的分子标记可成功用于目标性状跟踪选择，克服回交后代中的不利连锁，快速累积控制同一性状的多个标记基因，追踪外源遗传物质，创造新的种质。对由重要质量性状基因控制的目标性状，筛选与其紧密连锁的分子标记用于辅助育种，可免受环境条件影响。特别利用分子标记技术追踪单基因控制的质量性状在后代中的表现，具有明显的优越性。有研究表明，在一个有 100 个个体的回交后代群体中，以 100 个 RFLP 标记辅助选择，只要 3 代就可使后代的基因型回复到轮回亲本的 99.2%，而随机挑选则需要 7 代才能实现。

园林植物中有许多基因决定相同的表型。传统遗传育种研究要区分一因一效或多因一效是比较困难的。运用分子标记的方法，先在不同亲本中将基因定位，然后通过杂交或回交将不同的基因转移到一个品种中。通过检测与不同基因连锁的 DNA 标记，可有效鉴定决定表型的基因。

(4) 分子标记辅助选择技术用于多个目标性状的选择。随着生产条件的改善和人们生活水平的提高，对品种提出了更高的要求。品种既要高产、抗病虫，又要品质优良。育种工作中往往要将多个性状聚合于同一个体中，而这些性状又是严重负相关的，传统方法是进行多次杂交选择。如果已筛选到目标性状的分子标记，则在多个性状聚合过程中，可有效打破产量、品质、抗性等目标性状的负相关，快速实现育种目标。南京农业大学已在棉花新品系培育中取得令人满意的试验结果。

(5) 分子标记辅助选择技术用于数量性状的选择。植物的许多重要性状都是受数量性状基因控制，如产量、品质、抗逆性等，这些性状其表现型与基因型之间往往缺乏明显对应关系，表达不仅受生物体内部遗传背景较大影响，还受外界环境条件和发育阶段的影响。对这些性状运用分子标记辅助选择，将复杂的数量性状进行分解，就像研究质量性状基因一样对控制数量性状的多个基因分别进行研究，这样既可以选择到单个主效位点，也可以选择到所有与性状有关的微效位点，从而避开了环境因素和基因间互作带来的影响。如 C. B. Martin 等（1989）发现番茄对水分利用的有效性，能够通过 3 个 RFLP 位点来预测。A. H. Paterson 等（1988）将 6 个与果实品质有关的数量性状进行定位，其中 4 个数量性状影响到可溶性干物质，5 个数量性状与果实的 pH 有关。

分子标记辅助选择已开始在育种中应用，有些试验也取得一些实质性进展。如国际水稻所利用与 Xa-4，Xa-5，Xa-13 和 Xa-21 4 个抗白叶枯病基因连锁的 STS 标记辅助选择，成功地将这 4 个基因以不同组合方式聚合在一起，育成了高抗、多抗白叶枯病水稻新品种。除此而外，分子标记技术还可用于基因作图、基因定位等理论研究方面。

虽然分子标记辅助选择技术已在理论和实际应用领域进行了多方面的探讨，育种成功应用的例子仍然十分有限，多数相关研究还停留在辅助选择的技术策略方面。要想使分子标记辅助选择成为育种的一种常规手段，尚有许多问题需要解决。但因其突出的优点，随着研究的不断深入，以分子标记为基础的辅助选择（MAS）将给传统育种技术带来一场深刻的变革，也将在园林植物育种工作中发挥更大的作用。

五、影响选择效果的因素

1. 选择群体的大小　选择的群体越大，产生变异类型的几率越大，变异的类型越复杂，则选择的机会也随着增多，可以实现优中选优，选择的效果相对提高。相反，选择的群体小，变异的类型少，变异的几率小，则选择效果较差。因此，选择育种要求有足够大的原始群体。

2. 环境条件　性状的表现是基因型和环境共同作用的结果。不同的环境可使植物发生不遗传的变异，为了选出可遗传的变异，选择育种要在光照、土壤、温度、水肥、湿度等环境因素相对一致的条件下进行，从而提高选择效果。

3. 原始群体的遗传组成　无性繁殖群体比有性繁殖群体遗传组成的纯合度要高，新性状出现的几率小。自花授粉植物群体与异花授粉植物群体比较，前者比后者的性状稳定，则变异的几率较小，选择效果较差；而异花授粉植物群体的遗传成分复杂，变异类型丰富，选择效果较好；经过多次选择后的群体，特别是经过多次单株选择的群体，其遗传组成简单，变异类型少，选择效果相对较差。总之，原始群体的遗传组成越复杂，杂合的程度越高，提供选择的变异性状也越丰富，选择的效果也越好。

4. 质量性状与数量性状　主效基因控制的质量性状的变异表现明显，而且能稳定的遗传给后代，则容易发现和鉴定，因此，选择的效果较好。如在红花品种群体中出现黄花变异，在直枝品种群体中出现曲枝类型，在绿叶品种群体中出现金边叶变异等。微效多基因控制的数量性状的变异多呈连续性，受环境的影响较大，表现不明显，不容易区分，且其后代的遗传不稳定，因此，选择的效果较差。如株高的变异，花径的变异，产花量的变异，结子量的变异等。但这类性状的变异有累加作用，经过连续多次的定向选择，也可选出变异显著的类型。

5. 重点性状与综合性状　选择时，一般以目标性状为重点性状，要特别注意选择重点性状的突出变异，还要兼顾综合性状。重点性状不要太多，否则，将难以选出符合要求的类型；但也不宜太少，使选择的标准降低。例如，只注意选择艳丽的花色、花型，而忽视了适应性、抗逆性时，也难于在生产中推广。

6. 选择时期和时机　选择的时期和时机应根据选择的性状来确定。一般要在植物的整个生长发育期进行，但要注意关键时期的选择，一般在主要观赏性状和经济性状充分表现时选择，效果会更好。例如选择的性状与花器有关（花色、花径、花期、育性、花型等），则应在开花期选择；如果选抗寒类型，则应在寒冷季节选择；如果选择的主要性状与产量和质量有关，则应在收获期选择。

复习思考题

1. 简述选择育种的意义。
2. 怎样进行混合选择和单株选择？
3. 怎样进行芽变选种？
4. 为什么通过选择可培育出新品种？
5. 什么是分子标记？分子标记辅助选择有哪些优点？

第九章　有性杂交育种

【本章提要】有性杂交育种是对通过有性杂交获得的杂种后代进行选择鉴定，培育出新品种、新类型的方法。杂交育种要经过确定育种目标、原始材料的收集和研究、杂交组合和杂交方式的选择、亲本开花授粉等生物学特性的了解、花期调整措施、杂交技术、杂交后代的培育和选择等一系列过程。杂种优势是自然界生物的普遍现象，生产上推广的杂交种就是利用杂种优势来提高植物的生长势、生活力、抗逆性、产量，改进品质。

第一节　有性杂交育种的概念和意义

一、有性杂交育种的概念

杂交通常是指基因型不同的品种或类型间配子结合，产生杂种的技术。它是基因重组的过程。杂交是生物变异的重要来源，通过杂交可以把双亲控制不同性状的有利基因综合到杂种个体上，并利用某些基因互作，使杂种在生长势、生活力或抗逆性等方面优于双亲，从而获得某些性状优良的新品种。

实际上，并非所有的杂种都能表现出优于双亲的优良性状，有时杂种性状表现低劣，因此杂交不等于杂交育种。杂交育种，也叫有性杂交育种，就是通过两个遗传性状不同的个体进行有性杂交获得杂种，并对杂种进行选择鉴定，从而培育新品种、新类型的方法。有性杂交育种是国内外应用最广泛而且成效最显著的育种方法之一。

由于2个不同性状的个体来源、组合方式以及杂交结果的利用方式不同，使有性杂交育种出现多种不同类型。

（一）根据亲本亲缘关系的远近可分为近缘杂交和远缘杂交

1. 近缘杂交　是指同一物种内品种间或类型间的杂交。通常意义上的杂交育种就是指近缘杂交。由于两亲本的遗传物质差异小，其生理上也相类似，因而近缘杂交在生产上有一定优势：第一，两亲本的杂交亲和力高，杂交亲和力是指两亲本授粉受精后产生杂交种子的能力，因此近缘杂交容易获得杂种；第二，杂种后代分离幅度小，杂种的遗传稳定性较高；第三，杂种后代能在较短的时间内稳定下来，使选育时间缩短。因此，生产上常常通过近缘杂交，将杂交双亲的遗传物质重组，使其产生新性状，从中选择表现优异的个体；另外，重组的基因之间可能产生基因互作，还会创造出有别于双亲的新性状。所以，近缘杂交广泛用于生产，培育出了许多著名的园林植物新品种。

2. 远缘杂交　是指不同种、属或科间的个体杂交，或地理上相距很远的不同生态类型间进行的交配。由于两亲本的遗传物质差别较大，形态结构及生理上不协调，形成了生殖隔离，造成两亲本的杂交亲和力小，远缘杂交容易出现杂交不孕、杂种不育、杂种后代分离复杂，幅度大，世代长等现象，因此远缘杂交育种难度较大。但远缘杂交可以产生出多种多样的变异类型，为新品种培育提供了丰富的物质基础，甚至创造出新物种。有时还会得到雄性不育的个体，利于培养不育系，为杂种优势的利用提供方便。

（二）根据杂种产生的方式可分为自然杂交和人工杂交

1. 自然杂交　又叫天然杂交，由于自然因素的作用，使植物发生杂交的现象。例如昆虫、风等引起的自然授粉，都是自然杂交。自然杂交会引起植物种群的生物学混杂，影响品种的纯度，造成种性退化，因此在良种繁育时通常要采用隔离措施，以防止自然杂交。但是自然杂交又是自然变异的重要来源，可以拓宽种群的遗传背景，提高生活力和适应性。播种自然杂交的种子，可以选育出新品种、新类型。

2. 人工杂交　是指在人工控制的条件下，按照一定的程序，采用一定的方法，按预定的计划、目标所进行的杂交过程。人工杂交能够根据育种目标，正确选配符合要求的亲本，使亲本双方拥有的优良性状聚合在杂交后代中，从而培育出人类期望的新品种。因此，人工杂交是人们有目的、有计划地创造新品种、新物种的有效方法。

（三）根据杂交效应的利用方式可分为组合育种和优势育种

1. 组合育种　通过杂交，使不同亲本的遗传物质发生重组，对其后代进行多代选择培育，从而获得具有双亲优良基因组合的基因型纯合的新品种，这种育种过程称为组合育种。对于一二年生有性繁殖植物，需要进行几代选择，选出有利的基因组合，并使基因型纯合。一般需要经过以下步骤：确定育种目标→选择亲本→有性杂交→选择优系→提纯（基因纯合品种）→鉴定→区试繁殖→审定推广。

组合育种的特点是“先杂后纯”，即先杂交获得基因型杂合的优良杂种，然后将杂种基因型纯合，再繁殖推广。组合育种培育的新品种在遗传上是纯合体，后代稳定，不易出现分离。其种子可连续种植若干年，不需要年年制种。如小麦、香豌豆、半支莲、紫罗兰、凤仙花等许多植物新品种都是采用这种技术路线育成的。

2. 优势育种　通过选择配合力良好、产生非加性效应大的亲本组合进行杂交，从而获得杂合程度很高、表现出很强杂种优势的 F_1 代杂种，并将 F_1 代杂种直接用于生产，这种育种过程称为优势育种。对于一二年生有性繁殖植物，主要是选配优良的亲本组合。一般经过以下步骤：确定育种目标→选配亲本组合→亲本提纯→亲本繁殖（建立自交系）→有性杂交→F_1 杂种（用于生产）。

优势育种的特点是“先纯后杂”，即先使亲本基因型纯合，并大量繁殖，然后两亲本杂交获得 F_1 代种子用于生产。优势育种培育的新品种在遗传上是杂合体，后代容易发生性状分离，不稳定，其种子只能用 1 年，需要年年制种。如 F_1 代球根秋海棠、F_1 代三色堇、F_1 代玉米、F_1 代石竹等。

对于无性繁殖植物，组合育种和优势育种是密切联系、不可分割的，任何杂种后代，既综合了不同亲本的优良基因，又具有两亲本良好配合力形成的杂种优势。因此，这类植物的育种，既是组合育种，又是优势育种。其特点是“先杂后杂”，即其亲本是杂合体，形成的品种也是杂合体。因此，这样的新品种只能用无性繁殖的方法进行繁殖，如月季、牡丹、郁金香、唐菖蒲、梅花、荷花等。

二、杂交育种的意义

1. 杂交育种是创造新物种、新品种的重要手段　杂交育种可以实现基因重组，把两个或多个亲本的优良性状集中于一体；还可以把野生品种中的抗性与适应性等优良性状转移到栽培品种中，有效提高栽培品种的抗病性、抗逆性；也可能出现新的性状，创造丰富的变异类型，从而在杂种后代中选育出符合人类需要的新品种。因此，杂交育种是目前最常用、最有效的育种方法之一。例如，月季中杂种香水月季（Hybrid Teas)、唐菖蒲中大花报春型唐菖蒲、香石竹‘William Sim’品种、杂种矮牵牛等都是杂交育成的。通过有性杂交育种，现代人类已获得种类愈来愈多的园林植物新品种和新类型，为提高人类文化生活、美化社会环境提供了丰富的物质资源。

2. 杂交育种可加速植物的进化　植物的自然进化受到自然条件的限制，发展速度缓慢，而杂交育种可以为植物进化创造条件，促进植物的遗传物质进行相互交流和融合，从而加速植物的进化。例如，蔷薇属全世界原来约有150个种，经过多次杂交后，目前月季大约已发展到20 000多个品种；据宋代刘蒙《菊谱》中记载，菊花只有35个品种，现在有3 000多个品种，其中多数是通过杂交育种培育而成的。可见，杂交育种大大加速了育种进程，极大地丰富了生物种群。

3. 杂交育种可促使植物定向发展　在自然界中，植物在自然选择的作用下，向着有利于自身的繁衍和生存的方向发展。而杂交育种是以满足人类的需要为目的，通过人为手段，打破生物原有的繁殖规律，促使物种间进行基因交流，使植物沿着人类既定的方向发展。例如通过杂交育种，观赏植物的花色越来越鲜艳，花型越来越丰富，花姿越来越美，观赏价值越来越高。目前广泛栽培的杂种香水月季综合了欧洲蔷薇和中国月季多个亲本的优良性状。对于粮食作物和经济林，通过杂交育种培育的新品种，其产量越来越高，品质越来越好，极大地满足了人们的需要。

4. 杂交育种可增强育种工作的预见性　杂交育种过程是在相关性状遗传规律和育种目标的指引下寻找相适应的双亲个体组配杂交组合，通常情况下后代出现的类型都是意料之中的，只要对目标性状进行选择鉴定，就可获得目标品种，从而克服了选择育种的盲目性，增强了预见性。因此可以缩小群体规模，节约人力、物力。

5. 杂交育种是生物技术育种的基础　随着科学技术的发展，育种方法不断改进，人工创造变异的措施不断丰富，如理化因素诱变、染色体倍性操作、现代生物技术等方法，但这些方法在使用过程中往往要与传统的杂交育种相结合，会具有更好的效果。例如，在通过花药培养获得单倍体的过程中，选用的花药不是直接来源于原始材料，而是根据育种目标首先选配合适的杂交组合，再用杂种F_1的花药进行培养，可为选择提供更丰富的遗传变异，从而提高选择效率。

第二节　杂交育种的方法步骤

要想通过杂交育种达到预期目标，必须要经过一系列繁杂的程序，因此必须制订详细的育种计划，做好育种准备工作。育种计划包括：确定育种目标，杂交组合及杂交方式的选择，亲本开花授粉等生物学特性的了解、花期调整措施、杂交数量和日程安排，克服杂交不孕性的措施以及土地使用规划、人员安排、仪器设备、试验用品准备、经济预算等。主要介绍以下几项内容。

一、育种目标的确定

随着生产的发展和人们生活水平的提高，对园林植物品种的要求越来越高。新品种不仅要高产、稳产、高抗，还要有很高的观赏价值；不仅要新、奇，还要有较长的寿命。所以制订育种目标必须在生产中经过充分细致的调查和研究，根据具体情况来确定育种目标，不能盲目行事。通常制订育种目标时应考虑以下几方面。

1. 上级部门下达的任务或生产经营者的要求　根据生产、绿化或市场需求情况，上级园林绿化主管部门、种子公司或苗木繁育场所制订的育种任务。一般来说任务中会明确提出要培育的植物品种的具体目标性状及特殊要求。例如，计划培养出在花色方面比亲本更艳丽的类型，或培养出花期比亲本更长，或培育出抗病性好的品种等。

2. 当前园林绿化的实际需要　随着经济文化的发展和园林事业的发展，当前园林绿化的功能已提高到美化、绿化、香化、彩化、净化等，制订育种任务时，应紧紧围绕市场需求，以市场前景好的品种或类型为目标。

3. 本单位的实际情况　育种工作是一项耗时长、工序复杂的工作，要求一定的技术力量和人力、财力、物力、土地等方面的支持。制订育种目标时，要全面考虑本单位的实际能力，做长远规划，尽可能使育种工作的所有环节具有可操作性，切不可好高骛远，脱离实际。

4. 本地的气候、资源及消费　一般确定育种目标，首先要考虑园林植物的观赏品质、经济价值及抗性等性状，除此之外，还应将本地区的环境条件，如温度、光照、土壤等纳入考虑范畴，使育种目标与当地生态条件相适应，充分表现其优良性状。另外，也要考虑当地的植物种质资源，一般最好选当地优势资源作为首选目标。如云南的山茶育种，山东菏泽、河南洛阳的牡丹育种等。本地区人民对园林植物的欣赏、爱好、消费习惯也是制订育种目标应注意的问题，如有的地区偏爱红色，有的地区偏爱黄色；有的地区偏爱杜鹃，有的地区偏爱君子兰等。要注意育种目标性状要符合多数人的消费心理。

5. 育种目标要重点突出，统筹兼顾　育种目标中确定的目标任务应有主有次，重点性状一般可确定1～2个，不能面面俱到，如花期、花型、花色、株型、抗寒性、抗病性等。还要兼顾其他的观赏性状，要求选育的新品种有创新性，而且适应性强，观赏价值高或经济价值高等多方面的优良特性。

6. 目标要具体，有针对性　可针对某些品种的缺点或针对某些特殊需要，确定具体的目标。如针对牡丹生长慢、茎枝短、花期短的缺点，而培育生长快、茎枝长、花期长的品种。针对茶花无香味的缺点，培育浓香型茶花品种。

二、原始材料的收集和研究

（一）原始材料的收集

根据育种目标，确定杂交过程中所需亲本的种类和数量。收集材料时，要优先考虑本地种质资源，选择收集与目标性状相关的、尽量多的品种或野生种，再收集外地的优良种类。可采用直接收集、交换或购买的方式进行原材料的收集工作，收集时要做好记录，并用适当方法对收集到的材料进行保存。

（二）原始材料的研究

收集工作完成后，应对所有的种类进行较全面地研究，尤其是对育种目标性状要做深入研究，确定这些材料具备某些优良性状，从而为正确选择亲本提供依据。研究的内容主要有：

1. 观赏性状 观察和研究原始材料的花、果、叶、茎等的形态特征及观赏特点。观察记载的主要内容有：株高、株型、茎态、叶形、叶色、每株花朵数、花着生方式、花型、花色、花径、花期长短、花枝长度、重瓣性、落叶期等。

2. 生育特性 研究原始材料在当地条件下的生育特点以及控制环境因素对生育的影响。如各种原始材料的开花期早晚，雌蕊是否正常，花粉是否不育（或部分不育），各材料之间的授粉结实性如何，温度高低对花期、育性的影响，光照长度及光照强度对花期、育性的影响等。

3. 经济品质 研究原始材料所具有的经济性状的特点。如产花量、产子量、单株价值、单位面积经济收入、产品的色彩、花梗长度、香味、耐贮运性以及其他经济价值（提炼香精、药用、制酒、制作副食等）。

4. 抗逆性和适应性 研究原始材料适应的环境条件和对不良环境的抗性特点。如抗寒性、耐热性、耐盐碱程度、抗旱性、耐涝性、对各种有害气体的抗性、抗污染、净化空气的能力等。要注意原始材料所具有的特殊抗逆性。对比原始材料收集地与本地环境条件的差异性，分析其适应性。

5. 亲缘关系 对原始材料进行分类研究，确定各个原始材料在植物分类系统中的地位，了解其所属分类单位的基本特点，各种材料之间的亲缘关系。这些研究直接关系到亲本的选择和杂交方式的确定。

6. 遗传特性 研究原始材料的主要性状，特别是目标性状的遗传特点，是显性性状还是隐性性状，是独立遗传还是连锁遗传，是质量性状还是数量性状，遗传力的大小，配合力高低以及染色体数目的多少，是否属染色体变异类型，是整倍体还是非整倍体，其倍性如何等，这些都关系到育性及后代的表现和遗传。

在原始材料的研究过程中，要观察细致，记载周详。研究越细、越深，记录越全面，对原始材料的利用就越完全，越利于亲本的正确选择。

三、杂交亲本的选择与配置

育种目标确定之后，要根据目标从原始材料中选出最适合作亲本的类型。杂交是把父母本双方控制不同性状的有利基因综合到杂种个体上的过程，杂交亲本遗传性状的优劣，直接影响到杂种后代的性状。因此，杂交亲本的选择与配置是杂交育种工作成败的关键之一。

（一）亲本选择的原则

亲本选择是根据育种目标从原始材料中选择优良的品种或类型作为杂交的父母本。亲本选择一般依据以下几个原则。

1. 明确亲本选择的目标性状，突出重点　杂交育种工作中涉及的目标性状常常有很多，要想选择所有性状都符合育种要求，显然是不现实的。因此，要认真分析目标性状，分清主次、明确重点，在满足重点性状的前提下兼顾其他次要性状。园林植物的育种往往是以有较高观赏价值为目标，如一二年生草本花卉的观赏性状，包括花色、花型、花径、花期、花数、株型、株高等方面。通过一次育种工作不可能使所有性状都达到较高要求，所以，在进行育种时应根据已有材料，确定其中1～2个性状为重点性状，同时对次要性状确立最低水平。只有这样才能做到有的放矢，培育出理想的品种。

2. 充分利用原始材料，精选亲本　亲本是杂交育种获得目标性状的重要来源，育种原始材料包含的遗传性状越丰富，越有利于后代性状的组合。因此，应当尽可能扩大育种原始材料资源库，增加亲本选择范围。根据育种要求对原始材料进行比较分析，从中筛选出理想的亲本。

3. 尽可能选用优良性状多的种质材料作亲本　优良性状多、不良性状少的亲本，需要改良的性状就少，也便于选择与其互补的亲本，可以大大缩短育种时间，在短期内即可达到育种目标；否则便要进行复杂的交配来克服不良性状，无形中增加了育种难度。如果亲本有遗传力高的不良性状，那么后代不良性状的改造工作更加困难，所以一般应避免选用这种材料作为杂交亲本。

4. 注意亲本的遗传特性　如果亲本所具有的目标性状为显性，则在杂种一代表现并分离出来。如果是隐性性状则必须让杂种自交，才能使性状表现出来。如果目标性状是数量性状，则杂种后代表现连续的变异，应考虑该性状的遗传力大小。因此最好选目标性状是显性的品种作亲本，容易选择分离出来。如果是数量性状，则选目标性状遗传力大的品种作亲本。

同时，还要考虑两个亲本的配合力，既要考虑一般配合力，还要考虑特殊配合力。一般配合力是指某一亲本与其他若干品种杂交后，杂种后代性状的平均表现。特殊配合力是指某一亲本品种与另一品种杂交后，其后代某一性状实测值与根据双亲一般配合力算得的理论值的离差。配合力高，说明杂种后代表现好。所以要选配合力高的品种作亲本，容易出现好的杂种后代类型。

性状之间的连锁关系对杂种后代的选育也有影响，要选择优良性状连锁在一起的品种作为亲本。如果必须选优良性状和不良性状连锁在一起的品种作亲本，交换值应当比较大。

性状遗传力存在下列规律：野生种、老品种、当地品种、纯种比栽培种、新品种、外地种、杂交种强；成年植株、自根植株比幼年植株、嫁接植株强；母本比父本强。因此，在杂交时常选优良性状较多的品种作母本，或者正反交同时进行。

5. 优先考虑具有重点性状、珍稀性状的材料作亲本　重点性状是对未来新品种的观赏价值或经济价值影响较大的性状。在园林植物中珍贵性状和稀有性状也是重点考虑的对象。因此，在选择亲本时，应优先选择具有重点性状和珍稀性状的植物品种作亲本。如山茶的黄色花瓣，牡丹、月季、菊花等的绿色花瓣、蓝色花瓣，凤仙花中并蒂比开的对子座、枝端开花型，梅花的龙游梅类及樱李梅类等均为珍稀性状。

6. 重视选用地方品种　品种推广的重要条件是对当地自然条件、栽培条件有较好的适应性。杂种适应性虽然可以通过当地培育条件的作用进一步加强，但它的遗传基础来自于亲本。而地方品种是当地长期自然选择和人工选择的产物，对当地的自然条件和栽培条件都有良好的适应性。因此，在杂交育种工作中有意识地选用当地品种，有助于增强品种的适应性。

（二）亲本配置的原则

亲本配置是指从入选的亲本中选择适合的品种或类型配组杂交。亲本配置一般应考虑以下几个原则。

1. 亲本优缺点互补　亲本应具备育种目标所要求的那些优良性状，而且两亲本的优缺点能相互弥补。亲本综合性状要好，优点要多，缺点要少。亲本双方可以有共同的优点，绝不能有共同的缺点，某一亲本的缺点，可以由另一方的优点弥补。例如，上海植物园为了培育在国庆节开花的优良菊花品种，选用花型大、色彩丰富但花期晚的普通秋菊，与花型小、花色单调但花期早的五九菊为亲本进行杂交，由于综合了双亲的优点，成功培育出了大批国庆节开花的早菊新品种。

2. 选择地理上起源较远、生态型差别较大的亲本组合　选择起源较远或不同生态型的品种作为亲本，可以丰富杂种的遗传性，增强杂种优势，表现出生活力强、适应性广泛和抗逆性强等优点。杂种香水月季就是中国月季与欧洲蔷薇杂交育成的，由于观赏价值高，适应性强，现在已经遍及世界各地。目前世界栽培最广泛的绿化树种双球悬铃木（英国悬铃木），是由生长在美国东部的单球悬铃木（美国悬铃木）与生长在地中海西部地区的多球悬铃木（法国悬铃木）杂交育成的，生长迅速，冠荫浓郁，适应性强等优良性状备受人们喜爱。

3. 选择具有较多优良性状的亲本作母本　在杂交过程中，母本不仅提供细胞核基因，还要提供细胞质基因，而父本只提供细胞核基因。因此，杂交后代的某些性状往往表现出倾母遗传。为了使细胞质基因控制的优良性状充分表达，应以具有较多优良性状的亲本作母本，以加强该性状在后代中的传递。在实际育种工作中，用栽培品种与野生品种杂交时，一般栽培品种作母本；外地品种与本地品种杂交时，基本用本地品种作母本。

4. 亲本的育性和交配亲和性　应选雌性器官发育健全、结实性强的品种作母本，选花粉育性正常、生活力强的作父本。有时，父母本的性器官均发育健全，但由于雌雄配子间相互不适应而不能结子，叫交配的不亲和性。因此应注意选配杂交亲和性高的杂交组合。园林植物中的一些奇数多倍体、非整倍体和某些染色体结构变异类型，不能产生正常的雌雄配子，一般都不能选作亲本。同时，菊花、郁金香、百合等有自交不亲和的表现，有时会出现品种间的不亲和性，选择亲本时应尽量不用亲缘关系太近的种类作亲本组合。

四、杂交方式的选择

在一个杂交方案中，参与杂交的亲本数目以及各亲本杂交的先后次序，称为杂交方式。杂交方式是由育种目标和亲本特点确定的，是影响杂交育种成败的重要因素之一。

为了将各种亲本的优良性状综合到杂种后代中，达到最佳杂交效果，常采用不同的杂交方式。常用的杂交方式有简单杂交、复合杂交、回交和多父本混合授粉等。

（一）简单杂交

又称为单交，指两个自交系杂交配成一代，以 A×B 表示。简单杂交得到的杂种称为单交种。单交有正交和反交之分，如果 A×B 为正交，则 B×A 为反交。一般情况下，多数性状正反交结果相同，即 F_1 代表现一致。但也有些植物正交的杂种后代和反交的杂种后代会出现较大的差异，例如紫茉莉的彩斑性状、耧斗菜的重瓣性状便表现为倾母遗传，因此杂交时要予以注意，在对某些材料的遗传规律不清楚的情况下，最好能正反交同时进行。

如果亲本选配得当，单交可以使两亲本基因分离和重组，使杂种后代综合两个品种的优点，弥补缺点，从而获得兼具两个亲本优良性状的新品种。单交方法简便，需要时间短，见效快，后代选择相对容易；而且单交只涉及两个亲本，容易对杂种后代进行遗传分析。因此单交是育种中常用和基本的杂交方式，在园林植物育种实践中运用较多。如武汉植物研究所选育出的‘友谊牡丹莲’即是用中国原产的莲花与美洲原产的黄莲杂交，培育成世界第一个黄色重瓣大花的荷花新品种。

（二）复合杂交

是指在多个亲本之间进行多次杂交，也称为复交。一般是先将两亲本配成单交种，再将单交种与另一个或多个亲本杂交，或者是两个单交种进行杂交。采用复交的目的是要把多个亲本的优良性状综合起来，创造一个具有丰富遗传组成、优良性状更多的杂种后代。

复合杂交因选用亲本的数目和杂交方式不同又分为以下几种。

1. 三交　先进行一次单交，再将其杂种后代与另一亲本杂交，即（A×B）×C。经过三交选育出来的品种称为三交种，也叫顶交种。

2. 双交　先进行两组单交，然后将两组单交的杂种后代进行一次杂交，即（A×B）×（C×D）或（A×B）×（A×C）。经过双交选育出来的品种称为双交种。

3. 四交　将三交的杂种后代，再与另一亲本杂交，即［（A×B）×C］×D。以此类推，还有五交、六交等方式。

复交时，各亲本的次序究竟如何排列，需要全面衡量各个亲本的优缺点和相互弥补的可能性。一般将综合性状好的或具有主要目标性状的亲本放在最后一次杂交。这样，可使该亲本的优良基因在杂种后代的遗传组成中占较大的比重，从而使杂种后代表现优良性状或目标性状的可能性更大。

复交与单交相比，复交能把多个亲本的优良性状综合在一起，丰富杂种的遗传组成，有可能出现超越亲本的优良个体，从而获得良好的杂交效果。但复交方法复杂，需要年限较长，工作量大，需较多的土地、人力、物力。

当前园林中广泛栽培的杂种香水月季，就是通过复合杂交育成的，其杂交选育过程如图 9-1。

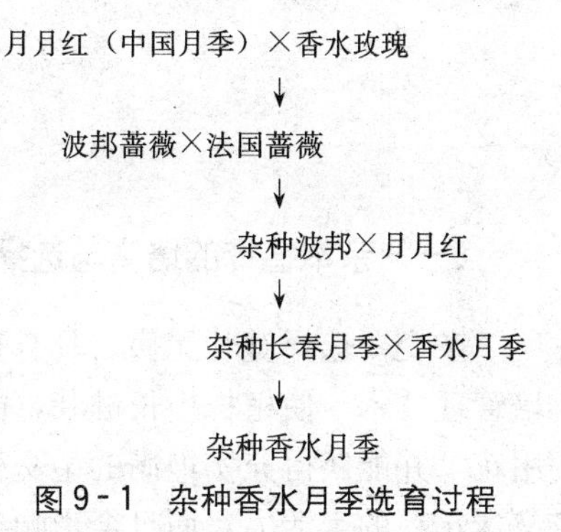

图 9-1　杂种香水月季选育过程

杂种香水月季综合了中国月季和欧洲蔷薇多个亲本的优点，具有四季开花、香味浓郁、花蕾秀丽、花色花形丰富、花梗长而坚韧等多种优点，是现代月季的基础。

（三）回交

两个亲本杂交产生的杂种 F_1 与亲本之一进行杂交，称为回交。和杂种交配的亲本称为轮回亲本，未和杂种交配的亲本称为非轮回亲本。回交可以只进行一次，也可以进行多次，回交次数应根据实际需要而定。其杂交方式如图 9-2。

回交属于近亲繁殖，其遗传效应是每回交一次，杂种后代可增加轮回亲本的 1/2 遗传物质。因此，多次回交可使轮回亲本的优良性状在杂种后代中逐渐加强，结果是最终获得的杂种除了获得要转移的目标性状以外，其他综合性状都与轮回亲本相似。

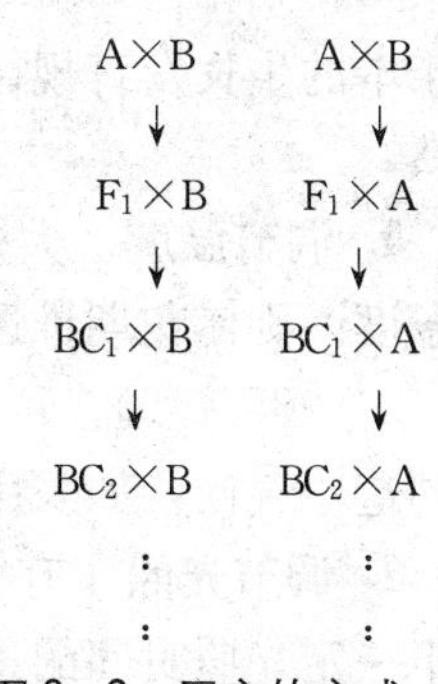

图 9-2　回交的方式

回交育种法目前主要用于培育抗性品种或用于远缘杂交中恢复可孕性以及恢复栽培品种优点等方面。在用于克服优良品种的个别缺点中，要求轮回亲本综合性状好，适应性强，仅有个别缺点。而非轮回亲本要求具有能弥补轮回亲本缺点的优良性状。例如，A 为月季优良品种，但抗白粉病差，B 为抗白粉病很强，但其他性状不如 A 品种。可以用 B 作母本，A 作父本进行杂交，得到的杂交种再与 A 品种多次回交，从而选出具有 A 品种优良性状，并且抗白粉病的新品种。日本用‘鹿子百合’×‘山百合’，得到杂种后，再和‘鹿子百合’进行一次回交，得到了花大、花瓣翻卷、花色艳丽的新品种‘美百’。

（四）多父本混合授粉

选择两个或两个以上父本，将它们的花粉混合后，授于同一个母本植株上，称为多父本混合授粉，可用 A×（B+C+……）表示。这种方式有时可以收到复合杂交的效果，减少多次杂交的麻烦。同时可以解决远缘杂交不孕的困难，能提高杂种亲和性和结实率。多父本混合授粉方法简单易行，后代类型比单交丰富，有利于选择。

（五）聚合杂交

聚合杂交的目的在于将多个亲本的优良基因集中到杂种组合中去，这种杂交方式属于复交范畴，比较复杂，在此不作赘述。

五、杂交技术

（一）亲本植株的培育与选择

杂交要选择健壮无病、具有亲本典型性状的代表植株。亲本选定后，用适当的栽培条件和栽培管理技术，使植株生长健壮，能充分表现出亲本的特性，以保证有足够数量的母本植株和杂交用花，并能获得充实饱满的杂交种子。种株如果生长瘦弱，不仅会影响柱头接受花粉的能力以及父本花粉的生活力，而且会影响杂交种子的发育，严重时得不到杂交种子。

杂交应选择健壮的花枝和花蕾，疏去过多的花蕾、花朵和果实，一般每株母本选3～5朵花蕾，以保证杂种种子的生长与成熟。尽量避免在初花期与末花期进行杂交，以确保杂交成功。

（二）花期调整

园林植物由于品种及环境条件不同，开花时间有时不一致，从而造成杂交困难。为了使不同的亲本花期相遇，就要采取相应的措施，促进或推迟某一亲本的花期，进行花期调整。首先要掌握亲本的生长发育规律和不同环境条件下开花习性的变化规律。一般可采用以下方法进行花期调整。

1. 调节温度　大多数花卉对温度较敏感，一般情况下，适当增加温度，可使花期提前；降低温度，则使花期推迟。例如，玫瑰对温度很敏感，气温高，开花就早，快开花时，气温突然升高（24～35.7℃），可促使不成熟的花蕾也迅速开放；气温低，开花就迟。要使温度提高，可人工创造小气候，如采用塑料小棚、塑料大棚、温室栽培，也可用人工加温的方法。

2. 调节光照　有些对光周期敏感的植物，可调节其光照时间以控制开花。短日照植物，在低于一定光照时间的条件下开花，如秋菊、大丽花等秋冬季节开花的植物；长日照植物，在长于一定光照时间的条件下开花，如紫茉莉、唐菖蒲等某些春夏开花的植物。对长日照植物，延长日照时间，可促进开花，如夜间加光；对短日照植物，缩短日照时间，可促进开花，如白天遮光。反之，则推迟花期。

光照度对某些植物的开花也有一定影响。在开花前给予其相对强光可促使其开花，如荷花、太阳花等；而月见草、紫茉莉、牵牛花等需要相对弱光才开放。

3. 栽培措施　采取适当的栽培措施可以调整花期，如一串红、香石竹、菊花等经过摘心处理可延迟花期；有的植物可通过摘蕾推迟花期；肥水调节也可控制花期，例如生长期多施氮肥，多浇水，可推迟花期，适当增加磷、钾肥可使花期提前。

对一二年生种子繁殖植物，调整播种期可以控制花期。许多植物从播种到开花有一定的时间，所以提前播种，使花期提前，推迟播种，使花期推迟。在早春可采用露地小拱棚播种或温室播种，春暖后移栽的方法，使花期提前。

4. 应用化学药剂　有些园林植物使用某些生长素类化学药剂处理可促进或推迟植物的花期，如赤霉素处理牡丹、杜鹃、山茶、仙客来等，可促进开花。

5. 花粉技术　如果两亲本花期相差太远，则利用花粉技术，离体保存父本花粉，待母本开花后进行授粉杂交。

（1）父本花粉的收集和贮藏。

①收集花粉：为了保证父本花粉的纯度，在授粉前对将要开放的发育好的花蕾或花序应当先套袋隔离，以免掺杂其他花粉。待花粉成熟散粉时，可直接采摘父本花朵，对母本进行授粉。也可以把花朵或花序剪下，在室内阴干后，收取花粉。杨树、柳树等种子小、成熟期短的植物可预先剪取花枝，进行水培，待散粉时可轻轻敲击花序，使花粉落于光滑洁净的纸上，进行去杂收集。

②花粉的贮藏：对于父母本花期不遇或亲本相距很远的植物种类，需将父本花粉收集后，妥善贮藏或运输，待母本花开放时进行授粉，从而打破杂交育种中双亲时间上和空间上的隔离，扩大杂交育种范围。

花粉贮藏的原理在于创造一个能使花粉代谢强度降低而延长花粉寿命的环境条件。花粉寿命长短与植物种类及所处的环境条件有关。大多数花粉在干燥、低温、黑暗的条件下能保持较高的生活力。一些园林植物的贮藏条件可参看表 9-1。

表 9-1　几种园林植物花粉贮藏试验结果

植物种类	贮藏条件		贮藏时间	贮藏后花粉生活力
	温度	相对湿度		
郁金香	2～4℃	干燥器中	2年	保持发芽力
湖北百合	0.5℃	35%	194d	发芽率由贮前 69% 降至 53%
多叶羽扇豆	－190℃	30%～70%	93d	未降低，维持 78%
山茶	0～2℃	低湿	6个月	发芽良好
丁香	室温	干燥器中	15d	发芽率降低 50%
桃	0～2℃	25%	1～2年	保持发芽力
白杨	15℃	3%～5%	91d	发芽率 0.1%
冷杉	0～2℃	14%	1年	发芽良好
南洋杉	0～2℃	25%	1年	发芽较差
扁柏	0～2℃	25%	1年	有发芽
松树	0～2℃	14%	15年	有发芽

花粉贮藏方法是将收集的花粉在散光下晾干，以不黏为度，再除去杂质，然后装在试管内或小瓶中，每瓶不超过容量的 1/5，用双层纱布或脱脂棉封口，贴上标签，注明品种、采集日期和采集人等。然后将小瓶置于底层放有无水氯化钙、硅胶、醋酸钾饱和溶液或生石灰等的干燥器内。最后将干燥器放于阴凉、黑暗的地方，最好是放置在 0～2℃的冰箱中。

（2）花粉生活力的测定。经过长期贮藏或从外地寄来的花粉，在杂交之前，应先测定花粉的生活力。测定的方法有直接测定和间接测定两种。

①直接测定法：将待测花粉直接授在同种植株的雌蕊柱头上，并做好隔离工作，然后直接观察其雌花发育情况，也可以最后检查坐果和结子的情况。或是检查花粉在柱头上的发芽情况，具体做法是在授粉 1～3d 后，采集授粉的柱头，用 F. A. A. 固定液固定 15min 以上，然后用 1%的苯胺蓝溶液或 0.5%苯胺蓝乳酸酚染色 8～24h。经压片镜检，如果花粉有生活力，则可看到染成蓝色的花粉管伸入柱头组织的现象。

②间接测定花粉也有两种方法：一是人工培养基培养发芽法：用琼脂、蔗糖或葡萄糖、硼酸配制成培养基，然后将花粉均匀撒到培养基上，在一定温度、湿度条件下，使花粉发芽，然后观察花粉发芽情况并计算发芽率。一般认为，萌发率在40%以上的花粉可供杂交用。二是化学染色法：有生活力的花粉含过氧化物酶，利用一些特殊染料测定花粉中过氧化物酶的活性，从而确定花粉有无生活力。当花粉与特殊的染色剂接触时，花粉粒呼吸作用加强，过氧化物酶与过氧化氢或其他过氧化物反应释放出活化的氧，使花粉染色。常用的染色剂是2,3,5-氯化三苯基四唑(TTC)。

（三）授粉技术

1. 去雄　两性花植物杂交前需将花蕾中未成熟的花药除去，以免自花授粉。单性花植物不必去雄，但应隔离，以防止外来花粉的影响。去雄的时间应在雄蕊尚未成熟时或花药尚未开裂散粉时，但不宜太早，否则会影响花器的发育。多数植物的雄蕊较雌蕊成熟早，一般去雄应在蕾期进行。

去雄的方法是用手或镊子轻轻剥开花蕾或用刀片割去花冠，然后用镊子或尖头小剪刀剔除花药，剔除要细致、彻底，特别是重瓣花品种，要仔细检查各花瓣的基部是否隐藏有零星散生的花药。同时注意不要碰伤雌蕊，也不要碰破花药。如果花瓣过多，可适当剪去一部分，以免影响去雄。去雄时用的镊子、剪刀、刀片等，都要用70%～75%酒精消毒，以杀死黏着的花粉。

2. 隔离　为防止天然杂交，去雄后应立即套袋隔离。纸袋应选防水、透气、透光的硫酸纸或玻璃纸，虫媒花可用细纱布袋。套袋时将袋口扎住，防治昆虫进入或脱落。然后挂牌，注明去雄日期。

3. 授粉　去雄后应及时观察雌蕊发育情况，当柱头分泌出的黏液发亮时，表明雌蕊发育成熟，此时即可授粉。授粉时，将套袋打开，用毛笔、海绵球或橡皮头等蘸取花粉涂抹于柱头上。对于风媒花，由于花粉多而且干燥，可用喷粉器授粉。使用喷粉器时，可不解除套袋，而在套袋上方钻一小孔喷入。授粉后立即将袋套好、封紧，并在标牌上注明杂交组合名称及授粉日期。为确保授粉成功，可每天授粉1次，重复2～3d。授粉工具每次都要严格用酒精消毒。

授粉数日后，观察到柱头萎蔫，子房膨大，说明杂交成功，可除去套袋，以免妨碍种子的生长发育。

4. 杂交后的管理

(1) 精心管理，创造有利于杂交种子发育的良好条件。授粉后要经常检查，如果有套袋不严或纸袋脱落、破碎，则可能发生了非目的杂交，应重新补作杂交。杂交后，要加强母本的肥、水管理，增施磷钾肥，修剪病、弱枝，去除萌蘖，以增加杂交种子的饱满度。有的还需要采取防冻或保暖措施，要防治病虫害、防止人为破坏。随时做好观察记载。

(2) 适时采收种子。由于不同植物、不同品种种子成熟期有一定差异，需注意适时采种。对于种子细小而又易飞落的植物，或幼果易被鸟兽危害的植物，在种子成熟前应用纱布袋套袋隔离。

(3) 种子贮藏。种子采收后，自然晾干，不可暴晒，然后按杂交组合，分别装入种子袋。种子袋一般用防潮的牛皮纸制成。并在袋上注明杂交组合的名称、采收期、数量、颜色，并编号登记，放于干燥处贮藏。有的种子失水后影响种子发芽，应用湿沙贮藏。有的应在采收后立即播种。

5. 室内切枝杂交　对于种子小而成熟期短的某些园林植物，如杨树、柳树、榆树、菊花等，可剪取枝条在温室内水培杂交。这样可避免上大树杂交的困难，便于隔离和管理，且可免受风、霜影响。

（1）花枝的采集和修剪。从已选定的母本植株上剪取无病虫害、生长粗壮的枝条，以保证供给种子生长发育所需营养，父本枝条可稍短。采回的枝条水培前要先进行修剪，除去无花芽的徒长枝。母本花枝保留花朵不宜过多。菊花每组合3～4个花蕾，杨树每枝留1～2个叶芽和3～5个花芽，多余的除去，以免消耗枝条养分，影响种子发育。父本雄花应尽量保留全部花芽，以收集足够花粉。

（2）水培和管理。把修剪好的枝条，插在盛有清水的广口瓶中，每隔2～3d换1次水，如发现枝条切口变色或黏液过多，必须在水中修剪切口。培养花枝期间要注意保持适当温度、湿度，保持室内空气流通，防止病虫害发生。

（3）去雄、隔离、授粉和种子采收。方法同前所述。只是要注意单性花的隔离，如果室内条件允许，可把不同的组合或不同的父本，分别放在不同房间。

六、杂交后代的培育和选择

正确选择亲本并通过恰当的杂交技术获得杂交种子，这仅仅是杂交育种工作的起步，要想从杂种中选育出符合要求的新品种，还需要经过杂种后代的精心培育、选择、鉴定，才能真正完成育种目标。

（一）杂种苗的培育

有性杂交获得的种子，经过贮藏、催芽处理后，要播种成苗，获得杂种植株，为选育新品种奠定基础。

1. 播种　选择阳光充足，土壤疏松、肥沃的土地，整畦作床，然后对土壤消毒。播种前，先对种子编号登记，避免混杂或遗失。播种按组合进行，播种后插好标牌，标记杂交组合的名称、数量，绘制田间种植图，做好记载工作。

为提高种子的发芽率和成苗率，可采用温室盆播、箱播或营养钵育苗的方法。有资料表明，用赤霉素浸种可促进种子萌发、生长。播种的土壤条件要均匀一致，为以后正确选择打下基础。

2. 播后管理　杂交种子出苗后，要加强管理，创造幼苗生长发育的良好条件。因为杂种性状的表现如何，不仅取决于遗传因素，还与环境条件有关，优良的性状只有在良好的培育条件下，才能表现出来。因此，对杂种苗要精心培育，加强肥水管理，控制适宜的温度和充足的光照，注意病虫害的防治，使杂种苗健壮生长。

为确保选择的正确性，减小试验误差，要保持栽培条件的一致性。各杂交组合、对照的播种期、播种方式、播种密度、移栽日期、株行距、土壤条件、水肥条件、光照条件、空气湿度都要保持均匀一致。

在培育过程中，从杂种一代开始就要进行系统的观察记载，要做好资料积累和统计分析。园林植物主要记载内容有萌芽期、抽条展叶期、开花初期、开花盛期、开花末期、落叶期、休眠期等物候期，还要记载植株高度、花枝长度、叶形、茎态、花径、花型、瓣型、花色、花瓣数、雌雄蕊育性、香味、有无皮刺等植物学性状。对杂种苗的抗性特点也应记载抗寒性、抗旱性、抗污染等性状。还要注重产花量、品质、综合观赏性、贮运特性等经济性状的记载。通过观察、记载及分析，可以掌握杂种的具体表现，有利于选出优良后代。

（二）杂种苗的选择

由不同亲本杂交产生的杂种后代，往往具有不同的遗传基础，其性状常常不稳定，只有通过多代选择才能把具有优良性状的个体挑选出来。

（1）大多数园林植物是异花授粉植物，亲本本身往往就是杂合体，杂种第一代就会发生分离，所以在杂种一代就可以根据育种目标的要求进行鉴定和比较，选出符合要求的优良单株。一般一二年生的草花采用这种方法进行选择。

（2）自花授粉植物大多数是纯合体，一般杂交第一代不发生分离，此时以组合选择为主，中选组合不必进行株选，但是需要淘汰不良植株，再按组合采收种子。因为隐性优良性状和基因的重组类型在 F_1 代没有出现，因此对组合的选择不必太严格；杂种二代性状分离现象突出，F_2 代群体足够大时，优良性状即可表现出来。F_2 主要根据目的性状进行单株选择。

（3）对于多年生植物，尤其是木本植物，由于生长期长，杂种的优良性状要经过相当长时间才能表现出来，因此不要过早淘汰，一般需经过 3～5 年观察比较，再作出抉择。

杂种的选择应当贯穿于从种子开始直到确定优良单株成为新品种所经历的各个阶段。在生长发育的不同时期杂种的表现有所不同，因此，必须经常观察测定，尤其是在某些性状表现最明显的时期进行观察比较，更能有效地提高选择效率。例如，在严寒时期选择抗寒类型，在发病高峰期选择抗病类型，在初花期选择花期早或花期晚的类型。

对于选出的达到育种目标的单株，能无性繁殖的可建立无性系，从而扩大推广。不能无性繁殖的植物，则应进行自花授粉，选出纯合的优良单株，然后扩大繁殖。也可在同类型中选出优良植株授粉，选优者推广。

为了加速育种过程，缩短育种周期，对选出的优良杂种可结合胚培养、花粉培养等新技术。也可南繁北育，迅速增加繁殖系数，有条件的地方，可利用温室，创造杂种生长发育的优良条件，提高育种效率。

第三节　远缘杂交困难的克服方法

远缘杂交由于亲本之间亲缘关系相对较远，遗传差异大，因而有较强的杂种优势。尤其是野生植物中存在着抗逆性较强的基因资源，在抗性育种中具有非常重要的意义。但是，在园林植物育种中要想利用远缘杂交综合双亲优良性状，必须解决由于双亲存在结构或生理上的不协调，在杂交过程中产生的杂交不亲和、杂种不育和杂种后代分离复杂等问题。

一、远缘杂交不亲和

1. 远缘杂交不亲和的表现　远缘杂交不亲和是指远缘杂交时，常表现不能结子或结子不正常（种子极少或只有瘪子）等现象，即交配不成功。远缘杂交不亲和的主要表现有：①种间柱头环境及柱头分泌物差异太大，导致花粉在异种植物的柱头上不能发芽；②花粉能发芽，但花粉管不能进入柱头；③花粉管生长缓慢、花粉管太短，无法进入子房到达胚囊；④花粉管虽然能进入子房到达胚囊，但不能受精；⑤受精后的幼胚不发育或发育不正常。

2. 克服远缘杂交不亲和的方法

（1）注意正确选择亲本，确定适当母本。选配适当亲本，可提高远缘杂交成功率。

大量事实证明，同一物种内不同变种或品种间在遗传、生理及形态、细胞结构上常有很大差异，因此接受不同物种花粉的能力不同，应选择容易接受外来花粉而产生种子的品种作亲本。园林植物中，一般用杂交种作母本，特别是选择第一次开花的杂种实生苗效果较好。如胡杨不论种间或属间杂交都很困难，但用天然杂种加杨作母本，与胡杨杂交获得了成功。

在同一杂交组合中，正反交的结果也常有明显不同。例如，北京林业大学在山茶花远缘杂交育种时，以云南山茶（$2n=6x=90$）为母本、山茶（$2n=2x=30$）为父本进行杂交时结实率为8.7%，其反交的结实率只有2.7%。

杂交亲和性与亲本的染色体数目有关。一般认为，以染色体数目较多或倍性高的物种作母本，杂交结实率较高。在某些种属中，因不同种间染色体数目相差甚大，影响杂交亲和性时，可将染色体数少的二倍体，加倍成同源四倍体种，则可能克服杂交不亲和性。例如，G. Darrow曾以八倍体的草莓（$2n=56$）和二倍体欧洲草莓（$2n=14$）杂交，没有成功。但是，将欧洲草莓加倍成四倍体，再与八倍体的栽培品种杂交，则可获得六倍体品种。

（2）采用特殊的授粉方式。

①混合授粉：将几个品种（3～5个为宜）的混合花粉，或者混入母本花粉以及杀死的母本花粉授于母本柱头上，可能克服各种障碍，获得远缘杂种。何启谦曾以国光苹果为母本，授以鸭梨、苹果梨、二十世纪梨的混合花粉，获得了杂种种子。米丘林以玫瑰与桂蔷薇杂交没有成功，后来用少量玫瑰花粉掺入桂蔷薇花粉中，再进行授粉，获得了杂种种子。

②重复授粉：即在同一母本花的花蕾期、初花期、盛花期、末花期等不同时期，进行多次重复授粉。由于雌蕊的发育成熟程度不同，其生理状况有所差异，从而出现受精选择性。多次重复授粉，有效增加了母本受精选择的机会，从而提高受孕率。

③柱头液处理：在授粉时，先将父本的柱头液涂抹于母本柱头上，然后授以父本的花粉，可促进花粉的萌发和生长。例如，北京林业大学将杨树柱头液涂于柳树的柱头上，然后授以杨树花粉，成功获得了属间杂种。

④射线处理：某些物种的花粉或柱头经射线处理后，活性增强，发芽率提高，花粉管生长迅速。用经过处理的花粉或柱头杂交，可能获得远缘杂种。如山川帮夫用γ射线照射花粉，能克服番茄的栽培种和野生种间杂交不亲和现象，结实率提高了10倍。

⑤提前或延迟授粉：在柱头未成熟和过度成熟时，母本柱头的识别物质可能处于识别和选择

的最低状态。所以，开花前1～5d或开花后几天授粉，有可能提高远缘杂交的可交配性。

(3) 预先无性接近。在进行远缘杂交时，预先将亲本互相嫁接在一起，使它们的生理活动得到协调或改变原来的生理状态，而后进行有性杂交，较易获得成功。例如，花楸和梨属于不同的属。米丘林将普通花楸和黑色花楸杂交获得杂种，然后将杂种实生苗嫁接在成年梨树的树冠上，经过6年时间，接穗与砧木之间的差异得到缓和，它们在生理上逐渐接近，当杂种花楸开花时，授以梨的花粉，成功得到了梨与花楸的远缘杂种。

(4) 柱头移植和花柱短截。为了排除雌蕊对远缘花粉的不亲和性，可以采取柱头切割的方法。通常有两种方式：一是将父本花粉先授于同种植物柱头上，在花粉管尚未伸长之前切下柱头，移植到异种的母本柱头上；二是先将父本柱头嫁接于母本柱头上，待1～2d愈合后再进行授粉。花柱短截是把母本雌蕊的柱头截短，有的在柱头上放置父本柱头碎块，然后再授粉。或将花粉悬浮液注入子房内使之受精。使用这种方法必须细致小心，通常在具有较大柱头的植物中使用。如日本的浅野义人1980年采取切割柱头，将花粉授于花柱伤口上，获得了11个种间杂种。上海市园林研究所黄济明在1983年也用此法获得了王百合×兰州百合的种间杂种果实。

(5) 媒介法。当远缘亲本直接杂交不易成功时，可寻找能分别与双亲杂交的第三种植物作媒介，使杂交获得成功。如米丘林用矮生扁桃与普通桃进行杂交，未获得成功。后来他又用矮生扁桃和山毛桃先进行杂交，再用获得的杂种后代与普通桃进行杂交，最终获得了成功。

(6) 化学药剂处理。应用某些促进花粉发芽、生长、受精的药剂处理雌蕊，能促进花粉发芽和花粉管生长，利于杂交种子的获得。常用的药剂有赤霉素、萘乙酸、生长素、硼酸等。北京植物园在连翘与丁香杂交时，用生长素处理母本的子房；Stuatt在百合种间杂交中，用生长素混入羊毛脂涂于花柱基部，授粉后都得到了杂种。兰科植物的杂交中，在柱头上涂抹2,4,5-三氯化苯基醋酸，可促使杂交成功。

(7) 组织培养技术。从母本花中取出胚珠，于无菌条件下放在试管内，并进行人工授粉受精，以克服远缘杂交中花粉未萌发、花粉不能伸长或无法到达胚珠所造成的不亲和。该法已经在烟草属、石竹属、芸薹属、矮牵牛属等植物的远缘杂交中获得成功。

(8) 改变授粉条件。应用温室或保护地栽培，创造有利于花粉萌发和受精的环境条件，在远缘杂交中也是必要的。如金花茶与山茶的远缘杂交，在温暖少雨的气候条件下结实率明显提高，而在低温多雨的气候条件下结实率下降，甚至不结实。

二、远缘杂种不育

1. 远缘杂种不育的表现　远缘杂交的杂种一代植株，往往由于生长发育过程中不协调，生活力衰退，使杂种后代不育。具体表现在：受精后幼胚不发育，发育不正常或中途停止；杂种幼胚、胚乳和子房组织之间不协调，特别是胚乳发育不正常，影响胚的正常发育，致使杂种胚部分或全部坏死；有的虽发育为成熟的种子，但种子不能发芽；或虽能发芽，但在苗期夭亡；杂种植株成熟后不能开花，或雌雄配子不育，因而造成杂种育性差，甚至完全不育。

杂种不育的主要原因是杂种体内来自双亲的两组染色体在数目、结构、性质上均有差异，在减数分裂时，不能进行同源染色体的配对，进而导致不能形成有生活力的配子。也可能是由于雌雄蕊器官的结构和生理上的不协调使生殖机能不正常。

2. 克服远缘杂种不育的方法

(1) 幼胚离体培养。有些远缘杂种的幼胚发育不正常，或还未发育成有生活力的种子就半途夭折，可以通过幼胚离体培养，促进杂种胚、胚乳和母体之间逐步协调，提高幼胚成活率。其方法是在无菌条件下，将授粉十几天以上的幼胚，接种在适当的培养基上，加少量植物生长调节物质，在室温、弱光条件下培养，使其形成完整的植株。如张启翔（1992）将授粉66d后的北京玉蝶梅×山桃的属间杂种幼胚进行离体培养，获得成功。

(2) 嫁接。幼苗出土后，如果发现是由于根系发育不良而引起死亡，可将杂种幼苗嫁接在母本幼苗上，使之正常生长发育。

(3) 延长杂种生育期。如果将杂种长期培育在适宜的生长发育条件下，随着杂种个体年龄的增长，可使其生理机能逐步趋向协调，育性得到一定程度的恢复，远缘杂种可能逐渐转变为部分可育，甚至完全可育。如米丘林曾用高加索百合和山牵牛百合杂交，获得种间杂交种紫罗兰香百合，这个杂交种在栽培的第一、二年只开花不结实，第三、四年得到了一些空瘪的种子，至第七年能产生部分发芽种子。

(4) 自由授粉。远缘杂种第一代植株在自由授粉条件下，比人工套袋隔离强迫自交，容易结子。因为柱头有自由选择花粉的机会，以及有可能在同株异花间，选择到更适宜的配子进行受精，或者与相邻种植的亲本之一进行自由回交，达到部分结实。

(5) 回交法。远缘杂种产生的雌雄配子并不是完全无效的，其中有些雌配子可以接受正常花粉受精结实，或能产生少数有活力的花粉。用亲本之一与之回交，可获得少量杂交种子。如湖北百合×王百合的杂交后代与任一亲本回交都可部分结实。不同回交亲本提高杂种结实率的能力有一定差别，回交时不必局限于原来的亲本，可用不同品种作为回交亲本。

(6) 染色体加倍法。远缘杂种后代在减数分裂中联会过程受阻，无法产生正常的雌雄配子。用秋水仙素处理杂种种子或幼苗，使杂种体细胞染色体加倍，减数分裂时，染色体便可以正常配对，正常结实。

(7) 蒙导法。将远缘杂种嫁接在亲本或第三种类型的砧木上，可以诱导杂交植株正常开花结实。如米丘林用斑叶稠李和酸樱桃杂交所得的杂种，只开花不结实，后来将杂种嫁接在甜樱桃上，第二年便结果了。

三、远缘杂种后代分离

远缘杂种后代分离幅度大，分离世代长且不易稳定，因此必须进行严格地选择，才能获得符合要求的新类型。根据远缘杂交的特点，在选择过程中应掌握以下原则。

1. 扩大杂种的群体数量　远缘杂种分离十分广泛，一般杂种中具有优良的新性状组合所占的比例不是很多。所以必须有较大的杂种群体，以增加更多的选择机会。

2. 增加杂种的繁殖世代　远缘杂种分离世代较长，一些新的变异出现较晚。选择过程中，应当增加杂种的繁殖世代，不宜在早期淘汰过多杂种植株。

3. 继续进行杂交选择　由于远缘杂种后代分离世代长，对于一些不理想的杂种后代可以进行单株间杂交或回交，并对其后代进行选择，可以获得更多优良类型。

4. 培育与选择相结合　在杂种选择过程中，应为杂种提供足够的营养物质和良好的生长发育条件，促进杂种优良性状的充分发育。

第四节　杂种优势及其利用

一、杂种优势现象

杂种优势是自然界生物的普遍现象，就是指两个遗传组成不同的亲本杂交，产生的杂种第一代在生长势、生活力、抗逆性、产量、品质等各方面都优于双亲的现象。

杂种优势有强有弱，还存在正向优势和负向优势（有时称为劣势）。园林植物中，有些性状要求正向优势，如花径、抗逆性等；有些性状要求负向优势，如花期长短、花期迟早等。

为了方便研究和利用杂种优势，需要对杂种优势的大小进行测定，常用的方法如下：

（1）平均优势。杂种一代某一性状超越双亲相应平均值的百分率。

平均优势＝（F_1－双亲平均值）/双亲平均值×100％

（2）超亲优势。F_1代杂种超过双亲中较好亲本值的百分率。

超亲优势＝（F_1－较好亲本值）/较好亲本值×100％

（3）超标优势。F_1代超过某个标准品种（对照品种）的百分率。标准品种为目前推广品种。

超标优势＝（F_1－对照品种值）/对照品种值×100％

1. 杂种优势的特点

（1）杂种优势不是某一二个性状单独表现突出，而是许多性状综合地表现出来。如植物营养生长旺盛，其产量也往往增加，抗病虫能力也增强。

（2）杂种优势的大小，大多数取决于双亲性状间的相对差异和相互补充。在一定范围内，双亲间的亲缘关系、生态类型和生理特性上差异越大，双亲间的相对性状的优缺点越能彼此互补，其杂种优势就越强；反之，就较弱。

（3）杂种优势的大小与双亲基因型的高度纯合具有密切关系。一般，亲本的纯合度越高，杂种F_1的优势越强；反之，越弱。

（4）杂种优势在F_1代表现最明显，F_2代以后逐渐减弱，所以，生产上利用杂种优势多数只用F_1代。目前，在园林植物中利用F_1代杂种是非常广泛和有效的，如球根海棠、金鱼草、三色堇、虞美人、石竹、矮牵牛等。

2. 杂种优势的类型　杂种优势表现为3种类型：一是营养型，表现为营养体发育旺盛，植物的根系发达，茎、叶生长繁茂，营养器官生长势强；二是生殖型，表现为杂种第一代的生殖器官发育较强，植物开花多，果实及种子产量高，品质好；三是适应型，表现为杂种第一代有较强的适应性，在抵抗不良环境、抵抗病虫害方面超过双亲。但是这3种表现是不能绝对区分的。

二、杂种优势产生的原因

园林植物利用杂种优势已成为一种普遍现象，很多学者围绕杂种优势的遗传机制开展了深入的研究和探讨，至今仍未得出定论。目前被多数学者接受的遗传解释主要有两种假说。

1. 显性假说　Bruce在1910年提出了显性假说，这个理论认为杂种优势是由双亲间有利的显性基因在杂种个体上得到相互弥补的结果。一般有利的性状多由显性基因控制，不利的性状多由隐性基因控制。自交表现衰退是隐性基因纯合的结果。基因型不同的品种杂交后，F_1植株内许多不同位点上都有显性基因抑制着相对应的隐性基因，达到互补作用，使F_1表现出超越亲本的强大优势。显性等位基因积累得越多，杂种优势的表现就越明显。例如，以aaBBCCddEE的甲系与AAbbccDDee的乙系杂交，F_1为AaBbCcDdEe基因型。可以看出，甲系只表现3个显性性状，乙系只表现2个显性性状，而杂种却表现了5个显性性状，因此杂种优于双亲。

2. 超显性假说　该假说是East于1936年提出，他认为杂种优势是由于杂种所具有的异质结合的等位基因之间相互作用的结果，即等位基因间不存在显隐性关系，但存在着遗传效能上的微小差异，基因处于杂合状态的作用比纯合状态的作用大，而且基因杂合的座位越多，杂种优势就越大。例如，a_1a_1为甲系，a_2a_2为乙系，其杂种基因型为a_1a_2。a_1控制合成一种酶，这种酶使植物体进行一种生理代谢功能，a_2控制合成另一种酶，这种酶使植物体进行另一种生理代谢功能。可以看出，甲系和乙系都只能进行一种生理代谢，而杂种可进行两种生理代谢，故杂种优于双亲。

显性假说和超显性假说都将杂种优势归因于双亲异质基因的互作，不同的是，前者认为杂种优势是双亲有利显性基因的互补，后者认为杂种优势是双亲等位基因间的互补作用。生物界杂种优势的表现是多种多样的，因此形成杂种优势的原因可能是不同的，杂种优势可能是由于双亲显性基因的互补、异质等位基因互作和非等位基因互作的单一作用，也可能是由于这些因素的综合作用，将两个理论结合起来解释杂种优势更为妥当。此外，这两个假说只考虑了双亲细胞核基因的相互作用，完全没有涉及母本细胞质基因与父本的核基因间的关系，而实际上许多正反交试验说明，细胞质效应是存在的，有的还相当明显。因此，杂种优势的遗传原因还有待于进一步分析和研究。

三、杂种优势的利用

（一）利用杂种优势的基本原则

1. 选配强优势组合　并非任意两个亲本杂交，都可以获得具有较强杂种优势的后代。因此，要选择能产生较强杂种优势的亲本组合。一般应选双亲遗传差异大，表现优良，配合力大，适应性强的杂交组合。要通过多次试验才能正确选择。

2. 亲本纯化　一般来说，亲本纯合度高，F_1代杂合度就高，杂种优势越强，并且F_1代表现整齐一致。大田作物一般通过建立自交系，使亲本纯化。园林植物中的自花授粉植物或自交不亲和的花卉，本身基本上是纯合的，都可直接采用品种间杂交的方法产生F_1代种子。而异花授粉的植物则应通过建立自交系的方法将亲本纯化。

3. 有简便的亲繁和制种技术　由于植物杂种优势在F_1代表现最强，因此，需年年配制杂交种子（树木中有的F_2代衰退不明显，可直接从F_1代植株上大量采种）。生产上大面积使用杂交种时，必须建立相应的种子生产体系，这一体系包括亲本繁殖和配制一代杂种种子两个方面，特别是制种方法必须简便易行，生产成本低廉，便于推广利用。

（二）利用杂种优势的途径

杂种优势的利用应当以大量生产成本低的杂交种子为前提，根据不同植物的开花习性和遗传学特点（如雄性不育、自交不亲和性等），应用适当的制种技术。

1. 天然杂交　一些异花授粉植物杂种优势特别明显，但因雌雄同花、花器小，人工去雄比较困难，可采用天然杂交方法制种。

（1）混播法。将等量的父母本种子充分混合后播种，开花时任其自由授粉，混合收获种子用于生产。此法简单省工，但采收的种子正、反交都有，只适用于正、反交优势效果和亲本主要经济性状基本相似的组合。

（2）间行种植。父母本单行或数行相间种植，自由授粉。若正、反交优势效果和主要经济性状基本相似，父母本行数可以一样，种子可以混收混用；若正、反交 F_1 都有优势而经济性状有较大差异，则应分别收种，分别使用；若正交优势大，反交优势小或无优势，只能以正交 F_1 用于生产，增加母本行数，父母本比例一般为 1∶2。在实际应用中最好选配正、反交 F_1 都有显著优势的组合，以降低制种成本。

（3）间株种植。父母本不仅间行种植，而且可间株种植。这种配置方式杂交百分率较高，但田间种植和种子采收非常麻烦，又容易混乱，对父母本性状相似、种子可混收的组合较适用。

2. 人工去雄　人工去雄配制杂交种是杂种优势利用的常用途径之一。但采用人工去雄配制杂种的植物应具备以下 3 个条件：一是花器较大，易于人工去雄；二是人工杂交一朵花能得到数量较多的种子；三是种植杂交种时，用种量较小。雌雄异花植物玉米、自花授粉植物烟草及雌雄同花的君子兰、杜鹃、百合等均可用人工去雄法制种。

3. 利用理化因素杀雄　由于雌雄性器官对理化因素反应的敏感性不同，用理化因素处理后，能有选择地杀死雄性器官而不影响雌性器官，以代替去雄。它适应于花器小，人工去雄、授粉困难，不易获得大量种子的植物。

（1）化学去雄。化学杀雄是利用某种化学药剂，在植株生长发育的一定时期喷洒于母本，直接杀伤或抑制雄性器官，造成生理不育，以达到去雄的目的。目前发现的化学杀雄剂有二氯乙酸、二氯丙酸、三氯丙酸、2,3-二氯异丁酸钠（FW450）、三碘苯甲酸（TIBA）、顺丁烯二酸联氨（MH）、核酸钠、二氯乙基三甲基氯化钾（矮壮素 CCC）、乙烯利、萘乙酸（NAA）、2,4-D 等。良好的化学杀雄剂需具备以下条件：处理后仅能杀伤雄蕊，使花粉不育，而对雌蕊不产生影响；对植株的副作用小，处理后不会引起植株畸变或遗传性变异；处理方法简便，药剂便宜，效果稳定；对人、畜无害，不留残毒，不污染环境。

化学去雄方法是将父母本相间种植，在适宜时期在母本上喷施最佳浓度和剂量的杀雄剂，使隔离区（制种区）内自由授粉，成熟后在母本行上收获种子。

但是化学杀雄尚存在一些问题，比如易受环境条件影响，技术方法尚未配套，杀雄效果尚不稳定等，需要进一步研究。

（2）物理杀雄。根据性细胞在形成过程中对外界条件反应敏感性不同的特点，利用控制物理因素（如温度、水分、光照等）可诱导雄性不育。

4. 利用自交不亲和性　自交不亲和性是指植株雌雄器官在形态发育、功能上完全正常，能产生有育性的花粉，但自交不结实或结实很少的性状。具有自交不亲和特性的品系叫自交不亲和系。在生产杂种种子时，用自交不亲和系作母本，以另一个自交亲和的品种或品系作父本，就可以省去人工去雄的麻烦。如果双亲都是自交不亲和系，就可以互为父母本，从两个亲本上采收的种子都是杂种，可提高制种效率。最好选用正、反交杂种优势都强的组合。

5. 利用苗期标记性状　通过在苗期目测双亲和杂种 F_1 所表现的某些植物学性状的差异，准确鉴别出杂种苗或亲本苗（假杂种苗），这种容易目测的植物学性状叫苗期标记性状。苗期标志性状应具备 3 个条件：①该性状隐性，属质量性状，能稳定遗传；②该性状在苗期表现明显；③该性状极易目测辨认。

利用苗期标记性状时，需选用具有苗期隐性性状的类型作母本（如月季的扁刺），具有相应显性性状的类型作父本（如新疆蔷薇的弯钩刺）进行杂交，任其自由授粉，然后从母本上采收杂交种子。播种后根据标记性状，拔除具有隐性性状的幼苗（即假杂种），留下显性性状的真杂种苗。这种方法的优点是亲木繁殖和杂交制种简单易行，制种成木低，能在短时间内生产出大量的一代杂种，而其缺点是间苗、定苗工作复杂，需要掌握苗期标记性状及熟练的间苗和定苗技术。

6. 利用雄性不育性　利用雄性不育性可免除人工去雄，简化制种程序，制种效率高。这是目前克服人工去雄困难应用最广泛、最有效的途径。

利用植物雄性不育的特点，将不育系作为母本，与相应的可育父本按一定比例种植在同一隔离区内，任其自由授粉，从不育系上采收的种子全部为杂交种。

复习思考题

1. 有性杂交育种的步骤是什么？
2. 如何进行亲本的选择和配置？
3. 如何进行花期调整？
4. 如何进行杂交授粉？
5. 如何进行杂交后代的培育和选择？
6. 远缘杂交育种困难的克服方法有哪些？
7. 什么是杂种优势？生产中怎样利用杂种优势？
8. 设计一个切实可行的有性杂交育种方案。

第十章　诱变和倍性育种

【本章提要】诱变育种是利用物理或化学因素，诱发植物或植物材料的遗传物质发生突变，进而将优良突变体培育成新品种的技术。诱变因能提高突变频率、扩大变异范围而成为一种有效的创造变异的途径，对诱变产生的优良突变体进行选择培育，可在较短时间内培育出新品种。同时简要介绍了单倍体和多倍体的育种方法。

第一节　诱变育种

一、诱变育种的概念和发展概况

诱变育种是人为地利用物理、化学等因素，诱发植物或植物材料发生遗传突变，并将优良突变体培育成新品种的育种方法。诱变育种分为物理诱变和化学诱变两种。物理诱变主要指辐射诱变，是利用各种射线（如X射线、γ射线、β射线、中子等）诱发遗传突变的方法；化学诱变是用化学物质诱发遗传突变，化学诱变的药品除秋水仙素外，还有烷化剂、核酸碱基类似物及其他诱变剂。

在1895年及1896年伦琴与贝可勒尔分别发现X射线和具有天然放射性的铀之后，1910年弗里斯就提出了遗传突变的概念。1927年，穆勒和斯特德勒先后报道了采用X射线诱发果蝇和玉米突变成功，但没有进行有目的的品种改良工作。1937年布莱克斯里等利用秋水仙素诱导植物多倍体获得成功。1942年德国的Freisieben和Lein首先利用诱变的方法在大麦抗白粉病育种中取得突破。1943年约克斯在经乙基脲烷和二氯化铝等化合物处理过的月见草、百合植株发现了染色体畸变现象。此后，人们相继开展了利用物理、化学因素诱导植物突变的研究，发现人工诱导的突变频率比自然突变频率高很多，从而肯定了人工诱变的积极作用，开辟了人工诱变育种的新途径。到20世纪60年代后期，由于原子技术广泛应用，推动了诱变育种的发展，美国、意大利、前苏联、荷兰和日本先后建立了^{60}Co γ射线或中子的核研究中心。1964年联合国粮农组织/国际原子能机构（FAO/IAEA）联合处成立，建立了世界性协作研究体系和学术交流网络。据不完全统计，全世界利用诱变育种培育出的新品种至1970年为101个（其中观赏植物33个），1981年518个（观赏植物238个），1990年发展到1 330个（观赏植物407个）。据马鲁兹斯基等1995年报道，全世界有50多个国家在154种植物上开展了诱变育种工作，已直接或间接培育出新品种1 737个，其中花卉等465个，主要有菊花、秋海棠、月季、杜鹃、百合及香石竹等，仅诱变育成的菊花新品种就有170多个。

我国的诱变育种工作起步于1956年，经过50多年的发展，取得了令人瞩目的成就，诱变育成的品种数量和种植面积均居世界首位。2003年统计资料显示，全世界用辐射诱变育成的2 316个品种中，有625个是我国科学家育成的。在观赏植物中，我国也培育出了菊花、小苍兰、朱顶红、美人蕉、月季、紫罗兰、金鱼草、矮牵牛、杜鹃花、唐菖蒲及荷花等新品种或优良变异类型100个。

另外，在诱变育种中值得一提的是近年来随着航天技术的成熟而发展起来的航天育种。航天育种也称太空育种或空间诱变育种，是利用微重力、空间辐射、超真空、超净环境等空间环境的影响使植物出现多种变异，然后选择培育出新品种的方法。即将植物种子或试管苗送入太空，利用太空特殊环境（高真空、地球引力小、宇宙高能离子辐射、宇宙磁场、高洁净）的诱变作用，使种子或幼苗产生变异，然后返回地面，进行培育，从而选育出新品种。其特点是有利的变异多、变幅大、稳定快，易于产生高产、优质、早熟、抗病力强等优良变异。变异率较普通诱变育种高3～4倍，育种周期较杂交育种缩短约1倍。

自1987年以来，我国利用返回式卫星，先后进行了10多次搭载，有1 000多个品种的种子和生物材料上天。在近20年的时间，空间技术育种已取得了显著成绩。园林植物的鸡冠花、麦秆菊、蜀葵、矮牵牛等，都表现出开花多、花色变异、花期长等特点。尤其是粉色的矮牵牛，花朵中出现了红白相间的条纹，色彩更加艳丽，花期长，花朵大；而万寿菊的花期从3月盛开到11月，花期长达9个月之久；一串红获得了花朵大、花期长、分枝多、矮化性状明显的变化；三色堇的花色变为浅红色，花期更长；醉蝶花的植株高大，花期长达8个月。太空花卉普遍在花期、花型、株型、颜色等方面发生了变化。有的花期变长，有的缩短，原来紫色的花，能成为白色、红色。所以航天育种作为一种有效的育种方法已逐步应用到园林植物新品种选育中。

二、诱变育种的特点

1. 提高突变频率，扩大变异范围　在自然界中，生物虽然也产生突变，但频率较低。研究表明，人工诱变可使突变频率提高100～1 000倍。人工诱变不仅提高突变频率，而且还能扩大变异范围，甚至可以出现自然界尚未出现或很难出现的稀有变异类型，从而扩大了选择范围，提高选择效果。如四川省原子能应用技术研究所，用射线处理菊花，使其花期从11月提前至4～10月，为选择在一年不同季节开花的菊花品种提供了丰富的原始材料。诱变育种可诱发产生某些新、奇性状的变异，对观赏植物更具有特殊价值。

2. 适于改良品种的个别性状　现有优良品种，往往还存在个别不良性状，通过诱变处理，产生某种点突变，可以只改变品种的某一缺点，而不致损害或改变该品种的其他优良性状，避免杂交育种中因基因重组而造成原有优良性状的解体。如悬铃木是我国长江流域一带城市的优良行道树，但悬铃木幼叶背面密生星状绒毛，脱落时严重污染空气，影响行人的身体健康，而通过辐射诱变在不改变其他性状的同时，选出了少毛和无毛的悬铃木。

3. 打破原有的基因连锁，有利于基因重组　在杂交育种中，如果目标性状与不良性状基因连锁不便利用时，可利用诱变技术使不良基因突变，或使其染色体断裂、易位，打破原有连锁关系后再进行杂交，使目标性状转移到受体品种中去。

4. 诱变后代处理比较简单，可缩短育种年限　通常应用实生选种、杂交育种等方法，在获得杂交种子后，从种子播种到开花结果，需要经过多代选择、培育和鉴定，尤其是木本植物，其童期长，杂合度高，要想在短时间内获得稳定的优良品系是非常困难的。而诱变育种在诱变三代（M_3）就基本稳定，从而大大加速育种进程。特别对无性繁殖的木本园林植物，诱变育种更加有利。当诱发出现某些优良性状时，即可通过无性繁殖把优良的突变迅速固定下来，可以早开花，早结果，早鉴定。

5. 变异方向和性质不易控制　由于对诱变机理的研究不够深入，变异方向和性质很难进行有效预测和控制。诱变后代中有利突变所占比重较小。因此，如何提高优良突变频率，定向改良品种性状，创造新的优良品种，还有待于进一步探讨。

三、辐射诱变育种

（一）辐射的种类

1. 辐射的分类　辐射可分为电磁辐射和粒子辐射两类。电磁辐射有X射线、γ射线、紫外线、微波和激光等；粒子辐射有带电的α射线、β射线、质子、电子束、离子束和不带电的中子等。

根据辐射能量的大小和能否引起被照射物质的原子发生电离，辐射又分为电离辐射和非电离辐射两类。能量较高，能直接或间接引起被照射物质电离的射线，如γ射线、X射线、α射线、β射线和中子称为电离辐射；能量较低，不具有电离效应的称为非电离辐射，如紫外线。

2. 常用的辐射射线

（1）γ射线。是一种高能电磁波，属电离辐射。波长很短，穿透力强，可深入植物组织几厘米。主要由放射性同位素^{60}钴（$^{60}C_O$）或^{137}铯（$^{137}C_S$）及核反应堆产生，通常要修建照射室来处理材料。

（2）X射线。也是一种高能电磁波，但穿透力不及γ射线，仅能透入组织数毫米。由X光机产生。

（3）中子。是一种不带电的粒子，根据其能量的大小分为超快中子、快中子、中能中子、热中子等，其中应用较多的是快中子和热中子。中子穿透力较强，能深入组织数厘米，电离密度大，常能引起大的变异。中子可由核反应堆、加速器或同位素产生。育种上常用的是同位素中子装置，由两种同位素组成。如镭—铍中子源就是以^{226}Ra和^{210}Po组成，由^{226}Ra产生的α粒子轰击铍靶而放出中子。研究表明，在同样剂量下中子的诱变效果比X射线、α射线和γ射线均强，因此20世纪70年代以后中子在育种上的应用日渐增多。

（4）β射线。属粒子辐射，穿透力较弱，仅及植物组织数毫米。β射线可由放射性同位素（如^{32}P、^{35}S、^{14}C）或电子加速器产生，由于穿透力弱，多用于内照射。

（5）激光。激光是指利用受激辐射原理所形成的方向集中的光束，属电磁辐射，不同的激光波长不一，但同一激光束都是由相同波长的光子组成的，因此激光具有亮度高、单色性好、方向性好等特点。激光由激光器产生，常用的激光器有二氧化碳激光器、红宝石激光器、氮分子激光器等。研究表明，激光对生物有光效应、热效应、压力效应和电磁效应，诱变效果好，是一种新的物理诱变因素。

（二）辐射诱变的机理

1. 直接作用　直接作用是指射线直接击中生物的遗传物质大分子。大分子因射线的作用产生电离或激发，由中性变成带有正电荷的离子化原子。离子化的原子组成的分子会发生化学变化，如果这些变化的分子是基因或基因的一部分，那么这个基因的化学成分便和原来的有所不同，从而使基因发生突变。

2. 间接作用　间接作用是射线作用于水，由于活的植物组织含有近75％的水，因此水就成为辐射最主要的靶分子。水被辐射电离后产生自由基，进而生成过氧化氢、过氧基等，这些自由基、过氧化氢、过氧基再作用于生物的遗传物质大分子，从而导致DNA产生各种变异。

3. 染色体的结构或数目改变　当植物细胞受到射线照射时，射线穿透染色体，可能引起染色体发生断裂或畸变，导致基因的重新排列和组合；也可能引起染色体数目的变异。

（三）辐射剂量及其单位

辐射的剂量是对辐射能的度量，指在单位质量的被照射物质中所吸收的能量值。

1. 照射剂量（度量X射线和γ射线的单位）　是指X射线或γ射线在单位质量的空气中的电离量。照射剂量的国际制单位（SI）为库仑每千克（C/kg）。

2. 吸收剂量（用于度量各种射线的辐射）　是指单位质量的被照射物质所吸收的能量。国际制单位为戈瑞（Gy），每千克被照射物吸收1J的能量为1Gy，即1Gy＝1J/kg。

3. 中子通量（积分流量）　中子辐射的剂量单位，以每平方厘米上通过的中子总数目来确定，即中子数每平方厘米（n/cm^2）。

4. 剂量率　单位时间内被照射物所接受的照射剂量或吸收剂量叫剂量率。在有些情况下，同样的照射剂量或吸收剂量，由于剂量率不同而诱变效果差异很大。剂量率的单位因照射剂量或吸收剂量的单位不同而不同。照射剂量率的单位是C/（kg·s），中子照射剂量率是$n/(cm^2 \cdot min)$，吸收剂量率的单位有Gy/s、Gy/min等。

5. 放射性强度　放射性强度是用放射性同位素在单位时间内发生的核衰变数目来表示的。放射性强度的国际单位是贝可勒尔（Bq），其定义是放射性同位素每秒钟衰变1次为1Bq。

（四）辐射剂量的选择

在一定剂量范围内，随剂量的增加，突变率随之增加，但生理损伤与死亡也随之增加。剂量太高突变率反而下降，成活率也很低；剂量太小，变异个体很少。所以辐射剂量的选择是辐射育种的关键技术。

1. 植物对辐射的敏感性

（1）植物对辐射的敏感性。植物对辐射的敏感性是指植物对辐射反应的强弱与快慢。对辐射反应强烈、反应快的称辐射敏感性强，反之则弱。通常用致死剂量、半致死剂量及临界剂量等剂量指标来衡量植物材料对辐射敏感性的强弱。致死剂量（LD_{100}）：使被照射材料全部死亡的最低辐射剂量。半致死剂量（LD_{50}）：使被照射材料成活率为50％的辐射剂量。临界剂量（LD_{60}）：使被照射材料成活率为40％的剂量。

（2）植物材料的辐射敏感性差异。影响植物辐射敏感性的因素包括：①遗传因素：不同植物种类因遗传基础不同，辐射敏感性不同。如敏感性强的大花延龄草的致死剂量为6Gy，而敏感性差的岩生景天的致死剂量高达750Gy。通常多倍体植物比二倍体植物，纯种比杂种，常规品种比杂交品种对辐射具有较强的抗性。不同品种之间辐射敏感性也有差异。如菊花品种‘黄石兮’用40Gy的γ射线照射后成活率仅为30%，而‘春水缘波’经50Gy的γ射线照射后成活率仍达100%。②器官或组织的差异：同一植物的不同器官或组织对辐射的敏感性不同。据林音（1988）报道，菊花不同器官的辐射敏感性依次为：叶＞茎＞丛生芽＞生根小苗＞插条＞种子，各器官的敏感性差异最大可达20倍左右。通常分生组织比成熟组织敏感，性细胞比体细胞敏感，卵细胞比花粉细胞敏感。辐射敏感性与分化程度有关，分化程度越低，对辐射越敏感。③发育阶段与生理状况的差异：植物所处的发育阶段不同，生理状态不同，对辐射的敏感性也有差异。一般幼株比成熟株敏感，嫩枝比老枝敏感，未成熟种子比成熟种子敏感，萌动种子比休眠种子敏感，发芽种球比休眠种球敏感。

2. 诱变剂量的选择　诱变的剂量选择是个比较复杂的问题，如果辐射剂量过低，则不易获得理想的诱变效果；若辐射剂量过高，又易使被照射植物大量死亡，也同样得不到好结果。一般认为最好的照射剂量应选择半致死剂量或临界剂量附近，并采用几种剂量处理比较稳妥，但也有人认为用更低剂量如LD_{60-75}成活率更高，有利突变较多。辐射不仅要选择适宜的剂量，而且要注意剂量率的选择。部分园林植物辐射诱变的适宜剂量见表10-1。

表10-1　部分园林植物辐射剂量

种　属	处理部位	γ或X射线剂量/(C/kg)	种　属	处理部位	γ或X射线剂量/(C/kg)
波斯菊属	发根的插条	0.516	树锦鸡儿	干种子	＜3.87
大丽花属	新收获的块茎	0.516～0.774	黄忍冬	干种子	2.58
石竹属	发根的插条	1.032～1.548	沙棘	干种子	2.58
唐菖蒲属	休眠的球茎	1.29～5.16	瘤桦	干种子	2.58
风信子属	休眠的鳞茎	0.516～1.29	山楂	干种子	2.58
鸢尾属	新收获的球茎	0.258	银槭	干种子	2.58
郁金香属	休眠的鳞茎	0.516～1.29	毛桦	干种子	＜2.58
美人蕉属	根状茎	0.258～0.774	辽东桦	干种子	1.29
杜鹃属	发根幼嫩枝条	0.258～0.774	欧洲桤木	干种子	0.387～1.29
蔷薇属	复芽	0.516～1.032	灰赤杨	干种子	0.258～1.29
蔷薇属	幼嫩休眠植株	1.032～3.096	欧洲赤松	干种子	0.387～1.29
仙客来	球茎	2.58	西伯利亚冷杉	干种子	0.387
绣线菊	干种子	7.74	欧洲云杉	干种子	0.129～0.258
小檗	干种子	＞15.48	香椿	干种子	3.096
大叶椴	干种子	7.74	啤酒花	干种子	0.129～0.258
茶条槭	干种子	3.87	石榴	干种子	2.58
桃色忍冬	干种子	＞3.87	樱桃	休眠接穗	0.774～1.29

（五）诱变材料的选择

诱变材料的选择与辐射剂量的选择一样，也是辐射育种获得成功的重要环节。辐射诱变所用材料一般是：

1. 综合性状优良的品种　由于诱变育种的主要特点之一是适于个别性状的改良，因此根据育种的目标，选择综合性状好，只有个别缺点的优良品种作为诱变的材料效果显著。

2. 基因型杂合的植物材料　选用多年生异花授粉植物的无性系品种、F_1品种等基因型杂合的植物材料，经诱变后隐性突变的性状容易表现，方便筛选和利用。

3. 单细胞、易产生不定芽的材料或单倍体材料　单细胞材料（如花粉、原生质体、培养细胞等）发生突变后，不会产生嵌合体，便于突变体的直接利用；用易产生不定芽的材料如叶片、鳞茎片等诱生不定芽进行辐射育种，这些不定芽来自单个细胞或少数几个细胞，诱发单个细胞或少数几个细胞可减少嵌合体的产生，获得同质突变体。利用离体叶辐射诱发产生同质突变在秋海棠、一品红、落地生根、天竺葵等花卉上获得成功；利用鳞茎片诱发不定芽进行辐射育种在百合、朱顶红、风信子、郁金香等花卉上也取得很好的成绩。单倍体材料（花粉或花粉植株）经诱变处理后，经染色体加倍变成纯合二倍体，不论突变是显性还是隐性均能在诱变一代直接表现出来，便于筛选与鉴定。

4. 处理材料的类型应多样化　诱变育种不能定向改变植物的性状，因此在同一次诱变中处理具有不同遗传基础的植物材料（不同品种或类型）可能会出现不同的变异类型，从而增加选择的机会。同时，同一品种也可以处理不同的组织或器官，以利用其辐射敏感性的差异获得不同的变异体。

（六）辐射诱变的方法

辐射处理的主要方法分为外照射与内照射两种。

1. 外照射　外照射是指放射性元素不进入植物体内，而是把放射源置于被照射材料的外部，让射线通过空间穿透到植物体内部的照射方法。这种方法安全简便，可以同时处理较多材料。适于外照射的射线有X射线、γ射线、中子、离子束、激光、紫外线等。在具体应用中，外照射又分为快照射和慢照射两种。在同样照射剂量的情况下，时间短、剂量率高的照射称为快照射，时间长、剂量率低的照射称为慢照射。外照射适用于各种植物材料，可以是完整植株，也可以是幼苗、种子、无性繁殖材料及离体培养材料，也可以照射花粉。

（1）种子照射。可采用干种子、湿种子和萌动种子进行照射，但一般都采用干种子照射。供照射的种子应预先精选，不含杂物。照射后应及时播种，否则容易产生贮存效应。种子照射虽操作简便，但从播种到开花结果时间长，植株占地面积大。

（2）营养器官照射。通常采用枝条、鳞茎、块茎、球茎、块根、嫁接苗等无性繁殖材料进行照射处理。为了提高诱变效率，应照射处于活跃状态的分生组织，如处理开始生长的芽比处理休眠的芽效果好。为减少嵌合体，芽原基所包被的细胞越少越好，较理想的做法是处理单细胞原基或不定芽。在处理插穗时还应注意保护发根部位或保护接穗嫁接部位，以提高扦插或嫁接的成活率。

（3）花粉照射。花粉照射的优点是很少产生嵌合体，即花粉一旦发生突变，其受精卵便成为异质结合子。照射的方法有两种：一种是先将花粉收集于容器内，经照射后立即授粉，这种方法适用于那些花粉生活力强，寿命长和花粉量大的植物。另一种是直接照射植株上的花粉，这种方法一般仅限于有辐射圃设备的单位。

（4）子房照射。射线对卵细胞影响较大，可引起后代较大的变异，还可影响受精作用，有时可诱发孤雌生殖。在处理时如是自花授粉植物，在照射前应进行人工去雄，照射后用正常花粉授粉，也可用照射过的花粉授粉。由于卵细胞对辐射较为敏感，处理时宜采用较低剂量。

2. 内照射　是将放射性元素引入植物体内进行照射。具体做法是以适当的方式将^{32}P、^{35}S、^{14}C等放射性同位素或含有这些同位素的化合物引入植物体内，利用其衰变放出的β射线在植物体内辐射。内照射的常用方法有浸种、注射、涂抹和施肥等。因内照射易产生污染，又不易控制剂量，故目前已很少采用。

四、化学诱变育种

（一）化学诱变剂的种类与作用机理

在诱变育种中利用的、能引起植物发生遗传突变的化学物质叫化学诱变剂。到目前有诱变效果的化学诱变剂已发展到400多种，但公认效果稳定且应用较多的仅有20种左右，包括烷化剂、碱基类似物和叠氮化物等几类。

1. 烷化剂　烷化剂是育种上常用的化学诱变剂。这类化合物带有一个或多个活泼的烷基，这些烷基能被转移到植物细胞中的DNA或RNA的磷酸基、嘌呤、嘧啶等的亲核中心，去置换氢原子，发生烷化。形成不稳定的膦酸酯，这种膦酸酯易水解为磷酸和脱氧核糖，从而导致DNA链的断裂；当DNA链的碱基被烷化后，也易水解使碱基从DNA链上水解下来，造成碱基缺失，并会进一步引起碱基的转移和颠换。因此烷化剂能引起遗传物质结构改变，具有诱发突变的作用。常用的烷化剂的特性与使用方法见表10-2。烷化剂大都是潜在的致癌物质，在使用时需避免皮肤接触或吸入它的气体，必须在通风良好的通风橱中操作。其中EMS毒性相对较小，诱变效果也较好，是常用的化学诱变剂之一。

表10-2　常用烷化剂的特性和使用方法

种类（缩写）	物理和化学特性			使用浓度/%	保存方法
	性质	水溶性	相对分子质量		
甲基磺酸乙酯（EMS）	无色液体	约8%	124	0.30～1.50	室温、避光
亚硝基乙基脲（NEH）	黄色固体	微溶	117	0.01～0.05	冰箱干燥处
亚硝基乙基脲烷（FEU）	粉色液体	0.5%	146	0.01～0.03	
乙烯亚胺（EI）	无色液体	易溶	43	0.05～0.15	密闭、低温、避光
硫酸二乙酯（DES）	无色液体	不溶	154	0.10～0.60	密闭、低温、避光

2. 碱基类似物　碱基类似物是指化学结构与核酸上的碱基相似的化合物。将这种化合物引入植物细胞中后，当染色体或DNA复制时，它们可作为碱基掺入到DNA分子结构中去。然而由于碱基类似物的某些取代基与正常的碱基不同，在分子结构中存在这些类似物的DNA在复制时，就容易发生碱基配对错误，从而由一种碱基对替换为另一种碱基对，造成性状的差异。常用的碱基类似物有5-溴尿嘧啶（BU）、5-溴去氧尿核苷（5-BUdR）、2-氨基嘌呤（Ap）、马来酰肼（MH）等。

3. 叠氮化物　叠氮化物如叠氮化钠（NaN_3）可替换正在复制中的DNA的碱基，引起基因的点突变，一般不引起染色体结构变异，是一种诱变率较高且安全的诱变剂。

4. 抗生素类 许多抗生素如重氮丝氨酸、丝裂霉素C及放线菌素等都具有破坏DNA及核酸的能力，进而造成染色体的断裂。

（二）化学诱变方法

1. 操作步骤和处理方法

（1）药剂配制。多数情况下，诱变处理需要将化学诱变剂配成一定浓度的溶液。对能溶于水的诱变剂可配成水溶液使用。在水中不溶解的或溶解度低的，需先用其他溶剂溶解后再用水稀释至需要的浓度。如硫酸二乙酯可先用少量70%酒精溶解后再加水稀释。另外，许多试剂的水溶液极不稳定，易水解生成酸性或碱性物质而变性。因此，选用适宜pH的磷酸缓冲液是确保诱变效果的重要条件。几种常用诱变剂在0.01mol/L的磷酸缓冲溶液pH分别是：亚硝基乙基脲（NEH）为8；甲基磺酸乙酯（EMS）为7；硫酸二乙酯（DES）为7。亚硝酸溶液也不稳定，配制时常用亚硝酸钠加入pH为4.5的醋酸缓冲液生成亚硝酸的方法。

（2）前处理。预先用清水浸泡处理植物的材料。种子、休眠枝、鳞茎等通过前处理可提高其细胞膜的透性，加速诱变剂的渗入速度，同时使细胞代谢和合成活跃起来，从而缩短诱变剂处理的时间，提高诱变效果。

（3）药剂处理。因植物种类不同，处理部位不同，器官不同，处理方法也不同。①浸渍法：先按浓度要求配制成溶液，然后将试材浸渍于溶液中，经一定时间处理后用清水冲洗。此法常用于种子、接穗、插条、块茎和块根等试材的处理。②注入法：将试剂配好后，用微量注射器将药液注入处理部位，常用于生长点、腋芽、鳞茎等的处理。③涂抹法：将试剂溶于羊毛脂、凡士林、琼脂等黏性物质中，取适量涂于试材部位。④滴液法：将脱脂棉球放于处理部位后，用滴管定期滴加诱变剂的水溶液。此法常用于生长点、腋芽等试材的处理。

（4）后处理。化学诱变剂进入植物体内一定时间后，若不采取适当的排除措施，就会继续起作用而产生后效应，造成不必要的生理损伤，降低突变率与成活率。所谓后处理，是指终止诱变剂发挥作用的措施。最常用的方法是对处理材料或处理部位用流水冲洗，一般需冲洗10～30min（最好在2～−2℃低温下进行）。

2. 影响诱变效果的因素

（1）诱变剂的浓度。在一定的范围内，浓度越高，变异率也越高，但高浓度的诱变剂毒性相对较大，对植物的生理损伤较重。因此，在药剂浓度较高时，应缩短处理时间，以保证剂量适当。

（2）处理时间。处理时间长短应以保证药剂充分作用处理材料为原则。适宜的处理时间必须使受处理材料的组织完成水合作用，完全被诱变剂浸透并有足够的药量进入到分生组织。研究表明，低浓度长时间处理能得到更高的突变率。但有的诱变剂很不稳定，容易分解，在很长时间处理时应在诱变剂分解1/4时更换一次药液，以保持浓度的相对稳定性。

（3）处理温度。药液的温度对药剂的水解速度影响很大。在低温下药剂的水解速度慢，诱变能保持一定的稳定性，但对细胞的有效作用相对弱一些；相反，在高温条件下具有充分活泼的化学活性与诱变效果，但也同时加速了药剂在溶液中的变性过程。因此，可先将材料浸在低温（0～

10℃）的药液中达足够长的时间，使药液充分浸透处理材料，然后再将处理材料移入高温（40℃）的新鲜诱变剂溶液中进行处理，以提高诱变剂在植物体内的反应速度。

（4）诱变剂溶液的pH。化学诱变剂的pH越高，水解速度越快，诱变效果越差；pH越低，酸性越强，又会促进生理损伤，降低诱变材料的成活率。

五、诱变后代的培育与选择

经诱变处理的植株及诱变处理过的植物材料所长成的植株均为诱变后代，从表型上看，在诱变后代中存在着正常植株、变异植株和非遗传性的生理异常植株等多种类型。正常植株中可能包含有隐性突变与未表现出来的嵌合体；在变异植株中不仅有嵌合体，也有劣变植株。因此育种者还需要通过认真地观察和科学鉴定，才能从诱变后代中筛选出有用的优良变异，培育出新的品种。

（一）有性繁殖植物诱变后代的选育

1. 第一代（M_1）的选育　经诱变处理长成的植株称为诱变一代（M_1），由诱变一代繁殖得到的有性后代叫诱变二代（M_2），以此类推。在M_1中，往往会出现一些畸形植株，如没有主茎，或缺叶绿素的白化苗，或叶缘缺刻呈深裂等；还有一些植株表现出生理损伤，如种子发芽缓慢、植株矮化、发育迟缓等。在高剂量情况下表现更为突出。但是M_1这些形态和生理上的畸形变异，一般不能遗传。此外，以种子为材料进行诱变处理时，由于种子的种胚是多细胞组织，处理后往往不是胚中所有细胞都发生变异，变异只在个别细胞中发生。因此，由这样的种子发育成的M_1植株本身是嵌合体。同时，M_1植株的突变基因大多呈隐性。由于以上这些原因，造成有些变异没有表现，遗传性变异与非遗传性变异不易区分。因此，为了有效、充分地利用变异，对M_1一般不进行淘汰，而应全部留种。这时的主要任务是加强管理，提高成活率，并通过自花授粉以纯化突变基因，然后分单株采收种子。如果诱变材料是杂种或单倍体或是无性繁殖的营养器官，M_1就会出现分离，可以开始进行单株选择。

2. 第二代（M_2）的选育　M_2一般不继续表现生理损伤，一些隐性突变也因基因纯合而表现出来，M_2出现分离，具有丰富的变异类型。因此，M_2是株选工作的重点。为了便于比较鉴定，M_2应与对照品种一起种在条件均匀一致的环境中，按株行法种植，即从M_1收获的单株分别种植于M_2株行中，然后，在整个生育期中要进行仔细地观察比较，根据育种目标选择所需要的突变体。为增加有利突变体出现的几率，M_2群体宜大，选择的株数在可能的条件下，要适当多一些，以便反复比较，进一步筛选。

3. 第三代（M_3）及以后世代的选育　将M_2入选单株的后代分株行或株系种植，进行M_3的株系选择。如果M_3性状已稳定，则可进行品系比较，筛选优良品系。如果M_3仍有分离，则继续株选，直至选出稳定一致的株系供品系比较试验。

（二）无性繁殖植物诱变后代的选育

无性繁殖植株在遗传上大多是异质型，诱变处理后的突变性状通常在当代植株上（M_1）就表现出来，所以可直接从 M_1 选择优良变异类型。由于在无性繁殖的情况下没有基因重组，突变性状不会再分离，选出的优良类型经进一步比较鉴定后，即可进行扩大繁殖，培育成优良无性系。然而，无性繁殖材料在诱变育种中存在着嵌合体的干扰，因此，将优良突变体在早期从嵌合状态中分离出来，是无性繁殖植物提高诱变育种效果的关键措施之一。另外，突变体是否有机会通过萌芽参与枝条的形成，也是突变体能否被选出的关键。必须采取相应的技术使突变体转化为较宽的扇形体乃至同质突变体。分离突变体的技术主要有：

1. 分离繁殖法　研究表明，休眠芽基部叶原基的叶腋分生组织中细胞少，经诱变处理可产生较宽的突变扇形体。对诱变处理芽长成的枝条，称初生枝。取初生枝基部腋芽进行分离繁殖，可以使突变扇形体继续生长扩大，有可能将同质突变体从嵌合状态分离出来。据报道，从黑穗醋栗枝条不同部位的芽，分离繁殖出现的突变率有所不同，枝条下部组织的突变率为 51.8%，中部为 34.3%，顶部则为 13.9%。

2. 短截修剪法　短截修剪可使剪口下的芽处于萌发的优势位置，从而可使原处于基部位置的在正常情况下难以萌发的突变芽有机会生长成枝。对于扇形嵌合体枝条，通过短截修剪和选择，可使处于扇形面内的芽萌发转化成周缘嵌合体。

3. 组织培养法　组织培养可为不同变异的细胞提供增殖和发育的机会，从而显著地提高诱变效果。

第二节　倍性育种

染色体是遗传物质的载体，染色体数目的变异常导致植物形态、解剖、生理、生化等诸多遗传特性的变异。根据育种目标，采用人工诱变的方法，使染色体产生倍性增加或减少的变异，并从中选择、培育出优良新品种的技术，叫倍性育种。

一、多倍体育种

多倍体育种是指通过理化方法诱导植物产生多倍体，然后选择鉴定，培育出优良新品种的技术。

（一）多倍体的特点

多倍体在植物进化中起着重要的作用。由于染色体组倍数性的提高，而使其原有的性状变化很大，在适应性、抗逆性、形态、生理、生化等方面均表现出与原二倍体不同的特点。

1. 巨大性　随着染色体加倍，细胞核和细胞变大，因而组织器官也多变大。一般表现为茎干增粗、叶片宽厚、叶色浓绿、花器增大、色艳、果实大、种子大且少等。多倍体形态上的巨大性还表现在气孔与花粉粒的增大。例如凤仙花，据北京林业大学陈俊愉教授实测结果，四倍体的叶、花、果、种子都比二倍体增大。再如四倍体波斯菊的表皮细胞和色素体的体积及气孔都比二倍体相应增大；三倍体山杨，其干型高大、速生、抗心腐病，与同龄的二倍体相比，树高大 11%，胸径大 10%，材积大 36%。

2. 生理生化发生变化　多倍体常表现新陈代谢旺盛，酶的活性增强，碳水化合物、蛋白质、维生素、生物碱、单宁物质的合成也常有所增加。许多三倍体植物表现出明显的超亲优势。但一些植物的四倍体也表现出生长矮壮、枝条数少、开花期和结果期迟、结果少等特性。这是由于细胞分裂速度下降和生长素含量降低造成的。

3. 抗逆性强　多倍体植物对外界环境条件的适应性较强，抗病力、耐寒和耐旱能力也常比二倍体强。如非洲西北部沙漠中有一种画眉草属植物，该属有3个种，一年生二倍体分布在湖的边缘；多年生四倍体种分布在较干旱地区；多年生八倍体种则表现了极强的耐旱能力，分布在干旱的沙丘地带。多倍体杜鹃及醉鱼草多分布在我国西南山区，而二倍体则分布在平原。

4. 育性变化　一般情况下，同源多倍体由于减数分裂时难以正常配对或分离，致使多数配子所含染色体数不平衡，导致生殖细胞大量死亡，表现了相当程度的不孕性。尤其是奇数多倍体如三倍体植物，由于同源染色体在减数分裂时无法配对及平均分配到配子中去，从而表现出高度不孕性。如无球悬铃木、梅花、樱花、卷丹等的三倍体品种。异源多倍体由于减数分裂正常，所以可孕。如邱园报春，它属于异源四倍体，具有可孕性。

（二）多倍体育种的意义

多倍体在植物进化中有很重要的意义，植物界约有一半物种属于多倍体。园林植物中的多倍体也很普遍（表10-3）。其中有些是在一个属内存在着不同倍数的种，有些是在同一种内存在着不同倍数的品种。

表10-3　常见园林植物多倍体

属　名	x	$2x$	$3x$	$4x$	$5x$	$6x$	$7x$	$8x$	其他
蔷薇属（*Rosa*）	7	14	21	28	35	42	—	56	
菊属（*Dendranthema*）	9	18	27	36	45	54	63	72	90
大丽花属（*Dahlia*）	8	16	—	32				64	70
金鱼草属（*Antirhinum*）	8	16		32					
万寿菊属（*Tagetes*）	12	24	—	48				56	
石竹属（*Dianthus*）	15	30	—	60	75				
唐菖蒲属（*Gladiolus*）	15	30	45	60	75	90			
郁金香属（*Tulipa*）	12	24	36	48	60				
百合属（*Lilium*）	12	24	36	48			—	64	
萱草属（*Hemerocallis*）	11	22	33	44			—		
杜鹃花属（*Rhododendron*）	13	26		52					
天门冬属（*Asparagus*）	10	20		40		60			
龙舌兰属（*Agave*）	30	60	90	120	150	180			
芍药属（*Paeonia*）	5	10	15						
莲属（*Nelumbo*）	8	16	—	32			—		
罂粟属（*Papaver*）	6，7，11	12，14，22		28，44					
凤仙花属（*Impatiens*）	7	14	36	28	—	48			
水仙（*Narcissus*）	12	24	36	48					
李属（*Prunus*）	8	16	24	32	—	48		176	
木兰属（*Magnolia*）	19	38	—	76	95	114			

（续）

属　　名	x	$2x$	$3x$	$4x$	$5x$	$6x$	$7x$	$8x$	其他
七叶树属（*Aesculus*）	20	40	60	80					
杨属（*Salir*）	19	38	57	76					
柳属（*Acer*）	19	38	57	76	—	114	—	152	
槭树属（*Acer*）	13	26	39	42	—	78	—	108	
珙桐属（*Davidia*）	11	22			55				
泡桐属（*Paulownia*）	10			40					
榆属（*Ulmus*）	14	28	—	56					
白蜡属（*Fraxinus*）	23	46	—	92	—	138			
椴树属（*Tilia*）	41	82		164					
柳杉（*Cryptomeria*）	11	22		44					
金钱松（*Pseudplarix*）	11			44					
圆柏（*Sabina*）	11	22		44					
铅笔柏（*S. virginiana*）	11	22	33						
山茶属（*Camellia*）	15	30	45	60	75	90	105	120	
茶梅（*C. sasanqua*）	15					90			
溲疏属（*Deutzia*）	13	26	—	52					
绣球属（*Hydrangea*）	18	36	—	72					
棣棠属（*Kerria*）	17	34	—	68					
报春花属（*Primula*）	8,9,10,11,12,13	16，18，20，22，24，26	36	36，40，44，48		54			72，126
月见草属（*Oenothera*）	7	14	21	18					
锦葵属（*Malva*）	5，6，7，11，13	10，14，22，26	18	20，24，28，44，52	30	30，36，42，66	42	56	50，70，78，84，112，130
鸢尾属（*Iris*）	7，8，9，10，11	16，18，20，22	24，30	28，32，36，40，44	35，40	42，48，54	72	54	34，37，38，46，84，86，108

多倍体在园林植物中具有较大的应用价值，多倍体的花卉由于有花大、重瓣性强、花色浓艳等特点而备受欢迎，通过无意识选种而长期保留下来。如 16 世纪就开始栽培的一种大型花的郁金香品种——‘夏季美’，细胞学证明是三倍体，这个品种至今仍出类拔萃，被广泛栽培。在人工创造新的多倍体方面，前苏联、美国、日本、丹麦等国诱导出了多倍体金鱼草、百日菊、四季报春等，并已投放生产。姆斯威勃等发现若干四倍体的麝香百合，比相应的二倍体花朵大 2/3，花梗较厚，耐贮运的能力特别强，是一个比较突出的成果。大丽花（*Dahlia pinnata*）原产墨西哥，其祖先为二倍体（$2n=16$），通过反复杂交获得了花色花型均千变万化的异源八倍体。自 1937 年秋水仙素处理的方法发现以来，人工创造的多倍体已在园林植物中取得了显著的成绩。特别是一二年生草花，在 20 世纪 50 年代初期，就已由美国和日本等国培育出丰富多彩的多倍体品种，如金鱼草、石竹、福禄考、三色堇、百日草、矮牵牛、波斯菊、万寿菊、金盏菊、凤仙花、一串红、半支莲、美女樱、雏菊、樱草类、罂粟类、紫罗兰等；在多年生草本植物中有菊

花、百合等。这些多倍体花卉都具有大花性、重瓣及色艳、芳香等方面的优良性状，在园林生产上发挥了很大的作用。

（三）多倍体产生的途径

早在达尔文时代已发现植物的生殖细胞易受环境影响而发生变异。多倍性细胞在自然条件下产生的原因是温度骤变、紫外线辐射等。日本松田秀雄发现紫矮牵牛的花粉中，经常混有巨大的花粉粒，其染色体比普通的多1倍，尤其是在夏季炎热时，巨大的花粉粒数量则更多。我国西南部地区，温度变化激烈，紫外线辐射强，许多植物在那里产生了不少多倍体类型。例如杜鹃属、金鱼草属的多倍体一般分布在我国西部山区。

自然界创造的多倍体类型还不能完全符合人类的要求，而且数量较少，随着人们对自然界形成多倍体机理的认识逐渐深入，开始设想能否人工地去创造多倍体品种，把它应用于生产，这种设想驱使人们去反复实践。19世纪末，人们开始探索诱导多倍体的方法，有的用温度的异常变化来刺激；有的用人工嫁接的方法；有的用反复切伤植物组织，摘心或用X射线、γ射线处理等方法来诱导多倍体，但是这些方法诱导多倍体成功的频率都是比较低的。直到1937年，美国的布勒克斯里等应用秋水仙碱处理植物的种子，一举获得了45%以上的同源多倍体，从此开创了多倍体育种的新时代。至1980年，世界各地用实验方法获得多倍体植物共达1 000多种。在兰花、百合、金鱼草、萱草等花卉上取得了优良成果。总结人工获得多倍体的途径，主要包括物理因素诱导、化学因素诱导、有性杂交、胚乳培养等4种。

1. 物理因素诱导多倍体　物理因素包括温度剧变、机械创伤、射线照射等。温度剧变与机械创伤能够诱导染色体加倍，但频率低。射线在诱导染色体加倍的同时，又能引起基因的突变。所以，用物理方法诱导多倍体效果都不是很理想。

2. 化学因素诱导多倍体　化学诱导多倍体的药剂有秋水仙素、萘嵌戊烷、富民农等，但以秋水仙素效果为最佳，应用也最多。秋水仙素是从百合科秋水仙属植物的鳞茎和种子中提炼出来的一种植物碱，性极毒，一般是淡黄色粉末或针状晶体，分子式$C_{22}H_{25}O_6N$，熔点为155℃，易溶于酒精、氯仿及冷水中。秋水仙素的作用主要是抑制细胞分裂时纺锤丝形成，使染色体不能被拉向两极，从而产生染色体数目加倍的核，进而形成多倍体组织和器官。

3. 有性杂交培育多倍体　利用$2n$配子或利用多倍体体作亲本，通过有性杂交产生新的多倍体。有性多倍体比体细胞多倍体有更多的生物学优点，如更高的发生频率，更高的杂合性，更高的育性等。

4. 胚乳培养培育多倍体　在被子植物中，胚乳是双受精的产物，当雄配子进入胚囊时，由两个极核和一个雄配子融合而形成的胚乳核发育而成，所以在倍性上属于三倍体。因此，通过胚乳的组织培养可以获得三倍体。

（四）秋水仙素诱导多倍体的方法

由于用秋水仙素诱导多倍体是诱导多倍体产生最行之有效的方法，因此仅对秋水仙素的诱导方法作详细介绍。

1. 诱变材料的选择　诱变材料的选择与诱变效果有密切关系。选择诱变材料的原则是：①

要选择综合性状优良的种类或品种；②染色体倍数较低的种类或品种；③异花授粉植物、人工杂交所得的杂种或杂种后代；④通常能用根、茎、叶进行无性繁殖的观赏植物。

2. 处理部位的选择　秋水仙素对细胞处于分裂活跃状态的组织，才可能起到有效的诱变作用。所以常用萌动或萌发的种子、幼苗或新梢的顶端作为诱变材料。

3. 药剂浓度和处理时间的选择　浓度在0.000 6%～1.6%之间均有成功的实例，但以0.2%～0.4%最为常用。一般草本植物用较低的浓度（0.01%～0.2%），木本植物多用较高的浓度（1%～1.5%）。处理时间的长短与所用秋水仙素的浓度有密切关系，一般浓度越大，处理时间越短，相反则可适当延长。实践表明，低浓度长时间处理效果不如高浓度短时间处理。处理时间一般不少于24h。

4. 诱变处理的方法

（1）浸渍法。先将秋水仙素配成一定浓度的水溶液，然后将材料放入溶液中浸泡。方式有种子浸渍、生长点倒置浸渍、腋芽浸渍、插条接穗浸渍等。用种子处理时，选干种子或萌动种子，将其放入培养皿内，再倒入一定浓度的秋水仙素溶液，溶液量为淹没种子的2/3为宜，放入黑暗处，避免日光照射，处理时间多为24h，一般不超过6d，时间太长容易使幼根变肥大而使根毛的发生受阻，从而影响幼苗的生长，最好是在发根以前处理完毕。处理完毕后应用清水洗净再播种。

（2）滴液法。对较大植株的顶芽和腋芽用秋水仙素处理，可采用滴液法。在生长点上裹一小块脱脂棉球，每天滴1～2次秋水仙素水溶液，反复处理数天。处理时，处理的芽最好置于黑暗的条件下，并保持一定湿度。此法与浸渍法相比，可避免植株根系受到伤害，也比较节省药液。

（3）毛细管法。将植株的顶芽、腋芽用脱脂棉或纱布包裹后，将脱脂棉与纱布的另一端浸在盛有秋水仙素溶液的小瓶中，小瓶置于植株旁，利用毛细管吸水作用逐渐把芽浸透，此法一般用于大植株上芽的处理。

（4）涂抹法。将秋水仙素按一定浓度配成乳剂，涂抹在幼苗或枝条的顶端，处理部位要适当遮盖保湿，以减少蒸发和避免雨水冲洗。乳剂有以下3种配制方法：①羊毛脂乳剂：硬脂酸1.5g，莫福林（Morpholine，C_4H_9ON）0.5ml，羊毛脂8g（43℃），配成乳状液，再加0.1%～1.0%秋水仙素。②琼脂胶制剂：将0.1%秋水仙素与0.8%琼脂煮成胶状体，涂在植物生长点上，2～3d后观察效果。③甘油乳剂：用甘油7.5ml，水2.5ml，10%湿润剂生托米尔（Santomerse）6～8滴，再加1%秋水仙素配制而成。

（5）注射法。采用微量注射器将一定浓度的秋水仙素溶液注入植株的顶芽或侧芽中。

（6）复合处理。据山川邦夫（1973年）报道，将好望角苣苔属中的一些种用秋水仙素处理11d，又照射0.04～0.05Gy的X射线，可增加染色体加倍株的出现率。在单独用秋水仙素处理时为30%，而兼用X射线照射时则提高到60%，并且在取得的多倍体植株中发现有两株变成八倍体。复合处理容易加倍的原因是，秋水仙素的处理使多倍体混杂在二倍性细胞群中，而其中二倍性细胞由于先开始分裂，所以，就被X射线淘汰了。

（五）多倍体的鉴定与利用

1. 多倍体的鉴定

（1）形态比较。比较直观简便的方法是形态鉴定法，即将处理和未处理的对照进行外部形态比较。多倍体植株一般茎干粗壮，叶片较大而肥厚，花、果实一般也比二倍体大，而且常表现花瓣肥厚，花色较鲜艳。多倍体植株的可育性差，结实率较低，种子大且数量少，同源多倍体几乎难以见到种子。根据这些特征，可把没有多倍体特征的材料及时淘汰，初步认为是多倍体的再作进一步检查。

（2）气孔鉴定。观察气孔和保卫细胞的大小是较为可靠的方法。多倍体植物气孔大而单位面积气孔数少。一般气孔纵、横径都增加20%～30%，保卫细胞内叶绿体也增加。观察气孔大小及单位面积内气孔数目可作为鉴定多倍体的依据。进行气孔鉴定时，将叶背面剥下一层表皮，放在载玻片上，滴一滴清水或甘油，即可观察；若先将叶片浸入70%的酒精中，去掉叶绿素就更容易识别。

（3）花粉鉴定。与二倍体比较，多倍体花粉粒体积大，生活力低。有些多倍体（如三倍体）高度不孕。因此可通过花粉粒的检查鉴定多倍体。

（4）梢端组织发生层的细胞学鉴定。因为化学诱变的多倍体多数是嵌合体，而且不同组织发生层的细胞在组织分化上也各不相同。进行梢端组织发生层的细胞鉴定比形态鉴定更全面，更可靠。一般采用组织切片观察，即将诱变植株与对照植株相应部分的顶芽剥去鳞片，经过固定、脱水、包埋，超薄切片机切片，置于显微镜下观察。如果组织发生层的三层细胞大小与对照相似，则为二倍体；如果任何一层细胞显著大于对照，则可确定为多倍体。

（5）染色体计数。染色体计数法是最准确的方法。通过检查细胞中的染色体数目，即可鉴定是否是多倍体。检查染色体要根据材料的特点，确定检查的部位。如果是实生苗，可检查根尖细胞；如果是枝条，则应检查顶端分生组织；如果是种子，则根尖和茎尖都应检查。当植物材料较多时，最好先根据植株的形态与生理特征进行间接鉴定，淘汰二倍体植株，再对剩余植株进行直接鉴定。

2. 多倍体材料的选择和利用　育种材料经过倍性鉴定，从中得到的多倍体类型不一定就是优良类型，还要按其变异特点，进一步培育、选择。具体做法是：①经济生物学性状优良的类型，可进入选种圃，进行全面鉴定。②对不稳定的嵌合体类型进行分离提纯。在诱变过程中，如果只有生长点分生组织的某一层或两层细胞加倍，就会形成倍性嵌合体。对于倍性周缘嵌合体可采用梢端组织发生层的细胞学鉴定；对倍性扇形嵌合体应采用分离繁殖的方法使其纯化。③保留不能直接成为品种的材料，在进一步育种中应用。

很多园林植物可用无性繁殖。如诱导多倍体成功以后，一旦出现所期望的多倍体植株，即可通过扦插、嫁接、组织培养等无性繁殖方法直接利用。多倍体进行有性繁殖时，要求其母本必须是真正的多倍体，父本花粉也要进行鉴定。如果利用的是三倍体品种，则需每年制种。

二、单倍体及其在育种中的应用

单倍体育种是将各种方法诱导产生的单倍体植株进行染色体加倍，形成纯合二倍体，然后从中选择培育出优良新品种的育种方法。

（一）单倍体植株特点

1. 形态 单倍体植株与二倍体比较，体型小，生活力弱。

2. 育性 单倍体中全部染色体在形态、结构和遗传内含上彼此都有差别。在减数分裂时不能联会而形成可育配子，因此是高度不育的。

3. 遗传 由于单倍体中每一同源染色体只有一个成员，所以不管基因是显性还是隐性，都能在发育中得到表达。单倍体一旦经过染色体加倍，就能成为基因型高度纯合、遗传上稳定的二倍体。

（二）单倍体育种的意义

自1964年印度德里大学的Guha和Maheshwari通过茂叶曼陀罗（*Daturainnoxia*）花药培养得到从花粉产生的单倍体植株后，日本、法国、英国、美国等许多国家利用花药培养单倍体的研究工作迅速开展起来，相继在烟草、矮牵牛、水稻、小麦、辣椒、油菜、杨树、茶树等几十种植物分别获得单倍体植株，有的单倍体植株又进一步培育成新品种，如水稻等。据不完全统计，花药培养已在34个科89个属250种植物中获得单倍体植株。在许多花卉植物上也获得了单倍体，如矮牵牛、万寿菊、金鱼草、杜鹃、山茶、牡丹、月季、香石竹等。

我国单倍体育种工作是20世纪70年代开始的。虽然起步较晚，但发展较快。中国科学院遗传研究所于1970年就得到了水稻花药培养产生的单倍体植株，目前我国已在40多种植物中获得了花粉单倍体植株，其中小麦、玉米、甘蔗、甜菜、橡胶、杨树、柑橘等多种植物是我国首先培育成功的。至1995年底统计，我国已成为世界上花药培养品种应用最广泛的国家。单倍体植物由于生长弱小，又不结种子，没有直接利用的价值。但在育种工作中作为一个中间环节能很快培育纯系，加速育种进程。在杂交育种、杂种优势的利用、诱变育种、远缘杂交等方面具有重要意义。

1. 克服杂种分离，缩短育种年限 通过花药培养诱导花粉发育成单倍体植株，经染色体加倍后就可得到纯合的二倍体植株，这种二倍体在遗传上是稳定的，不会产生性状分离。常规杂交育种从杂交到获得稳定的杂交后代一般需要8～10年或更长的时间，而从花药培养到产生稳定的后代只需要2年的时间，因此，单倍体育种可大大缩短育种年限。

2. 能提高选择的效率 单倍体育种实际上是对杂种F_1或F_2的配子进行选择，其选择的几率是杂交育种F_2选择几率的2^n倍。以2对相对性状差异的两个亲本（AABB、aabb）杂交为例，其F_1（AaBb）可产生4种配子，将这些配子诱导成单倍体，经染色体加倍，形成4种纯合的二倍体，符合育种目标的个体占1/4；而常规杂交育种的F_2中出现符合育种目标的纯合体只有1/16，所以前者的选择几率是后者的4倍，从而大大提高选择的效率。

3. 排除显隐性的干扰，提高育种的效果 单倍体植株只有一套遗传物质，在性状表现上不存在显性对隐性的掩盖。以单倍体为诱变材料，经诱变处理后，不论是显性突变还是隐性突变，在处理当代就能表现出来。一旦选出优良的突变植株，经染色体加倍便可得到纯合的突变品系，从而提高诱变育种的效果。对二倍体来说，隐性突变发生以后，不能在当代表现出来，只有隐性基因纯合以后才能从群体中选择出来，但需要的时间较长。而单倍体育种是从性细胞开始培养，只要花粉粒中出现隐性突变，就能在当代花粉植株上表现出来，便于选择，经过加倍就能利用，使选择效率大大提高。

4. 快速地培育异花授粉植物的自交系　杂种优势现在已经广泛地被生产所用，但要获得理想的杂种优势，必须要有一批优异的自交系。而自交系的获得，所花费的人力、物力很大，年限很长，手续也十分繁杂。如果用花粉培养单倍体植株，经染色体加倍，就能得到纯合的株系，如生产性能好就与自交系相类似。

5. 克服远缘杂种的不孕性　远缘杂种存在着高度不育性，即使结实也不易获得稳定的后代，分离代数要比品种间杂种长得多，使其在生产上不能发挥应有的作用。在远缘杂种的花粉中，仅有少数花粉具有生活力，如果从其中培育出单倍体植株，然后再使染色体加倍，变成二倍体植株，就可从中选出新类型，并获得稳定的后代。

G. Melchers 展望了单倍体利用的 4 种主要前景：①在自交不亲和植物中获得纯合类型；②作为营养期诱变和筛选的基础；③用于诱变植株产生的离体细胞容易获得隐性性状；④在培养中产生的单倍体胚在需要结合很多显性等位基因的育种中加以利用。

单倍体育种在植物育种上虽然极有价值，但目前尚存在着一定的技术难关，有待进一步研究。如改进培养技术、简化培养方法、提高培养的成功率等，尤其是有的花卉植物的单倍体培养，目前尚未成功，需加强攻关。

（三）获得单倍体植株的主要途径

1. 花药、花粉等的离体培养　花药培养实际上培养的也是花粉，但接种花药简单易行，因此，花药培养是单倍体育种的主要途径。花粉培养是将花粉从花药中分离出来，使之成为分散的或游离的状态。其要求高，程序较为繁琐，但排除了花药培养中花丝、花药壁等体细胞的干扰。

2. 远缘花粉刺激　通过异种、异属花粉诱发孤雌生殖，远缘花粉虽不能与卵受精，但能刺激卵细胞，使之开始分裂并发育成胚。由未受精的卵发育的胚可能是单倍性的。通过远缘花粉刺激在烟草属、茄属和小麦属获得的单倍体最多。

3. 辐射、化学药剂处理　从开花前到受精的过程中，用射线照射花可以影响受精过程，或将父本花粉经射线处理后再给母本授粉，从而诱导单性生殖，产生单倍体；用二甲基亚砜、萘乙酸、马来酰肼等药剂诱导孤雌生殖，不需要媒介授粉，并省去人工授粉的工作，是一种简捷的方法。如用 50×10^{-6}mg/kg 的马来酰肼溶液处理玉米花丝，24h 后授粉，后代出现单倍体的频率为 0.7%，对照为 0.27%，单倍体的诱导频率提高 2.6 倍。

复习思考题

1. 什么叫辐射诱变育种？它在园林植物育种上有什么意义？

2. 怎样选择园林植物的辐射材料？对材料又如何进行辐射处理？辐射处理后怎样进行选择和培育？

3. 什么叫化学诱变？最常用的化学诱变剂有哪几种？

4. 单倍体与多倍体各有哪些特点？举例说明在生产上有哪些应用？

5. 花药培养在育种上有什么意义？

6. 用哪些方法可获得园林植物多倍体？目前最常用的方法是哪一种？怎样进行操作？

第十一章　转基因育种

【**本章提要**】随着科技进步，生物技术逐步应用到园林植物育种工作中，如在组织培养中通过细胞突变体的筛选、细胞融合可培育新品种；基因工程中利用基因转移可对品种进行改良；染色体转移同样可实现遗传重组，获得新性状等，这都属于生物技术育种范畴。本章仅对转基因育种进行阐述：针对植物遗传转化中的受体系统、载体系统和植物转基因育种的操作技术进行了简要介绍，并着重探讨了农杆菌 Ti 质粒转化系统，同时对外源基因的表达问题进行了初步分析。

第一节　转基因育种的概念和意义

一、转基因育种的概念

转基因育种又称为植物的遗传转化或基因工程育种，是指利用重组 DNA、细胞组织培养等技术，将外源基因导入植物细胞或组织，使遗传物质定向重组，从而改良植物性状，培育优质高产植物新品种的技术。即运用现代分子生物学先进的工程技术手段，将外源目的基因或 DNA 片段通过载体或直接导入植物细胞或组织，并使目的基因在受体细胞或再生植株中稳定遗传和表达，再从转化群体中筛选出具有特定目标性状的新品种的一种定向育种新技术。转入的外源基因或核苷酸片段可以来源于植物、动物或微生物，然后通过有性或无性繁殖传递给后代。与常规育种技术相比较，转基因育种技术可以扩大有用目的基因的范围，创造出自然界中没有的新的种质材料。

转基因育种是 20 世纪 70 年代以后随着基因工程的发展而产生的一门新技术，是基因工程技术在园林植物育种上的应用。经过多年的研究，到 1983 年，第一株转基因植物（Zambryski）取得成功，它的获得标志着植物转基因时代的到来。在棉花、大豆、烟草、玉米等多种植物的转基因取得成功以后，1987 年 Meyeretal 获得转基因矮牵牛，至此，转基因育种很快发展成为园林植物育种的一种新趋势。

二、转基因育种的意义

转基因育种自 1983 年首次诞生转基因植株以来，在人工控制的条件下利用植物遗传转化定向改良植物性状逐渐成为选育植物新品种的有效途径，这是因为与常规育种方法相比，它具有以下几个方面特点。

1. 可打破物种间的界限，解决生殖隔离的问题　传统的育种方法如选择育种、杂交育种等，尤其是在种质资源比较贫乏时，在经过多年的提升和运用后，很难再有突破性的进展。诱变虽然能增加变异频率，但结果总不尽如人意，而且盲目性也比较大。分子生物学的研究表明，所有生物的遗传密码基本是通用的（仅个别生物例外），基因工程技术有效地打破了有利基因和不利基因的连锁，从而大大提高选择效率，使动物、植物和微生物之间的基因交流成为可能，为选育新品种创造出非常广阔的前景。

2. 可对品种进行定向改造，甚至创造新物种　当品种在使用过程中，某些性状随着生产的发展和人们生活水平的提高变得无法满足市场需要时，通过筛选目的基因，然后引入待改良的植物品种中，使植物品种遗传性状的改变完全按照育种目标进行，对品种实现定向改造，克服盲目性，增加预见性。随着对基因认识的不断深入和转基因技术手段的完善，会使对多个基因定向操作成为可能，甚至可根据预先的设计创造出新物种。

3. 能缩短育种年限，提高育种效率　通过基因工程抑制或增强某1个或几个基因的表达，或导入外源基因，直接操作遗传物质，定向改造特定性状，其他优良性状保持不变，从而避免杂交育种后代分离和多代自交、重复选择等，在短时间内可获得稳定的新品种，大大缩短了育种周期。

4. 为培育高产、优质、高抗、适应性强的优良品种提供了崭新的育种途径　植物组织培养技术、染色体工程技术、分子标记技术等在品种改良上的应用已取得很好的成绩，转基因育种过程中可随时根据需要与这些方法紧密结合，利用丰富的园林植物基因资源，加速育种进程，使多元化的育种目标能在较短的时间内获得更好的效果，尽快满足生产上品种更换的要求。

从转基因植株问世到21世纪初，全世界转基因植物涉及至少35科的多个种，涵盖了绝大多数经济作物、观赏植物、药用植物、蔬菜、果树和牧草。至少30个国家进行了总计3万次以上的转基因植物的田间试验，改良的经济性状有20多个；已有大豆、玉米、棉花、油菜、番茄、马铃薯、烟草、西葫芦和番木瓜等9种植物的转基因品种投入了商业化生产。1999年，全球转基因植物的商业化种植面积达到3 990万hm^2，创造商业收入21亿～23亿美元。2000年全球转基因植物商业化种植面积为4 420万hm^2，市场销售收入达30多亿美元。观赏植物中目前已获得转化体系和转化植株的植物也有多种，如月季、菊花、仙客来、杨树等。但总体来说，我国的园林植物转基因育种研究和应用都才刚刚起步，远远落后于欧美一些发达国家。因此，应加强力量，加大投入，使转基因育种技术更快更好地为生产和人类生活服务。

第二节　转基因育种方法

转基因育种技术在有合适的受体系统和载体系统后，其操作一般包括以下几个步骤：分离目的基因，将目的基因与载体连接构建重组DNA，重组DNA导入受体细胞，转化体的筛选鉴定，目的基因的表达检测等步骤，从而获得含有目的基因表达性状的转化植株。

一、植物遗传转化的受体系统和载体系统

（一）植物遗传转化的受体系统

受体系统是指能摄取外源目的基因，并使其维持稳定，同时具有一定的理论研究或实际应用价

值的细胞或组织。园林植物遗传转化的主要目的是让外源DNA稳定地插入植物细胞的染色体组中，并再生出完整的植株。作为转化受体应满足3个基本条件：①能接受外源基因并通过基因重组或其他途径使外源基因稳定地插入植物染色体组中；②必须具有脱分化和再生能力，能形成新的再生植株；③需要有稳定的外植体来源，也就是外植体容易得到并且可以大量提供，因遗传转化的频率很低，进行反复多次的实验需要大量的外植体材料。近年来，随着研究的不断深入，用于转化的受体系统不断扩大。目前常用的植物转化受体系统的细胞类型及相应的转化方法见表11-1。

表11-1　常用植物转化的受体系统及相应的转化方法

细胞（或组织）类型	转化方法
叶片和茎段等（包括子叶和胚轴）	农杆菌介导、基因枪等
原生质体	电击法、PEG、脂质体、微注射等
愈伤组织和悬浮培养细胞	基因枪、超声波等
未成熟胚和分生组织	农杆菌介导、基因枪、超声波等
花粉	基因枪、浸泡法等
子房或胚珠	花粉管通道、子房注射等

（二）植物遗传转化的载体系统

载体是指能承载外源基因，并将其带入受体细胞得以稳定维持的DNA分子。基因工程中所用的载体类型很多，当以园林植物为受体时，常用的载体有大肠杆菌质粒、根癌农杆菌T_i质粒和噬菌体载体等。

1. 大肠杆菌质粒　质粒是一种双链环状DNA分子，带有一个复制起始位点，能独立进行自我复制。质粒在细菌中的复制方式有两种类型，一种称作松弛型，一种称作严紧型。松弛型质粒在每一个细菌细胞中至少有15～20个拷贝，而严紧型质粒如PSC101在一个细胞中一般只有1～5个拷贝。在实验室操作中，质粒进入新的宿主是通过转化进行的。利用选择标记区别转化和非转化细菌，常用的选择标记是能够使细菌对抗生素如氨苄青霉素、四环素和卡那霉素等产生抗性的基因。

许多天然存在的质粒往往不能满足分子克隆对载体的要求，只有经过改造才能成为优良的载体。一般载体构建需考虑以下几个方面：①质粒载体的分子质量尽可能小，因为质粒达到15kb以上时转化效率会大大降低，而且小质粒还易于提取、易于鉴定和不易断裂；②质粒能在宿主细胞中大量繁殖，便于获得大量的重组DNA分子；③应含一个或多个可供选择的标记基因；④具有多克隆位点(MCS)，便于克隆；⑤具有安全性。

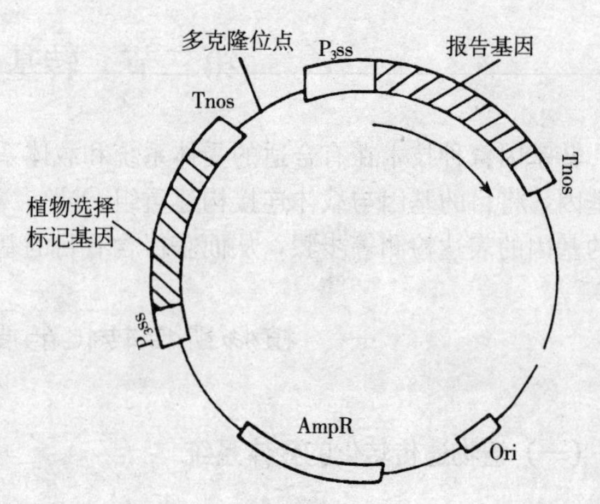

图11-1　带有杀虫蛋白基因的植物转化载体PMG6构建

2. 植物遗传转化的载体结构　用于真核细胞转化的载体具有一些共同特性。如它们都有细菌的复制起始位点（如ColE1)，在原核生物中表达的选择标记基因如氨苄青霉素、卡那霉素等抗性基因和多克隆位点（MCS）等（图 11-1）。这些组成使质粒能在大肠杆菌细胞中大量复制，同时也有利于各种 DNA 重组操作和插入不同的目的基因。植物转化载体的另一个重要组成是能够在植物细胞中表达的标记基因，它对于转化体的识别和选择是不可缺少的。标记基因又可分为选择标记基因和报告基因两类。目前在植物遗传转化研究中常用的选择标记基因包括抗生素抗性基因，如 *NPT*Ⅱ、*HPT* 基因和除草剂抗性基因如 *Bar* 基因（表 11-2）。而报告基因大多编码一些易于检测的酶或蛋白质，如氯霉素乙酰转移酶（CAT）、β-葡萄糖苷酸酶（GUS）、荧光素酶（LUC）和绿色荧光蛋白酶（GFP）等（表 11-3）。

表 11-2　转基因植物研究中常用选择标记基因

类　型	基　因	编码产物	选择剂
抗生素	*NPT*Ⅱ	新霉素磷酸转移酶	卡那霉素、新霉素、G418
	HPT	潮霉素磷酸转移酶	潮霉素
	*aro*A	5-烯醇丙酮基莽草酸 3-磷酸转移酶	草甘膦
除草剂	*Bar*	Phoshinothricin Acety Itransferase	Basta，ppt Bialaphos

表 11-3　转基因植物研究中常用的报告基因

基　因	编码产物	测定方法
CAT	氯霉素乙酰转移酶	薄层层析、放射自显影
GUS	β-葡萄糖苷酸酶	组织化学染色、荧光测定等
*NPT*Ⅱ	新霉素磷酸转移酶	聚丙烯酰胺凝胶电泳或斑点法、放射自显影
LUC	荧光素酶	生物发光测定
GFP	绿色荧光蛋白酶	直接观察

为了有效地选择转化体，作为转化受体的细胞或组织必须对所选用的抗生素或除草剂十分敏感，没有自然抗性。而对报告基因而言，则要根据植物的种类和受体细胞或组织的来源确定。目前，卡那霉素是使用最广泛的选择剂，除草剂的应用也日益引起人们的重视，*GUS* 基因尽管使用较晚，但由于其灵敏度较高，易于检测等特点已成为目前植物遗传转化研究中应用最广泛的报告基因。

3. 转化载体的构建　限制性核酸内切酶可在 DNA 分子的特定部位进行切割。其识别序列大多为 4～6 个碱基对，在切割 DNA 分子时，可以在识别序列的中间切开，产生平末端，如 *Hae* Ⅲ：GC↓CC；也可在识别序列对称轴的左右两侧进行切割，产生分别带有凸出的 5′磷酸基团或 3′羟基的黏性末端，如 *Eco*RI：G↓AATTC 和 *Pst*I：CTCCA↓G。在插入目的基因时，一般是用相同的酶将它们连接起来，构建成一个新的重组 DNA 分子（图 11-1）。常用 DNA 连接酶有大肠杆菌 DNA 连接酶和 T_4 DNA 连接酶。它们可催化带匹配黏性末端的双链 DNA 分子之间的连接，还可封闭 DNA 分子上相邻核苷酸之间的切口，但都不能催化单链 DNA 之间的反应。值得注意的是，T_4 DNA 连接酶既可催化带有黏性末端的 DNA 片段的连接，又可连接带有平齐末端的 DNA 片段，而大肠杆菌连接酶只能连接带有黏性末端的 DNA 片段。

二、园林植物目的基因的分离

（一）园林植物转基因育种中常用的目的基因

在基因工程设计和操作中，目的基因是指用于基因重组、改变受体细胞性状和获得预期表达产物的基因，即能够表达目标性状的基因。目的基因一般是结构基因，即能转录和翻译出多肽（蛋白质）的基因。在园林植物遗传转化中常用的目的基因主要有：

1. 抗虫基因　虫害是影响园林植物生长发育和观赏品质的重要因素之一。在生产上虽然有很多措施预防和防治虫害，但环境污染和残毒问题始终未得到很好的解决，同时还增加了生产成本。所以，利用杀虫结晶蛋白基因、各种酶抑制基因（蛋白酶抑制剂、淀粉酶抑制剂）、植物外源凝集素基因等基因资源，其表达产物既有杀虫活性，又对人畜不构成危害。例如，将 Bt 基因转入植物体内可使植株增强对鳞翅目害虫的幼虫和食草害虫的抗性。

2. 抗病毒基因　病毒侵染可使园林植物产量下降，可观赏性降低，繁殖能力减弱。从 1986 年获得第一例抗病毒转基因烟草以后，植物抗病毒基因工程的研究日趋活跃。其中用得最多的是病毒复制酶介导的抗性基因、病毒外壳蛋白介导的抗性基因、失活的病毒移动蛋白介导的抗性基因、病毒基因相关序列介导的抗性基因等。通过农杆菌介导法将病毒胞衣蛋白基因转入百合，培养出抗病毒的百合新品种。

3. 抗病基因　真菌、细菌所引起的病害也影响园林植物的产量和品质。由于生理小种的快速分化，品种本身的抗性会很快丧失，将抗病基因、解毒酶类基因、抗菌肽及抗菌蛋白类基因、病程相关蛋白类基因、植保素类基因等转入待改良品种中，可在短时间内使植物获得新抗性，从而开辟了植物抗病育种的新途径。

4. 除草剂抗性基因　除草剂的广泛使用对减轻杂草危害起到了重要作用。但新型除草剂的开发难度大，从活性化合物的发现到投放市场需耗时 10 年；同时除草有效期短，往往一个生长季节需使用多次，既增加了生产成本，又加重了环境污染；有的除草剂选择性不强，连同栽培植物一起杀死。所以，利用现代生物技术手段，选择高效广谱安全的除草剂成为一项重要课题。目前利用的除草剂抗性基因主要有高等动、植物本身的抗性基因，土壤、微生物降解酶基因，抗除草剂杂草的相应基因等。

5. 抗逆性基因　园林植物生产在一定程度上受自然条件的影响，抗逆性强也是生产对园林植物的一个基本要求。园林植物对盐碱、旱涝、不适温度、不适光照、农药残毒等逆境的抗性基因主要有：①逆境诱导的植物蛋白酶基因，如受体激酶基因、促分裂原活化蛋白激酶基因、核糖体蛋白激酶基因、转录调控蛋白激酶基因等；②编码细胞渗透压调节物质的基因，如 1-磷酸甘露醇脱氢酶基因、6-磷酸山梨醇脱氢酶基因等；③超氧化物歧化酶基因（使植物产生活性氧基消除恶劣环境的影响）如 Mn SOD 基因等；④类黄酮途径相关酶基因（可辅助形成紫外屏蔽物质类黄酮）如苯丙氨酸解氨酶基因等；⑤除草剂解毒基因等。

6. 雄性不育基因　园林植物利用杂种优势的关键在于选育雄性不育系和恢复系。利用基因工程技术为创造植物雄性不育系开辟了新的快速有效的途径。如利用毒素基因的特异空间表达诱导雄性不育基因（TA_{29}）在油菜、烟草、水稻、果树等植物上得到成功应用。

7. 花色基因　花卉的颜色是由类黄酮、类胡萝卜素、花青素决定的。在现代花卉育种过程中，将这些性状表达基因导入植物体内，对改善园林植物的观赏品质，获得新、奇的新类型是非常有效的途径。如荷兰 S&G 种子公司将用玉米 DFR（4-黄烷酮醇还原酶）基因转化矮牵牛，获得矮牵牛淡砖红色新品种系列；将转化矮牵牛自交，培育出鲜橙色变异类型。

8. 花型、株型基因　在园林绿化、居室美化工程中，花型、株型是设计者要考虑的重要因素之一。目前已从矮牵牛、拟南芥和金鱼草的突变体中鉴定出控制花瓣数、花瓣形状、花朵大小、开花期的基因。一些农杆菌基因如发根农杆菌 *ipt* 基因和带有 *aux*、*tms*、*iaa* 的基因等转化植株，能使植株表现出增强或减弱顶端优势，形成畸形花，抑制茎叶生长等。转 *rol* 基因天竺葵则表现侧枝增多、生根率提高、植株矮化等变异。

9. 切花保鲜基因　切花衰老的主要因素是由于乙烯的合成。利用转基因技术抑制乙烯生物合成有关酶基因的活性，降低合成乙烯的直接前体或降低花瓣对乙烯的敏感性即可延迟花瓣衰老，延长鲜切花的寿命。通过反义技术将 ACC（1-氨基环丙烷-1-羧酸）氧化酶或 ACC 合成酶基因的反义序列导入香石竹中，转化体的寿命大大延长。切花瓶插时，其基部微管常因滋生细菌而堵塞，导致水分吸收受阻，使月季等鲜切花发生“弯颈”现象，缩短切花寿命，当将编码抗菌蛋白的基因用农杆菌介导的方法导入月季时获得的转化植株保鲜时间明显延长。

此外，园林植物在花卉香味、发育调控等方面的基因研究都取得了较好的进展。

（二）园林植物目的基因的分离方法

园林植物转基因时需要的目的基因可以从生物材料（动、植物或微生物）中分离，也可在体外条件下人工化学合成。总的来说，可以有以下几种途径：

1. 通过限制性核酸内切酶直接分离　将含有目的基因的生物材料 DNA 抽提出来，然后选用合适的限制性核酸内切酶将 DNA 片段化，从而获得目的基因片段。此法只适用于分离多拷贝基因，而不适用于单拷贝基因。

2. 应用 PCR 技术扩增分离特定基因　聚合酶链式反应（PCR）是利用单链寡聚核苷酸引物对特异 DNA 片段进行体外快速扩增的一种方法。在植物基因克隆方面，利用 PCR 技术对特定条件下基因的表达进行检测，即通过 mRNA 差别显示（DDRT-PCR）可鉴定和分离出所需的目的基因，通过 RT-PCR 克隆到目的基因的 cDNA 区域进行 cDNA 文库构建，通过锚定 PCR 或反向 PCR 可快速克隆到 cDNA 末端未知区域、功能基因调控区等。目前可用于植物基因分离和克隆的 PCR 方法主要有：RT-PCR、DDRT-PCR、用于 cDNA 末端快速克隆的 RACE、用于 DNA 序列克隆的 Panhandle-PCR、Cassette-PCR 以及减法 cDNA 文库的 PCR 法构建等。

3. 目的基因的化学合成　目的基因的化学合成实际上是 DNA 片段的化学合成，不同的是组成基因的 DNA 片段一般比较长，必须先按照基因的核苷酸序列化学合成几个 200bp 左右的 DNA 片段，然后采用全片断酶促连接法再组装成为含目的基因的 DNA 片段。

4. 从基因组文库或 cDNA 文库中筛选　根据目的基因序列合成寡核苷酸探针，利用分子杂交法从已构建的基因组文库或 cDNA 文库中筛选目的基因，或用酶联免疫法分离目的基因。

三、园林植物重组 DNA 导入受体细胞的方法

分离获得的目的基因或有效 DNA 片段通过连接酶与合适的载体连接，形成重新组合的 DNA 片段，称为重组 DNA，或简称为重组子。重组 DNA 分子只有进入适宜的受体细胞后才能进行大量的扩增和有效的表达。重组 DNA 导入受体细胞又称为目的基因的转化。在园林植物转基因育种过程中，重组 DNA 导入的方法有多种，其中较常用的有：

(一) 根癌农杆菌介导的植物转基因

根癌农杆菌 Ti 质粒介导的转基因方法是目前研究最多、机制最清楚、技术最成熟的方法。迄今为止所获得的 200 多种转基因植物中，80%以上是利用根癌农杆菌 Ti 质粒介导的转基因方法生产的。

农杆菌能感染许多双子叶植物的受伤组织，引起冠瘿瘤。冠瘿瘤的形成是由于根癌农杆菌存在着一种致癌质粒，简称 Ti 质粒。在农杆菌侵染植物过程中，Ti 质粒上的一段 DNA 序列能从农杆菌细胞中转移到植物细胞，并插入植物的基因组中，这一段 DNA 序列叫转移 DNA（T-DNA）。T-DNA 序列上带有植物激素基因和冠瘿瘤碱合成酶基因，这样插入 T-DNA 序列的植物细胞就不断合成植物激素和冠瘿碱。基因转化就是利用了上述特性。但在基因研究时，必须对农杆菌的 Ti 质粒进行改造，使其能将目的基因转入植物细胞。

1. Ti 质粒的一般特性　Ti 质粒是一个 200kb 左右的大质粒。据合成冠瘿碱的种类可把 Ti 质粒分为两大类，胭脂碱型和章鱼碱型。DNA 序列分析发现，这两类 Ti 质粒约有 30% 的同源性，这些同源序列大部分集中在 4 个区域（图 11-2）：①致癌区（Onc）：带有 *Tms*、*Tmr* 等植物生长激素合成酶基因，它们是农杆菌致瘤的关键基因。除致瘤基因外，这个区域还包括冠瘿碱合成酶基因，它们使转化的植物细胞不断合成冠瘿碱。因这个区域的 DNA 在转化过程中被转入植物核基因组，故称 T-DNA 区。②毒性区（Vir）：约 40kb，包括 *Vir*A、*Vir*B、*Vir*C、*Vir*D、*Vir*E、*Vir*F、*Vir*G 等基因，它们在 T-DNA 的转移过程起关键作用，但其本身并不转移。另外两个同源区域分别与质粒的接合、复制有关。进一步研究表明，T-DNA 中的致癌基因和冠瘿碱合成酶基因对 T-DNA 的转移是非必需的，但 T-DNA 的两个 25bp 的边界重复序列（LB、RB）对转移至关重要。正是由于 Ti 质粒的这些特征，使人们可以在保留边界序列的基础上，去掉原来 T-DNA 中的一个基因或所有基因，代之以设计的目的基因，而不影响转移。

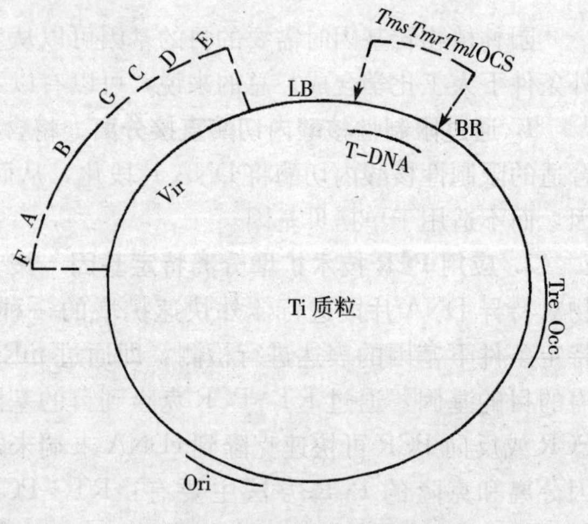

图 11-2　Ti 质粒的一般结构

2. 共整合载体　所谓共整合载体是指将外源基因插入到一个中间载体上，然后通过中间载体与除掉了致癌基因的 Ti 质粒之间同源重组而产生的一种一元载体（图 11-3）。这种载体系统首先由斯切尔等（Schell et al.，1983 年，1984 年）设计构建，由两个质粒组成。一个为非致瘤性 Ti 质粒，这种质粒除掉了致瘤基因，保留有边界序列和毒性区，且在两边界序列之间有 1 个拷贝的 pBR322，这就是所谓的接收载体如 pGV2260。第二个质粒是装有植物转化体选择标记基因为 NPT Ⅱ 基因的 pBR322 质粒，即中间载体。由于这两种质粒都含有 pBR322 序列，故在农杆菌细胞内就可以通过同源重组形成共整合载体。

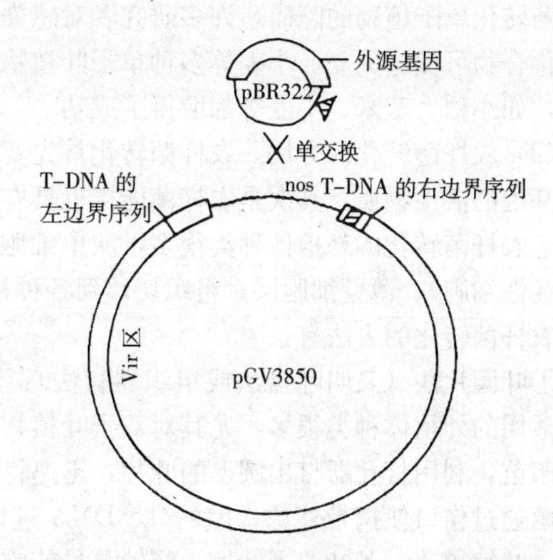

图 11-3　共整合载体 pGV3850 及其整合原理示意图

当目的基因插入中间载体上以后就可以转化大肠杆菌，然后再从大肠杆菌转移到农杆菌内形成共整合载体。中间载体才能从大肠杆菌转移到农杆菌中。中间载体只有与接受载体 pGV2260 结合以后才能保存下来。

3. 双元载体　Ti 质粒毒性区基因对 T-DNA 的转移是必不可少的，但毒性区基因与 T-DNA 在同一细菌的不同质粒上也能正常起作用。根据这一原理，Hoekema 等（1983 年）设计了 Ti 质粒的双元载体系统。所谓双元载体系统是指在同一个农杆菌细胞中有两个质粒，一个是去掉全部 T-DNA 区的 Ti 质粒（如 pAL4404），作为仅有毒性功能的辅助 Ti 质粒；另一个是带有 T-DNA 区的双元载体，它有一个广寄主范围的复制起始位点，既能在大肠杆菌中复制，又能在农杆菌中复制，在 T-DNA 区有要转移的目的基因和适当的选择标记基因（图 11-4）。由于双元载体能在农杆菌中自主复制，它不需与辅助 Ti 质粒有同源区段。这样，一个双元载体可和带有不同毒性基因的辅助质粒相配合进行转化。另外，由于双元载体比整合载体小得多，目的基因插入双元载体的操作也远比整合载体简单。

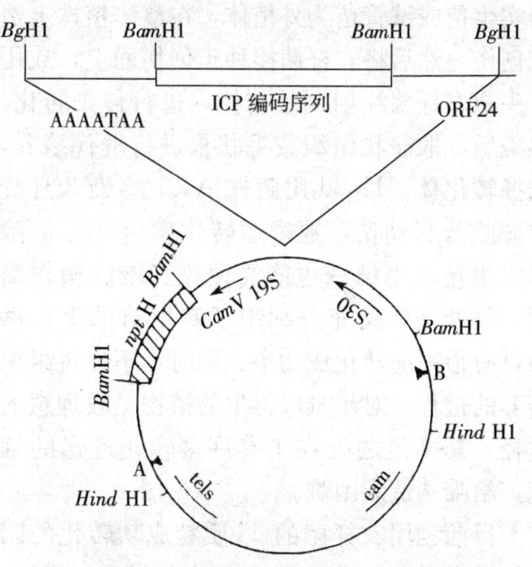

图 11-4　二元载体系统中基因转移载体及重组杀虫蛋白质基因

4. 农杆菌转化技术

（1）农杆菌转化的寄主范围。根癌农杆菌和发根农杆菌的寄主范围很广，目前已知的有 90 多科 600 余种植物可以感染。近年来，用农杆菌转化成功的植物种类不断增加。如烟草、大豆、棉花、马铃薯、油菜、花生、番茄、苹果、杨树等。但大部分单子叶植物，其中包括重要的禾谷类粮食作物则很难用农杆菌转化，原因之一是单子叶植物很少或完全不能产生激活 Ti 质粒毒性区基因的信号分子。为了克服根癌农杆菌转化单子植物的障碍，许多研究者对感染的合适部分和转化方法进行了探讨，发现乙酰香酮类化合物可促进大麦、小麦等多种单子叶植物的转化。目前，用农杆菌转化重要的单子叶粮食作物，如小稻、玉米、小麦等都取得了成功。

（2）农杆菌转化的方法。农杆菌转化首先要求植物外植体能产生乙酰丁香酮或其他能够诱导毒性基因的活性物质。其次是农杆菌能接近具有不定芽或体细胞胚再生能力的感受态植物细胞。可用于农杆菌转化的外植体种类很多，从单细胞（原生质体）、悬浮培养细胞和愈伤组织（未分化的胚性细胞）、薄壁细胞层、组织切片到各种植物器官如叶片、根、茎和花组织的切段等。常用的农杆菌转化的方法有：

①叶圆片法（又叫叶盘法或组织器官法）：Monsanto 公司的 Horsch 等人 1985 年建立的方法，适用的外植体种类很多，尤其对双子叶植物是较常用的简单有效的方法（图 11-5）。选取健康无菌苗，利用打孔器打出圆形的叶片，迅速将带有新鲜伤口的叶圆盘与农杆菌进行短期培养，农杆菌通过伤口使携带外源基因的 T-DNA 进入植物细胞，让外源基因整合进植物基因组中。叶片、叶柄、茎、子叶、子叶柄、胚轴是目前应用最广的外植体，不同植物应根据自身的特点而定。该法已成功应用于烟草、番茄、矮牵牛和杨树等植物的转化。

②共培养法：该法是指将处于原生质体、茎段、幼胚、悬浮培养细胞等与农杆菌一起培养 36～48h 后，离心、洗涤并进行除菌，然后培养在含抗生素的选择培养基上，选择生长出的转化细胞，再使转化细胞直接再生植株。该法的优点可以避免嵌合体的产生，但操作起来比较复杂，对原生质体培养较成熟的植物可以采用。烟草属的多种植物、矮牵牛、龙葵、胡萝卜等已获得转基因植株。

③直接接种法（也叫整株感染）：一般采用实生苗或试管苗为外植体，在整体植株上造成创伤，然后将农杆菌接种于创伤面上，或用针头把农杆菌注射到植物体内进行侵染转化。感染后，取瘤状组织或毛状根进行继代培养，选择转化体。Hood 用菌株 A281 感染 3 月龄的挪威云杉幼苗，冠瘿瘤转化率达 31%。除了实生苗，小植株也能受侵染。该法操作简便，周期短，又充分利用了实生苗的生长潜力，有很高的转化成功率。同时，不经过组织培养的过程，对于难以再生的植物是较理想的途径。其不足之处在于有许多转化逃逸的细胞，给筛选造成困难。

目前利用农杆菌的 Ti 质粒成功转化的园林植物有：花叶芋、麝香石竹、菊花、花烛、月季、杨树、桦木、黑云杉等。

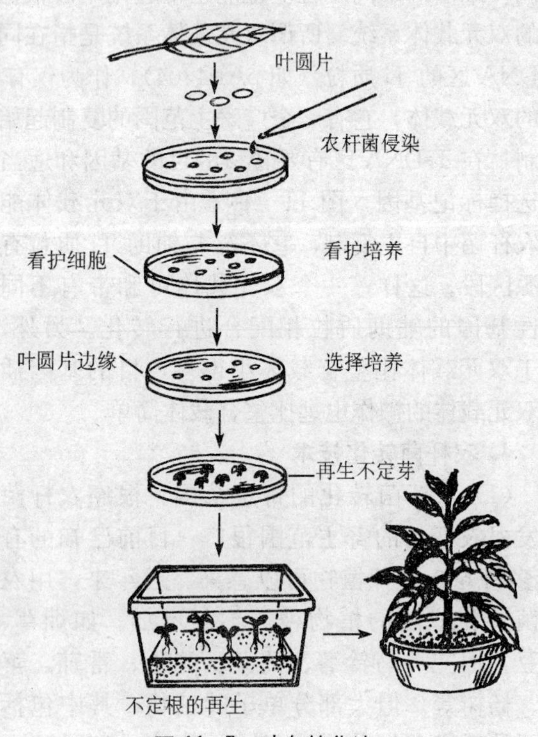

图 11-5　叶盘转化法

（二）其他植物转基因方法

除农杆菌转化体系外，还有许多DNA直接转化的方法。常用的有基因枪转化法、植物原生质体介导的遗传转化法、生殖细胞转化法、病毒载体转化法等。

1. 基因枪转化法　基因枪法又称为粒子轰击技术，大体可分为火药式、放电式和气动式3种。导入基因的原理是通过一个动力系统直接将含有外源DNA的金属颗粒射入植物材料。当微弹打入细胞时，它所携带的外源基因就可能进入细胞，继而整合于染色体上并得到表达。具体做法是将钨、金等金属微粒与外源DNA共同温育，将DNA吸附在金属颗粒表面，当金属颗粒被高压放电而加速后，颗粒直接射入完整的细胞和组织内，外源DNA就随颗粒进入细胞内部。该法的优点是：①无宿主限制；②靶受体类型十分广泛，几乎包括了所有具有潜在分化能力的细胞或组织；③操作迅速、简单；④有特殊的应用，可将外源DNA转入线粒体、叶绿体，也可用于花粉转化、作图法基因克隆、启动子研究、与根癌农杆菌协同转化等，因而应用广泛。Klein等（1987年）用高速钨弹把TMV病毒RNA和带有CAT基因的质粒转入洋葱表皮细胞。显微结果表明，在微弹射入的细胞中有31.7%细胞含有TMV。Christou等（1988年）用金弹轰击大豆的愈伤组织，也得到了稳定转化体。这些令人兴奋的早期研究大大激发了人们对基因枪转化方法的兴趣，在短短几年内就取得了许多重要进展。该法避开了原生质体再生植株的难关，所以成为单子叶植物基因转化的有效途径。不足之处在于容易形成嵌合体，遗传稳定性差，且转化的外源基因以多拷贝居多，容易导致基因沉默，对转化体进行筛选时较为困难。

2. 原生质体转化系统　植物细胞壁是一道天然屏障，可有效地阻止细胞吸收外源大分子物质。去壁后的裸细胞即原生质体可通过细胞吞噬作用吸收外源大分子物质，从而成为基因转移的良好受体材料。通过原生质体转化所得到的转化细胞团易于选择，一般可得到纯合的转化体，很少出现嵌合现象。通过植物原生质体系统进行转化的方法有很多，这里对常用的几种方法作简要介绍。

（1）电击法。电击法又叫电穿孔法，是指通过电极放出的电脉冲刺激植物细胞进行转化的方法。其基本原理如下：在电击后，细胞膜上形成一些可逆性的微孔，孔洞直径约30nm，一般要持续数分钟才能恢复，DNA、RNA或其他大分子物质可以通过细胞膜上的这些微孔进入细胞。Ruker等（1987年）认为，在电击过程中细胞靠近两个电极的区域易产生微孔，如果细胞核正好位于这一区域，则外源DNA就很容易进入细胞核。否则，进入细胞质的DNA将会被核酸降解。近年来，电击法被广泛地用于不同目的的短暂基因表达研究，如研究启动子的功能，DNA序列改变对表达的影响等。

（2）PEG介导法。聚乙二醇（PEG）作为一种诱导不同细胞融合的化学物质已被广泛利用。关于PEG诱导植物原生质体吸收外源DNA的机理，Maas和Merr（1989年）进行了研究，结果表明，在二价阳离子（Ca^{2+}、Mg^{2+}、Mn^{2+}）存在的情况下，PEG能够有效地诱导DNA产生颗粒状沉淀，从而使细胞膜能够通过内吞噬作用吸收这种DNA颗粒。在高浓度的PEG和二价阳离子的共同作用下，DNA的水合作用大大减少，可导致DNA的构象发生变化，使其免受核酸酶裂解。在花卉中的龟背竹属植物转基因研究中，将电击法与PEG法结合起来使用获得了转基因植株。

（3）脂质体介导法。脂质体是指脂类分子聚集成膜后闭合形成的囊泡，有单层膜、双层膜或多层膜。脂质体介导转化即是将外源 DNA 包装在脂质体内，通过与植物细胞膜相互作用，把外源 DNA 携带入细胞。另外，脂质体还可介导染色体片段或细胞器直接转入细胞。

3. 生殖细胞转化法　利用植物有性生殖过程进行基因转移可分为花粉介导的遗传转化和子房受体两类。有人研究认为，萌发花粉管的顶部有一个无细胞壁的孔，外源 DNA 分子可以由此被花粉管吸收。周兴宇（1978 年）研究认为：植物授粉后花粉萌发，花粉管伸长进入子房，留下的花粉管通道可以自发地将外源基因引入胚囊。

4. 病毒载体法　植物病毒的核酸分子含有植物中有关酶的识别区域，能够在植物细胞中得到复制和转录，因此，可成为外源基因的载体。目前研究较多的有花椰菜花叶病毒（CaMV）和小麦矮缩病毒（WDV）等，以病毒核酸分子为基础构建载体，可以直接侵染整体植株，而且病毒在植物体内可以扩散和复制，且能有效表达。

四、转化体的筛选与鉴定

（一）转化体的选择

转化载体大多带有显性标记基因，它们能使转化细胞在含有选择剂（多为抗生素或除草剂）的培养基上生长。但对大部分植物而言，在具有选择剂的培养基上直接再生不定芽十分困难。因此，合适的选择技术对获得转化植物非常重要。

对转化外植体，为了提高选择效率，经常采用的选择方法有：

1. 多轮选择　如玉米幼胚或愈伤组织的转化过程中，在培养基上选择 4～6 轮，每轮选择 2～3 周，这样得到的抗性愈伤分化的植株大多为转化体。

2. 在分化培养基上选择　因为植物不定根形成对抗生素非常敏感，把经过初步选择的枝条转入含有抗生素的培养基上生根，就能淘汰所有的假转化体。

3. 直接筛选　对不易再生的种类或外植体，可不直接进行选择，而是检测所有再生的不定芽，看是否有目的基因表达（如 *NPT*Ⅱ、*CAT*、*GUS*、*LUC* 等），或取少量叶组织，检查其在含有抗生素的培养基上是否能够诱导出愈伤组织。该法的不足之处是需对大量材料进行筛选，增加了许多工作量。

（二）转化体鉴定

植物遗传转化的另一个重要环节是转化体的鉴定，一般包括报告基因检测、DNA 分子鉴定、RNA 分子鉴定、蛋白质分子鉴定等。

检测报告基因（如 *GUS*、*CAT* 等）是较为方便的鉴定手段，用以确定外源基因的存在和表达。另外，报告基因在一些基础研究中应用也很广泛，如研究启动子的功能，基因调控元件效应和基因表达特性等。*GUS* 是目前植物转基因研究中应用最广泛的报告基因。在细胞内酶系统的作用下，*GUS* 基因被转录成 mRNA，再翻译成蛋白质——β-葡萄糖苷酸酶。当在染色液中加入β-葡萄糖苷酸酶的底物 X - gluc 时，细胞中 *GUS* 基因短暂表达合成的β-葡萄糖苷酸酶就可以裂解 X-gluc 分子，使其产生蓝色的物质，这就是 *GUS* 基因组织化学染色法的基因原理。

DNA 分子鉴定包括点杂交、Southern 印迹杂交和 PCR 扩增等。点杂交较简便，可同时检测大量样品，但条件不适时易产生假阳性。Southern 印迹杂交可以获得外源基因整合位点、整合特性和拷贝数等大量信息，可信度高，应用最普遍。一般在抗性愈伤组织或幼苗阶段，只有少量的植物材料时，只能提取少量的 DNA 进行 PCR 鉴定，如能获得与外源基因片段大小相同的带，则可初步断定转化成功。当植物长大后，就可制备足够的 DNA 用于点杂交或 Southern 印迹杂交。

RNA 分子鉴定一般采用点杂交或 Northern blot。其原理和操作步骤同 DNA 分子杂交相似。通过 RNA 分子杂交可了解外源基因转录过程中的转录活性和 RNA 的稳定性。

蛋白质分子鉴定的基础是抗原抗体反应，主要有 Western blot 和酶联免疫技术（ELISA）。Western blot 可以确定外源基因表达产生的蛋白质分子大小及大致含量，而 ELISA 技术可以更精确地对蛋白质进行定量。

除了分子鉴定之外，对目标性状进行直接鉴定也非常重要，如对转入 Bt 杀虫蛋白基因的植株进行抗虫性鉴定，对转入除草剂抗性基因的植株进行除草剂抗性鉴定等。

（三）外源基因在转化体中的表达及其稳定性

转化植株的目的是为了目的基因能表达，从而获得目的产物。有些转基因植株含有外源基因序列，但却不表达，即出现基因沉默。造成基因沉默的可能原因一般有两种：一是外源基因的结构被破坏，二是外源基因插入了染色体异染色质区。经过有性繁殖过程，外源基因的表达有的很稳定，有的不稳定。外源基因在转基因植株后代中的分离，实际上牵涉的是外源基因在转基因植物中的遗传稳定性。Roegrs 等（1992 年）利用注射方式对大麦的转化研究表明，外源基因的甲基化方式能影响其在宿主内的稳定性。带有^{5}mC（5-甲基-胞嘧啶核苷）的外源基因转化效率高且稳定，可传递到后代并发生糊粉层特异性表达。在高等植物中，约有 30%的 dC 甲基化位点大多具有 C—G 或 C—X—G 序列特征，因此，甲基化 dC（脱氧胞苷）可能对外源基因有稳定作用，并与植物细胞对外源基因的识别有关。

当目的基因在受体细胞或组织中稳定维持并表达后，即可通过有性或无性繁殖扩大群体数量，然后经过品种审定程序，获得推广新品种。

复习思考题

1. 简述园林植物转基因育种的意义。
2. 用流程图表示园林植物转基因育种的技术路线。
3. 园林植物转基因育种中常用的受体和载体有哪些？

第十二章　园林植物良种繁育

【本章提要】通过一定途径培育获得的新品种要进行推广，很快转化为现实生产力，必须要有足够数量的优质种子；生产上大面积推广的种子为了防止混杂退化、保持种性，需要进行提纯复壮。园林植物良种繁育的主要任务就是给园林绿化、美化提供大量优质种子、种苗，它是育种工作的继续。本章详细介绍了品种混杂退化的原因和防止方法以及草本、木本植物种子、种苗的繁殖方法。

第一节　良种繁育的意义和任务

一、良种繁育概念和意义

新品种经审定合格并被批准推广后，要加速繁殖以生产大面积推广所需的种子、苗木，同时还要保持其优良种性，以满足推广良种必需的质量要求。良种繁育就是运用遗传育种的理论和技术，在保持并提高良种种性和生活力的前提下，迅速扩大良种数量，不断提高良种品质的一整套科学的种子、苗木生产技术。园林植物良种繁育不是单纯的种子、苗木繁殖，而是品种选育工作的继续和扩大，是育种工作中一个不可分割的重要组成部分。培育出优良品种后必须经过良种繁育，才能使之在园林事业中发挥应有的作用。良种繁育还是育种和生产之间的桥梁，直接影响到优良品种的推广以及生产单位、企业的经济效益。良种繁育意义主要表现在：较短的时间内，能迅速大量地繁育出优质种子、苗木，扩大种植面积，为园林绿化、美化提供充足的繁殖材料，并能使良种在较长的时间内保持其优良特性，提高在生产中的应用价值。如果不重视良种繁育，会使良种种性降低、退化，以至被淘汰；如果良种繁育工作缓慢，将会使已取得的育种成果迟迟得不到推广，影响良种的推广应用。

二、良种繁育的任务

1. 在保证质量的前提下，迅速扩大良种数量　通过各种途径育成的优良品种，最初在数量上是有限的，远远不能满足园林绿化和美化的需求。因此，良种繁育的首要任务就是在较短的时间内繁殖出大量优良品种的种子、苗木，从而使优良品种迅速得到推广。

2. 保持和提高良种种性，恢复已退化良种的种性　优良品种在投入使用以后，在缺乏良种繁育制度或一般的栽培管理条件下，常常发生生活力降低、抗性和产量下降等现象，甚至完全丧失栽培价值，最后不得不从生产中淘汰，这在一二年生草本花卉中表现尤为严重。例如，三色堇、鸡冠花、百日草、雏菊、虞美人等，常在栽培过程中出现花朵变小、颜色暗淡、失去光泽、花型紊乱、高低参差不齐等退化现象。如北京林业大学从荷兰引种的郁金香、风信子等球根花卉，在栽培的第一年表现株高、花大、花梗长、花序上小花多等优良特性，但在以后的几年中却逐步退化，表现植株变矮、花朵变小、花序变短、小花稀疏等。自花授粉的牵牛花、凤仙花、香豌豆、羽扇豆等也有生活力降低并表现出切花产量降低、生长势减弱、花朵变小等现象。通过良种繁育可保持和不断提高品种的优良种性。对于已经退化的良种，要采用一定的措施，恢复其良种种性，从而延长良种的使用年限。

除此之外，在良种繁育过程中，还要进行品种鉴定，种子检验等工作，便于保持品种的真实性和纯度。概括地说，良种繁育的主要任务就是有组织、有计划、系统地进行品种更换和品种更新，以满足园林植物生产上对优质种子、苗木的需要。

第二节　品种退化的原因及防止方法

一个优良品种，在普通的栽培条件下，常发生品种退化现象。所谓品种退化，是指一个新选育的品种或引进的品种，经一定时间的繁殖后，会丧失其优良性状，在生产上表现为生活力降低、适应性和抗逆性减弱、产量下降、品质变劣、整齐度下降等变化，失去品种原有的典型性，降低以致失去品种的生产价值的现象称品种退化。狭义的品种退化应限于种性在遗传上的劣变使品种典型性及优良性状丧失的现象。园林植物品种退化的表现一般是植株高低不齐，花型杂乱，花径大小不一，花色混杂，花期不一致，生长不良，切花产量降低，花枝变短等，使观赏价值和经济价值降低等。

一、品种退化的原因

1. 机械混杂　指在种子采收、晾晒、贮藏、包装、调运、播种、育苗、移栽、定植等过程中，或无性繁殖接穗的采集、种苗的生产及调运等过程中，混入了其他品种，从而造成品种混杂，影响到群体性状的一致性，降低了良种的纯度。使良种的丰产性、物候期的一致性、观赏价值降低，使该品种丧失生产利用价值的现象，称为机械混杂。机械混杂还会进一步引起生物学混杂。

2. 生物学混杂　在有性繁殖植物中，由于品种间或种间一定程度的天然杂交引起的混杂退化现象称为生物学混杂。生物学混杂发生后，会使良种后代出现分离和进一步的混杂。因此，在园林植物中常表现为花型紊乱、花色混杂、重瓣性降低、花径变小、花期不一、高度不齐等不良现象。生物学混杂在异花授粉植物和常异花授粉植物中最易发生。瓜叶菊、矮金鱼草、矮万寿菊、百日草、鸡冠花、雏菊、矮一串红等常出现生物学混杂现象。

3. 遗传变化和自然突变　目前生产上栽培的品种，大多数是用不同的亲本杂交育成的，其主要性状看起来很一致，但这只是相对的，某些性状还会继续发生分离。另外，任何品种都不是百分之百的纯合群体，在群体中总是存在不同程度的杂合体，在多代的栽培中，如果不注意选择，杂合的程度会越来越大，从而使良种产生混杂。

品种在繁殖过程中还会发生自然突变，且突变大多数情况下表现劣变。自然突变的频率虽然很低，但会随着繁殖代数的增多而使劣变性状不断积累，从而导致品种退化。

4. 病毒的侵染　病毒感染植物后能在无性世代间逐渐积累，影响正常的生理活动，导致品种退化。长期无性繁殖的植物容易因病毒积累而使病害加重，从而引起品种退化，影响产量和品质。郁金香、唐菖蒲、百合、菊花、仙客来、香石竹、月季、泡桐等均发现病毒引起的品种退化现象。

5. 不正确的选择　不正确的选择引起混杂退化包括两个方面：一是繁殖材料选择不当。如金鱼草、矮牵牛的蒴果重量由花序下部往上递减，波斯菊放射小花所结的种子大而重，中盘花种子小而轻，如采上部或中盘花种子繁殖，则苗细弱，生长不良；又如'五色鸡冠花'，'绞纹凤仙花'，不在典型花序部位采种，或二色观叶植物（如银边吊兰、金边吊兰等）剪取了没有代表性的部位作繁殖材料进行扦插，就容易失去原有的典型性；用徒长枝或衰老芽条进行无性繁殖也易引起品种退化。二是对目标性状不熟悉，在去杂去劣的过程中选留错误。尤其在开花期，由于对品种典型性不熟悉，拔除杂株出现差错，将导致严重的生物学混杂。

6. 不适宜的环境条件和栽培技术　优良品种只有在适宜的环境条件和良好的栽培条件下，其优良性状才能得到充分表现。如果环境条件不适宜或栽培技术不当也能引起良种退化。例如，大丽花、唐菖蒲喜冷凉环境，如栽在南方湿热地区，往往生长不良，花序变短，花朵变小。

7. 生活力衰退

（1）长期无性繁殖，使生活力衰退。无性繁殖的后代是前代营养体的继续，得不到有性复壮的机会。虽然无性繁殖各世代的基因型是相同的，但是其细胞的生理活性是逐代走向衰老。因此，长期无性繁殖的园林植物良种会发生生长势降低、抗性下降、生活力衰退的现象。如郁金香、唐菖蒲、菊花的退化现象。

（2）长期近亲繁殖，使生活力衰退。长期自花授粉繁殖的良种，由于多代自交使基因型纯合，从而使不良的隐性性状表现出来。例如牵牛花、凤仙花等常出现生活力衰退、生长势减弱、产量和品质下降等退化现象。

（3）长期栽培在相同的条件下，使生活力衰退。米丘林学派认为，一个品种长期培育在同一地区，并用同一种栽培方法，而使品种得不到不同条件的锻炼，丧失了应有的适应能力和对各种不良环境的抵抗力，从而引起生活力衰退。

二、品种退化的防止

良种繁殖所用的种子、苗木，应由专门的机构生产。一般由育种者直接生产或在育种者负责的前提下，委托某个场圃生产，即由育种者提供繁殖材料，繁殖后进行田间试验和验收。在良种繁育过程中，应严格执行良种繁育程序，采取有效的防止品种退化的措施。

（一）严格种子繁育规程，防止机械混杂

在种子繁育过程中，首先要对播种用种严格检查，确保良种的典型性和纯度。从收获到脱粒、晾晒、清选、加工、包装、贮运，均应严格分离，防止人为地机械混杂。要特别注意以下几个环节。

1. 种子采收　应由专人负责，按成熟期先后分收，种子采收后立即标记品种名称、采收日

期等，在种子贮藏时，应注意分门别类。

2. 播种育苗　播种前的选种、催芽等工作必须做到不同品种分别处理。相似的品种不要相邻种植。播种后必须插上标牌，标记品种名称和播种日期、数量等。并绘制田间种植图。

3. 移植　移植前对所移植品种进行对照检查，核实无误后方可进行。移植时，最好定人定品种，由专人负责，并按品种逐个进行。移植后，应绘出定植图，并做好记载。

4. 去杂　在移苗、定植、开花初期、开花盛期、开花末期及品种主要性状明显表现出来的时期，分别进行去杂工作，及时拔除杂株。

（二）严格隔离，防止生物学混杂

防止种子繁殖田在开花期间的天然杂交，是减少生物学混杂的主要途径。特别是异花授粉植物，繁殖田必须进行严格隔离，常异花授粉植物和自花授粉植物也要适当隔离。

1. 空间隔离　采用一定的人工措施，从空间隔断风及昆虫等对花粉的传播，从而防止天然杂交的方法称为空间隔离。空间隔离的方法有两种，一是设置隔离区，要求在良种繁殖田的周围，在一定的距离内，不种植能使良种天然杂交的植物。隔离距离的大小要综合考虑，一般花粉量多的风媒花比花粉量少的虫媒花大，花的重瓣程度小的比重瓣程度大的大，自然杂交率高的植物比自然杂交率低的植物大，播种面积大的比播种面积小的大，无天然隔离区的比有天然隔离区的大（表 12－1）。同时，还要考虑本地风向和风力大小等因素。空间隔离的另一种方法是设置保护区，即在良种种植面积小、数量少的情况下，可以采用温室、塑料大棚、小拱棚种植，覆盖纱网、塑料膜等防止天然杂交。

表 12－1　几种园林植物的空间隔离距离

植物	最小距离/m	植物	最小距离/m	植物	最小距离/m
三色堇	30	飞燕草	30	百日草	200
矮牵牛	200	金鱼草	200	金盏菊	400
波斯菊	400	万寿菊	400	石竹属	350
金莲花	400	香豌豆	几十米		
蜀葵	350	桂竹香	350		

2. 时间隔离　采用不同时期播种、分批种植的方法，使同一类植物的开花期不同，从而避免天然杂交的隔离方法称为时间隔离。时间隔离可分为同年度隔离和跨年度隔离。同年度隔离就是把不同的品种在一年内按不同的时期播种，跨年度隔离是把易发生生物学混杂的品种在不同年度播种。

（三）去杂去劣，正确选择

在整个良种繁育过程中，在良种生长发育的各个时期，都应注意做好去杂去劣的选择工作。去杂是指去掉非本品种的植株和杂草，去劣是指去掉本品种中感染病虫害、生长不良、观赏性状较差的植株。正确选择是保证良种纯度，防止良种种性退化的有效方法。

1. 选择的时期　根据不同品种的特性，确定选择的时期。一般要在植物的整个生育期进行多次选择：在移植或定植时的幼苗期，根据品种的性状，去掉杂苗和劣苗；早花品种在开花初期去劣，能有效地保持早花性；与花器有关的性状在开花盛期表现最明显，对花朵的典型性进行选择最有效，如花型、花径、花色、重瓣性、育性、瓣型等。

2. 选择的方法　选择时可以采用去劣法，即在群体内淘汰不良单株，保留多数植株。也可以采用选优法，即把群体中具有本品种典型性的单株作上标记，或移植别处单独种植采种。

（四）改善栽培条件，提高栽培技术

1. 选择适宜的土壤　土壤的性能要与植物的要求一致。一般应具有良好的土壤结构，通透性好，排灌方便，酸碱度适宜，不过分黏重。

2. 良好的营养条件　合理施肥、浇水，增施有机肥及磷、钾肥，氮肥适量，还要适当加大株行距，使良种有充足的营养面积，从而扩大繁殖系数，提高种子质量。

3. 合理轮作　合理轮作可以减少病虫害发生，合理利用地力，促进植物生长；还能防止混杂，提高品种生活力。

4. 避免不良砧木及接穗的影响　采用嫁接繁殖的良种，要选用幼龄砧木，可嫁接在一二年生实生苗上。用于繁殖的接穗、插条，也要选择幼年阶段的材料，可提高成活率，长势强。如桧柏用幼树的枝条扦插，大丽花用基部腋芽扦插。

（五）提高良种的生活力

1. 改变生活环境　用改变环境的办法有可能使种性复壮，保持良好的生活力。这种方法一般是通过改变播种期和异地栽培来实现的。改变播种期，可以使植物的各个不同发育阶段与原来的生活条件不同，从而提高生活力。有些植物可改春播为秋播。异地栽培是将长期在一个地区栽培的良种定期到另一地区繁殖栽培，经一二年再拿回原地栽培，也可提高良种的生活力。

2. 天然杂交或人工辅助授粉　在保持品种性状一致的前提下，利用有性杂交，可提高其生活力。对于自花授粉植物，可用同一品种内不同植株进行杂交，其生活力优势一般可维持4～5代。对异花授粉植物，采用人工授粉方法也可提高后代的生活力。

在品种间，选择具有杂种优势的组合，进行品种间杂交，从而利用杂种间的优势，增进品质和抗性。由于杂种一代性状一致，可提高观赏品质。在日本，金鱼草等花卉应用这种方法取得显著效果。

（六）无性繁殖和有性繁殖相结合

许多园林植物既可以无性繁殖方式繁殖，也可以有性繁殖方式繁殖。有性繁殖能得到发育阶段低、生活力旺盛的后代，但有性繁殖后代的遗传性容易发生变异。而无性繁殖可以稳定保持良种性状，继承良种的遗传物质，但长期无性繁殖，阶段发育将逐渐老化，生长势、生活力、抗性等方面容易退化。所以无性繁殖和有性繁殖交替使用，既可以保持优良品种的种性，又可使后代保持旺盛的生长势和生活力。

（七）脱毒处理

许多园林植物特别是营养繁殖的花卉，容易因感染病毒而引起退化。对这些植物进行脱毒处

理，可恢复良种种性，提高生活力。

脱毒处理的主要方法是组织培养。植物组织培养是现代生物技术细胞工程中的一项实用技术，在园林植物快速繁殖、育种、次生代谢物的生产等方面已经取得巨大的经济、社会和生态效益，尤其繁殖速度快使其成为园林植物优质苗木产业化生产的主要方法之一。目前，美国、法国、日本、英国、荷兰等许多国家采用组织培养的方法已经获得了百合、香石竹、菊花、大丽花、小苍兰、牵牛花等多种无毒苗木，并已进行大量的商业生产。

总之，引起良种混杂退化的原因是多种多样的，同时各因素之间又相互联系。所以，防止良种退化既要有针对性，又必须采取综合措施，才能收到较好的效果。

第三节　草本园林植物的良种繁育

草本园林植物在园林绿化、盆花栽培、切花栽培的应用中是非常重要的，其种类繁多、变异丰富、优良品种层出不穷。然而许多草本花卉在生产栽培中的混杂退化现象非常严重，如一二年生草本花卉中的翠菊、三色堇、凤仙花、虞美人、金鱼草等。宿根、球根花卉中的菊花、大丽花、百合、唐菖蒲、郁金香、风信子等常发生退化，其原因是缺乏必要的良种繁育措施。目前，草本园林植物杂种优势的利用也很广泛，许多花卉植物的 F_1 代杂种表现出了很强的杂种优势。因此，F_1 代杂种的配制是园林植物良种繁育中的一项重要技术。

一、良种繁育的程序及方法

（一）良种繁育程序

建立健全良种繁育体系，是良种繁育的主要环节之一。目前我国园林植物尚未建立严格的良种繁育程序，可参考大田作物的程序进行。一个植物品种，按繁殖阶段的先后、世代高低生产种子的过程，称种子生产程序。我国种子生产程序通常划分为原种生产、原种繁殖和良种推广 3 个阶段。

1. 原种生产

（1）原种的概念。由育种者提供的纯度最高、最原始的种子一般称为原原种。①由原原种经过一次繁殖而得到的种子，即为原种。②对于已经推广应用的良种，经过再次选优提纯而获得与该品种原有性状一致的符合原种规定要求的优良种子，也称为原种。

（2）原种的生产程序。选优提纯产生原种一般分为以下几个步骤：选择优良单株；株行比较鉴定，株系比较试验，混系繁殖。即按照一定的要求，从一个良种群体中选较多的优良单株；再将优良单株的种子按株行播种（每株种子播 1 行或数行），进行比较鉴定，淘汰劣、杂株行；然后将优良株行的种子分区播种，成为株系，经过比较，选出优良株系，同时注意对优良株系种子进行去杂、去劣工作；最后，将各优良株系的种子混合繁殖，扩大数量。

2. 原种繁殖　对原种进行繁殖，扩大数量，称为原种的繁殖。用原种直接繁殖的种子叫作原种第一代；由原种第一代再繁殖的种子，叫作原种第二代。原种一般最多使用到第二代。

3. 良种推广　由原种一代或二代繁殖出来的、符合国家质量标准、供应生产使用的种子称为良种，供大田生产用。

（二）加速良种繁育的方法

1. 提高种子的繁殖系数　种子繁殖的最大优点是繁殖量大，方法简便，一二年生草本花卉主要以此法繁殖。①适当增加株行距，扩大营养面积，增施肥水，使植株生长健壮，可产生更多的种子；②对植株摘心可增加分枝，增加花序的数量，可增加种子产量；③创造有利的环境条件，适当早播，延长营养生长期，可提高单株产量；④许多异花授粉植物和常异花授粉植物，进行人工授粉，可显著提高种子产量；⑤对于落花、落果严重的植物，采取花期喷硼、喷赤霉素、人工授粉、花期控制肥水等措施，可提高坐果率；⑥异地、异季繁殖，利用我国幅员辽阔，地势复杂，气候多样的有利条件，进行异地加代繁殖，1 年可以繁育多代，从而加速种子繁殖。

2. 提高自然营养繁殖器官的繁殖系数　许多园林植物的鳞茎、球茎、块茎、块根、根茎等，有自然繁殖的机能，在良种繁育中可充分利用以加速繁殖。

（1）球茎分割法。多数球茎花卉植物可利用自然形成的子球繁殖，还可利用人工分割的方法增加繁殖系数。如将唐菖蒲的球茎切割成几块，让每一小块上都带有 1 个芽眼，然后栽种，这样，一个唐菖蒲球就可培养成几个植株。小苍兰、仙客来、秋海棠、彩叶芋、大丽花、美人蕉、鸢尾等都可采用类似的方法加速繁殖。在种植时采取浅栽、扩大株行距、增施肥料等措施，也可提高种球数量。

（2）郁金香种球增殖法。郁金香的种球繁育，可以用高温抑制花芽分化，从而增殖种球数量。日本研究表明，将贮藏后期的郁金香鳞茎，置于 33～35℃高温温室内，9 月中旬处理 15～20d，10 月上旬处理 10～15d，10 月下旬处理 7～10d，可抑制花芽发育，形成盲芽，这种不开花的植株能够提高种球繁殖量。

（3）仙客来块茎分割法。将开花后的仙客来块茎，于 5～6 月盆栽，切除上部 1/3，在横切面上每隔 1cm 交互纵横切入，然后室内管理，使每个分割部分发生不定芽。约 100d 后，将此不定芽附着的块茎切下分离，再移植成苗。一个种球可获得 50 株左右幼苗。

（4）风信子小球增殖法。将风信子的底部割伤，可使其产生小球而增殖。在夏天掘起风信子的鳞茎，选用较大球，割伤底部，切后晾 1～2d 或敷以硫磺粉，然后切口向上，置于贮藏架上，9～10 月间在伤口附近会形成大量小球，再将母球和子球一起栽植，培养 1 年后，再进行分栽，经过 3～4 年培养就可开花。割伤程度因种类、品种不同而异。如可在球的底部作放射形切割，切口 3～4cm，以不达到球茎中心为度。也可只削去球底部的发根部分等。

（5）百合类增殖法。在自然条件下，叶腋处生有珠芽的百合类，如卷丹、沙紫百合等，可在珠芽成熟时剥离、栽植。对于自然条件下不发生珠芽的种类，可在春季或花后，将地下鳞茎上的鳞片剥离扦插，1 个月后生成小球，继续培养 2～5 年即可开花。也可在盛花时，铲去地表 10～15cm 的土，成一浅沟，使花茎倾卧其中，填入粗沙，经 6～8 周后掘起花茎，可见茎上密生珠芽。此外，打顶、埋土等方法也能促进珠芽形成。

3. 提高一般营养繁殖器官的繁殖系数

（1）充分利用园林植物的再生力。许多植物的营养器官（根、茎、叶、芽等），都有较强的再生能力，能够用人工方法进行繁殖。某些植物的茎可作繁殖材料，如茶花、月季、海棠等，采用单芽嫁接或单芽扦插的方法，节约繁殖材料，扩大繁殖系数。有的植物的茎、叶都可作繁殖材料，可用其茎、叶同时繁殖，如秋海棠、大岩桐等。对再生力不强的园林植物，可用植物生长调节剂进行处理，以提高繁殖系数，如用IBA、IAA、NAA等处理插条，可提高扦插成活率。

（2）延长繁殖时间。在自然条件下，无性繁殖时间为春末到秋初，如嫁接、扦插时间一般在3～10月。通过创造良好的条件，延长繁殖时间，可提高繁殖系数。例如，在温室内进行营养繁殖可全年进行，其他的保护地设施也可延长繁殖时间。

（3）嫁接和分株相结合。对既可以分株繁殖又可以嫁接繁殖的植物，采用两者结合的方法，有利于加速良种繁育。如山东菏泽的牡丹繁殖，先用芍药或实生牡丹作砧木进行嫁接，当嫁接苗生长两年，有了自生根后，再在距离地面10～15cm处剪去地上部分，促使萌发更多新枝，到第三、四年分株繁殖，可获得较多的牡丹新株。

（4）采用高新技术。运用高新技术可使种苗繁殖效率大大提高。例如，计算机控制的大型自动化温室育苗，已经得到广泛应用。采用组织培养育苗，不仅繁殖速度快，繁殖系数高，繁殖数量大，还可培育脱毒苗木，使种苗的质量大大提高。

二、F_1代杂种的生产

F_1代杂种在大田作物上已得到广泛应用，并取得了巨大的经济效益，如玉米、水稻、高粱、棉花、烟草、番茄、洋葱、油菜等。在国外，许多花卉植物也很早就开始应用F_1代杂种，如球根海棠、石竹、三色堇、金鱼草、虞美人、报春、大岩桐等。在我国，园林植物中F_1代杂种的应用起步较晚，但随着研究的不断深入和园林绿化、美化事业的发展，杂种F_1代种子将在园林事业的发展中发挥更大的作用。F_1代种子的生产将成为园林植物良种繁育的主要任务之一。F_1代杂种的生产主要包括以下几个步骤。

（一）选育优良的自交系

为保证亲本纯度，使F_1代杂种植株整齐一致，并表现较强的优势，F_1代杂种的生产首先应进行优良自交系的选育。

1. 基本材料的选择　作为选育自交系的基本材料，可根据选育目标，从现有的栽培种中选出，优良品种或杂交种均可。一般栽培的优良品种是首选对象，可在品种比较试验或品种间配合力测定的基础上选择，数量不超过10个。

2. 选择优良单株　在选定的基本材料中选出优良单株，每个材料可选出数株至数十株。对于优良品种，可选数十株，对于杂交种可相对少选。整齐一致的品种可少选单株，株间一致性差的品种应针对各种有价值的类型，每类选一些有代表性的植株。

3. 选择优良株系　将选出的优株自交，在每个自交后代中选择优良单株，建立自交系。然后，根据育种目标，逐代淘汰不良的自交系。随着自交系数目的减少，应增加选留自交系的种植株数。自交一般进行4～6代，直到获得纯度高、性状稳定、生活力不再衰退的优良自交系为止。以后可以自交系为单位，分别在各隔离区繁殖，任其系内自由授粉，但要防止外来花粉以防止混杂。

（二）筛选优良的亲本组合

优良自交系间交配，一般可产生优异的杂种后代，但也有例外。为了获得杂种优势最强的后代，应进行试验，筛选最优的亲本组合。可按育种目标、亲本优缺点互补原则、性状遗传规律等将自交系配成若干杂交组合，也可用所有亲本互交获得杂种，然后对全部杂种后代进行评定，选出优良的杂交组合。例如，对 5 个自交系按 1、2、3、4、5 进行编号，互交获得的杂交组合如下：

1×2　1×3　1×4　1×5

2×3　2×4　2×5

3×4　3×5

4×5

除了选用 2 个自交系杂交外，还可选用多个自交系进行杂交，如三交、双交等。一般先进行配合力的测定，然后确定最优亲本组合及配组方式。

（三）F_1代杂种种子的生产

1. 人工去雄制种法　适用于雌雄异株或同株异花的异花授粉植物，主要是利用天然异花授粉的习性，将父母本采用合理的配置方式，依靠天然媒介（如昆虫、风力等）进行传粉，生产F_1种子。例如，山东崂山三色堇制种基地在每一个大棚内，均有 1 行父本及 7 行母本，人工剥去母本花的雄蕊，然后把父本的花粉抹在母本花的柱头上。

2. 天然杂交制种法　此法适合于雌雄同花的异花授粉植物，因花器小，人工去雄困难，不宜采用人工去雄法。

（1）混合播种法。将等量的父母本种子混合均匀后播种，收获的F_1代种子正、反交都有。采用混播法有 2 个条件：其一是无论正、反交，其F_1代种子的优势表现一致，即主要的观赏性状、经济性状一致，不会出现花色不一、花径大小不同、植株高低不齐等现象；其二是父母本花期相同，只有父母本同时开花，才能保证相互授粉产生种子。

（2）间行种植法。将父母本单行或数行相间种植。如果正、反交F_1代种子的表现相似，父母本行数可相同，父母本种子可混合收获作为F_1代种子使用；如果正、反交种子不一致，应分别收获，父本行数应减少。如果父母本花期不一致，可调节父母本的播种期，以使花期相遇。

3. 利用雄性不育系制种法　对两性花植物，利用雄性不育系是解决去雄困难的一种很好的方法。目前，花卉中存在雄性不育的有百日草、矮牵牛、金鱼草等。对这些植物可采用三系配套法生产F_1代种子，即设立两个隔离区：一个隔离区为不育系和保持系繁殖区，为下一年亲本繁殖提供种子，同时为下一年制种提供不育系种子；另一个隔离区为F_1制种区，在这个区内，正常可育的父本恢复系给母本不育系提供花粉，生产F_1代杂交种子，供大田生产用种，恢复系自交的后代仍为恢复系，为下一年制种提供恢复系种子。

第四节　木本植物良种繁育

一、种子园

（一）种子园及建立种子园的意义

种子园是木本植物（园林树木）的良种繁育基地。它是利用优树或优良无性系为材料，按合理方式配置，生产具有优良遗传品质种子的场所。树木通过种子园的改良，木材可增产5%～30%，同时，树干通直度、抗病能力也有明显的改进。据王章荣教授等统计，目前世界上营建种子园的树种已达89种以上。我国自20世纪60年代开始建设种子园，到80年代已初具规模，种子园的总面积已达1.6万hm^2，建立种子园的树种约有40种。

建立种子园在园林植物生产中具有非常重要的意义。

1. 能稳定提供大量优质种子　种子园是繁殖林木优质种子的基地，通过优树或优良无性系繁殖的种子不仅具有优良的品种品质，同时具有良好的播种品质。

2. 控制树冠生长，方便种子采集　通过优化设计种植的材料可控性强，采种方便。

3. 分布集中，便于管理　在优质林木种子生产过程中，通过规划选址建园，既有利于提高种子的产量，改善木材品质，又分布集中，便于施工和经营管理。

4. 为育种的持续发展准备物质和技术条件　种子园的建立，集中了优势资源，为新品种的选育奠定了物质基础。同时，通过种子园的配置和设计，可以积累经验，为育种提供技术基础。

（二）种子园的类型

常见的种子园类型，根据建园材料分为无性系种子园、实生种子园和杂交种子园；根据遗传改良程度分为初级种子园、去劣种子园、1.5代种子园、第二代种子园等。

1. 无性系种子园　用优树的无性繁殖材料建立的种子园。其特点是：能保持优树的优良特性，开花结实早，经营管理较方便。因此，凡是能无性繁殖且开花结实较迟的树种，应以建立无性系种子园为主。

2. 实生种子园　用优树的种子繁殖实生苗，再进一步选择而建立的种子园。

3. 杂交种子园　应用某一杂交组合的父母本，只生产F_1代杂交种子的种子园叫杂交种子园。

4. 初级种子园　是指建园的材料只经过表型选择，不经过子代测定，遗传品质尚未得到验证的种子园。

5. 去劣种子园（改建种子园）　是根据子代测定的资料，对初级种子园内的无性系或植株进行去劣疏伐后，形成的种子园。

6. 1.5代种子园　用经过子代测定的优良无性系重新建立的种子园。

7. 第二代种子园　用初级种子园子代中选择优良家系中的优良单株建立的种子园。

（三）种子园的规划

1. 种子园的规模　种子园面积的大小，主要取决于2个因素：一是该地区的种子需求量；

二是建园植物单位面积的种子产量。另外，考虑到种子产量有丰有歉和外调可能，种子园面积应在上述理论值的基础上，留有余地。

2. 种子园的园址选择　种子园应设在适合该植物正常生长发育和开花结实的生态环境内。一般设在该树种的自然分布区内，最好在中心地带营建。在气候条件（如年有效积温、年平均气温、低温、晚霜等）并不构成开花结实的限制因素时，也可以选择推广地区就地建园。风口地带不宜建园。一般选择阳光充足、排灌方便、酸碱度适宜、肥力中等以上的壤质土。为了便于集约管理，种子园要适当集中，并尽量设在交通方便的地方。

3. 种子园的隔离　树木一般是异花授粉植物，理想的种子园应是种子园内的树木相互授粉。为了防止遗传品质不良的外源花粉污染，种子园周围要采取一定的人工隔离措施。常用的隔离方法有空间隔离、利用自然地形及天然屏障隔离和将种子园建在其他树种的林分内等3种。

4. 种子园的区划　种子园可分为采种区、试验区、优树收集区等。为便于施工管理，在各区内再划分若干小区，小区便是种子园的最小经营单位。区划要因地制宜。大区按自然边界区划；小区形状要规整，以长方形为好。大区面积 3～4hm²，小区面积 0.4～0.5hm²，最大 0.67hm²。区划要注意道路和灌溉系统设计，要便于采种、运输、管理，同时要考虑晾晒场、仓库、住房等的安排。根据以上要求做出区划后，要绘制成图，按图施工。施工完成后再按实际情况绘出详细平面图。

（四）无性系种子园的营建

目前，我国种子园多为无性系初级种子园，第二代种子园只有杉木、马尾松等少数几个树种。因此，这里只介绍无性系初级种子园的营建。

1. 建园方式　无性系种子园的营建有苗圃预先培育嫁接苗和园内预先定植砧木然后再嫁接两种方式，生产中都有应用。种子园的栽植密度取决于两个因素：一是保证母树有足够的花粉进行正常授粉，以提高种子品质；二是能使母树树冠有充足的阳光，促使生长良好、发育正常，增加种子产量。因此，对于不同树种、不同立地条件和不同管理技术水平，应有不同的密度。我国各地种子园的株行距大多为 4～6m。

2. 无性系的数目与配置　为了尽量减少自交的危害，建园的优树无性系数一般应在50个以上，并且给予适当配置。种子园内无性系的配置设计应遵循如下原则：①同一无性系的个体应保持最大的间距，以避免发生自交，同一无性系的个体在园内要分布均匀，且经疏伐后仍能保持均匀分布；②避免各无性系间的固定搭配，利于子代选择；③便于对各无性系的试验数据进行统计分析；④便于施工和管理。

在实际建园过程中，要灵活运用。以下是近30年来有价值的一些设计方案：①完全随机排列法：这是一种不按顺序，不随主观愿望，使各无性系在种子园中占据任何位置的机会相等的排列设计。实施简便，且能防止出现系统误差。②顺序错位排列法：这是一种将无性系按数字顺序在横行中排列下去，无性系数排列完后，在同一横行，再重复这一过程，但在排另一横行时，错开几位，从另一号码开始排列（图 12-1）。这种设计适用于不同大小、不同形状的种子园，横行可视为试验的重复。因有顺序性，栽植施工、经营管理、采种等都不会发生混乱。同一无性系的个体已最大限度地分开，间伐、淘汰后其空隙仍呈有规律的分布。缺点是有固定搭配，不利于随机交配，会产生许多固定亲本的子代，不利于在其后代中进行再选择。

1	2	3	5	6	7	8	9	10	11	12	13	1	2	3
6	7	8	10	11	12	13	1	2	3	4	5	6	7	8
11	12	13	2	3	4	5	6	7	8	9	10	11	12	13
3	4	5	7	8	9	10	11	12	13	1	2	3	4	5
8	9	10	12	13	1	2	3	4	5	6	7	8	9	10
13	1	2	4	5	6	7	8	9	10	11	12	13	1	2
5	6	7	9	10	11	121	13	1	2	3	4	5	6	7
10	11	12	1	2	3	4	5	6	7	8	9	10	11	12

图 12-1　顺序错位排列

3. 种子园的经营管理　种子园的经营管理主要是补植、土肥水管理树形管理、疏伐、人工辅助授粉、病虫害防治和建档等，管理目标是达到早实、高产、优质、高效。

4. 种子园的改良提高　由于木本植物大多是杂合体，因此，种子园的杂种后代性状必然发生分离与重组，使得不同组合间杂种后代的优良程度有很大差异。只有在对子代进行测定的基础上，保留优势组合，淘汰不良个体，才能促使种子园生产的种子良种率不断提高。种子园工作的基本模式是：选择种子园→组配和子代测定→再选择→改良种子园，这是一个不断发展、循序渐进、不断提高的过程。

二、采 穗 圃

采穗圃是提供优质插条、接穗、种根等无性材料的繁殖圃。采穗圃是木本园林植物良种繁育的主要形式。

（一）建立采穗圃的意义

进行无性繁殖的园林树木在良种繁育与推广工作中需要大量的种条，但直接从优树上采集种条，不仅数量有限，而且品质也难以保证。为了年年供应大量的优质种条，必须建立采穗圃。采穗圃作为一种良种繁育形式，其优点是：穗条产量高，成本低；由于采取了修剪、施肥等抚育管理措施，种条生长健壮、充实，粗细适中，发根率高；由于繁殖材料是从优株上采集的，又是采用无性繁殖形式繁殖的，故其遗传品质可以得到切实的保证；采穗株集中，经营管理方便，病虫害能及时防治，操作安全。如将采穗圃设置在苗圃附近，劳力安排容易，采条适时，可提高扦插、嫁接成活率，可节省运输等环节的费用和劳力。

（二）采穗圃的种类和特点

采穗圃的类型因划分的依据不同而不同。如果根据建圃材料和所担负任务的不同，可分为普通采穗圃与改良采穗圃；如果根据所提供的繁殖材料的不同，又可分为接穗采穗圃与条、根采穗圃。

1. 普通采穗圃　建圃材料是未经表现型测定的优树。任务是提供建立初级无性系种子园所需的种条和提供无性系测定及资源保存所需的种条。

2. 改良采穗圃　建圃材料是经过表型测定的优良无性系或选育定型的新品种。任务是提供建立第一代无性系种子园所需的种条和提供优良无性系推广用的种条。

3. 接穗采穗圃　是以提供嫁接用的接穗为经营目的的采穗圃。通常采用乔林式作业方式，可人工整形修剪。整形修剪的一般密度为株行距 4～6m；如果采用灌丛式经营，株行距可缩小到 0.5～1.5m。

4. 条、根采穗圃　以提供扦插用的枝条和根段或鳞茎、球茎为经营目的的采穗圃。通常采用垄作或畦作方式。更新期和栽植密度因树种和对采穗株的培育方式而异，一般株距为 0.2～0.5m，行距为 0.6～1.0m。

（三）采穗圃的建立和管理

1. 采穗圃的规模　采穗圃的面积应与当地生产任务的大小相适应。采穗圃的面积可按育苗总面积的 1/10 计算。

2. 圃地的选择与规划　对采穗圃立地条件的要求与种子园的条件相似，应选择在气候适宜、土壤肥沃、地势平坦、便于排灌、交通方便、劳力充足的地方。采穗圃如在山地，应选在坡度不太大，坡面日照不太强，冬季不受寒风侵袭的地块上。圃地选定后，要秋季深翻，翌年整平、耙压、施足基肥，做成长 20～30m、宽 4～6m 的苗床。为防止品种混杂和便于操作管理，采穗圃可按品种或无性系分区。

3. 栽植密度　栽植密度应合理，既要充分利用土地，又要适于植物生长和便于管理。栽植密度因品种特性、整形修枝特点、立地条件的不同而异。

4. 采穗圃的营建技术　为了提高采穗株的质量，要注意选用健壮、充实、侧芽饱满、无病虫害的枝条或母根，按无性系分剪、分贮、分插、分接或分埋，严防混杂。现以碧桃为例说明采穗圃营建的方法。

（1）圃地选择。根据碧桃的生物学特性，圃地要选择平坦、排水方便、土壤肥沃、疏松的沙质壤土，忌低洼和盐碱地。为便于灌水，宜用畦作，整地前施足底肥。

（2）砧木培育。砧木种子播种时，按 25～30cm 的行距开沟，按 12～15cm 的株距，将种子横卧沟内，再覆土镇压；春、秋播均可；每 667m^2需种子 75～100kg，可出苗 8 000～12 000 株。生长期要加强管理，以利砧苗健壮生长。我国北方多以 2～3 年生的实生苗作砧木。

（3）嫁接苗培育。接穗选择良种的健壮单株，于萌芽前剪取一年生发育枝。待砧木树液开始流动到展叶后这段时间嫁接。嫁接方法可根据砧木状况，选择切接、插皮接、插皮舌接、带木质芽接等方法。

（4）定植建圃。在原圃地上按 1m×1m 或 1m×2m 的株行距选留健壮嫁接苗，其余苗木掘出，扩大面积定植，即形成采穗圃。碧桃采穗株通常培养成灌丛式，这种方式具有见效快、产量高、穗条品质好、管理方便等优点。

①定条：灌丛式采穗株没有明显的主干。当年春季从嫁接苗接口上 20～30cm 处平茬，促使

多萌新枝。当萌条高达10cm时，要及时定条。每株留条数量根据采穗株品种和圃地土壤水肥状况而定。留条过多，往往造成营养不足，种条细弱；留条过少，不但降低产量，且往往种条过粗，腋芽萌发，长成无用枝。一般坐地母株，第一年留3～5条，第二年留5～10条，第三年后留10～15条；移植母株当年可不平茬，积累一年营养后，第二年开始留3～5条，再逐年增加。对种条生长分化较大的采穗株，要采用二次定条法，即当萌条伸长至10cm时，按前述原则定条，但留条数量比规定数量多1～2条，在萌条伸长至30cm时，再剪掉过粗或过细者1～2条。

②除蘖：为了提高种条质量，对保留条上萌生的腋芽和侧枝要及时摘除，5～7月份是苗木生长旺季，尤其应加强这项工作，减少无效枝芽对养分的消耗。

③采条和更新：苗木落叶休眠后，即可采条。母条采留高度要适宜，一般从基部保留3～5个休眠芽，每年剪口往上递增5～10cm。采穗树一般4～5年更新一次。如果管理不善，第5年采条质量就明显下降。为了恢复树势，可在冬季进行平茬复壮。当采穗树失去培养前途时，挖去老根，重新栽植。值得注意的是，更新应分批轮换进行，以保证种条的年供应量。

5. 采穗圃的管理

（1）土壤管理。采穗圃的土壤条件与采穗树采条的质量有直接关系。采穗圃应注意及时松土除草，在行间种植绿肥等。种植绿肥可防止杂草生长，又能增加土壤肥力。

（2）水肥管理。采穗圃在大量采条时，每年要消耗大量的养分，为了保证穗条的产量和质量，合理施肥是关键性措施。平茬采条后，要结合圃地深耕施足有机肥。每公顷施腐熟厩肥3万～6万kg；生长季节，要适时追肥。每年追肥2～3次（以硫酸铵、尿素为主，150～300kg/hm^2），最后一次施肥不迟于7月上中旬，生长期短的地区要适当提早。土壤干旱时要适时灌溉，雨水过多时要及时排水。

（3）病虫害防治。采穗圃内要严密监测虫情、病情，如果发现病虫害要及时防治。对感病的枯枝残叶，要及时清理深埋或烧掉。

复习思考题

1. 品种为什么会发生混杂退化？
2. 怎样防止品种混杂退化？
3. 如何生产F_1代杂种？
4. 分析我国园林植物良种繁育中存在的问题，并提出解决办法。
5. 如何理解种子园既是木本植物良种繁殖过程又是遗传改良过程？
6. 为什么说采穗圃是木本园林植物良种繁育的主要形式？

第十三章 主要园林植物育种

第一节 菊花育种

菊花（*Dendranthema*×*Grandiflora* Tzvel），别名鞠、黄花、金蕊、金英、节花，属菊科菊属，是多年生宿根亚灌木植物。菊花是由原产我国长江流域的野生种，主要是毛华菊、野菊和紫花野菊经杂交和人类长期选择演化而来，又经过世界各地的传播与培育，形成了一个丰富多彩的、庞大的品种资源。菊花因其千姿百态的花朵，姹紫嫣红的色彩和清隽高雅的香气，与梅、兰、竹共称为“花卉四君子”，菊花不仅受国人的珍爱，而且也受到世界各国的关注和喜爱。现在全世界菊花园艺品种 20 000～25 000 个，我国有 7 000 个园艺品种。菊花由于品种繁多，用途极为广泛，主要用于切花、盆花、地被、造型菊等。

一、菊花育种目标

1. 花期育种 花期是影响菊花生产与观赏的一个重要性状。目前，多数具有较高观赏价值的菊花优良品种花期都集中在秋季，即 10 月底至 12 月。其他季节开花的品种，如春菊、夏菊、冬菊很少，远远不能满足人们的需求。因此，培育早花品种甚至四季菊应当作为育种工作者的目标之一。

2. 花色、花型育种 在色彩方面，应当更加明艳新颖，尤其是选育一些鲜红色品种、纯蓝色品种及墨绿色品种。在花型方面，盆菊要求株型适中，枝健叶润，花型丰满；而切花菊则要求花型饱满，瓣厚朵圆，茎长而坚韧。

3. 抗性育种 选育抗寒、抗旱、耐阴、耐热、耐涝及抗病虫害的新品种。尤其是提高菊花对外界高温、低温的抵抗能力，增强适应性。培育抗病虫害的菊花品种，不仅可以提高菊花的观赏价值，还可以节省由于防治病虫害带来的费用，节约人力、物力。

4. 选育其他用途的菊花品种 如选育地被菊，要求植株低矮紧密，能迅速铺满地面，花期长，群体效果好；又如选育香菊、药菊和茶菊等。

二、菊花种质资源及其分类

（一）野菊

1. 野黄菊 我国中南各省都有分布，其茎叶与栽培种相似，花黄色，常有变异。

2. 华北野红菊 茎细弱，株高 20～30cm，叶卵圆，有浅刻，粉红色、单瓣，性耐寒。

3. 宽裂扎菊 又名朝鲜野菊，分布于朝鲜和我国华北一带。花有紫、红、白等色。性耐寒、耐旱、耐阴、耐瘠，地下根茎发达，着花繁密，每株多达200～300朵花。

4. 尖叶野菊 分布于我国南北各地，多生于河岸、山坡、平原。株高约110cm，每株着花约200朵，耐寒、耐旱、耐涝，适应性强。是种间杂交的重要原始材料之一。

5. 宜昌菊 花黄心白边，茎叶和姿态酷似家菊，且与茶用菊的起源有关。

6. 日本野菊 派生于中国野菊的日本野生种，与日本栽培菊起源有关。

另外还有华北野菊、南京野菊、紫花野菊和毛华菊等。

（二）经济菊

1. 杭菊 形态略似野菊，花稍大，直径2.5～4cm，舌状花，白色或黄色，可以泡茶。

2. 毫菊 气清香，味甘、微苦，为药用菊，花朵较大，呈倒圆锥形或圆筒形，花径3～4cm。

3. 梨香菊 有白、粉、黄等色，花径约10cm，重瓣或半重瓣，花香，可提炼香精，生长势较弱，难以栽培，且花朵不易开大。

（三）观赏菊

1. 夏菊 在5～9月开花的菊花称作夏菊，如五九菊、七月菊、八月菊等。两次开花，花朵小，有白色、粉色两种，重瓣，原产长江流域。代表品种有‘红五梅’等。

2. 秋菊 在9～11月开花的称作秋菊，秋菊又分为早菊、中菊和晚菊。

（1）早菊。花期较早，花有黄、白、粉等色，可在9月下旬至10月初自然开放，是菊花育种中极有价值的原始材料。

（2）中菊。多于10月至11月上旬开放，品种多，花型、花色丰富多彩，观赏价值高。

（3）晚菊。多于11月下旬至12月开放。

根据瓣类和花型，秋菊还可分为5个瓣类：平瓣类、匙瓣类、管瓣类、桂瓣类和畸瓣类。

3. 寒菊 在12月至翌年1月开花的称作寒菊。

菊花颜色共分为8种，即白、黄、棕、粉红、红、紫、绿、复色。

（四）菊花近缘植物

如大丽花、瓜叶菊、翠菊等都属于菊科不同属的园林花卉，各具特色。如果与菊花进行有性杂交有可能创造出菊花的新类型，丰富菊花的观赏品质。

三、菊花花器构造及开花授粉习性

菊花由许多小花组成，头状花序，单生或数个聚生枝顶。在顶生花序的周围为舌状花，舌状花为雌性花；位于花序中心部位的为筒状花，有聚药雄蕊5枚，雌蕊1枚，柱头2裂，子房下位一室，是两性花。

菊花为雌雄异熟型的异花授粉植物。杂交授粉时，筒状花作父本花粉，筒状花与舌状花的雌蕊均可作母本。同一头状花序上，外轮舌状花序先成熟开花，雌蕊先行展羽，并分泌黏液，是舌状花接受花粉的最佳时机。舌状花开放顺序是由外向内，此时筒状花也开始成熟，其雄蕊先行散粉，随后1～2d雌蕊展羽成熟，而后各轮小花陆续成熟，可延续15～20d，是筒状花接受花粉的最佳时机。

四、菊花主要育种方法

近年来，国内采用了选择育种、人工杂交、自然杂交、组织培养、辐射诱变、基因工程技术、航天育种等方法进行菊花新品种的选育。

（一）选择育种

1. 单株选择　菊花的变异潜力较大，在栽培过程中常出现个体间性状分离现象，对优良单株进行选择，可以培育出新品种。

2. 芽变选种　由于性状分离，或新引进品种由于环境的改变，菊花容易产生芽变现象，芽变发生的部位可以在植株的个别枝上或某一枝段或某个脚芽。栽培过程中，只要发现优良的芽变，就应马上进行无性繁殖，将优良变异性状稳定下来，使之成为新品系。目前，约有400多个品种是从芽变而来，如传统名菊'黄夔龙'芽变出宫粉色'南朝粉黛'；'高原之云'在北京芽变出金黄色'高原锦云'；切花菊栽培中也发现芽变，白色品种'巨星'曾产生浅桃色芽变；雪青色的'明清'也产生过乳白色芽变。但现有由芽变育成的新品种基本都是花色变异。据统计，菊花花色突变规律为粉色易变为黄色或白色；白色易变为黄色或粉色；黄色难变为其他颜色，常会出现两种颜色的嵌合体。

（二）杂交育种

菊花栽培品种是高度杂合的异源多倍体，基因型十分复杂，每个品种都蕴含着若干潜在的形质（基因），不时分离变异。通过杂交育种，不仅可以继续获得优质新品种，而且可有效地提高栽培观赏水平和经济效益。

1. 自然授粉　此种方法多用于中、小型菊花，单瓣或复瓣品种。其筒状花发达，雌蕊可伸出筒状花管，易于接受外来花粉，有些平瓣舌状花的雌蕊也可伸出花管接受花粉而结实。该方法简便易行，可在短时间内获得菊花新品种。

2. 人工杂交　人工杂交是传统的选育方法，也是菊花新品种选育最主要、最有效和最简便易行的途径。目前，绝大部分菊花品种都是经人工杂交育成的。

（1）亲本选配。人工杂交可以按照育种目标配置亲本组合，只要亲本选配恰当又有较大的子代群体，就可以在1～2年内获得大量变异后代。

菊花性状在遗传过程中表现出许多规律，在显性方面：黄、紫色强于白、桃色；白、桃色强于淡桃、淡樱色。在花期方面：秋菊×夏菊，其后代秋菊多，夏菊少；夏菊×夏菊，其后代常有夏菊出现；八月菊×秋菊，其后代花期往往接近秋菊。

（2）去雄、授粉。菊花因高度自花不孕，可免除人工去雄工作。但多数菊花品种舌状花的花冠较长，雌蕊不能伸出管接受花粉，人工授粉时应将花瓣留1cm左右，剪去大部分花冠，露出花心，套上透明纸袋，以防止天然授粉，挂牌注明母本品种名称及处理时间。修剪花冠时不可碰伤雌蕊柱头，待1～2d后雌蕊成熟并伸出花冠筒时，可用毛笔蘸父本花粉，轻轻涂到雌蕊上。由于同一头状花序上舌状花成熟期不一致，授粉需多次进行，随小花开放先后依次由外轮到内轮每隔2～3d授粉一次，连续3～4次。每次授粉后套袋，最后一次授粉1周后将袋摘除。一天中授粉最佳时间是晴天10：00～12：00。菊花花粉的存活时间很短，应采集新鲜花粉作授粉用。

（3）花期调整。由于菊花属于短日植物，如果父母本花期不遇可通过缩短光照时间提早花期，延长日照时间延迟花期。

（4）杂交后管理。菊花从受精到种子成熟需60～80d。授粉后的母株，应将多余花朵剪除、限制浇水、保持干燥并需充分照射阳光，以利于种子发育成熟。种子成熟时，连花梗剪下阴干，然后收集种子、贮藏，次年2～3月播种。

由于菊花为异花传粉植物，在F_1就可进行单株选择。

近年，国内在盆菊、早菊及切花菊杂交育种中，均取得较好的效果。北京林业大学陈俊愉等选用早菊岩菊作母本，用野菊属种类作父本多次进行远缘杂交，在后代中选出一批植株紧密、低矮、抗性强、观赏价值高的新型开花地被植物——地被菊。

（三）生物技术育种

上海园林科学研究所曾以‘金背大红’（其花瓣上红、下黄）品种的花瓣作为外植体进行组织培养，通过对筛选的突变体进行诱导，再生的植株开出了不同色彩的花，从而选择培育出具有奇异花色的品种。

（四）辐射育种

用适当剂量的^{60}Co对菊花插条、种子、愈伤组织或整株植株进行辐射诱变处理，都可获得变异植株。国内外在培育新颖花色、不同花期和株型上已有成功经验。如四川省农业科学院用^{60}Co γ射线处理秋菊，得到了花期提前到6月、花朵大、花色与亲本相异的‘辐橙早’新品种。

随着菊花组培技术的不断发展，辐射育种和组织培养结合取得了显著效果。张效平用‘上海黄’、‘上海白’叶柄为外植体，在试管中用γ射线照射，所得植株诱变率5%，包括花型、花色、花期变异，育成了11个新品种。

（五）转基因育种

与传统育种手段相比，基因工程可以定向修饰花卉的某个或某些目标性状，并保留其他原有性状，通过引入外来基因可扩大其基因库。转基因技术的发展为菊花育种提供了一条新的途径，目前，在菊花花色、花期、花型、株型、抗病虫害等方面都有成功的例子，如Dolgov等（1997年）转入*rol*C基因矮化植株，Taatsh（1999年）转入几丁质酶基因抗菊花灰霉病，邵寒莉（1999年）转入*FLY*基因改变菊花的花期，Harue等（2002年）转入*cryl*Ab抑制烟蚜夜蛾，Gutterson等通过农杆菌介导转化法将菊花*CHS*基因转入粉花菊花品种‘Moneyrarker’中获得了开白色或浅粉色花的植株。

（六）航天育种

东北林业大学曾用自然授粉的小菊种子，搭载返回式卫星，在距地 200～300km 的空间飞行近 15d 后返回地球。播种后代表现为重瓣性降低、植株变矮、花径变小、开花提早、耐寒性提高。但这些变异是空间辐射诱变的结果，还是杂交后代性状的分离，尚需进一步研究。

第二节　仙客来育种

仙客来（*Cyclamen persicum* Mill.）又名兔耳花、萝卜海棠，属于报春花科，球根花卉，开花正值百花凋零的冬春季节，尤其以元旦、春节之时正是它以绚丽的色彩、娇美的风姿、美丽的叶片衬托着群芳留香斗艳，装点室内、客厅之时，是著名的盆花和切花。选育出优良的品种对丰富花卉市场，美化人们的生活具有重要意义。

一、仙客来育种目标

1. 整体美育种　仙客来的美不仅仅在于花，它的株型和带有银白斑纹的鲜绿叶片衬托着艳丽多姿的花朵，显示出整体美，独具一格。在现有花色的基础上，更进一步丰富花色或填补其花色的空白，培育黄、纯蓝、天蓝、墨色以及更加柔和、艳丽的复色品种。在花型方面培育千姿百态的重瓣及皱边品种。叶片要求鲜绿光亮、斑纹美丽清晰，花梗高度整齐一致。培育出整体美的新品种，将大大提高仙客来的栽培和使用价值。

2. 香型育种　现有栽培品种中只有少数具有不同程度的香味，香味不大。若能培育出大量香和浓香型新品种，将会大大提高仙客来作为室内盆花和切花的地位。

3. 微型育种　近年来由于盆景插花艺术的发展，需要一些花小、叶小、全株丰满而又综合性状好的新品种。为满足市场需要，必须进行微型新品种的选育。

4. 抗性育种　仙客来春季易受叶斑病危害，夏季易感球茎软腐病，有时还会受病毒感染或线虫危害，所以培育观赏价值高、抗性强的新品种也是仙客来育种目标之一。

二、仙客来种质资源及分类

仙客来品种很多，大致可从 2 个方面进行分类。

（一）根据外观表型特征划分

1. 大花型　花大，瓣平，红、紫、橙色。叶缘有浅齿或不明显。

2. 平瓣型　花瓣平展，色多，边缘有细缺刻和波皱。叶缘锯齿明显。

3. 洛可可型　花瓣边缘波皱、有细缺刻，花开时呈下垂半开状态，花色较多，香味浓。叶缘锯齿明显。

4. 皱边型　花大，花瓣缺刻和波皱，花开时花瓣翻卷。

5. 重瓣型　花瓣10枚以上，稍短，开时不翻卷。

（二）根据起源划分

仙客来同属植物约有20种，生产上栽培的可分为以下几种：

1. 非洲仙客来　花白色、粉红或红色，花期较早，8～9月开放。原产非洲。

2. 希腊仙客来　花小，白色至红色，花期1～2月，较耐寒。原产希腊和小亚细亚。

3. 欧洲仙客来　花红色，花期较早，秋季开花。原产欧洲。

4. 耳瓣仙客来　花红色，花瓣基部耳状，有深红斑点，花期11～12月。原产地中海。

5. 地中海仙客来　花紫红色，春节开花。原产地中海和欧洲西部。

三、仙客来开花习性

仙客来开花是完全花，全部是两性花。花萼5裂，花瓣5片，基部连成短筒状，花朵下垂，花瓣向上翻卷，每朵花花期2周左右。雄蕊多数，短于雌蕊，雄蕊成熟早于柱头，且花粉寿命长，是典型的异花授粉花卉，但自花授粉结实率也很高。

四、仙客来主要育种方法

1. 选择育种　仙客来属于异花授粉植物，现在栽培的仙客来很多属于种间杂交后代，是亲缘关系复杂的杂合体，因此在天然杂交和自交混杂的群体中，由于基因的分离和重组，常常会出现优良的性状或单株，对这些优良变异单株进行选择和培养，可选出性状优良的新品种。

2. 杂交育种　根据亲本选配的基本原则，选择具有不同优良性状的品种或种进行组配，通过人工杂交，综合双亲的优良性状，或利用基因互作产生新性状，或利用基因的累加效应产生超亲性状，从而培育出更好的品种。

（1）根据育种目标选择生长健壮的第二、三年开花的植株为母本，自然初花期或花前一天人工催花后去雄、套袋，开花后2～3d内10:00～14:00人工授粉，并套袋挂牌。

（2）注意母本植株一般留3～5朵花，其余摘除。

（3）授粉成功后，垫高花盆以防止由于花梗弯曲，果实下垂触地而腐烂。

（4）种子收后秋播繁殖，然后对杂种后代按照育种目标进行严格地选择鉴定。

3. 自交育种　家庭独盆或群体，但品种间隔离栽培的，不人工引入外来花粉，而是在花期用手轻扣花朵或拨动植株，促进自交结实。对自交后代选择叶美、株型美、抗性强的植株，在花期之前适当放宽选择标准，花期定选。一般仙客来的自交一代的定选要在第一年开花之后，入选植株可以用于栽培观赏，也可继续自交选择，直到性状稳定，培育成新品种。

五、仙客来品种退化的防止

仙客来天然异交率高，易引起生物学混杂和品种退化。因此，对育成的新品种，要加强良种繁育，对已有的优良品种要防止品种退化。计划留种植株，在开花前，尤其是授粉期间，不同品种间要进行严格地隔离，以防止异品种间授粉而引起生物学混杂，同时也要防止因机械混杂、缺乏选择或栽培管理不当而造成的品种退化。

现在栽培的仙客来，多数在一般栽培管理条件下生长旺盛，观赏价值高，是因为它们仅仅为1～3年生，最多到4年生，以后再用老球栽培，往往生长势和花的观赏品质都会大大下降。如果能通过育种和加强栽培管理的途径，延长老球栽培使用年限，具有重要的现实意义，因为种子繁殖需2～3年才能开花。

第三节　香石竹育种

香石竹（*Dianthus caryophyllus* L.）又名麝香石竹、康乃馨，是石竹科石竹属宿根性多年生草本花卉，是世界名贵切花，花色娇艳，有芳香，单花的花期长，在欧美花卉市场的销售量很大，主要用于瓶插，制作花束、花篮和花环。

一、香石竹育种目标

1. 花色、花型育种　一个好的香石竹品种应具有花朵较大，形态端正，重瓣性强，色彩明丽，香气馨郁。要求每朵花有50瓣以上，排列整齐。外瓣宽大而端丽，内瓣充实而均匀。同时作为切花的香石竹，花的茎秆要长，花梗要粗壮、坚硬挺直，以便作切枝、水养。用作盆栽、地栽的香石竹，株丛要矮壮、整齐不倒伏。

2. 抗性育种

（1）提高抗病虫性、增强生长势。危害香石竹的病害主要是锈病和茎腐病。虫害是红蜘蛛、蓟马、线虫等。香石竹不同品种对病虫害的抗性具有明显差异，所以，可以通过杂交育种途径，培育出抗病虫害、生长健壮、观赏品质兼优的新品种。

（2）增强抗寒性和区域适应性。香石竹系温室花卉，在栽培过程中，有比较明显的区域适应性。我国丰富的石竹资源有很多变种和变型，如石竹品种资源丰富的东北，有香气馥郁、极为抗寒的香石竹，可利用这些特殊种质培育出适合各地种植的栽培类型。通过育种，创造出抗寒，并能露地越冬或适应于塑料大棚栽培的香石竹新类型，对降低香石竹生产成本具有重要的经济意义。

3. 鲜花产量育种　温室栽培的香石竹，要培育出一些对日照反应不敏感、花芽分化容易、丰产多花的品种，在有限的营养面积中获得最高的鲜花产量，提高经济效益。

二、香石竹种质资源及分类

1. 香石竹　香石竹大体可分为花境型、玛美型、长春型3大类，而以长春型最为重要。欧美较为著名的品种有‘红五’、‘丹麦’、‘纯洁’、‘密玛布润纳’等。引种香石竹原始材料应以长春型为主，但也要适当兼顾收集抗寒性较强的花境型和花大而香的玛美香石竹。

北京黄土岗花农按照花色和开花习性将香石竹分为3类。

(1) 大红类。花有大红、粉红、大白、洒金等色。这类花花期较晚，但花期长且具浓香，叶小，叶色深绿，节间短。

(2) 紫色类。花色只有紫色1种，花大、淡香、梗短。

(3) 肉色类。花有玛瑙、淡黄等色，花大，花期早而短（较大红类早1个月），梗长，叶宽而色淡。

2. 石竹类　又称中国石竹，别名洛阳花。是宿根性不强的多年生草本，多作一二年生花卉栽培，株高20～45cm。茎丛生、直立。叶对生，条形或宽披针形。花顶生于枝端，单生或成对，有时呈圆锥状聚伞花序，花径2～3cm，单瓣5枚，花有红、粉、白等色，花期4～5月。蒴果短圆形4～5裂，千粒重0.9g，主要变种和品种有以下3种。

(1) 羽瓣石竹。花瓣先端深裂成细线条，裂片深达瓣片长度的1/3～1/2。微量扭曲，花径5～6cm，单瓣或重瓣。

(2) 锦团石竹。又名花石竹，因其艳丽如锦，丰富多彩而得名，是国内外最受欢迎的类型之一。花径5～6cm，重瓣性强，先端齿裂或羽裂，根据花型卷曲程度可分为扁平型、香石竹型、羽裂型等。

(3) 矮石竹。株高15cm，丛径25～35cm，单瓣或重瓣。这类石竹是原产我国的著名花卉，东北、西北至长江流域均有分布，国内普遍栽培，性耐寒，不耐暑热，喜排水良好的沃土栽植。

3. 同属的其他类型

(1) 须苞石竹。别名美国石竹、五彩石竹、大头洛阳、美人草等。系宿根草本，一般作一二年生花卉栽培。株高40～50cm，茎光滑四棱，有时茎部倒伏，分枝直立，节部膨大。叶对生，阔披针形至长圆披针形或狭椭圆形。花小，密集，呈扁平聚伞花序，花序先端由细长如须的苞片所包围，花色有白色、淡红色以至紫色，并有环纹、斑点、镶边花、变色等。花期5～6月。原产欧洲、亚温带。

(2) 常夏石竹。宿根草本，丛生，植株光滑披白霜，株高15～30cm。基部叶狭，条形，端尖，叶缘具细齿。花玫瑰红或粉红，有环纹，或中心色较深，花香，花径2.5～4cm。花冠边缘深裂至1/3处，基部有明显的爪。花期6月。原产奥地利及俄罗斯西伯利亚。

(3) 麝香石竹。基部有白粉，节部膨大，叶线形，叶背呈粉绿色，花常单生，有香气，花色有白、红、紫等色。花瓣边缘有锯齿，具有杂色斑纹。苞片阔卵形。本种为切花用的代表花卉。

(4) 少女石竹。宿根草本，植株低矮丛生，呈毯状覆盖地面。营养枝长5～15cm，近匍匐状。花茎高15～20cm，叶呈披针形。花单生枝顶，花径2cm，瓣缘尖齿状有须毛。花色有浅、深玫瑰红至紫红或白色，通常具有斑点，喉部常有V形斑。花期6月。原产美国及日本。

(5) 瞿麦。宿根草本，茎粗壮直立，节部膨大，叶全缘，条状披针形。花单生或对生于枝顶，或数朵集生成稀疏叉状分歧的圆锥状聚伞花序，花径5cm，花瓣羽状深裂。花色白、雪青至淡紫红色。花期5～6月。原产欧洲、亚温带。我国有野生的。

三、香石竹开花习性

香石竹为天然异花授粉植物，通常雄蕊较雌蕊先成熟。在重瓣品种中，有的雌雄蕊发生很大的畸变，甚至有雄蕊全部瓣化，雌蕊不育的，或雌雄蕊全部细小退化。若发现这种情况，则可选早期开放，雌雄蕊较正常的花朵供授粉用，或进行瘠土栽培或断根处理，促进雌雄蕊正常发育。

四、香石竹主要育种方法

香石竹的主要育种方法为杂交育种，其具体方法如下：

1. 亲本的选择　根据育种目标选择优良的、生长健壮、结实力强的品种作母本，用具有显著色彩、优美花型和重叠花瓣、发育健壮的品种作父本。双亲的花色最好一致，如红色×红色、黄色×黄色，要想获得彩边型新品种时，也必须用两个彩边型品种杂交，才能有较大的可能获得理想的彩边型新品种。进行远缘杂交时，选择杂交实生苗作亲本杂交容易成功。

2. 香石竹花瓣的遗传表现　1905年诺尔顿发现用单瓣品种与超重瓣品种杂交，F_1植株均为普通重瓣型，在F_2中则单瓣、普通重瓣与超重瓣植株的比例为1∶2∶1。因此，超重瓣对单瓣是一种不完全显性。当普通重瓣用种子繁殖时，出现单瓣、普通重瓣和超重瓣植株的分离。1935年麦尔奎斯研究了香石竹的花色遗传，认为有6个独立遗传因子控制香石竹的单色，其中3个决定有色与否，3个决定色彩浓淡。

3. 去雄授粉　香石竹在花朵欲开未开时，小心地剥除全部花瓣，促进雌雄蕊特别是雄蕊的发育。有些本来不产生花粉的香石竹品种，除去花瓣后也都产生健康的花粉，因此，对于选作父本的重瓣品种，进行该项处理显得尤为重要。雌蕊发育正常的母本则不必除瓣。

杂交前，选作母本的植株，雄蕊尚未完全成熟时就必须剔除，而后套袋隔离。授粉宜选择晴暖无风的上午进行，用软毛笔先蘸父本花粉，然后轻轻涂在已去雄的母本柱头上，隔1～2d检查母本花瓣是否脱落，未脱落说明授粉未成功，要重复授粉；脱落则表明杂交成功。

4. 管理、采种　杂交后要对母本精细管理，防潮湿、避秋寒、增强光照，促进果实成熟。一般在9～10月，蒴果转为褐色，说明果实成熟，应及时采收，防止蒴果开裂，种子失落。将采收的蒴果置于干燥、通风的室内，3～4周后即可脱粒，纳入纸袋，编号贮藏。

5. 播种、育苗　杂交种子一般早春在室内盆播较好，若进行抗寒性育种，则应秋播，露地越冬。盆土用等量园土、腐叶土与粗沙土拌和而成。播种后7～10d出苗。以后移栽一次，每盆一株，成活后打顶。开花时观察记载，按照标准选优去劣，中选株在温室或露地连续观察2～3年，性状稳定后即可扦插繁育，定名后推广。

第四节　矮牵牛育种

矮牵牛（*Petunia hybrida*）别名碧冬茄、杂种撞羽朝颜，为茄科碧冬茄属（矮牵牛属）多年生草本植物，多作一二年生栽培。原产南美。花色丰富，花期长，开花集中，品种繁多，有大花、中花、小花，重瓣、单瓣，直立及垂枝等多种类型，整体效果极佳，而且适应性强，是园林花坛和庭园绿化的好材料。

矮牵牛在美国栽培十分普遍，常用在窗台美化、城市景观布置，其生产的规模和数量列美国花坛和庭园植物的第二位。在欧洲的意大利、法国、西班牙、荷兰和德国等国，矮牵牛广泛用于衔旁美化和家庭装饰。在日本，矮牵牛常用于各式栽植槽的布置和公共场所的景观配置。矮牵牛在我国广泛应用于室内装饰、露地栽培以及园林景观应用，主要作为花境、花台和花坛的美化布置，也可用于盆栽、吊盆及球形造形等。

一、矮牵牛育种目标

1. 花色、花径、花量育种　目前，矮牵牛花色非常丰富，可分为白、粉、红、紫、蓝、黄等系列花色，另外还有双色、星状和脉纹等。但还需要培育更多的花色，例如橘红色、鲜黄色等，或其他花色的品种，以满足人们欣赏的需求和对新颖奇特花色的追求。

通过遗传研究，已揭示了控制花瓣色彩中各种色素的生物合成过程，人们已从矮牵牛、金鱼草等花卉中分离出了许多与花色调控密切相关的基因，并分离出矮牵牛花色素合成的一些关键基因，作为育种应用。近十多年来，还从矮牵牛中确定了花瓣细胞内调控 pH 的 6 个基因（pH1～pH6），其中 pH6 已被克隆，并获得了一批转基因花卉。

对矮牵牛花径多要求大花型品种，要注重培养花径大、开花多、花色鲜艳的 F_1 代杂交品种。目前，人们已经对控制开花数量、时间及位置的开花基因进行深入研究，通过转基因获得新品种，同时延长切花保鲜时间的转基因育种等也取得了进展。

2. 重瓣性育种　要求培育花瓣数量更多、重瓣性更强的品种，特别要培育重瓣大花型品种。通过有性杂交育种，利用重瓣品种之间的基因重组，综合双亲性状或获得超亲性状。

3. 花期育种　通过改变花期，选育开花早，或开花晚，或开花时间更长，或 1 年多次开花的新品种。

花发育基因可控制花序发育、花芽发育、花器官发育、花型发育 4 个阶段或花的起始、花的分化与发育 3 个步骤。发育相关性状主要包括花期、花数、花序类型、花朵大小、花型和花瓣的形态等。通过花发育基因工程将可以培育出提早或推迟开花、花期长短、花大、重瓣程度高、花型奇特的花卉品种。

4. 花香育种　美国心理学家威廉·凯恩认为，21 世纪是气味时代，香味对人体健康有重要作用。对于花卉而言，香味则尤为重要。

5. 株型育种　要求培育控制植株高度、节间缩短、分枝和叶片增加、株型优良的新品种。可运用转基因技术，育成株矮、花芽多、节间缩短、叶和花瓣均变皱、短小的品种。

6. 抗性育种　培育耐热性好、抗雨性好、抗病性好的品种，以及培育抗旱、抗病虫、抗寒、耐盐碱、耐低光照等性状好的品种。

7. 保鲜育种　目前，矮牵牛通过导入反义 ACC 合成酶基因及反义 ACC 氧化酶基因，可阻止乙烯生化合成，延长花期和鲜切花寿命。目前，该基因已在香石竹、矮牵牛等植物中转化成功。

二、矮牵牛种质资源及分类

矮牵牛自 1835 年由威廉·赫伯特（William Herbert）育成以后，1849 年又出现重瓣品种，

1876 年通过自然突变育成了四倍体大花矮牵牛系列，1879 年很快又推出矮生小花品种，1930 年育成 F_1 代杂交种，1965 年全世界已有 436 个品种。近年来，已育出抗热、抗雨和抗病品种。美国的戈德史密斯、泛美和鲍尔等种子公司，每年培育出新品种供应世界各地，其中意大利的法门公司盛产的双色迷你矮牵牛闻名世界。

矮牵牛茎直立或匍匐，叶卵形，全缘，互生或对生，花单生，漏斗状。园艺品种繁多，从株型上可分为高生种、矮生种、丛生种、匍匐种；从花型上可分为大花、小花，平瓣、波状、锯齿，重瓣、单瓣。

矮牵牛按照花径大小和花瓣多少主要分为 4 类：第一类为单瓣大花型，应用最为普遍，花径最大，9～13cm，主要用作布置花坛，目前多为 F_1 杂种，花的颜色很多，近些年最流行的是网纹花瓣，从播种到开花要 14～15 周；第二类为单瓣多花型，花径 6～7cm，生长条件与单瓣大花相同，而且每株着花非常多，对病害的抗性最强；第三类为复瓣大花型，花径较大，有很强的抗病性，生长期为 16～17 周；第四类为复瓣多花型，花径较小，开花多，生长方式与适宜环境和大花复瓣型相似。大花型开花早，多花型晚 1～2 周，重瓣品种比单瓣品种开花稍晚。

近年新培育的还有藤本型矮牵牛，花多且很适宜盆栽，可用于花展，或用于大型悬垂盆栽造型等。现在生产上栽培的矮牵牛有很多个系列，常见的系列与特性见表 13-1。

表 13-1　常见矮牵牛系列

序号	系列	形态及特性
1	小瀑布（Cascade）	大花重瓣，开花早。其中红色葡萄酒（Burgundy），花深玫瑰红色，早开花 21～28d；梅脉（Plum Vein），花淡玫瑰红，具深色脉纹，可早开花 14d；随想曲（Caprice），花玫瑰红色，花瓣紧凑；二重唱（Duet），为橙红、白双色品种
2	派克斯（Park's）	是矮牵牛中花瓣最多的重瓣种，在温室栽培全年开花，花色丰富，有白、红、粉、蓝、紫和双色等
3	急转（Pirouette）	花瓣波状，花径 10cm，紫花白边。其中奏鸣曲（Sonata）株高 35cm，花瓣锯齿状，纯白色；情人节（Valentine）株高 25～30cm，花瓣深红色，花径 8cm
4	重瓣果馅饼（Double Tart）	多花重瓣。苹果馅饼（Apple Tart）株高 25～30cm，花大红，花径 6～7cm；樱桃馅饼（Cherry Tart）花白色，具不规则玫瑰红纵条纹；紫天堂（Heavenly Lavender）株高 20cm，花紫色，花径 6～7cm，早花种
5	阿拉廷（Aladdin）	单瓣大花，株高 30cm，花色多种。其中蓝天（Sky Blue）花鲜蓝色，花径 10cm
6	云（Cloud）	株高 25～30cm。其中红云（Red Cloud）花鲜红色，花径 10～12cm
7	康特唐（Count Down）	株高 7～8cm，花色多样，花径 7～8cm，播种后 60d 开花
8	梦幻（Dreams）	大花群生型品种，株高 18～20cm，抗病品种。其中玫瑰梦（Rose Dreams）花玫瑰红，黄心，花径 8～10cm，抗灰霉病，分枝性强，花期长，观赏性强
9	鹰（Eagle）	矮生种，株高 10cm，花径 9cm，花色多。其中红星（Red Star）鲜红、白双色，呈星状
10	盲珠（Daddy）	花径 10cm，花瓣具深色脉纹，花色有橙、蓝、粉、紫等
11	魅力（Magic）	其中超级魅力（Super Magic）为超大型花，分株性强，株高 10cm，花径 10cm。黄魅力（Yellow Magic）花黄色
12	花边香石竹（Picotee）	双色种，花红、蓝等色，具白边
13	呼拉裙（Hulahoop）	株高 30cm，双色种，早花型，花径 9cm
14	风暴（Storm）	抗雨性强，株型紧凑。其中紫色风暴（Storm Lavender）花淡紫色，花径 7～8cm
15	超级小瀑布（Supercascade）	早花种，分枝性强，花径 10～12cm，适用于吊盆栽培

（续）

序号	系列	形态及特性
16	超级（Ultra）	早花种，适用于室外栽培，花大，花径 10cm。以超级深红星（Ultra Crimson Star）为代表
17	名声（Celebrity）	单瓣丰花，株高 20～25cm，花径 8～9cm，具脉纹。其中蓝冰（Blue Ice）花淡蓝色，具深色脉纹；夏冰（Summer Ice）花橙红色，具深色脉纹
18	地毯（Carpet）	单瓣多花，抗热品种，分枝性强，花紧凑。其中火焰（Flame）花瓣红色，具金黄色喉部
19	蜃景（Mirage）	多花，具脉纹，星状，纯色和双色等
20	好哇（Hurrah）	花朵紧密，花色多样，为荷兰新品种
21	幻想曲（Fantasy）	单瓣密花，株高 25～30cm，花小，属迷你型，花径 2.5～3cm，分枝性强。如'天蓝'（Sky Blue）
22	好时（Primetime）	单瓣多花型，开花早，极多花，开花紧凑整齐，抗病性强，包括脉纹和星状
23	公式（Formula）	为抗病、抗热品种
24	梅林（Merlin）	株高 25cm，早花种，分枝性强，花色多样，从播种至开花需 80d，为抗病品种

三、矮牵牛主要育种方法

1. 引种驯化　引种驯化可在最短时间里迅速而经济地丰富花卉种类和育种原始材料，具有所需时间短、见效快、节省人力物力等特点。我国矮牵牛于 20 世纪初仅在大城市有零星栽培，到 80 年代初，开始从美国、荷兰、日本等国引进较多的新品种，种植开始遍及全国。同时，我国花卉育种家开始自己培育矮牵牛品种，并取得了较好的成就。近年来，由于园艺事业的大量需求，我国又从美国、意大利等国引进大量新品种，并开始了规模生产。

2. 选择育种　矮牵牛为异花授粉植物，可采用多次混合选择法。先引进数量较多的优良品种种子，然后播种，精心培育幼苗，按照育种目标，认真观察其表现的各种性状，不断对植株进行选择。

3. 杂交育种　通过杂交授粉可以把亲本不同性状的有利基因综合到杂种个体上，使杂种个体综合双亲的优良性状。所有 F_1 杂交品种都在花朵大小、植株高度、生长整齐度以及生长习性等方面有很高的一致性，而且在生长势、抗逆性、生产力等方面超越双亲，从而获得某些性状都符合要求的新品种。1930 年日本培育成矮牵牛杂种优势一代，到 20 世纪 70 年代杂种优势利用已较普遍。现在欧美国家生产上推广的品种主要是 F_1 种子。

我国某些种子公司引进国外原种，生产出 F_1 矮牵牛种子，出口到美国、日本、荷兰等国家。北京市农林科学院采用多亲杂交、回交、自交等常规育种技术辅助抗热生理生化指标鉴定和分子标记选择技术，聚集早花、多花、抗热等优良性状，探索抗热优良矮牵牛 F_1 新品种的选育，进展顺利。

4. 诱变育种

（1）物理诱变。通过物理诱变可以有效地改良品种的个别性状，并有可能出现自然界中稀有的新类型。目前应用较多的是采用 $^{60}Co-\gamma$ 射线照射矮牵牛花粉，可引起 DNA 分子单链断裂，干扰 DNA 修复合成，可产生更多的突变，如株高突变等。对矮牵牛种子进行照射，也可促进变异产生。

（2）化学诱变。化学诱变剂处理矮牵牛种子、幼苗或插条，然后培养、选择出优良植株，从而获得新品种。常用诱变剂有甲基磺酸乙酯（EMS）、硫酸二乙酯（DES）、乙烯亚胺（EI）、亚硝基乙基脲（NEH）、亚硝基乙基脲烷（NEU）等。如 Kashikar 以二倍体矮牵牛的白花品系为材料，用甲烷乙磺酸盐（EMS）和 γ 射线处理，使其花色发生突变，从中选育新花色的矮牵牛品种。

5. 倍性育种

（1）单倍体育种。利用矮牵牛花药培养获得单倍体，其操作方法较为简便，已应用到育种上。而利用游离的花粉孢子培育单倍体植株，目前还局限于矮牵牛、烟草、曼陀罗、甘蓝等少数几种植物上。

（2）多倍体育种。利用化学因素诱导多倍体，化学药剂主要有秋水仙素、富民农、萘嵌戊烷等，以秋水仙素效果好、应用多。

利用秋水仙素诱导多倍体的产生，从而选育多倍体新品种，往往具有粗壮、叶大、花器官增大、更加娇艳等特征，这在百合、萱草、马蹄莲、报春花、矮牵牛等花卉上均获成功。用秋水仙素处理矮牵牛种子，可获得多倍体植株，表现为叶片肥厚、花色艳丽、花期长、花瓣增多。常用的浓度 0.01%～1.0%，以 0.2%最常用。秋水仙素通常配成水溶液，也可将秋水仙素配成酒精溶液、甘油溶液，或制成羊毛脂膏、琼脂、凡士林等制剂。在药液中加入 1%～4%的二甲基亚砜作载体剂，提高染色体加倍效果。

6. 生物技术育种　1972 年，美国科技人员从一种耐旱的、高山生长的矮牵牛中分离出染色体，用微型注射器注入栽培种矮牵牛的原生质体中，然后经过细胞筛选，培育出诱变植株。

自从 1983 年首例转基因植物问世以来，矮牵牛成了转基因育种的模式植物，世界上第一例改变花色的转基因育种就是在矮牵牛中成功的，将玉米 *DFR* 基因导入矮牵牛后，产生了淡砖红色花朵的变异，Oud 等以转基因植株相互杂交，最后育出了橙黄色的矮牵牛新品种。1987 年科隆蒲朗克研究院分子育种所应用基因工程，成功地获得了砖红色的矮牵牛。在澳大利亚已成功地得到了转基因蓝色矮牵牛。1996 年，Florigene 公司首次在澳大利亚培育出黄色的矮牵牛。

北京大学植物基因工程国家实验室，首次在我国培育出转基因矮牵牛，开出白色、紫色相间花朵。1996 年，北大生命学院与深圳农科中心合作，开展了花卉花期基因调控项目研究，现在，花期调控基因已经转入矮牵牛和菊花等植物体内，并获得了转基因植物个体。经检测，转基因的矮牵牛开花时间比常规品种提早 2～4d。

目前有关矮牵牛花型的基因已定位。在不久的将来，就会培育出花型大而奇特的花卉新品种。在美国的佛罗里达州培育出切花菊抗病基因植株之后，将抗病、抗虫、抗冻、抗热基因引进到矮牵牛植株中来也指日可待。

7. 太空育种　粉色的矮牵牛搭载返回式卫星诱变，花朵中出现了红白相间的条纹，色彩更加艳丽，花期长，花朵大。

第五节　牡丹育种

牡丹（*Paeonia suffruticosa* Andr）花大色艳，富丽堂皇，号称“花中之王”，素有“国色天香”之誉，是富贵吉祥的象征，为我国十大名花之首，备受人们喜爱。牡丹在我国有着悠久的栽培和育种历史，是我国传统栽培名花，大约在公元2世纪就有记载，在隋朝已育成不少品种。历经唐朝、宋朝，品种更加繁多，至明、清，优良品种已达130多个。新中国成立后，山东菏泽、河南洛阳等地成为全国牡丹栽培中心，目前全国已有品种800多个。

我国是世界牡丹的栽培中心，在世界牡丹育种中做出了突出贡献。牡丹是我国传统的出口花卉，世界上牡丹园艺品种的主要品系最初均出自我国。日本、荷兰、法国、英国、美国等国家都引入了我国的牡丹，并以此为亲本，选育了不少新品种，有的已有青出于蓝之势。因此，需要对牡丹的育种工作引起高度重视。

一、牡丹育种目标

1. 培育色彩更艳、花径更大的品种　牡丹以花大色艳著称，因此应培育特点更加突出的牡丹品种。长期被视为珍宝的古老品种，如‘姚黄’、‘魏紫’、‘赵粉’等已经落后，如法国已选出了一批黄色品种，称为Lemoine系，其花大色艳，远非‘姚黄’可比。

2. 培育生长更为迅速的类型　牡丹植株生长慢，休眠期长，在短时间内难以达到较好的绿化、美化效果，而且从种子播种到开花期间，幼苗生长慢，营养生长期长，开花晚，也影响了栽培的效果，降低了栽培价值。因此，需要培育生长快、开花早的品种。

3. 培育抗性强的品种　牡丹性喜温暖、凉爽气候，不耐酷热和严寒，喜疏松肥沃、排水良好的沙壤土，忌盐碱和黏土，其抗旱性、耐涝性都较差。因此，牡丹对环境条件的要求较高，对不同环境的适应性较差，从而限制了牡丹的栽培和应用。所以，培育抗性强、适应性强的牡丹品种是育种任务之一，使牡丹在抗寒、耐热、抗病虫、抗不良土壤等各方面有所突破。

4. 名贵品种的改良　目前所栽培的名贵品种有的存在某些缺点，如‘昆山夜光’、‘银粉金麟’、‘银麟碧珠’等有叶里藏花现象，即花梗低矮，为叶片遮藏；有些品种花头低垂，如‘葛巾紫’、‘紫垂楼’、‘脂红’、‘豆绿’等都必须改良，提高其观赏价值。

5. 培育适于切花栽培的品种　世界上鲜切花销售量是非常大的，随着经济的发展，人类物质文明和精神文明的提高，鲜切花将有更广阔的市场。牡丹花大色艳，深受人们的喜爱，作为切花，将会有更大的栽培价值，但是目前适合切花栽培的品种极少。因此，培育花茎长、花期长、四季开花、瓶插时间长、生长快、产花多、耐贮运的牡丹品种是育种的一个紧迫任务。

二、牡丹种质资源及分类

毛茛科芍药属植物约有33种，分为3个组：牡丹组、芍药组和北美芍药组。牡丹组又分革质花盘和肉质花盘2个亚组。现将与牡丹育种关系密切的主要种质资源简述如下。

1. 革质花盘亚组　该亚组为落叶灌木，多为二回三出复叶，小叶9枚、15枚或更多，小叶卵圆形至卵状披针形；花单生枝顶；花盘革质，心皮被毛。其中包括：

（1）牡丹。栽培种，株高0.5～2m。根肥、肉质，深可达1m。花大，直径10～30cm，单瓣或重瓣，常为黄、白、紫、深红、粉红、绿、墨紫、玫瑰等色。蓇葖果卵形，顶端具喙，密被黄褐色粗硬毛。叶互生，二回三出复叶，具长柄。花期5月，6月果熟。花两性，但有些重瓣栽培品种的雌雄蕊可能退化而发育成花瓣。目前观察的品种大部分为二倍体，$2n=10$，仅'首案红'为三倍体。本种性喜温暖，不耐夏季高温、高湿，也不耐严寒，在江南和寒冷地区生长、开花不良。现栽培的品种多数属于此种或其杂交种，主要分布于我国中原一带。

（2）矮牡丹。为牡丹的变种。株高0.5～1.2m，当年生枝淡绿色带褐红晕，皮孔不明显，二年生枝灰色，皮孔细点状，黑色。二回羽状5小叶复叶。花单生枝顶，白色至淡粉色，半重瓣，花径较小。花期4月下旬至5月上旬，8～9月果实成熟，自然结实率较高。其适应性与牡丹相近。分布山西西南部的稷山、永济、蒲县及陕西中北部的延安、铜川、宜川、耀县等地，海拔1 000～1 500m。

（3）卵叶牡丹。与矮牡丹相近，株高60cm，本种具严格的二回三出复叶，小叶数目均为9，卵形或卵圆形，较大，上面多晕紫红色，通常全缘。花粉色或粉红色，花期4月下旬至5月上旬。该种仅见于湖北保康及神农架一带，海拔1 600～2 000m。

（4）杨山牡丹。株高1.5m，小叶15枚，窄卵状披针形。花白色，花瓣基部有淡色晕。花期4月中下旬，$2n=10$。分布于秦岭山脉，从湖北保康向南到湖南西北部，河南西部，陕西南部至甘肃东南部。

（5）紫斑牡丹。株高1.5m。茎直立，通常节间较长，茎下部为二回羽状复叶，具长柄。茎上部为一回羽状复叶。花单生枝顶，花径约14cm，花瓣白色，基部具黑紫色斑点，约10枚。心皮5～8，自然结实率高，花型、花色较丰富。花期5月，果期8～9月。$2n=10$。抗性比栽培的牡丹品种强。该种分布于秦岭山脉、陕甘黄土高原以及湖北西北部的神农架林区。

（6）四川牡丹。株高1～1.5m。各部均无毛，茎皮灰黑色，当年生枝紫红色，二年生以上枝条表皮片状剥落，灰白色。叶片多为三至四回三出复叶，叶裂片较小，两面无毛。花单生枝顶，花瓣9～12枚，花淡紫色至粉红色，花盘包住心皮一半以上，心皮4～6，无毛，花药黄色，花丝白色，花径8～14cm。花期4月下旬至5月上旬。$2n=10$。分布于四川马尔康、金川及茂县、汶川一带，海拔2 600～3 100m。

2. 肉质花盘亚组　该亚组也为落叶亚灌木，全体无毛，老枝片状剥裂。二回三出复叶，羽状分裂，裂片又披针形至线状披针形，每枝着花2～3朵或更多。花盘肉质。紫牡丹、黄牡丹、狭叶牡丹具地下茎，为兼性繁殖。

（1）紫牡丹。株高1.5m。当年生小枝革质，暗紫红色，基部具10余枚鳞片。花2～5朵，生于枝顶或叶腋；花径6～8cm，花瓣9～12枚，红色至红紫色，基部稍深，具光泽；花盘肉质，包住心皮基部；柱头紫色，花丝深紫色。花期5月，果期7～8月。美国曾以紫牡丹与其他牡丹杂交，选育出多个种间杂种。花朵呈深紫红色至深褐色。本种分布于云南西北部及四川西南部，海拔2 300～3 700m。

（2）狭叶牡丹（保氏牡丹）。紫牡丹变种，株高1.0～1.5m，茎淡绿色或灰绿色，无毛。叶对生或近对生，二回三出羽状复叶，小叶3～5深裂，裂片狭披针形。花红色至红紫色，稀白色。花期5月。本种与紫牡丹及黄牡丹亲缘关系较近。分布于四川西部巴塘、雅江、道孚、康定一带，海拔 2 300～2 800m。狭叶牡丹有 1 变种、1 变型。变种金莲牡丹，花金黄色，花冠钟形，花头直立，具香味。见于云南维西、丽江海拔 1 900～2 500m 的山地；变型银莲牡丹，花白色，芳香，见于云南丽江东部。

（3）黄牡丹。株高 1.0～1.5m，茎圆形，灰色，无毛。花黄色、黄绿色，叶二回三出羽状复叶，互生，纸质；枝端着花 1～3 朵，近顶部的 2～3 个叶腋内也常有花，极少有单花。花径 4～6cm，花瓣黄色，5～12 片，瓣基深紫红色，花药橙色，花丝淡黄色；心皮通常 3 枚；花期 4 月下旬至 5 月上旬。自然结实率高。是黄色品种育种的珍贵材料。该种分布较广，见于云南中部北部及西南部、四川西南部、西藏东南部，海拔 2 500～3 500m。

（4）大花黄牡丹。黄牡丹的变种，灌木，植株高大健壮，株高 2m，栽培条件下可达 2.4～3m，形成一个繁茂株丛。叶大，小叶裂片较宽。花大，金黄色，花瓣 5～8 片，倒卵圆形，较开展，有些植株着花较少或叶里藏花；花径 10～13cm，心皮仅 1～2 枚。可孕，花期在 4 月下旬至 5 月中旬，果实 9～10 月成熟。分布于西藏东南部米林、林芝一带，海拔2 700～3 300m。

三、牡丹花器构造与开花习性

牡丹为两性花，花径 10～30cm，为大型花。花单生当年生枝顶部，但有的种类在枝顶以下 2～3 个叶腋内常有花芽。花色分为白色、黄色、粉色、红色、紫色、墨紫色、雪青色、绿色八大色系。有单瓣、半重瓣和重瓣品种。单瓣及半重瓣品种一般具有正常的雄蕊和雌蕊，自然结实率较高。而重瓣品种常发生雌蕊、雄蕊瓣化现象，有的结实性差或不能结实。

牡丹的开花期因品种而异。一般早花品种在 4 月下旬至 5 月初；中花品种在 5 月上旬至 5 月中旬；晚花品种在 5 月中旬至 5 月下旬；冬花品种主要是寒牡丹类，我国数量较少，日本有少量品种。牡丹的单花开放时间较短，多数 7～10d，重瓣品种比单瓣品种持续时间要长。牡丹单花初开时，其雄蕊已经成熟，部分品种在初开的第一天就开始散粉，多数品种在初开的第二天散粉，少数品种在第三天散粉。花瓣完全张开时，进入盛花期，此时花径最大，花型花色充分显现，散发香味，雄蕊干枯，柱头上分泌大量黏液，时间 3～8d 不等，此时为人工授粉最佳时间。谢花时，雄蕊脱落，柱头上黏液减少以至硬化，但少数品种此时才开始分泌黏液。牡丹以异花授粉方式为主，但自交是亲和的，即有一定的自交结实率，但要比自然杂交授粉结实率低得多。牡丹花粉有较强的生活力，在温度 5℃、相对湿度 70％条件下，可贮藏 80～90d。实生苗的花粉生活力比营养繁殖植株上的花粉更强。

四、牡丹主要育种方法

1. 引种驯化　我国牡丹野生资源丰富，分布广泛，种类繁多，为引种驯化提供了有利的条件。而且，目前世界各国，特别是日本、法国、英国、美国的牡丹育种工作发展迅速，已育出了许多优良品种，也是我国引种的对象，引种可较快地丰富我国牡丹品种资源。对于我国野生牡丹资源，应加强调查、收集、保存和研究工作。对优良的类型，可直接驯化为栽培品种；对于有特殊价值、综合性状较差的类型，应通过杂交育种或其他育种方法，导入栽培品种。同时各地还应做好优良品种的相互引种。近二十几年来，我国华北、西北、西南一些植物园及牡丹产区开展了牡丹野生种的调查引种工作，大花黄牡丹、紫牡丹、黄牡丹、狭叶牡丹、四川牡丹、紫斑牡丹、杨山牡丹、矮牡丹等都有引种。其中，以甘肃兰州引种成就最大，大部分种获得了成功。菏泽、洛阳多次从全国各地引进牡丹品种，其中，引进最多的是甘肃兰州、陇西一带的牡丹，其次为湖北建始、四川彭州。从这些地方引种牡丹到洛阳、菏泽大多表现正常。日本牡丹在中原一带引种表现基本正常，兰州引进的'金帝'、'金晃'、'金阁'等品种表现基本正常。

2. 选择育种

(1) 芽变选种。牡丹的芽变选种具有悠久的历史。如洛阳花农 1962 年从'洛阳红'的芽变中选出了'关公红'、'鹤顶红'等品种；山东菏泽 1971 年从'乌龙捧盛'的芽变中选出了'玫瑰红'，其观赏品质优于原品种。由于中原牡丹栽培历史悠久，遗传基础复杂，在大量的栽培品种群体中往往可以发现某些品种个别单株的株型、叶型、花型、花色、抗逆性等性状的变异。将优良单株单独繁殖、鉴定，可望获得新的优良品种。

(2) 实生选种。由于自然杂交，使牡丹的自然种子后代具有广泛的变异，实生选种具有很大潜力。陈德忠、李嘉珏（1995 年）根据多年紫斑牡丹品种选育的实践，总结了如下经验：①初开花时，雄蕊多达 100 枚以上时，以后多是单瓣花；②初开花时雄蕊少，花瓣也少的，以后多为重瓣；③花色从初开起，以后很少变化；④有些重瓣品种不易结实，或结实但种子较弱，其实生苗也较弱，但往往有较高观赏价值的植株；⑤花瓣的大小、多少及香味浓淡与水肥条件、栽培措施密切相关。

3. 杂交育种

(1) 育种目标。要根据现有品种存在的问题、市场需求以及种质资源实际情况，制订切实可行的育种目标。例如，在中原一带，牡丹育种的重点应是提高观赏品质与抗病性，兼顾其他性状的改良；在江南一带，则耐湿热育种应是主攻方向；而东北地区，抗寒育种则是首要任务。

(2) 杂交亲本的选择与配置。育种目标确定后应注意杂交亲本的选择，配置杂交组合。亲本应该具备育种目标所需要的突出的优良性状，双亲之间的优缺点能相互弥补。在远缘杂交的情况下，杂交育种所用母本更需要慎重对待。同一品种群内不同品种与其他种的杂交亲和性往往有较大差异。选用杂种作母本，有可能获得较好的结果。此外，野生种应用潜力很大，如丰富花色、延长花期、增强抗性等育种问题，均可利用野生种质资源加以解决。

(3) 提高杂交结实率和杂种成苗率。为了提高杂交结实率和杂种成苗率，通常可采取的措施有：

①多次重复授粉：在母本雌蕊成熟前，先授一次父本的花粉，以增加亲和性，待母本成熟时，继续授粉 1～2 次，也可运用包括母本花粉在内的混合花粉，以提高结实率。

②化学处理：授粉前后在柱头上喷一定浓度的硼砂或激素，提高花粉的萌发能力及与柱头蛋白的亲和力，促进结实。

③杂种胚培养：通过对杂种胚的培养可有效地克服远缘杂交种子发育不正常的困难。

④花期调控：杂交亲本花期不遇，可通过温度调控等措施调节花期，收集早花品种的花粉，

妥善贮藏，给中晚花品种授粉，也可解决花期不遇的问题。

⑤加强杂种培育：杂种苗来之不易，选择又希望有较大群体，因此，加强对杂种苗的培育，有利于提高杂交育种的成功率。

4. 诱变育种　辐射育种，通过选择射线适宜的照射剂量，对牡丹种子或幼苗进行辐射处理，可产生优良变异。对花粉进行处理后，立即授粉，也可使产生突变的花粉将突变性状传给后代。产生变异后，进行细致周密的选择，通过进一步的培养，就可获得优良品种。据山东农业大学试验，用^{60}Co照射牡丹种子，1.29C/kg以上剂量为致死剂量，1.03C/kg左右为临界剂量或半致死剂量（喻衡，1990年）。此外，对花粉进行辐射处理有可能提高远缘杂交的亲和力。

5. 倍性育种　牡丹细胞内的染色体大，数目少，大多数牡丹的种及品种是二倍体，是用于倍性育种的好材料，对牡丹进行秋水仙素溶液处理，可获得多倍体。可用药液浸泡牡丹的种子，也可用滴液法处理茎尖生长点。通过花药，可得到单倍体植株。

第六节　月季育种

月季（*Rosa*）为我国十大名花之一，在我国有着悠久的栽培历史。月季花大色艳，适应性强，四季开花，香味浓郁，花色丰富，品种繁多，是世界上应用最为广泛的园林植物。特别近年来，由于各国育种家的不断努力，新的优秀品种不断涌现，更加繁荣了月季庞大的家族。据资料表明，世界上的月季品种已有2万多个。

一、月季育种目标

1. 花色更加艳丽丰富　花色是月季的重要观赏性状，要求花色艳丽柔和，如选育白色、黄色、中间花色和各种混色、复色类型的新品种。同时还注意蓝色、黑色、绿色、变色等珍奇花色品种的选育。

2. 花型更加美观　月季花型也是重要的观赏性状，一般要求花大形美，适度重瓣，花瓣抱合，紧密度适中。翘角高心品种，花瓣要求长阔瓣，瓣肉中间厚，主脉粗而明显，分叉次数多，瓣缘薄，卷边。磐口杯状品种，花瓣要求圆阔瓣，瓣肉要中间、边缘厚度差异小，主脉分叉次数少。

3. 香味浓郁宜人　许多月季品种芳香诱人，但现代月季的香味还比不上麝香蔷薇和突厥蔷薇那样芳香、浓郁。要求培育香味浓郁、芳香宜人，香精油含量高，油质好的品种。不仅可以提高观赏品质，还可以提取香精油，增加经济价值。

4. 株型丰富多姿　月季株型有藤本、灌丛、树型、矮生、微型等类型。对藤本月季，要求生长势强健，寿命长，藤蔓高，分枝多，花头紧密，花型美，香味浓，花期长，四季常开。对树型月季，要求分枝多而紧密，花大色艳，树型直立，茎干粗壮，独干性强，花头繁密。对微型月季，要求植株矮小，株高10cm以下，花头多，花型美，色彩艳丽，香味浓郁，四季勤开。

5. 抗性更强，适应性更加广泛　月季有较强的适应性，但在寒冷季节或高温多湿的季节会出现生长不良、病虫害增多、开花较差的情况，为提高月季的观赏期和适应性，要加强抗性育种，培育抗寒、高温多湿、白粉病、黑斑病、根癌病、抗蚜虫、螨类的新品种。

6. 更适于切花栽培　月季是世界四大切花之一，销量大，价格高，目前已有许多切花品种。要求茎秆粗壮、高大、挺直，叶色光亮，无刺或少刺，花型美观，高心翘角状或高型杯状大花，花色艳丽，花瓣厚韧，香气浓郁，花头多，水养时间长，耐贮运，抗病虫，适于露地栽培或温室栽培，切花产量高。

二、月季种质资源及分类

月季属蔷薇科，蔷薇属，种类繁多，类型丰富。我国俞德浚在《中国植物志》记述了中国原产和引进的82个种，英国的Lindly记载了281个种、亚种、变种，美国月季协会登录了250个种。月季可分为古代月季和现代月季，一般1867年以前的月季统称为古代月季，1867年以后育成的品种称为现代月季。实际上，这两类相互交叉，有时难以分清。但对于育种者只要其遗传性状符合育种的需求，不论什么种类都可利用。蔷薇属的染色体基数是7，从二倍体到八倍体都有。

（一）古代月季

1. 月季花　落叶或半常绿灌木，枝梢开张，枝条常具有基部膨大的钩状皮刺，叶柄及叶轴上亦常有散生皮刺。奇数羽状复叶，小叶3～5枚，也有7小叶者，长卵圆形或宽卵圆形，缘具粗锯齿。花单生或数朵簇生，单瓣或重瓣，有各种颜色。花期4～11月，花径约5cm。其变种有小月季、月月红、绿月季。

2. 法国蔷薇　四倍体，原产法国，为法国生产玫瑰油的材料。小灌木，枝具钩刺、刚毛和腺毛，小叶3～5枚，叶厚而有皱，叶背有短柔毛。花径5～7.5cm，单生或2～4朵簇生，淡红色或玫瑰红色，芳香，夏季开花。

3. 香水月季　原产云南，常绿或半常绿灌木，枝长，近蔓性，具细钩刺。小叶5～7枚，无毛，花单生或2～3朵簇生，单瓣或重瓣，花径5～8.5cm，花有各种颜色，香味浓，夏秋开花。

4. 突厥蔷薇　四倍体。直立强壮灌木，枝有钩刺。小叶5枚，也有7小叶者，叶面光滑，叶背密生柔毛。伞房花序6～12朵，聚生。花粉红至红色，单瓣或重瓣，香气浓，花径5cm左右，花期在夏季，为提取玫瑰油的材料。

5. 麝香蔷薇　树型为茂密藤本，枝长可达12m，枝条棕绿色，刺弯，散生，呈扁阔形。小叶5～7枚。花白色，花径3～5cm，单瓣5枚，芳香，常7朵以上聚生呈伞房花序。花期6～7月。

6. 光叶蔷薇　蔓性灌木，落叶或半常绿，伏地蔓生，茎长3～5cm，散生钩刺，羽状复叶5～7枚，叶浓绿色有光泽。小花多数，簇生，纯白色，花径3～5cm，有香味，夏季开花。是培育藤本月季的重要亲本。

7. 多花蔷薇　亦称野蔷薇，落叶小灌木，小叶7～9枚，倒卵形至椭圆形，两面有毛，托叶栉齿状，花多数密集成圆锥形伞状花序。花白色，单瓣或半重瓣，萼片花后翻卷，花期5～6月。耐寒性强。原产中国及日本。其变种有粉团蔷薇等。

8. 巨花蔷薇 藤本，冠径可达15m。花白色，芳香，单瓣大花，花径10～13cm，是培育大花品种和大型植株品种的优良材料。

9. 洋蔷薇 又称百叶蔷薇，四倍体。灌木，刺散生。羽状复叶5～7枚，长圆形，叶面无毛，叶背有柔毛。花较大，单生，重瓣性强，具芳香，粉红色或玫瑰红色，花瓣多抱合呈甘蓝状。原产高加索。其变种有绿苔蔷薇。

10. 异味蔷薇 又称臭蔷薇，四倍体。树型直立，灌木，枝条栗褐色，刺少。羽状复叶5～9枚，卵形。花单生，也有数朵聚生，花径5～7cm，单瓣5枚，深黄色，异味强烈，花期6月。原产西亚。其变种有双色蔷薇、波斯臭蔷薇。是黄色及复色月季品种的良好育种材料。

11. 硕苞蔷薇 又称具苞蔷薇，常绿灌木，半蔓生，刺弯曲，常对生。羽状复叶5～9枚。花白色，花径5～7cm，单瓣5枚，具芳香，单生枝顶，具大而有齿苞片。萼片密背丝光绒毛。花期5～7月。原产华南。

12. 密刺蔷薇 又称苏格兰蔷薇，四倍体。矮小灌木，高约1m，叶小，花有白色、淡黄色、桃红色等，单瓣5枚，花径35cm。花期5～6月。原产欧洲和亚洲。耐寒、耐旱，抗性较强。

13. 黄蔷薇 树高2～3m，茎深褐色，顶部分枝，下部多刺毛，具直刺。小叶7～13枚。花淡黄色，花径5cm，单生，花期5～6月。原产我国中部。

14. 木香 树型为强壮藤本，株高6m以上，有短小皮刺或几乎无刺。羽状复叶3～5枚，有光泽。花白色或黄色，单瓣或重瓣，花径2～3cm，浓香，花期4～5月。原产中国。是大型植株、藤本、浓香等性状的育种材料。

15. 玫瑰 直立灌木，高约2m，密刺，混生刚毛，叶互生，奇数羽状复叶，小叶5～9枚，叶椭圆形至倒卵圆形，叶面深绿色，无毛，叶背有白粉及柔毛，叶缘有锯齿。花单生或数朵聚生，玫瑰红色或白色，花径6～8cm，单瓣或重瓣，具有浓郁的玫瑰香味。花期5～6月。此种是培育抗旱、抗寒、抗病和提取香精油品种的良好材料。

16. 华西蔷薇 六倍体。树型直立，高3～4m，枝条光滑少刺，羽状复叶7～13枚。托叶带紫色，边缘有锯齿，花血红色，花径3～7cm，单生或两朵聚生。花期6月。原产中国西南。

17. 黄刺玫 直立灌木，高2～3m，枝粗壮密集。小叶7～13枚。花单生，黄色，单瓣至重瓣，花径3～5cm，花期4～6月。是耐旱、抗寒、抗病黄色花的育种材料。

18. 弯刺蔷薇 灌木，高1.5～3m，分枝较多，有对生或散生浅黄色镰刀状皮刺。花数朵聚生成伞房状或圆锥状花序，极少单生。花白色，单瓣5枚，花径3cm左右，花期5～7月。原产中国、伊朗、阿富汗。是耐寒、抗旱、聚花等性状的育种材料。

19. 刺蔷薇 八倍体。灌木，高1～3m，小枝红褐色。花单生或2～3朵聚生，粉红色，芳香，花径3.5～5cm，单瓣5枚，花期6～7月。分布亚洲东北部、北欧、北美。是倍性育种、抗寒育种材料。

（二）现代月季

现代月季是多种亲本的杂种后代，品种繁多，各品种的遗传性状组成十分复杂，各国的月季组织分类的依据不尽相同，因此有多种分类系统，有的按照原始种的特征分类，有的按花的特征分类，有的按照商业名称分类。而且，月季资料大多来自国外，在外文翻译成中文时，又增加了复杂性。1979 年，世界月季协会联合会批准的《月季园艺分类法》中，将现代月季分为 2 大类：一是非藤本类，又分为一季开花的灌丛和连续开花的灌丛、矮丛及微型月季；二是藤本类，包括一季开花的蔓性蔷薇、藤本蔷薇、微型藤本月季和连续开花的蔓性月季、藤本月季及藤本微型月季。现代月季中栽培月季主要有以下几种类型。

1. 杂种茶香月季　在现代月季中占大多数，最初是杂种长春月季、中国的月季花及茶香月季反复杂交的后代。经过育种专家们进行多种亲本组合的杂交育种，已经成为一个十分庞大的群体，现有品种 2 万以上。第一个品种是 1867 年育成的‘法兰西’。其特点为：植株紧凑，高度一般 60～150cm，植株高大挺拔，枝条粗壮挺直，花单生，大型花，直径一般大于 10cm，重瓣，花型优美，花色丰富多彩，芳香浓郁，四季开花。既适宜于园林绿化环境，又适宜作切花种植。如‘和平’、‘明星’等。

2. 丰花月季　又称聚花月季。是由杂种茶香月季与小花矮灌月季两群的品种之间杂交育成的。第一个品种是 1908 年育成的‘欧秦’。其特点为：植株紧凑，生长势强壮，分枝多，高度一般 60～150cm。开花时形成大而密的花束状伞房花序，花朵较小，单瓣或重瓣，花径一般 5～10cm，花的中间不具有茶香月季那样高耸的花心。花色丰富，有白色、深红色、粉红色、紫色等，还有多种复色花。目前，丰花月季品种不断增加，因此有较多的品种，如‘杏花村’、‘纯金’、‘独立’、‘玛丽娜’等品种。

3. 大花月季　是由杂种茶香月季和丰花月季杂交育成的，1946 年育成第一个品种‘伊丽莎白女皇’。其特点是：植株比杂种茶香月季更高大，更健壮，长势更强盛。花朵的品质接近于杂种茶香月季，花大型，花径 10cm 以上，一枝常多花聚生。抗病性、抗寒性较强，花色有暗红、纯红、粉红、橙红、杏黄等。1972 年美国已记载 40 多个品种，如‘白雪山’、‘金巨人’、‘法国小姐’等品种。

4. 微型月季　高度一般不超过 30cm，植株矮小，枝条较细、较短，花小、叶小，花径 3cm 左右，多为重瓣。枝密花多，常成束开花。花色丰富，有暗红、深红、黄色、白色、白色红边、白色泛黄、玫瑰紫、粉红、橙红、橙色等，四季开花。其亲本可能是中国小月季。目前已有 500 多个品种，如‘微型金星’、‘红宝石’、‘白仙’、‘微型假面舞会’等品种。

5. 藤本月季　枝条粗壮，茎长呈藤状，长 5～6m，可达 10m。一季开花或四季开花，花单生或簇生。藤本月季来源于野蔷薇、光叶蔷薇、麝香蔷薇、波邦蔷薇及其他种类的藤本类型，也有些来源于茶香月季的藤本类型或其杂交后代。如‘藤和平’、‘藤光荣’、‘亨德尔’等品种。

6. 灌木月季　是园林绿化中最常用的类型。其来源非常复杂，是许多亲本的后代，新品种不断出现。其特点是：植株在紧凑型和松散型之间，高度一般超过 150cm，花期长，一季开花或四季开花。灌木月季包含了许多现代月季品种、古代月季品种或各类变种、杂交种。

7. 蔓性月季　由蔷薇、中国的月月红及诺瑟特蔷薇反复杂交得到，每年从植株基部抽出较多的茂盛长蔓，长可达 4～6m，茎枝匍匐生长，花多朵聚生，成束开放，多为一季开花。抗逆性较强。如‘道潘金’、‘猩红蔓性蔷薇’等品种。

8. 多花矮灌月季　或称小姐妹月季，植株紧凑，矮生灌木，花小，多花，叶小，枝细，重瓣，花多朵簇生，四季开花，抗逆性较强。

三、月季遗传性状及开花习性

（一）遗传表现

1. 树姿的遗传　藤本品种与矮生品种杂交，后代全部表现为藤本，藤本为显性性状，矮生为隐性性状。

2. 花期的遗传　一季开花品种与四季开花品种杂交，后代全部表现一季开花，一季开花为显性性状，四季开花为隐性性状。

3. 香味的遗传　浓香与不香品种杂交，后代全部有不同程度的香味。浓香品种之间杂交，后代多数浓香。香味为数量遗传性状，遗传力较强。

4. 皮刺的遗传　有刺品种与无刺品种杂交，后代全部有刺。有刺为显性性状，无刺为隐性性状。

5. 花色的遗传　花色的遗传也表现为明显的质量性状遗传。红色对白色、黄色为显性；朱红对粉红为显性；大红对粉红、橙黄为显性；金黄对粉红、黄色为显性；但有时后代会表现双亲的中间色，如有的黄色品种与深红品种杂交，后代可能为桃红色。

6. 抗寒性的遗传　抗寒品种与不抗寒品种杂交，后代多表现中等抗寒程度，也有接近抗寒亲本的后代。用抗寒品种作母本，后代的抗寒性较强。

7. 抗病性的遗传　抗病品种与不抗病品种杂交，后代50%以上都表现抗病，有的高达100%。不抗病品种之间杂交，后代不抗病，少有抗病的后代抗黑斑病遗传力大于抗白粉病的遗传力。

（二）开花习性

月季为两性花，由花托、花萼、花冠、雄蕊、雌蕊5部分组成，着花在新梢顶部，每花枝可着生一朵或数朵。可分为大型花（>10cm）、中型花（6～10cm）、小型花（3～5cm）、微型花（<3cm）。花冠由5～90片花瓣组成，分为单瓣、半重瓣、重瓣类型，花色丰富，有的具有浓香。一般单瓣及半重瓣品种结实性强。重瓣品种有的雄蕊瓣化或雌蕊瓣化，常发生雄蕊不正常或雌蕊不正常现象。雌蕊30～70枚，簇生于花托中央。月季有一季开花类型和四季开花类型，春季花期通常在4月下旬至6月中下旬。杂交育种应选第一批春花盛期为宜，此期开花稳定，花期容易相遇，授粉后结子率高，种子发育饱满、充实。

月季每朵花的开花期可分为开花初期，即含苞待放，外轮花瓣有1～2片展开；开花盛期，即花瓣展开，刚刚露出雄蕊和雌蕊，雄蕊开始散粉，雌蕊柱头分泌黏液；开花末期即雄蕊花柱枯萎，花瓣松散。杂交育种一般在开花初期去雄，在开花盛期授粉。

四、月季主要育种方法

1. 引种　可以引进优良的野生类型，通过人工驯化，直接用于园林生产，或引进野生的类型作为育种原始材料。也可以直接引进国外或外地的优良品种服务于当地的园林事业。目前，我国大量的月季品种都是从国外引进的，为我国园林绿化、生产栽培起到了重要作用。

引种的品种和数量可根据需要进行。如果要建立切花生产基地，则应引进切花品种，引进数种或数十个品种即可。如果要建立月季品种园，则应引进各种不同的品种，引进品种可达数百种或数千种。如果要建立月季繁育圃，则应根据生产需要或园林绿化需要，引进适合大量生产栽培的品种。引种应依据引种的原则和引种的程序进行。

2. 选择育种

（1）芽变选种。月季在生产栽培过程中，由于自然因素或内部因素的影响，其遗传物质可发生变异，引起体细胞突变，出现芽变。尤其是花色、株型芽变频率较高。特别是现代月季，更容易发生芽变。因此，经常做细致的观察，特别是花期，应对花色、花型、瓣形、株型做重点观察。例如，'东方欲晓'是从'伊丽粉'中选出的芽变，'藤墨红'是从'墨红'中选出的芽变，'芝加哥和平'是从'和平'中选出的芽变。

芽变性状可以表现在某一植株的某一枝条上，也可能某一个植株全部表现芽变性状。如果发现了月季的优良芽变，可以通过嫁接、扦插、组织培养等无性繁殖方法繁殖、鉴定，从而选育出新的品种。

（2）实生选种。有些月季品种在自然条件下，由于自然授粉而产生种子。可有计划地保留某些优良品种的花朵，任其接受其他品种的花粉，使之结子，种子成熟后，及时采收、处理、播种，然后培育、选择出优良植株。再通过繁殖、鉴定，从而选育出优良品种。这样的品种只知母本，不知道父本，为自然杂交种。用实生选种的方法简便易行，省时省力，速度快，工效高。

3. 杂交育种　是目前月季育种应用最多，效果最好的方法，已有百年的历史。

（1）亲本选择。亲本应具备育种目标所要求的优良性状，双亲之间的优缺点要相互弥补，优良性状要突出。一般可选用综合性状优良，仅有较少缺点的品种为亲本。

根据月季各性状的遗传表现，如果目标性状是显性性状，则双亲之一具有该性状即可，若目标性状为隐性性状，则双亲都要具有该性状。同时，应选目标性状遗传力大的品种为亲本。

选用雌蕊正常、结实性好的品种为母本，雄蕊正常、花粉育性好的品种为父本，最好父母本花期相遇。亲本还应具备生长健壮、抗性强、无病虫害、观赏品质优良等性状。

（2）杂交技术。

①去雄：当母本花蕾将进入开花初期时进行去雄工作。一般以上午 8：00～10：00 进行。用刀片或小镊子去掉花冠，再去掉雄蕊，去雄要彻底、仔细，不碰破花药，不碰伤雌蕊。去雄后要套袋隔离。

②采粉：在父本开花初期，去掉花冠，采收花药，放入容器或纸上在室内晾干，使花药自然开裂，花粉散开备用。

③授粉：一般在母本去雄后的第二天上午 8:00～10:00 进行。此时母本的柱头分泌黏液，发亮。用授粉工具如毛笔、小棉球等蘸取父本的花粉涂抹于母本的柱头。第二天和第三天，用同样的方法再授粉 2 次。每次授粉后，都要立即套袋隔离。然后挂牌，注明杂交组合名称、授粉日期。授粉后 7～10d，如花托膨大，则说明杂交成功，可除去纸袋。

（3）采种育苗。授粉后，经 4～5 个月种子成熟，表现为果实由绿色变为橙黄色、橙红色或褐色。采出种子后，洗净，然后在1～5℃低温下沙藏50～60d，沙藏后立即播种。播种时，应按不同的杂交组合，分别播种，并插牌标记。种子出苗后要加强管理，以利优良性状的表现。

(4) 移栽选择。当幼苗长出3～5片真叶时，按杂交组合分别移植于圃地，并加强肥水管理和土壤管理，使之生长健壮。当月季开花时，可进行初选，按照育种目标，选优去劣，直到选育出性状稳定、表现优良的新品种。为加快选择和繁殖，可把优株枝条进行嫁接或扦插。

4. 诱变育种

(1) 辐射诱变育种。用于诱变的射线种类有X射线、β射线、γ射线和中子等。目前多采用^{60}Co的γ射线进行诱变，可处理月季的枝芽、种子、花粉、幼苗等。

月季辐射处理可选用综合性状优良的品种或选用个别优良性状特别突出的品种。适宜的处理剂量，生长状态的植株、枝芽一般为0.52～1.03C/kg，沙藏的种子一般为1.03～1.29C/kg，休眠状态的植株、枝芽为0.77～1.03C/kg。处理后，植株进行定植，枝芽进行嫁接或扦插。处理过的材料生长出新枝或长成新的植株后，认真培养，使之开花，然后选出突变类型，再对突变类型进行无性繁殖和鉴定，从而培育出新品种。

(2) 多倍体诱变育种。对月季的种子或正在生长的茎尖，用秋水仙碱处理，可获得染色体加倍的植株，从而选育出多倍体的品种。秋水仙碱的处理浓度一般为0.05%～0.8%，处理时间为数小时至数十小时。对种子可用浸渍法，即用药液浸泡种子，经过一定时间，用清水将种子洗净播种。对茎尖可用滴液法，即间隔一定时间，将药液滴在茎尖上，每处理可滴数次。

处理后，经过一定时间进行观察，如果发现被处理者生长明显高大、粗壮或花大、叶大，则可能是诱变成功，已经产生了多倍体植株。再经过鉴定、繁殖，新的多倍体品种就此诞生了。

5. 生物技术育种　采用遗传技术，通过体细胞融合、染色体重组、基因转移等方法，培育出新品种。目前还处在试验阶段。有资料表明，澳大利亚、日本正在进行蓝色月季的育种工作，即将其他植物的蓝色基因导入月季细胞中。

第七节　山茶育种

山茶花（*Camellia japonica* L.）是名扬国内外的珍贵名花。它有悠久的历史、优美的姿态、娇娆的花容、艳丽的花色，在园林绿化、美化事业上有广泛的应用前景。

山茶花适应性强，病虫害少，栽培繁殖容易，是花之寿者。评价一种花的质量标准，一般讲究色、香、形、韵。从花色来看，山茶花不及月季色彩丰富；就香味来讲，还缺乏迷人的芳香。这些都是育种工作亟待解决的问题。

一、山茶育种目标

1. 花色　山茶花的花色从深红到白色，色彩丰富，以前没有黄色和青紫色。为了寻觅黄色山茶，许多学者、专家们历尽千辛万苦，跋山涉水而无所获。西方为培养黄花山茶努力了近20年，均未获得成功。山茶花培育者们追求现代月季品种所具有的一切，试图从现有山茶花品种中育出黄色品种，用变异性很大的山茶作育种的砧木，用一些带有黄色、橙色和奶油色迹象的品种进行试验，得到的都是典型的中心花瓣浅黄，外瓣白色或灰白色的品种，均非黄色。

1960年，我国首次发现了金色茶花。它与山茶是同属但不同种的一个新品种，我国植物学家把它定名为金花茶。金花茶呈硫黄色，叶长而宽，花单瓣，稀疏，花朵小，不够美观。为使其成为花与叶大小均衡，植株外形美观，观赏价值高的山茶花，必须与其他园艺品种进行杂交。

近年来，我国又发现了一种内侧为黄色、外侧为紫色的新品种，若通过南山茶、茶梅等种间杂交，青紫色山茶花的育种有可能实现。

2. 花的香味 山茶花的花型奇异，花色艳丽，但是在所有的山茶花品种中，未发现过有香味的品种。各国的园艺家都在从事使山茶花具有月季那样芳香的研究工作。用作杂交亲本，日本的姬荣梅和茶梅多数品种都为具有芳香的原种。我国近年来也陆续发现了带芳香的山茶，如1983年昆明首次发现了一种开桃红色花朵的香茶花，它是云南山茶花的珍品，暂定名‘玫金香’；另外，福建也发现了有香味的珍稀茶花品种逸香茶花。这些香茶花新品种已在育种上普遍利用。

3. 开花期 山茶花花期之长，在百花中独占鳌头。各个品种相继可达七个月之久，但就每个品种来说，只有两个多月，冬季或秋季开花的还是占大多数。若通过种间杂交，对于山茶花的开花期选择，其幅度是很广的，也较容易掌握，对调节花期颇有意义。有人试图通过种间杂交，延长各品种的开花期，如将早花南山茶作母本，与茶梅杂交，让杂交后代再与南山茶回交，可得早花品种；若将茶梅作母本，与南山茶杂交，并用杂交后代与茶梅回交，便得到晚花品种。

4. 树形 多数山茶，如南山茶的缺点是枝条稀疏，间隔宽，树形高大、细长而不美观，仅有一种珍贵的矮生品种‘恨天高’。另外，珍贵的金花茶则是叶片过大而且具细毛，外观粗糙，枝叶与花不匀称。若通过品种杂交或选择矮生砧木，能培育新的矮化品种，树形紧凑，增加单株花朵数量，对于盆栽或小型庭园必受欢迎。

5. 抗寒性 山茶花主要分布在亚热带至温带地区，抗寒性较差，扩大栽培受限。但有些野生品种和栽培类型具较高的抗寒性，能耐冬季短期的低温和霜雪。因此，必须进行调查、研究、引种保存起来，以供育种之用。如用小花山茶、冬山茶、西南山茶，及其窄叶变种怒江山茶、短柄山茶等进行种间杂交，能提高抗寒力，培育新品种，以便北方引种。在英国用山茶与怒江山茶杂交，得到新品种‘*C. Williamsii*’，适应性强，已在北欧各地广泛栽培；用*C. Williamsii*与*C. Reticuata*杂交，也培育出一些抗寒的品系。

二、山茶种质资源及分类

山茶花属山茶花科山茶属，为常绿灌木或乔木，原产我国东南地区和日本，朝鲜也有分布。

山茶花为温带、亚热带花卉，适宜于温暖湿润的气候，过热过冷对其生长都不利，我国以浙江、江苏、安徽、福建、江西、上海为最多，栽培历史比较悠久。此外，在湖北、湖南、四川等地也广泛栽培。全国现有园艺品种200多个。

另外，与山茶花同属的云南山茶，广泛分布于云南地区，由于长期栽培，经过不断地人工选育和自然演化，其品种至少有50多个。还有茶梅，原产于日本南部，目前江、浙两省已广泛栽培，园艺品种已达30余种。

国内主要栽培的有：

1. 白洋茶　花型似蔷薇，花瓣平坦，6～10轮，由外向内渐小，呈规则的覆瓦状排列，雄蕊少数，几乎完全变为花瓣，花纯白色。

2. 醉杨妃　花型似秋牡丹，花瓣外轮宽平，内轮细碎，雄蕊少数，花粉红色。

3. 硃顶红　花型似醉杨妃，雄蕊消失，仅留2～3枚，花色朱红。

4. 小五星　花型似醉杨妃，雄蕊可分3～5组，杂生于细碎内轮花瓣中，花色桃红，偶间白斑。

5. 玫瑰茶　花瓣12～15枚，稍狭而为半直立状，花玫瑰色，近似重瓣。

6. 杂样景　花型似白洋茶，色深红，有时外轮1～2瓣带白斑。

上述这些变种及品种，是品种间杂交的重要材料。

山茶的同属异种植物有100余种，均为常绿灌木或小乔木，其中原产我国云南的南山茶有50种以上，其种间杂交已获得很大成就。所采用的主要有南山茶、茶梅、尾叶山茶、油茶、大理山茶、怒江山茶、皮氏山茶、披针山茶、柳叶山茶、齐氏山茶、香港山茶等，这些品种都是极为珍贵的育种原始材料。

除种间杂交外，近年来有不少育种家已在山茶属与其亲缘关系较近的茶属之间进行属间杂交，已获初步成果。所用的茶属植物有唐琴茶、介氏茶、佛氏茶、黄花茶、抱茎茶等，均为进一步育种的原始材料。

大多数山茶的品种为二倍体（$2n=30$），少数品种为三倍体（$2n=3x=45$）。三倍体的形成可使山茶品种不论在习性上或大小上均有所改变，因其花朵硕大，花色鲜艳，故有很多可取之处。三倍体品种均具高度不孕性，罕能产生种子，故只能用营养繁殖的方法来进行繁殖。后来人们又发现四倍体（$2n=4x=60$）和六倍体（$2n=6x=90$）的山茶品种，如大叶怒江山茶为四倍体，云南皮氏山茶、油茶、南山茶、茶梅等均为六倍体，这些多倍体的种与品种一般是可孕的。在同种内不同品种的杂交，如染色体数目相同时，则容易成功而获得杂种。如染色体数目不同但均为偶数，往往也可成功。若为奇数则通常不能杂交成功或造成杂种不孕的后果。

三、山茶主要育种方法

茶花的优良品种可以通过从外地引进，或从自然杂交的幼苗中选出，亦可从人工杂交育种中获得，有时也可从芽条变异中选择优良品种。此外，还可经过化学和物理的方法人工诱变。但目前仍以人工杂交的方法占主要地位。

（一）引种

1. 国内引种概况　山茶花自然分布在我国东部及我国台湾省的中北部。现在浙江、福建、四川、云南、江苏、上海、湖南等省市广泛栽培，育出了很多优良品种。在我国山茶分布的最北界限是黄河以南，在南方地区气候温和，主要作为庭园露地栽培，可长成小乔木。在黄河以北，一般只能盆栽，露地栽培生长极为不良，甚至枯死。由于北方的土壤、水分及气候等条件与南方差异较大，故北方引种的山茶树要注意以下几点：

（1）培养土。山茶对土壤要求较严，是典型的酸土植物，要求 pH 在 4.5～7 之间，以 pH 5.5 最为适宜。对碱性土的适应力极弱，故在北方的碱性土壤中，往往由于土壤中可溶性铁离子的固定而植株不能利用，从而发生缺铁现象，叶面黄化，生长极端不良。因此，山茶从南向北引种，必须带原土团才易成活，或用黑山泥、兰花泥作培养土。

（2）浇水。北方的水含盐，碱性较重，因此，北方引种山茶花最好以雨季用缸或水池贮存的雨水作为浇山茶的用水。若用当地水应每 50kg 加 0.5kg 的硫酸亚铁，以改变水的碱性。

北方的气候一般比南方干燥，尤其秋天气候太干燥，空气温度太低，极不利于山茶的生长，早晚应在植株附近地面多洒水，并喷雾于枝叶，以保持湿润的环境，有利于山茶生长。

（3）越冬。山茶花的耐寒性虽然较强，原产地能耐－10℃的低温，盆栽也能在 3～5℃的低温下正常生长。重庆地区从云南、江浙一带引进的南山茶、华东山茶品种都能正常开花，也能露地越冬。北方引种山茶，霜降时应移入温室。一般室温 7℃即可生长，白天不超过 10℃，夜间不低于 3℃，就能安全越冬。

2. 国外引种概况　原产日本的许多山茶花，先后引进栽培，长势较好。如半文瓣型的‘金丝玉蝶’，产于日本，我国引种较早，花瓣纯白，花蕊如金丝，是山茶花的上品。美国山茶花也在不断引进，1987 年杭州植物园引进的一批山茶花枝条，就是用杂交培育而成的新品种。

（二）杂交育种

每一种山茶花又有许多园艺品种，如果将不同种或不同品种的山茶花进行杂交，就有可能将父母双方的优良性状结合起来，在杂种后代中选育出更好的新品种。如 1948 年将怒江山茶与尾叶山茶杂交，获得杂交新品种‘白雪’；1956 年将山茶与尾叶山茶杂交得到生长强健、开苹果红花杂种。美国的 J. C. 威廉博曾将我国广西的连蕊茶和怒江山茶杂交，得到了几个新颖的好品种；日本将大花的云南山茶与春节前开花的茶梅杂交，也获得了成功。因此，杂交目前是培育山茶花新品种的主要手段。

山茶花为两性花，随着品种的进化演变，雄蕊的瓣化程度不同，单瓣型有发育完全的雄、雌蕊，可作为杂交材料，全文瓣则雄、雌蕊完全退化，只有花瓣而无花心，因而不能用于杂交。杂交步骤如下：

杂交前，先要确定适宜的亲本，如‘杨妃’开花早、耐寒，但花朵为单瓣型。为提高其观赏价值，可将其与重瓣品种杂交，以得到更理想的杂种后代。

1. 去雄　对用作母本的山茶花，要在其开花前去雄，以防花粉落在自己的柱头上，造成自花授粉。一般在花蕾已经长大，花瓣露色而未开放时进行。待雄蕊去除干净后，套上一个透明的羊皮纸袋，下面别一个回形针，防止外来花粉。套上挂牌，标明母本名称和去雄日期。

2. 授粉　花粉授到去雄的母本柱头上。由于山茶花的花药很多，各花药成熟时间又不一致，因而一朵花中的花药开裂要经过好几天。在此期间，其他植株的花粉很容易通过风或昆虫传送到选定的父本花药上，造成花粉混杂。所以，在选定的父本花朵开放之前也要套袋。

在母本去雄两天后柱头已成熟时授粉，时间最好在上午 9:00 左右。授粉时摘去母本花上的纸袋，蘸取父本花上刚开裂的花药，在母本柱头上涂抹，来回重复几次，待母本柱头上蘸满父本花粉后重新套袋，然后再在纸牌上写明父本名称和授粉时间。为了提高人工杂交的结实率，第二天可重复授粉一次。

授粉后母本子房膨大，表示杂交成功。果实一般在9～10月成熟，蒴果开裂后种子脱落，种子成熟后应尽早播种。因山茶种子含油较多，寿命较短，在干燥状态下极易失去发芽力。种子采集后也不可在日光下暴晒。如不能立即播种，可采用沙藏法贮藏，保持低温湿润的条件，第二年春天取出播种繁殖。若养护得当，5年后即可开花。

在人工杂交的情况下，必须对亲本加以防寒，因山茶的花粉在15℃以下即失去生活能力，种子在形成初期也极不耐寒，如在－4℃以下，即将受到严重损害。试验证明，在温室中进行杂交时，由于对各种环境条件的控制，杂交后所获得的种子数较露地进行显著增多。在整个花期，以晚开之花能产生较多的种子。以树龄而论，则在成年树上杂交成功的机会要比幼年树大得多。

（三）芽变育种

在单色品种的山茶花中有时开出复色花朵，这是山茶花发生自然变异的现象，又称芽变。如山茶‘赤丹’鲜红的花瓣中夹有色彩鲜明的条斑等，均属芽变产生。因为这类变异是由于机体内遗传物质产生突变引起的，这也是新品种选育的依据。

在自然界一旦出现了有利于人类的优良芽变，就应及时加以选择、繁殖，使其优良性状保持和稳定，培育成新品种。

山茶花芽变的繁殖，一般采用扦插和嫁接。这两种方法相比，嫁接又比扦插好，其原因是嫁接比扦插节省接穗，嫁接成活率高，成苗快，养护方便。国内外现已普遍采用芽苗嫁接山茶花。

第八节　杜鹃花育种

杜鹃花（*Rhododendron* spp.）又名映山红，属杜鹃花科杜鹃花属，为常绿或落叶灌木。其花2～6朵簇生枝顶，花冠阔漏斗状，白、淡红、深红、玫瑰红等色。花期4～6月。蒴果卵圆形。

杜鹃花属植物以其种类繁多，树形千姿百态，花繁色艳，四季常青，博得了人们的赞赏，而闻名于世，世界各国均公认为“花中之王”。杜鹃花不仅可露地栽培于庭园，而且耐阴，是极好的林下花灌木；既可单株种植、丛植，也可成林成片种植，以形成杜鹃花的海洋；若能仿高山自然景观，则可布置成岩石园，更显其妩媚；若制作成盆景，放置室内，为案头清供，更有风趣。

我国虽然栽培杜鹃花较早，可以追溯到唐代，资源十分丰富，但杜鹃花的育种工作却远远落后于起步较晚的一些欧洲国家，如英国、法国、比利时、荷兰等。据初步统计，英国1849—1919年共从我国引种原产野生杜鹃19种，如云锦杜鹃、马缨杜鹃、大树杜鹃、蜜花杜鹃等。通过大量的引种，为杂交育种提供了丰富的遗传资源，选育出大批低矮、常绿、花瓣多层的优良观赏品种。19世纪之后，杜鹃花得到了惊人的发展，如1891年恩格勒时期20多种，至现在已增加到1 000多种。杜鹃花已是国内外最受喜爱的重要花木之一，在英国没有杜鹃花就不能称之为花园。

我国从20世纪初开始从日本和西欧引入杜鹃花，几十年来利用杂交和芽变选育了一批新品种。尤其是近些年来，在引种驯化、杂交育种方面已初步取得一些成绩，如杭州植物园邱新军经过多年的努力，利用杭州野生种‘映山红’（*R. simssi*）与栽培种‘月白风清’杂交，选育出具有较强的耐寒能力、在杭州地区雪中怒放的杂交新品种‘雪中笑’，使杜鹃花的花期从温暖的春夏提早到严寒的冬季。

一、杜鹃育种目标

1. 增强适应性　杜鹃花种类繁多，用途各不相同，应根据要求选育适应各类栽植的品种，如宜作庭园栽培的色彩丰富的矮生型，或宜作为盆栽的株型小、花大、花多的种类。此外我国地形、气候复杂，所以在选育杜鹃品种时，应注意培育既能适应高海拔栽培的美丽芳香常绿杜鹃，又能适应低海拔栽植的常绿杜鹃品种。同时还应将高海拔生长的常绿杜鹃向平原地区引种。喜酸怕碱的栽培要求是限制杜鹃花在中性或碱性土质中应用的一个重要因子。选育耐寒、抗土壤贫瘠以及适应中性或微碱性土壤的品种是目前杜鹃育种的重要任务。

2. 选育新花色、新花型品种　目前，世界上杜鹃花品种已达1万余种，花色较为丰富，但尚缺少更引人注目的黄色、橘黄色、紫蓝色、绿色等品种；有些类型还需增加其重瓣性。此外，原有一些复瓣、半复瓣的栽培品种，近几年来出现退化现象，常有单瓣花朵出现，降低了原有品质。因此，不断选育花色新奇、重瓣、皱瓣、大花、串色、镶边、晕色等品种，提高杜鹃花的观赏品质也是育种目标之一。

3. 选育具有芳香气味的品种　杜鹃花缺乏香气是一大缺点。野生杜鹃中有少数几种具有香气，但至今栽培类型中尚未出现重瓣带香味的品种。因此，培育色香俱美的新品种是努力的方向。

4. 选育多次开花的品种　杜鹃花期一般在4～5月，夏鹃在5～6月，绝大多数品种一年只开一次花，但在我国台湾省及日本，有一些品种春季盛花后，由当年萌发新生枝上孕育的花蕾在秋季又继续开花。如能培育出一年开花多次者，无疑将大大提高其观赏价值。

二、杜鹃种质资源及分类

杜鹃花属在高等植物中是一个大家族。据统计，全世界有900余种，主要分布于亚洲，有850余种，我国位于亚洲中部，国土辽阔，地形复杂，地跨寒、温、热三带，自然环境复杂多变，蕴藏着极为繁丰的植物种类，气候凉爽湿润，杜鹃花属在我国分布最多，约530种，占世界种类的59%。据有关资料认为，我国西南地区（云南、西藏和四川）和喜马拉雅地区种类最丰富，是现代杜鹃花的最大分布中心。在云南，杜鹃花除少数种类生于亚热带常绿阔叶季雨林之外，大多数种类习生于高海拔地带，性喜云雾笼罩湿度大的冷凉气候，富含有机质，pH5.5～6.5的土壤。

杜鹃花属染色体基数 $x=13$。从文献记载的有染色体数目的杜鹃花来看，绝大多数为二倍体，即 $2n=2x=26$。但也有少数为四倍体和六倍体。

（一）杜鹃的野生资源

1978—1979年，J. Cullen和D. F. Chamherlain两人以SIeumer系统为基础，将杜鹃花属分成5个大类——5个亚属。

1. 无鳞杜鹃花亚属　乔木或大灌木，通常无鳞片；叶常绿，较大；新的叶枝由去年生枝上的顶生花序下面的侧生叶芽或无花的营养枝顶端生出；花序顶生枝端，花较大，雄蕊10～20（少数多达24枚），子房5～12室。

本亚属仅有1组，约计300种，较集中地分布于我国西南部至长江流域和喜马拉雅地区。主要种有云锦杜鹃、黄山杜鹃、马缨杜鹃、树形杜鹃等。

（1）云锦杜鹃。高3～4m，幼枝绿色，叶片集生于顶花芽下，革质，顶生总状伞形花序，有花6～12朵；花冠漏斗状钟形，粉红色；雄蕊12～16枚。花期5月上中旬。分布于浙江、江西、安徽、湖南、湖北、福建、贵州等省。生长在海拔2 000m以上的地区。国外如英国用此种作亲本育成了许多优秀的栽培品种，是重要的种质资源。

（2）黄山杜鹃。高达1.5～2.5m，幼枝被疏卷毛，叶簇生于枝顶，无毛；伞形花序顶生，有花6～10朵，花冠阔钟状，白色至淡紫色；雄蕊5～10；花期4月下旬至5月上旬。分布于安徽南部黄山一带、江西安福武功山、湖南新宁、广西兴安等地海拔1 000～1 700m的常绿阔叶疏林中。

2. 有鳞杜鹃花亚属　灌木，有时矮小呈垫状或匍匐状。叶常绿，很少为半常绿或落叶，叶较小，通常有鳞片或鳞腺，花序顶生枝端或很少在顶生花序下面枝条顶部叶腋内有侧生花序；花较小，雄蕊5～10（少数多达20枚）；子房5～10室。本亚属分3组，杜鹃花组、越橘杜鹃组、髯花杜鹃组，约计495种。主要种有柠檬杜鹃、照山白等。

（1）柠檬杜鹃。灌木，常附生，叶枝上有黄色短柔毛。叶椭圆形或卵形，背面密生灰色鳞片；顶生伞形花序，有花7～10朵，花冠阔钟形；雄蕊10枚。产于西藏，海拔1 500m的地带。在英国曾以其为亲本育成了黄白色花上泛粉色及绿色的优秀品种。

（2）照山白。为常绿灌木，高1～2m，小枝细，疏生鳞片。叶片倒披针形，表面稍有鳞片，背面密生棕色鳞片；顶生总状花序，多花而密，花小，花径约1cm，乳白色，花冠钟状，有疏鳞片；雄蕊10枚。广泛分布于东北、华北、华中和西南各省。多在海拔1 800～2 400m的高山上。这是杜鹃花属中较独特的一种，与其他种类亲缘关系较远，花小是其特点。因有剧毒，很少栽培。

3. 羊踯躅亚属　小灌木，无鳞片；新的叶枝自去年生枝顶花序下的叶腋处生出，无花序的枝条则生在枝顶。落叶性，雄蕊5枚。本亚属我国只有羊踯躅一个种。其主要特点为：落叶灌木，高0.3～1.4m，幼枝有柔毛及刚毛。叶片长卵形至圆状披针形，表面有柔毛，背面密生灰白色短柔毛。花冠阔钟形，金黄色。雄蕊5，与花冠等长。分布于我国华东、华南、华中和西南的四川、云南、贵州。生于低山区开旷地或松林下。因有毒，我国作为观赏栽培才刚刚开始。本种杂交时亲和性广泛，易结种子，耐寒力及抗逆性强，杂交第一代黄色为隐性。所以是很好的杂交亲本。

4. 映山红亚属　灌木，无鳞片；新的叶枝出自去年生枝上顶生花芽的最下部苞片的腋内。

叶常绿或落叶，通常二型。花序顶生，有花1～6朵，花萼小，5裂；花冠漏斗形或辐射形，有钟形；通常5裂，极少数为4裂，偶有2唇形；雄蕊5～10；子房5室。本亚属约60种，分布于我国东南部、中部、西南和华南各地。

映山红是落叶灌木，高1～2m，枝多而直立，有棕色糙状毛伏生枝上。叶纸质，表面疏生糙毛，背面糙毛较密；花2～6朵簇生枝顶，花冠宽漏斗形，呈粉红色、鲜红色或深红色；花期3月。映山红广泛分布于长江流域及其以南各省，东至我国台湾省，西至四川、云南等省的丘陵地带。

5. 马银花亚属　灌木或小乔木，无鳞片；新的叶枝不仅出自枝顶的叶芽内（假顶生芽），也出自花芽下面的叶腋内。叶常绿。花序顶生枝端，单花或数花，花冠狭漏斗形或花冠管大都短而张开，裂片5；雄蕊5或10，外露；子房5～6室，无毛或有毛。蒴果细长，顶端有缘或蒴果短而宿存大萼包围。本亚属约27种，分布我国长江以南和沿海岛屿至华南、西南各地，泰国、缅甸、越南、老挝、柬埔寨和马来半岛也有分布。云南有10种。

马银花是常绿灌木，高达3.5m；树皮灰色光滑，幼枝疏生腺体和刚毛；叶革质，阔卵形；单花，每个花芽仅有1朵花；花白色或白花上有粉红色斑点。是杜鹃花属比较奇特的一种。分布于华东各省，生长在林下或阴坡山麓。

（二）栽培杜鹃花

目前世界各地栽培的杜鹃花园艺品种极为丰富，通过大量引种杂交，现已有8 000～10 000个品种。我国栽培类型的杜鹃，目前尚无统一分类方法，现流行的还是以花期和来源两个方面为依据，综合成的一种习惯的分类法。按此分类法，我国栽培的杜鹃花品种分为四大类，即毛鹃、东鹃、西鹃和夏鹃。

1. 毛鹃　毛鹃又称毛叶杜鹃、大叶杜鹃。据记载原产中国、日本，主要是白花杜鹃、锦绣杜鹃的变种和杂种。常绿半常绿灌木，树体高大，可达2m以上，直立。先开花后发枝，稀有花、枝同发。枝条粗壮，长约20cm，嫩绿色，密被棕色刚毛。叶长椭圆形，深绿色，叶面多毛，粗糙，故称毛鹃。花集生于枝顶，每苞常有3朵，花冠5裂，宽喇叭状，口径7～8cm，筒长4～5cm，喉部有深色斑点，多数单瓣，少有半重瓣、重瓣。花色有大红、火红、粉红、紫红、纯白、洒金等。花期在4～5月；毛鹃喜阴偏阳，适应性强，生长迅速，枝叶丰满，寿命也较长，是四类园艺品种中最高大、粗壮的一类。盆栽、地栽皆宜，盆栽的蓬径可达3m，摆花陈设时很有分量。长江中、下游及以南地区多陆地栽培，栽培地不强调庇荫，冬季－7～8℃低温不致受害。50年生植株高达2.5m，冠径4.5m，基围粗达19cm，开花繁密。毛鹃的主要代表品种有：

（1）玉蝴蝶。单瓣、大花，口径8～9cm，花色淡粉，喉部有紫红点，花瓣厚实，雌、雄蕊完好，授粉结实率高。发枝多、生长快，地栽20余年约有2 000个分枝，每年可取400余枝插穗，生产上都用此种嫁接西鹃。类似品种因花色不同有‘白蝴蝶’、‘紫蝴蝶’等。

（2）毛白杜鹃。叶片狭小，长约4cm，宽1.5cm，并向背面反卷，叶背及小枝均有黏质腺体，叶色较淡。枝叶略稀疏，花顶生，每苞仅有1～2朵，白色，口径7cm左右，略有香味，花筒外有腺体。此种观赏性及长势均较差，不宜用作砧木。

（3）琉球红。原产我国台湾等地。花朵喇叭状，红艳有光泽，花期比玉蝴蝶早而长。叶片厚实挺括，直立斜生，叶色深绿光亮，长7～9cm，宽约4cm，是毛鹃中花、叶最美丽的一种。但新梢萌发略差，长势及耐寒、耐热均不如玉蝴蝶。类似品种有‘玫瑰琉球红’、‘火红琉球红’、‘暗红琉球红’、‘万里红’等，其中，‘万里红’最鲜亮，‘暗红琉球红’是半重瓣品种。

2. 东鹃　又名东洋鹃。由于其来自日本，故称为东鹃。主要是石岩杜鹃（*R. obtusum*）的变种以及其众多的杂交后代。东鹃为常绿小灌木，植株比毛鹃矮小；枝条细软，横枝较多；叶卵形，叶片薄，毛少，嫩绿色，有光泽；枝顶着生花蕾，多达3～4个，同一花蕾中有花1～3朵，多至4～5朵，故开花特别繁密；花冠漏斗状、小型，口径2～4cm，筒部长2～3cm，5裂，喉部有深色斑点或晕，花瓣有圆头、尖头、起翘等变异，多数品种二轮重叠，称为套筒或双套，亦有单套，花色有白、粉、红、紫、水黄、白绿、镶边、洒金等。雄蕊5枚，也有雄蕊瓣化成为重瓣花的。花期比毛鹃略早。因叶片薄，不耐强光直射，栽培时需适当遮荫。本类杜鹃花在江苏、浙江以南地区均可露地种植，在庭园、风景区成丛布置，春天以其密集的花朵可以形成生动美妙的色彩效果。因其萌发力强、耐修剪，花、枝、叶均纤细，也是理想的盆景植物。东鹃的主要栽培品种有：

（1）‘笔止’。花、叶均纤小，叶短卵形，长2.5cm，宽0.9cm，端圆，叶较厚实，深绿色，叶面有短毛，略带光泽。发枝力强，常3～5枝轮生，枝纤细，嫩梢茎干呈紫红色，其上密被棕色刚毛。叶密，冠型丰满。枝顶生花蕾1～3个，每蕾有花3～5朵，紫红色，口径2.5cm，有单套与双套两种。东鹃中小花品种很多，如‘粉妆楼’，花冠筒状，玉红色，花朵比笔止更小。

（2）‘新天地’。叶片阔卵形，薄而有光，长4.8cm，阔2.6cm，是东鹃中的大叶种。花粉红色，娇艳，花冠双套，筒长3cm，口径3.5cm，瓣端圆。因枝顶能长出4～5个花蕾，每蕾有2～3朵花，故着花特别繁密，开花时几乎不见叶片，是东鹃比较美丽的一种。但开败的花朵常残留枝头，不及时摘除影响观赏。

3. 西鹃　是栽培杜鹃中花朵最美丽的一类，世界上已有2 000多个品种。因西鹃是在欧洲的比利时、荷兰等国家育成的，故又名西洋杜鹃。其主要亲本为我国的映山红、毛白杜鹃和欧洲当地杜鹃。西鹃大约在20世纪30年代经日本传入我国。其主要特征是：植株常绿、矮小，生长较慢；枝粗短，叶厚，深绿色，集生枝顶，叶面毛少；花型大而奇特，多数重瓣，花瓣形态及花色变化十分丰富，观赏价值高；有的一株可开多种颜色的花朵。4月中、下旬开花，在温室中栽培则花期可提前至12月，可促成开花。但适应性及抗病力较差，适宜盆栽，需适当遮荫，冬季要注意防冻。少露地栽培的。西鹃的主要代表品种有‘御幸锦’、‘四海波’、‘王宝珠’、‘王冠’等。

‘御幸锦’是西鹃中生长快、体型大、抗性强、栽培最粗放的一种。盆栽20多年可高达1.1m，蓬径2.4m，开花千朵以上。叶倒卵形，叶面凸起；冬季叶面常泛出暗紫色斑块。花蕾顶生1～2个，4月下旬开花，宽喇叭状，瓣圆阔，向外翻，花心有雄蕊演化的小碎瓣，直立满心，雌蕊完好外伸。花色有4种：白瓣带紫红条、点、块；白瓣上有少量的红色细点线，喉部有黄晕；淡紫红覆轮，喉部有紫点；水红色，喉部有紫点。植株上有时一种花色，有时4种花色都有。

4. 夏鹃　夏鹃是园艺品种花期最晚的一类，因5～6月初夏时开花，故称夏鹃。其主要亲本是皋月杜鹃、五月杜鹃及其变种、杂种。夏鹃株型低矮，发枝力很强，树冠丰满，是杜鹃花盆景的主要材料。叶互生，稠密。叶长卵形，狭小、多毛，经霜后叶片暗红色；花冠宽喇叭状，较小；花型有单瓣、套瓣和重瓣，花色有红、紫、粉、白、镶边、复色等多种。主要栽培品种有‘山城杜鹃’、‘五宝绿珠’、‘昭和之春’等。

（1）‘山城杜鹃’。在我国重庆市栽培较多并大量生产，因其叶似豆瓣状，又称豆瓣杜鹃，无锡惯称陈家银红，浙江又称紫鹃。叶长卵形，端圆，质略薄，色浓绿并发亮，冬季经霜呈暗红色，株型低矮、稠密丰满，长势强盛，是良好的绿篱和镶边材料。花单瓣，玫瑰红色，喉部点色深，花瓣圆阔外翻，口径约 6cm。

（2）‘五宝绿珠’。在 100 多年前，南通地区已有栽培。五宝是指花朵有 5 种不同的颜色，即纯白，白底洒红点、条，半红半白，全红和玛瑙色 5 种。1 株 1 色或 1 株数色，甚至 1 株开 5 色。绿珠是指花心像一颗绿色小圆球，当第一朵花谢时，小圆球逐渐膨大如花苞，并挺出开第二朵花，第二朵花中依旧有一绿珠，若养分充足，长势有力，还会开第三朵花。这种花中有花是台阁型花朵，在杜鹃花园艺品种中是目前仅有的。此种枝条细短，株型低矮，叶片狭长稠密，冠形丰满。花朵浅碟状，口径 6cm，花瓣圆阔，排列整齐，雄蕊、雌蕊均演化为花瓣，花期在 6 月上旬，因花中存花，花期可长达 1～2 个月。

三、杜鹃花主要育种方法

1. 杂交育种　是杜鹃花的主要育种方法，当代形形色色的杜鹃花栽培品种，大都是杂交育种的成果。

（1）亲本的选择。亲本的选择取决于育种的目标，如想获得金黄色、重瓣、大花、耐寒、耐热和抗性强的杜鹃花品种，就应该选具有这些性状的杜鹃花作亲本。其杂交后代才有可能具备上述性状。在选择亲本时还应注意，其中一个亲本应是性状优良的栽培品种，另一个亲本应是具有抗性或其他特性的种或品种。例如，杭州植物园培育的‘赛玉铃’新品种，既具有父本西洋杜鹃‘玉铃’花姿、花色优美的性状，又有中国野生母本抗寒、抗热、抗病等优良特性。

（2）确定适宜的杂交时间。杂交前要了解不同种或品种的开花期，以便确定适宜的杂交时间。杜鹃花一般都在 3 月下旬至 5 月上旬开花。但西鹃、东鹃开得早，花期长达 30d 左右，毛鹃、夏鹃花期短，15～20d，野生杜鹃的花期更短。不同的栽培品种，花期也有先后之分，如‘玉垂杜鹃’是西鹃中开得最早的品种，‘天女舞杜鹃’则较晚。若父、母本同时开花，杂交最为方便；若父本先于母本开放，可将花粉进行贮藏，以便母本花开放时再进行杂交；若母本先于父本开放，则应事先控制母本花期，使之与父本同开或晚开，或调整父母本，以便于杂交。

（3）杂交技术。在花蕾开放前，选几个壮枝顶端的花朵作为授粉对象，将同一枝上其他花蕾去掉。授粉的花朵，待其含苞待放时，剥开花蕾，去掉雄蕊，立即套袋并扎紧袋口。当柱头出现油状黏液时，即可在上午 9:00～10:00 将父本的花粉授到母本柱头上。次日上午再重复授粉一次。每次授粉完毕，都要套袋隔离并挂牌。约 1 周以后，如柱头萎缩，子房膨大即授粉成功，此时可除去套袋。

（4）杂种的采收与培育。为了使杂交种子得到充足的养分，需加强对母本的抚育管理。待 10 月份，观察蒴果颜色，当绿色褪尽，末端稍微开裂时即可采收。对杂交获得的 F_1 要给以良好的肥水条件培育，并对其按育种目标要求进行初选，根据需要也可再与原来的母本回交，回交后

得到 F_2 杜鹃花，分离范围更广，选择机会更多，可以获得更多的新型杂种。

2. 芽变选种　由于优良品种的杜鹃花均是杂交后代，遗传基因非常丰富，因而在杜鹃花的生长发育过程中，有时候会在某一枝条上出现另一种色彩的花朵，即芽变。如果把芽变所出现的新鲜色彩花朵的枝条，通过高枝压条、扦插、嫁接等方法进行培育，即可让变异特性稳定下来，通过进一步选育，使之成为一个新品种。在著名杜鹃花五宝珠系、四海波系中，就曾选育出几个至十几个芽变品种。

杜鹃花芽变常发生在培育 4～5 年以上的成龄株上。通常这种变异只限于花色，而枝、叶一般较少发生芽变。

3. 辐射育种　利用辐射诱变可促进杜鹃花产生嵌合型花色变异。R. Deroose 曾探讨了杂色杜鹃的突变问题。在自然条件下，杜鹃的天然变异率是很低的，但从 1965 年开始，他以 20～50Gy 剂量的 X 射线处理 50 个品种的杜鹃插条，促使 L_I 层发生突变，并通过不定芽的形成，使部分或全部的细胞失去形成花色素或花黄素的能力，从而形成嵌合体。这种照射连续进行了 3 年，凡经过一次照射的插条所长成的植株上，杂色花的突变率为 0.06%～0.33%，而经过 3 次照射的有 31%的植株或多或少都发生了嵌合性变异。花色的变异有紫、紫红、胭脂红、红、白以及产生各种白边、红边等杂色类型。比利时利用上述方法，每年可获得花色变异植株 2 500 株，其中 90%供出口，取得了巨大的经济效益。

第九节　金鱼草育种

金鱼草（*Antirrhinum majus* L.）又名龙头花、龙口花、洋彩雀，为玄参科金鱼草属多年生草本植物，常作一二年生花卉栽培。原产地中海，由地中海沿岸引至北欧和北美，我国从 20 世纪 30 年代开始种植金鱼草，现在世界各地已广泛栽培。

金鱼草株高 10～90cm 不等。花型奇特，花色丰富，除蓝色外，其余各色齐全，且金鱼草花期较长，是园林中最常见的草本花卉。金鱼草广泛用于盆栽、花坛、花境、窗台、栽植槽和室内景观布置，近年来又成为商业切花栽培的主要品种。由于金鱼草具清热、凉血、消肿之功效，可全草入药。金鱼草的观赏价值高，所以在品种改良上进展很快，近年来培育出很多多倍体品种及优良的一代杂种，不仅花大而密、色彩艳丽、茎秆粗壮高大，而且耐寒性、抗病性都强。

一、金鱼草育种目标

1. 株型、花型育种　金鱼草有不同株型，其用途也随之有所不同。作为花坛、盆栽材料，株型应矮壮紧凑，丰满茂盛，生长整齐；近年来，金鱼草已成为新的切花材料，应培育高秆、花梗粗壮坚硬、自然分枝能力强、花序多且花序上的花朵排列紧密的品种。另外，金鱼草的花型基本局限于唇形，花型单一，如果培育出花型新颖，如重瓣、卷边等类型，会大大增加其观赏价值。像近年来选育出的重瓣杜鹃花型、蝴蝶型新品种，备受青睐。

2. 花色育种　金鱼草的花色比较丰富，有白色、淡红、深红、肉色、黄橙、深黄、浅黄、紫色、复色等颜色。在众多的花色中，还缺少蓝色。因此，除了在现有色系的基础上培育各种过渡色外，应培育蓝色系列的金鱼草品种，使花色更加丰富多彩。

3. 香型育种 多数金鱼草不能散发芳香气味，只有少数品种有淡雅的香味，远远不能满足人们的需求。培育具浓郁香气的品种，尤其是大花高茎具香气的切花类型，是金鱼草的一个育种目标。

4. 抗性育种 金鱼草在栽培过程中易发生病虫害，应提高抗病虫害能力，增加观赏价值，以抗锈病为选育重点。高温对金鱼草生长发育不利，有些品种温度超过15℃不出现分枝，影响株型，生产中应选育耐热、耐湿性品种，以便于栽培管理。

二、金鱼草种质资源及分类

全世界金鱼草属植物约有50种，主要集中分布在北半球。

（一）根据植株的高度分类

1. 高秆种 株高在50cm以上，顶端优势强，花大而花枝少，可作切花或作绿地背景材料。

2. 中型种 株高30～50cm，分枝多，主茎比侧枝开花早，故在开花始期呈宝塔状，可作庭园与花坛布置之用，也可盆栽。

3. 矮生种 株高10～30cm，分枝很多，株型呈半球型，花小而繁，可作花坛与盆花材料。

另外，还有花型特大的四倍体种，可作切花用。

（二）根据花型分类

可分为唇形和钟形。依瓣型可分为单瓣型和重瓣型，重瓣型是四倍体。

（三）根据花色分类

可分为红色系、桃色系、绯橙色系、黄色系和白色系等。

（四）根据花期分类

1. 春花类 春季开花，对光照长短反应敏感，在长日照下可促进开花。

2. 夏花类 多属于长日照植物。

3. 促成类 此类金鱼草对光照长短反应不敏感，可在冬季的短日照季节开花。

（五）同属常见栽培种

1. 黏胶金鱼草 矮生种。

2. 比种牛斯金鱼草 又名毛金鱼草，矮生种。

3. 匐生金鱼草 原产西南欧，匍匐多年生草本，花单生，白色或粉红色，适宜布置岩石园。

三、金鱼草花器结构和开花习性

金鱼草为总状花序顶生，小花密生，小花内雄蕊为二强雄蕊。花冠筒状唇形，基部膨大成囊状，上唇直立，2 裂，下唇 3 裂，开展外曲。

花由花莛基部向上逐渐开放。开花适温为 15～16℃。在自然条件下秋播者 3～6 月为花期。在温室条件下，促成栽培 7 月播种，可于 12 月到翌年 3 月开花；10 月播种，2～3 月开花；1 月播种，5～6 月开花。

四、金鱼草主要育种方法

1. 杂交育种　近几年来主要采取有性杂交育种方式来选育金鱼草新品种及 F_1 杂种。

（1）亲本选择。根据育种目标和亲本选配的基本原则，选择具有不同优良性状的品种进行组配，确定杂交亲本及组合。金鱼草自交系有亲和与不亲和两种类型，在进行金鱼草的种间杂交时，以亲和自交系为母本易获得成功。

（2）花蕾的选择。一般选择花序下部即将开放的花蕾 3～5 朵进行杂交。并将花序上其他多余的花朵和侧枝全部剪掉，为杂种生长提供充足的营养。

（3）去雄。用手指轻轻压住花瓣基部，上下唇即张开，露出雄蕊，用消毒处理的镊子将其取出，去雄要细致、彻底，尤其母本是重瓣品种时，要认真检查是否有遗留花药。并且注意不要碰破柱头及花药。去雄后马上套袋隔离，防止其他花粉落入。当雌蕊成熟时进行授粉，挂上标牌，注明授粉亲本组合、授粉日期。当柱头萎蔫、子房膨大说明授粉成功，此时可去掉套袋。待蒴果变棕黄色时便可采收种子。采收时，可将整个花枝剪下，晒干脱粒。

（4）杂种的培育。早春在温室中进行杂种的播种，播种最适宜温度为 13～16℃，夜间培育温度不要低于 0℃，否则会产生盲花。播后不覆盖，将种子轻压一下即可，浇水后盖上塑料薄膜，放半阴处，约 7d 可发芽，切忌阳光暴晒。发芽后幼苗生长温度为 10℃，在培育初期温度可稍高，以后逐渐降低可获得优良植株。

2. 多倍体育种　多倍体花卉新品种往往具有植株粗壮、叶大、花器官增大、花色更娇艳等特征，增加了花卉的观赏价值和商业价值。

秋水仙素人工诱导金鱼草多倍体在 20 世纪 50 年代初就已获得成功，目前世界上广为栽培的大花及重瓣类型多为人工诱导的多倍体类型，其诱导方法很多。如用浓度为 0.3%～0.5%的秋水仙素溶液处理种子 24h，效果较好，其诱变率为 4%～11%，金鱼草的花增大 0.5～0.8 倍，花瓣增厚，重瓣效果增强，可大大提高其观赏性。岳桦等（1992 年）以 0.05%的秋水仙素处理金鱼草红色品种 48h，诱变率为 36%，诱变获得的多倍体金鱼草显著增大，雄蕊瓣化，重瓣效果显著。

经秋水仙素处理的多倍体植株多为既有二倍体细胞又有四倍体细胞的混倍体。必须将混倍植株上明显为多倍体的芽或枝条进行扦插才可获得纯合四倍体植株。用二倍体金鱼草与四倍体金鱼草杂交可获三倍体植株。

3. 辐射育种　辐射能诱发金鱼草出现花色、花型的有利突变。吉林市园林处姚梅国曾用 ^{60}Co γ射线照射金鱼草干种子，所用剂量率分别为 0.516C/kg、0.774C/kg 及 1.29C/kg，处理结果为：0.774C/kg 照射后，成活率为 65%，突变率为 1.2%；1.29C/kg 照射后，成活率为 60%，突变率为 1.5%；两个处理都低于半致死剂量。对发生优良变异的植株或部位，可以及时利用无性繁殖方法进行繁殖，以保留优良变异，经过选育可形成新品种。

五、金鱼草品种退化的防止

金鱼草易进行自然杂交，在种植时，不同品种必须间隔200m以上的距离，或隔年种植。否则，会发生生物学混杂而引起品种退化，使纯一花色的品种颜色发生分化，色泽晦暗，花变小等，从而失去商品价值。

为使杂种的优良性状不发生改变或使不易结实的新品种繁衍后代，采取扦插、组织培养等无性繁殖方法效果较好。

第十节　杨树育种

杨树是杨属（*Populus*）树种的总称。全世界有110余种，我国原产74种41个变种24个变型。主要分布于北半球的温带及寒带地区，从北纬30°～72°均有杨树分布。我国处于杨树的中心分布区，种类多，分布广。杨树易杂交和无性繁殖，是育种最早的树木，也是改良成效最显著的树种，目前杨树栽培上基本实现了品种化。杨树在园林树木中占有极其重要的地位。

1916年英国学者Henry A. 首次进行了杨树杂交试验，培育出了格氏杨，随后北美洲、欧洲、亚洲也相继开展了杨树育种工作。前苏联早在20世纪30年代就通过有性杂交培育出了‘苏维埃塔形杨’、‘斯大林工作杨’等新品种。意大利育种学家Jacomettii C. 在欧美杨无性系选育中培育了‘I-214杨’、‘I-154杨’等世界著名的优良无性系，已广泛栽培于世界各地。

我国杨树育种已有50多年的历史，最早于20世纪40～50年代由叶培忠、徐纬英开始。50年代末，选育了我国第一批杨树新品种，如‘北京杨’、‘群众杨’等。通过50多年的努力，已在杨树派间和派内种间杂交400余个组合，培育了一大批杨树优良品种。广泛应用的有‘中林46杨’、‘南林杨’、‘三倍体毛白杨’、‘窄冠白杨’、‘廊坊杨’等。

一、杨树育种目标

1. 速生性　速生是园林景观早建成、早见效的基础。杨树不同种类的生长速度差异较大，白杨派多用于道路绿化，因而速生性更是其追求的重要目标。

2. 材质　材质虽不是园林植物育种的直接目标，但材质差是杨树的普遍缺陷，通过提高木材的纤维数量和质量，增加木材的比重，可间接实现延长寿命、增强抗性的目的。

3. 树形　树形由干形和冠形构成。杨树干形要端正、挺拔，树皮要光滑，颜色要明亮，皮孔要细小美观。冠形要有特色，如塔形、柱形、椭圆形、三角形等。分枝角朝两个方向发展，枝条或直立或平展。

4. 易繁殖性　白杨派和大叶杨派不易扦插生根，通过与易生根的杨树杂交，提高生根力是重要目标之一。

5. 抗性　杨树的抗性育种主要集中在抗虫（天牛、透翅蛾、潜叶类害虫）、抗病（锈病、叶斑病、心腐病等）、抗寒、抗旱、抗污染等方面。

二、杨树种质资源及分类

杨属分五派，即白杨派、青杨派、大叶杨派、黑杨派、胡杨派。

1. 白杨派　叶掌状裂或具粗锯齿，多数叶背具茸毛；雄蕊 5～20，蒴果 2 瓣裂，花序轴被茸毛。我国约有 18 种，多为重要的造林树种。主要包括毛白杨、银白杨、新疆杨、欧洲山杨、山杨、河北杨等。

毛白杨主要分布华北、西北、东北的十多个省（市），是我国特有的乡土树种。形成了许多优良类型和优良无性系，如截叶毛白杨、易县毛白杨、抱头毛白杨等。银白杨、新疆杨、河北杨主要分布西北、华北各省。山杨主要分布于东北、西北等地区的高山地区。

2. 青杨派　叶片卵圆形，基部楔形或圆形，叶柄圆柱形，表面有沟槽；雄蕊 18～60；果实 3 裂瓣。我国有 43 种。主要种类为：①青杨：北方特别是西北分布，干高直，皮灰绿光滑，冠椭圆形，速生、抗尘，优良类型有圆果青杨、白皮青杨、垂枝青杨、阔叶青杨等；②小叶杨：黄土高原为其适生区，适应性强，类型有塔形小叶杨、垂枝小叶杨、菱叶小叶杨、秦岭小叶杨等；③滇杨：云南特有种，树形美观，速生易繁殖。

3. 大叶杨派　叶大，基部心形，叶柄先端微侧扁。花盘深裂，宿存；雄蕊 10～40，蒴果具毛，2～3 瓣裂。主要有大叶杨、椅杨等。多数天然分布在长江以南湖北、四川、云南、西藏等地。

4. 黑杨派　叶菱形、三角形、卵圆形，基部有腺点，果实 2～4 裂，具宿存花盘。①美洲黑杨：大乔木，冠广阔，叶大绿色光滑三角状卵形，是重要的速生亲本，极易无性繁殖；②欧洲黑杨：大乔木，叶多菱形，两面绿色不同。是重要的杂交亲本之一；③钻天杨：乔木，冠圆柱状，雄性；④欧美杨：速生易繁殖，适应性强，成为重要的造林树种，我国引种栽培的欧美杨无性系也较多。

5. 胡杨派　乔木，树皮淡黄色，基部条裂。包括胡杨、粉叶胡杨，为西北荒漠区树种，耐盐、耐热、耐寒、耐涝、耐大气干旱，是优良的抗性种质。主要分布我国内蒙古西部、甘肃、青海、宁夏、新疆等地。

三、杨树育种方法

（一）选择育种

1. 种源选择　美国南方试验站曾采集 6 个州的美洲黑杨进行种源试验，每个州选 25 株，从每株的自由授粉子代（实生苗）中选 4 株，即每个家系 4 个无性系，每个州 100 个无性系，总计 600 个无性系，采用 2 株小区重复 4 次进行试验。1974 年意大利曾进行美洲黑杨 52 个家系（1 040个无性系）的种源试验，材料来自美国北纬 30°16′～44°14′，西经 72°53′～109°，结果认为意大利北部应选用北纬35°～37°范围内的种源。

中国林业科学研究院曾进行毛白杨的种源试验，包括山东、河北、河南、北京、陕西、甘肃6省（市）的材料，四年生苗期试验结果，陕西省周至县的种条在河北磁县是最佳种源，遗传增益达30%。同时证明，毛白杨个体变异大于种源、林分的变异。美洲黑杨是杨树中速生性最好的种，在我国开展美洲黑杨的种源研究，也是十分必要的。种源研究，不仅可以直接利用优良种源，还可为杂交育种提供优良亲本。

2. 优良类型选择　优良类型是指一个或某几个性状表现优异的一类个体。各杨树种内都有不同的变异类型存在，如据陈章水等人调查，新疆杨有青皮型、白皮窄冠型、弯干型、疙瘩型，前两种为优良类型。山东选出了抱头毛白杨，陕西选出了截叶毛白杨，河南林业科学研究所等将毛白杨划分为35个类型，提出了16个优良类型，如箭杆毛白杨、大叶毛白杨等。这些研究说明杨树的种内变异是十分复杂的。但是往往形态类型之间没有明显界限，同一类型的个体之间，还存在着形态、生长、适应性、抗性等方面的差异，所以单纯的类型选择往往效果不好，应与单株选择相结合，例如在优良类型中再选优良单株效果会更好。

3. 超级苗的选择　杨树是雌雄异株的风媒花树种，遗传上属于杂合性很强的杂合体，在自由授粉的情况下，很容易形成天然杂种，实生后代必然表现多种多样的变异。杨树又有很多著名的杨树品种，例如'I-214杨'、'I-68/55杨'、'I-63/51杨'、'I-72/58杨'、'健杨'、'八里庄杨'、'白城杨'等，都是从实生苗中选出的。为了进行超级苗选择，应大量培育实生苗，进行严格地选择。如意大利罗马农林试验中心每年要培育50万株实生苗，从中进行严格选择，'I-69/55'、'I-63/51'等品种就是这样选出的。比利时的格拉蒙杨树研究所，每年也要培育3万～4万株实生苗。超级苗的标准，应包括生长量指标、形质指标和抗性指标。

（二）引种

1. 杨树引种工作的进展　国外杨树引种始于19世纪。新中国成立前我国主要引进的树种有美杨又称钻天杨、箭杆杨、山海关杨、加拿大杨。在20世纪50—70年代，我国从意大利、荷兰、联邦德国、比利时等国家引进190个品种，其中表现较好，取得显著经济效益的有'沙兰杨'、'健杨'、'I-214杨'、'I-63/51杨'、'I-69/55杨'、'I-72/58杨'等。20世纪80年代，中国林业科学研究院从17个国家引进331个黑杨派无性系，经过10年引种和区域化试验，筛选出'55号杨'、'比利尼杨'、'2KEN8杨'、'NE222号杨'、'107号杨'、'N3016杨'等6个新品种，并通过国家级品种登记与鉴定。这6个新品种是我国杨树人工林更新换代接替品种。目前，全国已营造6个新品种的人工林6 000hm^{2}以上，育苗2 000万株，深受各地欢迎。

2. 影响杨树引种成功的主要生态因素分析　国外杨树引种我国的成败主要考虑引种与原产地的自然条件。在众多的生态因子中，要特别注意两个不可控制的自然因子，即温度和光周期。在温度中要特别注意最高、最低温度及持续期，高低温度的变幅，无霜期的长短，早晚霜出现的时期。随着纬度的变化，日照长短直接影响杨树生长发育。不同种杨树生长发育要求一定比例昼夜交替和光周期现象。一般地说，原产北方杨树是长日照树种，南方杨树则是短日照树种。当北杨南引时，由于日照缩短，促使杨树提前封顶，缩短了生长期，抑制杨树正常的生命活动；南杨北引时，随着日照延长，使南方杨树生长期延长，顶芽封顶延迟，妨碍组织木质化，影响抗寒性。例如，'I-69杨'和'I-63杨'北移到北纬43°31′的新疆地区、北纬42°的沈阳地区、北纬40°的山西怀仁地区都遇到冻害。又如，将'I-214杨'引种到广西南宁（北纬22°51′），3月发芽，4月就封顶；而北移到哈尔滨（北纬46°），嫩枝遭冻害。再如，将北美山杨引种到南京，封顶早，生长极缓慢。

3. 我国杨树引种的注意事项

(1) 我国长江流域以北、淮河流域以南广大平原地区的杨树遗传改良重点应放在国外黑杨派优良无性系的引种。因为北美和欧洲具有丰富的欧洲黑杨和美洲黑杨基因资源，并有先进的育种经验，为品种更新换代会不断创造优良新品种。因此，在这个地区引种是杨树改良的最好途径。

(2) 大力引进北方种源美洲黑杨的基因资源，是改良我国华北、东北地区乡土树种最优良的原始材料。育种工作者可将美洲黑杨具有速生优良基因与我国东北、华北乡土树种优良抗性基因通过各种育种手段进行重组，创造适应当地的新品种。

(3) 必须加速引进外国白杨派、青杨派及其他派间杂种。一方面直接引进优良无性系，经试种为生产提供新品种；另一方面引进优良基因资源，为改良当地乡土树种作原始材料。

(4) 坚持设立试验检疫苗圃的原则。国外进口种苗，经海关检疫，放入检疫苗圃统一试种，繁殖。研究单位设立统一试验检疫苗圃，检疫苗圃要与周围生物区设立隔离带。

(5) 引种要坚持试种原则，试种成功后再进行大量引进。引种成功后，要统一归类登记，建立档案，统一编号、统一定名，避免重复引种。

(6) 引种试验成功后要统一规划，迅速向适宜地区推广，发挥良种的增产增效优势。

4. 杨树引种的步骤　第一步是根据当地生产的需要与可能选定引进树种（品种），然后全面分析引进区与原产区自然条件（土壤气候等）的相似程度，判断引种可能性。第二步制订引种计划，开展引种试验。引种要注意研究种内变异，选择最适宜的生态型或者按种源试验的要求开展引种试验，同时根据引进种生态特性的要求，选适宜的立地条件进行试验，根据试验结果判断引进种的适应性（抗寒、抗旱、抗盐碱、耐湿，对光照、光周期反应等特性）、抗病虫能力、生长速度。需要的栽培管理措施，引种的经济价值等，综合评定引种是否成功。第三步是繁育推广。在引种过程中要注意防止品种混杂，严格检疫，防止病虫害和杂草传播。

（三）杂交育种

1. 常规杂交育种的方法

(1) 杂交亲本的选择与配置。依照杂交亲本选择与配置的原则，根据不同地区生产的实际需要，充分利用杨树种类多、分布广的优势，选用不同的种，种内不同的种源、不同的类型及优良单株作亲本，育成符合各种要求的优良品种。如为了培育速生品种，应充分利用美洲黑杨；为了培育速生耐寒的品种，应注意利用美洲黑杨的北方种源，如山海关杨（南京林业大学叶培忠鉴定为美洲黑杨的北方品系）具有速生耐寒的特点；为了培育耐旱品种，可以利用小叶杨；辽杨、香杨、苦杨是我国极耐寒的杨树种，也可与美洲黑杨的北方种源杂交，育成适合高寒地区生长的速生品种；可以利用新疆杨、塔形小叶杨、箭杆杨、钻天杨为亲本，育成窄冠型品种。例如，山东农业大学庞金宣等利用毛新杨（为毛白杨与新疆杨的杂交后代）、响叶杨等杂交，选育出了4个窄冠白杨优良品种；利用塔形小叶杨与山海关杨杂交，选育出了4个窄冠黑青杨新品种。

亲本配置还应考虑所选亲本的配合力，根据现有试验资料，杨属同种和同派不同种间杂交一般比较容易，而派间杂交有难有易。黑杨派与青杨派之间正反交亲和力都很强，我国已育成的杂交品种多是这两个派的派间杂种。胡杨派与各派之间可配性较低，杂种表现差。黑杨派、青杨派与白杨派杂交，比黑杨与青杨间杂交可配性低，配合力也较差。

（2）杂交技术。杨树种子成熟期较短，一般采用室内切枝杂交，现将室内切枝杂交技术要点简介如下。

①雌雄株识别：将花芽纵向剖开，花盘中只有一个雌蕊，即为雌株，花盘中有10～50个花药（鱼子状）即为雄株。从冠形看，雄株枝条粗壮稀疏，花芽多而且较大；雌株枝条较细、稠密，开张角度较大，花芽少且较小。

②花枝采集：在选定亲本的树冠中上部采集花枝，采下的花枝要挂好标签，注明树种品种、采集地点、性别，包好后运回。

③花枝修剪及水培管理：雄花枝保留全部花芽，雌花枝根据枝条粗细保留3～5个花芽，枝顶保留1个叶芽，其余叶芽全部去掉。使雌雄花期一致，雄花枝应提前3～4d放入温室水培，室温控制在白天15～22℃，夜间10℃，湿度保持在60%左右。

④花粉采收和贮藏：雄花序即将散粉时，可将花序摘下晾在洁白的纸上或细的土壤筛中，每天收集1～2次，筛除杂质，在干燥的室内晾2～3h，然后贮藏备用。贮藏时将花粉装入小瓶（只装1/3瓶），用棉塞塞紧，或用纸将花粉包好，放入有无水氯化钙或变色硅胶的干燥器中，再将干燥器放在冰箱中。

⑤授粉：当柱头明亮分泌黏液时，即可授粉。每天8：00～10：00授粉，连授3d。授粉后在标签上注明父本名称和授粉日期。授粉后的管理，室内温度可适当提高，要及时换水，防止病虫害。

⑥种子采收：当果穗上个别蒴果开裂时，应将整个果穗用纸袋套好，以免种子飞散，全部蒴果开裂后，取下纸袋剥出种子。种子采收时要防止混杂。因杨树种子不耐贮藏，采收后要尽快播种，以免种子丧失发芽力。

（3）杂种后代的培育。选择杂种播种育苗，与一般育苗技术相同，但应注意防止混杂。由于亲本群体间、单株间的差异很大，杂合性很强，所以，同一组合的杂种，性状表现极为复杂。杂种苗的生长和分枝习性分化很大，抗病性也差别很大，所以从育苗开始就要经常地进行观察对比，选择鉴定。

2. 杂交育种的趋势　常规杂交育种是从亲本种中用不加选择的个体作亲本，主要利用种间杂种优势。近30年的林木遗传研究发现，种内变异在多水平上，即在产地间、群体间、个体间广泛存在。随着育种水平的提高，人们逐渐认识到这几种水平的变异可应用到杂交育种中去。近20年来，通过对杨树种源、林分、家系、基因型（个体）变异及同种不同个体间交配的研究，不仅发现了种内较大的多水平遗传变异，并且个体间还存在配合力的不同。因此，为提高杂交育种的效率，必须从选择种源开始，然后在最佳种源中选择优良家系，进而选择优良个体，再进行配合力测定。从而使杨树育种过程系统化、多世代化。

（1）种源的选择和利用。种源差异是杂交育种必须利用的变异之一，不同种源杂交效果也不尽相同。美国的 G. S. Foster 等（1985）对密西西比下游美洲黑杨的种源变异研究表明，各种源在生长等 11 个性状上都有差异。

（2）个体的选择和利用。在选择最佳种源后，再从中选择家系，可以获得更大的效益。

（3）个体配合力的测定。表现型优良的单株，其实生子代不一定优良。从一般配合力最高的组合中筛选特殊配合力最高的单株，是当前杨树杂交育种的主要做法。

（四）多倍体育种

20 世纪 30 年代，在苏联和瑞典分别发现了三倍体巨型山杨，生长快，而且抗心腐病。后来联邦德国曾人工诱导出三倍体欧洲山杨，即在授粉前用秋水仙碱溶液处理尚未开花的柔荑花序，生产同源四倍体，再与二倍体杂交获得了三倍体。这一三倍体树冠窄、适应性强、生长快、抗锈病。近年，北京林业大学朱之悌利用人工诱导染色体未减半的 $2n$ 花粉，筛选天然染色体未减半的 $2n$ 花粉粒授粉技术，育成了一批毛白杨异源三倍体新品种，这些无性系具有早期速生性、材质优良及抗病性较强等特点。

（五）转基因育种

自 1983 年得到第一例转基因植物后，转基因植物育种成功的数量迅速增加，至今已有 120 种植物转基因成功。其中，杨树已有 20 种。中国林业科学院将 Bt 基因转入欧洲黑杨、美洲黑杨和欧美杨无性系中，获得了对舞毒蛾有毒杀作用的植株，河北农大将 Bt *cryl*Ab 基因与慈姑蛋白酶基因（*API*）构建的双抗虫基因表达载体，转化了毛白杨杂种 741 杨，并获得了三个高抗无性系，舞毒蛾和杨扇舟蛾等幼虫死亡率 85％以上。

第十一节　松树育种

松树为松属（*Pinus* L.）的总称。松属有 100 余种，主要分布在北半球，我国为主产区，现有 50 余种，其中原产 30 余种，自国外引入近 20 种。松属树种大多为常绿大乔木，是园林绿化中的重要材料，如油松、白皮松已有千年以上的造园栽培历史。

一、松树育种目标

1. 速生性　和阔叶树种相比，松树生长较慢，因此，选育速生型的品种类型将是松属育种的长期目标之一。

2. 树形美观　松属树种长期异花授粉、实生繁殖，变异丰富，从中选择树形美观的品种类型以满足多种环境条件观赏需要。

3. 抗性　选育抗性品种，不断提高品种的抗逆性，包括抗病、抗虫、抗寒、抗旱、抗污染等。

4. 丰富资源　通过引种不断丰富国内松树种质资源类型，改善种质结构。

二、松树种质资源及分类

松属按针叶内维管束数目分为两个亚属：单维管亚属（针叶内具1条维管束）和双维管亚属（针叶内具2条维管束）。

（一）单维管束亚属

针叶具1条维管束，全缘或有细锯齿，背面通常无气孔线，鳞叶基部不下延，针叶抽出后叶鞘脱落。木材较轻软，纹理均匀，结构较细，早材、晚材区别不明显，松脂含量较少。

1. 华山松　乔木，树体高大。幼树树皮灰绿色或灰色，平滑。叶5针稀4针1束，柔软。球果圆锥状长卵圆形，幼时绿色，成熟时淡黄褐色；花期4～5月，翌年9～10月种子成熟。

主产我国中部至西南部高山上。山西南部中条山、太岳山海拔1 200～1 800m，河南太行山、伏牛山1 200m以上有分布。北京、河北、内蒙古及山东各山区均有栽培，生长良好。

喜温凉、湿润气候，稍耐干燥瘠薄，不耐严寒及湿热；喜深厚、肥沃、湿润的土壤，在酸性土、中性土及石灰岩山地均能生长。幼年稍耐庇荫，也能在全光下生长。华山松高大挺拔，针叶苍翠，冠形优美，生长迅速，是优良的庭园绿化树种。华山松在园林中可用作园景树、庭荫树、行道树及林带树，亦可用于丛植、群植，并系高山风景区之优良风景林树种。

2. 红松　大乔木，树体高大。树皮灰褐色，纵裂。叶5针1束，粗硬。球果圆锥状卵形，成熟时黄褐色；花期6月下旬，翌年9～10月种子成熟。

主产东北，北京、河北承德、山东泰安、青岛有栽培。在承德茅荆坝林区生长较好，有一定发展前途。稍喜光，幼时稍耐阴。

3. 日本五针松　乔木，在原产地高达25m，胸径1m。幼树树皮淡灰色，平滑，老时不规则鳞状开裂。冬芽卵形、褐色。叶5针1束。球果卵形或卵状椭圆形，淡褐色；种子倒卵形。

原产日本，青岛等地有栽培。日本五针松为珍贵的树种之一，通常呈灌木状，主要作观赏用，宜与山石配植形成优美的园景。亦适作盆景、桩景等用。

4. 白皮松　乔木，高达30m，胸径3m。树皮淡灰绿色或淡灰褐色。大枝斜展，小枝淡灰绿色，无毛。冬芽卵形，褐色。叶3针1束，粗硬。球果卵形。

产于山西吕梁山、中条山，海拔1 200～1 850m，河南太行山、伏牛山，海拔500～1 200m。北京、河北、山东、内蒙古有栽培，生长良好。喜光，耐瘠薄土壤及较干冷的气候，在深厚的钙质土、黄土上生长良好。

白皮松为特产中国的珍贵树种，树姿优美，干皮呈斑驳状的乳白色，极为显目，衬以翠绿的树冠，可谓独具奇观。自古以来是配置宫廷、寺院及名园之首选。宜孤植亦宜团植成林，或列组成行，或对植堂前。为优良园林绿化树种。

（二）双维管束亚属

针叶内具2条维管束，有细锯齿，两面均有气孔线，鳞叶基部下延，叶鞘宿存稀脱落；鳞脐背生。木材坚硬，结构粗，年轮明显，富松脂。

1. 油松　乔木，高达25m，胸径1m。树皮深灰色或褐灰色。大枝平展，老树树冠平顶。叶2针稀3针1束，粗硬。花期4～5月，翌年10月种子成熟。另有以下变种及变型：①黑皮油松：树皮色深，下部显著黑褐色。②粗皮油松：树皮呈深纵裂、粗糙、皮厚，枝条粗。产于山西太岳山。树冠宽而种翅短。③细皮油松：树皮呈浅裂，较细，皮薄，枝条细。

油松产于北京西山、河北、山西各山区，海拔1 000～1 600m；内蒙古阴山，山东中部及南部山区海拔700～1 400m；河南伏牛山、太行山1 600m以下组成纯林或与山杨、桦木、栎类等混交成林。华北及东北常有小片人工林。

喜光，深根性，侧根发达，抗风力强，喜干冷气候，年降水量300～750mm，能耐－25℃低温，但不耐严寒，耐干燥瘠薄，不耐水湿及盐碱，在沙地、微酸性土、中性土及钙质黄土上均能生长。生长速度随立地条件而异，天然林一般生长较慢，在土层深厚、排水良好地方的人工林生长较快。河北遵化15年生人工林，高6～7m，胸径l0～12cm。种子繁殖。

油松树干挺拔苍劲，四季常春，不畏风雪严寒。树冠开展，年龄愈老姿态愈奇，老枝斜展，树冠青翠浓郁，苍翠欲滴。在园林配置中，除了适于作独植、丛植、纯林群植外，亦宜行混交种植。为华北地区荒山及黄土高原重要造林树种及园林绿化树种。

2. 黑松　乔木，在原产地高达30m，胸径2m。树皮幼时暗褐灰色，老则灰黑色。枝条开展，树冠宽圆锥形。冬芽白色。叶2针1束，粗硬。球果圆锥状，卵形长，熟时褐色。花期3～4月，翌年10月种子成熟。

原产日本及朝鲜南部海岸地区。山东沿海地区及泰山、蒙山，河南郑州等地有引种。在中性、湿润和富含腐殖质的土壤上生长良好。30年生高15.7m，胸径22.3cm。最喜光，生长较快，适应性强，深山、浅山和丘陵、沙土、沙壤土或干瘠土壤都能生长；有抗寒、抗风、抗松毛虫害和耐瘠薄、耐干旱、耐盐碱的特性。深根性，在深厚肥沃、阳光充足、排水良好的山坡上，生长很快。用种子繁殖。

黑松为著名的海岸绿化树种，可用作防风、防潮、防沙林带的造林树种及海滨浴场附近的风景林、行道树或庭荫树。

3. 赤松　乔木，高可达30m，胸径1m。树皮黄红色。大枝平展，一年生小枝淡黄红色，微被白粉，无毛。冬芽矩圆状卵形，栗褐色。叶2针1束，较细柔。球果圆锥状卵形，成熟时淡黄褐色。花期4～5月，翌年9月下旬至10月种子成熟。

产山东胶东、鲁中南及鲁南山区海拔700m以下，多组成纯林。河南有栽培。辽东半岛、长白山东部及江苏云台山也有分布。

生于温带沿海山区，年降水量800mm以上，比马尾松耐寒。喜生于花岗岩、片麻岩及砂岩风化的中性土或酸性土（pH5～6）上，在黏重的土壤上生长不良，不耐盐碱。

最喜光，深根性，抗风力强（不抗海风）。在土层深厚的地方生长迅速，20年生高8.4～11m，胸径20cm。种子繁殖。为山东半岛、丘陵山地荒山造林先锋树种。

4. 漳子松　乔木，高达30m，胸径70cm。老树干下部黑褐色，鳞片状纵裂，上部树皮及枝皮呈褐黄色，裂成薄片脱落。幼树树冠尖塔形，老时呈圆顶或平项。叶2针1束，硬直，微扭曲。当年的小球果长卵形，下垂；球果成熟时黄绿色，成熟后种鳞紧闭，至翌年5月始张开；种子黑褐色，长扁卵形。花期6月，翌年9～10月种子成熟。

主产大兴安岭。河北北部山地和坝上高原，山西雁北地区，内蒙古鄂尔多斯市和大青山及山东泰山和昆仑山均有栽培。以河北北部栽培者生长较好。

喜光，抗寒性最强，适应大陆性气候，耐旱，耐瘠薄，能生于干燥瘠薄之山脊、阳坡、沙地及石砾地带。可作华北北部高山及沙丘地带的造林树种及园林绿化树种。

5. 北美短叶松 乔木，高达 20m。大枝伸展，枝条每年生长2～3 轮。芽卵形，褐色，树脂特别多。针叶 2 叶 1 束，粗短，常扭曲。球果窄卵形，黄褐色。种子甚小，有长翅。

原产北美。北京、河南有引种。

6. 美国黄松 大乔木，在原产地高达 50m。枝条轮生，每年 1 轮。冬芽褐色。叶 2～3（少数多达 5）针 1 束，通常 3 针 1 束，粗壮而密集。一年生小球果生于近枝顶；球果较大。

原产北美，为北美西部分布最广泛的松树，不同地理种源生长差别甚大。北京植物固有引种，生长较好。

7. 火炬松 乔木，高达 30m，树冠呈紧密的圆头状，小枝黄褐色，冬芽长圆形。叶 3 针 1 束，罕 2 针 1 束，叶细而硬，亮绿色。球果长圆形，常对称着生，浅红褐色。

原产美国东南部。是我国引种驯化成功的外国产松树之一。其树干通直无节，能耐干旱瘠薄土地，适应性较强，对松毛虫有一定的抗性；生长速度较马尾松为快。其推广范围大致是长江流域及其以南的马尾松生长地区。现已知在南京、庐山、马鞍山、富阳、武汉、长沙、广州、南宁等地生长良好。南京明孝陵有 40 多年生的火炬松，树高 24m，胸径 45cm。

8. 湿地松 乔木，树体高大。树皮灰褐色，枝每年可生长 3～4 轮，小枝粗壮，冬芽红褐色。针叶 2 针、3 针 1 束并存，粗硬。球果常 2～4 个聚生，少数单生，圆锥形。

原产美国南部的低海拔地区（600m 以下）。中国山东平邑以南直至海南岛的陵水县，东自台湾，西至成都的广大地区内多处试栽均表现良好。

性喜夏雨冬旱的亚热带气候，但对气温的适应性强，能耐 40℃的绝对最高温和－20℃的绝对最低温。在中性以至强酸性红壤丘陵地生长良好，在低洼沼泽地边缘生长更佳，故名湿地松。但也较耐旱，在干旱贫瘠低丘陵地能旺盛生长；在海岸排水较差的固沙地亦能生长正常。湿地松的抗风力较强，在 11～12 级台风袭击下很少受害。根系能耐海水灌溉，但针叶不能抵抗盐分的侵袭。

湿地松苍劲而速生，适应性强，材质好。中国已引种驯化成功达数十年，故在长江以南的园林和自然风景区作为重要树种应用，是很有发展前途的。

三、松树的开花习性

松树为雌雄同株异花，风媒花。雌花 1～5 个座生于当年生枝顶端，雄花多个聚生于当年生枝基部。雌花枝多生于树冠上层，雄花枝多集生于树冠下部。

松树的开花年龄和开花期因树种及其分布不同而异。例如，马尾松在广西于 2 月末至 3 月中旬开花，而湖南为 3 月，南京为 4 月初。始花年龄约 7 年生。黑松的花期在南京比马尾松迟几天。油松开花期，在北京比白皮松早，在 4 月末至 5 月初，沈阳则为 5 月中旬或下旬。开花期受气候条件影响很大。因而，同一树种在同一地区，不同的年份开花期也不同。因此，杂交前认真做好花期的物候观察。

松树授粉后，花粉管开始伸长，但不受精，直到来年才受精。因此，雌球花授粉7～10d后，果鳞迅速闭合，但体积变化很小。翌年4～5月时，受精球果迅速膨大，至10～11月成熟。

四、松树主要育种方法

（一）种源选择

种源是指在同一树种的分布区内一批种子或苗木的来源或产地。把不同起源的种苗布置在一起作对比试验叫种源试验。通过种源试验为某一造林生境选出最佳种源的过程称为种源选择。松树种类繁多，分布区广，地理种源变异大，可供选育的基因资源丰富。种源选择能获得较好的改良效果。1978年中国林业科学院就开始组织马尾松、火炬松、湿地松、云南松、加勒比松、油松、华山松、红松、樟子松等15个树种的种源试验研究。通过十多年来的松树种源试验研究取得了世人瞩目的成就。概括讲有以下几方面：

（1）揭示了松树不同种内种源之间的巨大变异，变异的遗传稳定性，种源选择在提高林木生产力上的巨大潜力。

（2）摸清了主要松树的地理变异规律，在此基础上进行了种源区划分，制订了科学的种子区划和种子调拨方案。

（3）选择了适合不同地区造林的优良种源，用其造林后比对照种源增产在10%～30%以上，现全国已推广马尾松等优良种源林数万公顷，获得了巨大的社会和经济效益。同时，也指出了某些不适宜的调种方向，如云贵高原的华山松种源调往秦巴山区，南部油松种源调入北部高原都会造成冻害，从而避免了盲目调种带来的损失。

四川省林业科学院1981年，对来自美国南部8个州42个产地的湿地松作了全分布区的种源试验，并以马尾松、火炬松作对照。经7年研究认为，大西洋沿岸及佛罗里达东部种源生长表现最好，生长量比较差的佛罗里达西部达54.86%。在四川盆地大面积引种湿地松，应以佛罗里达东部种源为主。

（二）引种

1. 国外松树引种　我国松树引种始于本世纪初，前后共引种世界各地松树50多种。吴中伦等（1983）报道了37种外来松树在我国的分布和生长情况，有十多种生长很好，在生产中发挥了很大的作用。其中有来自美国东南部的火炬松、湿地松、晚松、刚松、短叶松、长叶松；美国北部和加拿大的班克松和北美乔松，中西部的西部黄松等，来自加勒比海地区的加勒比松以及来自日本的黑松等。火炬松、湿地松、晚松和加勒比松已成为我国亚热带—热带主要造林树种。刚松、班克松、西部黄松和北美乔松等在暖温带—温带扩大推广。黑松在山东、辽宁、江苏、浙江沿海造林，为海滩荒地开发起了较大作用。

松树引种是我国林木改良和生产的重大项目，虽然已经取得巨大的社会和经济效益，对引种成功的松树还必须进一步从种源、类型和个体等层次上进行改良，优中选优扩大繁殖，并改进栽培经营措施，做到良种良法配套。同时，对有发展前途而尚未引种成功的松树要继续试验（如北方的北美乔松；西部黄松、欧洲赤松的一些变种以及欧洲黑松等），对我国尚没有的松树亦应广泛收集，不断扩大松树基因资源。

2. 国内松引种 国内松引种较多的是樟子松、红松，其次是油松、马尾松、华山松、云南松等。

樟子松是我国东北地区主要的速生树种之一，是大兴安岭（主要在北坡）及呼伦贝尔草原的乡土树种，现在东北各地引种成功。内蒙古呼和浩特和东胜县，陕西榆林地区和新疆天山中部的阜康林区引种的樟子松，长势均良好，成为三北地区 400mm 降水线附近的优良绿化树种。

红松是长白山和小兴安岭原始森林的主要树种，自然分布区范围较窄。因此，红松引种的范围也较小。据了解，在辽宁新金白云山、庄河县仙人洞、沈阳东陵区、义县老爷岭、山东崂山等地区都有引种。泰山海拔 1 300m 的北坡，16 年生的红松生长良好。

（三）杂交育种

1. 松树杂交育种概况 人们发现松属的不同树种在其自然分布重叠地区常发生自然杂交，产生自然杂种。这些杂种表现出不同程度的杂种优势。松树人工杂交试验始于 20 世纪 20 年代。1932 年以后欧美各国才广泛开展杂交育种。

（1）刚松×火炬松。在美国加利福尼亚存在刚松×火炬松的天然杂种，它综合了刚松耐寒和火炬松速生两方面的优势，生长量和干形比刚松好，又比火炬松耐寒，在新泽西州生长甚至超过火炬松。韩国 Hyun 为了弥补韩国大部分气候属暖温带偏寒冷缺少速生松类的情况（火炬松不能适生），从美国采集大量火炬松的花粉，进行了大规模的刚松（♀）×火炬松（♂）杂交。通过杂交获得了 180 万多粒种子，其杂种生长量大于刚松，成为适合在韩国大面积推广的杂交松。汪企明（1981—1991）在南京进行了这个组合的杂交，发现二者在开花物候期上很理想，刚松开花比火炬松迟一些，极适合作大量繁殖。在刚松开花前大量采集火炬松花粉，在刚松开花时把其雄球花全部摘除，即使不行套袋也不会受自花或其他花粉的污染。F_1 代苗木偏向母本（刚松）性状，杂种生长优于亲本，树高生长达 152.9%，胸径达 187.8%。杂种苗在我国北部暖温带到温带地区，表现出很强的耐寒性。

（2）黑松×油松。山东平邑县发现 20 年生黑松×油松的杂种，杂种可孕率高，生长比亲本快。

（3）黑松×赤松。山东发现黑松与赤松的天然杂种，杂种优势比较明显。

（4）黑松×云南松。据南京林业大学研究，黑松×云南松的杂种生长比黑松快，苗期根径比母本快 20%～40%，高增长 35%～69%。比云南松抗寒性强，杂种针叶为每束 3 针，偏向母本云南松（黑松每束 2 针）。

（5）黄山松×马尾松。江西九江林业科学研究所发现黄山松×马尾松的杂种，都比亲本优越。

2. 松树的杂交方法

（1）花粉采集、贮藏。雄球花由绿色逐渐转为青黄、黄、黄白色，其内含物由透明液体经黄浆状变为湿粉时，再经 2～3d 即可散粉。在散粉前 7～10d，直接从树上剪取长 30～40cm，粗 1～1.2cm 的花枝，在室内水培催花，花枝仅留顶部 10～15 束针叶。留下的针叶应剪去全长的 1/2～1/3。在水培催花期间，要勤换水，及时清除花枝基部分泌的松脂。

花粉收集后要及时晾干，装瓶贮藏，新鲜花粉发芽率在 90%以上，在一般条件下，经 1～2 个月贮藏仍有 50%～90%的发芽率。

（2）套袋、隔离和授粉。松树杂交前应套袋隔离，防止非目的花粉污染。套袋时期以新枝顶端的雌球花芽露出鳞片时为好。松树授粉一般在树上进行。当球鳞张开缝隙，用放大镜观察，见到发亮的黏液时即可授粉。时间最好在无风的早晨。方法是先除去隔离袋先端的回形针，然后从上口用喷粉器或毛笔蘸着花粉涂抹在球鳞上，最后将袋的先端重新用回形针别好。授粉 7～l0d 后，当其他松树散粉完毕，雌球花果鳞闭合时将袋除去，使幼果正常生长。在球果成熟前，做好病虫害防治工作。

第十二节　梅花育种

梅花（*Prunus mume*）是我国传统的名贵花卉，已有三千多年的栽培历史，集色、香、姿、韵于一身。梅不畏严寒，花期早，寿命长，梅、松、竹并称为“岁寒三友”；梅格调高雅，梅、兰、竹、菊并称为“四君子”；梅开五瓣，又被称为五福花。

梅花属于蔷薇科梅（李）属落叶小乔木，小枝绿色，以后变为绿褐色，具有枝刺；单叶互生，叶宽卵形至椭圆状卵形，基部阔楔形或近圆形，先端渐尖，叶缘具细尖锯齿；花单生或 2～3 朵簇生，每节着花 1～2 朵，纯花芽，花瓣 5 枚，冬春叶前开放，芳香；核果球形、黄色、味酸。

梅花原产我国的东南、西南、华中及我国台湾等地，性喜阳光充足、怕水涝，抗旱力较强，喜温暖温润，冬季空气干燥时常易落蕾。对土壤要求不严，耐贫瘠，凡排水良好的黏土、壤土及沙壤土，pH 在 6～8 范围内，均能良好生长。

一、梅花育种目标

（一）抗性育种

1. 抗寒育种　梅花有一定的抗寒能力，但各不同类型及品种间的耐寒性差异甚大，杏梅系和樱李梅系的某些品种抗严寒力强，可耐－15～－20℃低温，而真梅系的品种抗寒力较差。为促进梅花在北方地区的园林应用，要注重培育抗寒性更强的新品种。

抗寒育种是南梅北移的一项重要措施，目前，我国一些梅花品种由原产地向北推进了2 000 km。目前，在长春、沈阳、延安、兰州、包头、赤峰、北京、太原等北方城市都有露地栽培的梅花。例如，为了培育抗寒且具有典型梅香的新品种，北京林业大学陈瑞丹连续 4 年进行梅花杂交育种及胚培养实验，取得了重要进展。

2. 抗污染育种　梅花对污染抵抗力较差，特别是对二氧化硫敏感。要注重培育抗空气污染的新品种。

（二）花期育种

梅花在长江流域及以南地区的花期较早，花期一般为12月至翌年3月，黄河及以北地区，花期为3～4月。为增加梅花的观赏时间，要注意培育开花更早或更晚的新品种。或培育花期在元旦、国庆节开花的新品种，还要注意选育一年多次开花的珍稀品种，如‘二度梅’、‘四季梅’等新品种。

（三）观赏品质育种

1. 花色育种　梅花的花色较为丰富，有白色、粉红色、红色、紫红色等，其中，粉色品种较多，但随着社会经济、文化的发展，人们对花色的观赏性提出更高要求。目前，朱砂型中的深红重瓣类型，绿萼型中的白色重瓣类型较少；黄香型和细梅型中的深黄重瓣类型较少，而且花径较小；而深黄、金黄、橙红、彩纹、浓绿、紫黑等新奇色彩的品种更少。应注意这些方面的育种工作。

2. 大花型育种　梅花的花型较小，多数品种花冠直径为1.5～3.5cm，要注重培育花径超过4.5cm、重瓣性更高的品种。

3. 花果兼用型育种　梅花不仅在开花期有较高的观赏性，而且其果实具有良好的食用品质，可加工成多种梅制品，如话梅、青梅、酸梅、陈皮梅等，在育种上要求培育花果兼用型品种，即花型具有较高的观赏性，果实具有较高的品质和加工特性。

4. 重瓣台阁型育种　重瓣台阁型品种观赏性高，目前少量品种具有这种特性，但还要加强。还要注意选育重瓣性高、花瓣皱边或花瓣畸形的新奇品种。

（四）株型育种

选育观赏性高、株型紧凑的品种，例如，矮生型品种。目前垂枝型、龙游型、美人梅型只有少量品种，不能满足观赏要求。要着重选育适合园林绿化、盆栽观赏的各种株型品种。

（五）切花育种

培育适合切花栽培生产的新品种。要求培育抗寒性强、生长快、发枝多而长、着花繁密、花色鲜艳、观赏期长的品种。

二、梅花种质资源及分类

按照陈俊愉等（1999）提出的梅花分类系统，中国梅花分为3系（种型、系统）5类18型。据统计，我国现有梅花品种323个。

（一）真梅系

梅花由其野生原种或变种演化而来，品种既多且富变化，按枝姿（直立、下垂、扭曲）分为

3类。

1. 直枝梅类（9型）　枝条直上或斜出。

（1）品字梅型。三花聚生，形如品字。现仅一个品种：‘品字梅’。

（2）小细梅型。花小，果小，叶小，花径7～22mm，白、黄或红色，单瓣，偶无瓣。主要品种：‘北京小梅’、‘磨山小梅’、‘梅州小梅’、‘黄金梅’等。

（3）江梅型。花单瓣，有红、白、粉等色，萼绛紫或绿底洒绛紫晕。主要品种：‘江梅’、‘雪梅’、‘六瓣’、‘六瓣淡’、‘雪月花’、‘七星梅’、‘单粉’、‘福寿梅’、‘寒红’等。

（4）宫粉型。花复瓣或重瓣，花粉红、玫瑰红等色。主要品种：‘复瓣小宫粉’、‘长蕊小宫粉’、‘潮塘宫粉’、‘粉晕宫粉’、‘华农晚粉’、‘虎丘晚粉’、‘北京小梅’、‘花枝1号’、‘小宫粉’、‘大宫粉’、‘南京红’、‘人面桃’、‘花凝馨’、‘千叶红’、‘宫春’等。

（5）玉蝶型。花白色，复瓣、重瓣或单瓣，萼绛紫或略显绿底色。主要品种：‘北京玉蝶’、‘华农玉蝶’、‘单瓣玉蝶’、‘徽州檀香’、‘紫蒂白’、‘素白台阁’、‘青芝玉蝶’、‘小玉蝶’、‘三轮玉蝶’、‘荷花玉蝶’、‘吴阳玉蝶’、‘玉台照水’、‘紫蒂白照水’等。

（6）黄香型。花重瓣，淡黄色或近白色，花心微黄，萼绛紫色。主要品种：‘黄山黄香’、‘曹王黄香’、‘单瓣黄香’、‘雨山黄香’、‘南京复黄香’等。

（7）绿萼型。花单瓣、复瓣或重瓣，白色，初开时淡绿色，萼绿色，小枝青绿而无紫晕。主要品种：‘变绿萼’、‘长蕊变绿萼’、‘二绿萼’、‘复瓣绿萼’、‘小绿萼’、‘金钱绿萼’、‘台阁绿萼’、‘单瓣绿萼’等。

（8）洒金型。花单瓣或重瓣，一枝上有红、白两色花，或有红、白、粉三色花，或花瓣带有水红色条纹斑点。主要品种：‘昆明小跳枝’、‘复色跳枝’、‘晚跳枝’、‘复瓣跳枝’、‘单瓣跳枝’、‘米单跳枝’等。

（9）朱砂型。花粉红、红或紫红色，单瓣、重瓣或复瓣，萼深绛紫色，木质部暗红。主要品种：‘乌羽玉’、‘红千鸟’、‘常熟墨’、‘铁骨红’、‘骨里红’、‘舞朱砂’、‘水朱砂’、‘台阁朱砂’、‘粉红朱砂’、‘细枝朱砂’、‘水朱砂’、‘红须朱砂’、‘骨红照水’、‘千台朱砂’、‘桃红朱砂’、‘银边飞朱砂’、‘银边台阁朱砂’等。

2. 垂枝梅类（5型）　枝条自然下垂或斜垂，形成独立的伞状树冠。

（1）粉花垂枝型。木质部绿白色，花单瓣、复瓣或重瓣，呈红、粉红等色，萼绛紫色。主要品种：‘单粉垂枝’、‘单红垂枝’、‘粉皮垂枝’、‘汉粉垂枝’、‘吴服垂枝’等。

（2）五宝垂枝型。木质部绿白色，花呈红、粉等色，单瓣、复瓣或重瓣，萼绛紫色，花为复色。主要品种：‘跳雪垂枝’等。

（3）残雪垂枝型。花白色，复瓣，萼绛紫色，枝条下垂。主要品种：‘残雪垂枝’、‘汉雪垂枝’等。

（4）白碧垂枝型。花白色，单瓣或复瓣，萼绿色，小枝青绿。主要品种：‘双碧垂枝’、‘单碧垂枝’等。

（5）骨红垂枝型。木质部暗红色，花粉红、紫红色，单瓣至重瓣，萼深绛紫色，枝条下垂。主要品种：‘骨红垂枝’、‘锦红垂枝’、‘锦生垂枝’等。

3. 龙游梅类（1型）　枝条自然扭曲，花复瓣，纯白色。

玉蝶龙游型。花复瓣，白色。主要品种：'龙游梅'。

（二）杏梅系

杏梅是梅与杏或山杏的种间杂种。形态介于杏、梅之间，枝叶似杏，花托肿大，常无香味，核表有小凹点。

杏梅类（2型）　花单瓣、复瓣或重瓣，枝叶似杏，花呈白色、水红色、玫瑰红等色，瓣细长，花托肿大，花期较晚，抗寒性强。

（1）单瓣杏梅型。花单瓣，枝叶甚似杏，风韵独特，抗寒性强。主要品种：'单瓣杏梅'、'粉红杏梅'、'红晕杏梅'、'小杏梅'、'燕杏梅'、'中山杏梅'等。

（2）春后型。花复瓣至重瓣，花粉红或白色，小枝粗至极粗，叶大，花亦大。主要品种：'丰后'、'淡丰后'、'送春'、'辽梅'、'陕杏送春'、'束花送春'、'小重杏梅'、'小粉杏梅'、'洋杏梅'、'南林杏梅'等。

（三）樱李梅系

樱李梅是宫粉型梅花与红叶李的种间杂种。

樱李梅类（1型）　枝、叶、花紫红色，同时抽发，着花繁密，重瓣，具长花梗（0.9cm左右）。目前仅有美人梅1型。

美人梅型。枝叶紫红色，形似红叶李，花较大，重瓣，紫红色，花叶同放，具长梗，呈垂丝状，微香。主要品种：'美人梅'、'小美人梅'。

此外，梅花还存在许多野生类型，以及李属的其他植物种类，例如，野梅、杏、李、桃、毛樱桃等都可作为育种的原始材料。某些梅花的远缘植物也可作为育种原始材料。

三、梅花主要育种方法

1. 引种　通过简单引种或引种驯化的方法，从国外或外地引入优良品种或引入优良野生类型。如我国从日本引入'乙女'、'乌羽玉'、'几夜寝觉'、'丰后'、'淡丰后'等。北京引入'送春'、'单瓣杏'等。

2. 芽变选种　先选出变异的植株或选出变异的枝条，再通过营养繁殖（扦插、嫁接等）固定，最后经过比较、鉴定，即可培育出优良品种。如武汉市'凝馨'中选育了'早凝馨'新品种；从日本品种'锦生垂枝'中选出'锦红垂枝'。

3. 实生选种　从优良品种母树上采收天然授粉的种子，播种后，从实生苗中选出更好的新品种。例如，武汉梅花研究中心通过实生选种，选育出'雪海宫粉'、'粉羽'、'艳红照水'、'红台垂枝'等新品种。张俊等在青岛梅园通过实生选种，培育出了'变丰后'、'舞丰后'、'丰后跳枝'、'青岛淡丰后'、'小杏梅'等观赏性和抗逆性较好的新品种。陈俊愉等通过实生选种，选出'北京小梅'、'北京玉蝶'两个新品种，可抗－19℃的低温。

据统计，从1953年开始，实生选种培育的新品种有：'华农朱砂'、'华农晚粉'、'华农玉蝶'、'华农宫粉'、'小白宫粉'、'华农跳枝'、'玉台照水'、'朱砂宫粉'、'细枝小晕粉'、'粉台垂枝’等50个以上。

4. 杂交育种　梅花可进行品种间近缘杂交或种间远缘杂交。通过正确选择亲本、确定杂交组合、人工去雄、授粉、套袋等程序，获得梅花种子，然后培育杂种苗，使之开花，按照育种目标，不断进行选择，从而选出优良品种。多数梅花的重瓣品种结实性不强，因此，母本要选结实性强、表现优异的品种；父本要选花粉正常、无重大缺点、有特殊优点、与母本优缺点互补的品种。例如，武汉梅花研究中心通过杂交育种，选育出‘江砂宫粉’、‘江南台阁’、‘单轮朱砂’等品种。张启翔通过远缘杂交所育成的‘燕杏梅’和‘花蝴蝶’等。刘青林通过胚培养对梅花种间杂交，获得了毛樱桃×梅的种间杂种。

5. 诱变育种　通过物理诱变或化学诱变手段，处理梅花的种子，或枝条，或花粉，或花蕾，或幼胚，然后将处理过的材料进行繁殖，对繁殖群体进行选择，从而培育出新品种。物理诱变常用^{60}Co γ射线照射。

通过以上方法选育了许多梅花新品种。表13-2列出了部分新品种及其来源，供选用梅花品种时参考。

表13-2　梅花新品种来源一览表（引自程金水，2006）

序　号	品　种	来　源	序　号	品　种	来　源
1	‘品字梅’	1985引自日本	24	洛珈台阁	实生选种
2	‘北京小梅’	1958实生选种	25	‘磨山大红’	实生选种
3	‘道知辺’	引自日本大阪	26	‘磨山宫粉’	‘残雪’×‘小宫粉’×‘江南朱砂’
4	‘江蝶’	野梅变异植株			
5	‘多萼单粉’	1955实生选种	27	‘硕羽’	实生选种
6	‘六瓣江梅’	实生选种	28	‘小白宫粉’	实生选种
7	‘长须宫粉’	实生选种	29	‘雪羽’	实生选种
8	‘早凝馨’	引种选育芽变	30	‘雪海宫粉’	实生选种
9	‘多萼宫粉’	1955实生选种	31	‘艳红照水’	实生选种
10	‘乙女’	引自日本	32	‘友谊宫粉’	实生选种
11	‘大阁宫粉’	实生选种	33	‘晕碗宫粉’	实生选种
12	‘淡云’	实生选种	34	‘中山宫粉’	新品种
13	‘大羽照水’	实生选种	35	‘早粉台阁’	实生选种
14	‘大晕照水’	实生选种	36	‘紫羽’	实生选种
15	‘多被宫粉’	实生选种	37	‘长蕊绿萼照水’	新品种
16	‘粉羽’	实生选种	38	‘多萼绿’	新品种
17	‘华农宫粉’	1965实生选种	39	‘新绿萼’	新品种
18	‘华农晚粉’	实生选种	40	‘荷花玉蝶’	实生选种
19	‘江南宫粉’	‘小宫粉’×‘江南宫粉’	41	‘北京玉蝶’	实生选种
20	‘江砂宫粉’	‘小宫粉’×‘江南宫粉’	42	‘华农玉蝶’	实生选种
21	‘莲湖粉’	实生苗	43	‘大轮绯梅’	引自日本
22	‘莲湖深粉’	实生苗	44	‘乌羽玉’	引自日本
23	‘菱红台阁’	实生选种	45	‘华农朱砂’	透骨红实生选种

（续）

序号	品种	来源	序号	品种	来源
46	‘单轮朱砂’	‘小宫粉’×‘江南朱砂’	61	‘粉皮垂枝’	实生选种
47	‘骨红照水’	实生选种	62	‘残雪’	引自日本
48	‘红千鸟’	引自日本	63	‘锦红垂枝’	芽变选种
49	‘几夜寝觉’	引自日本	64	‘锦生垂枝’	引自日本
50	‘磨山朱砂’	实生选种	65	‘跳雪垂枝’	实生选种
51	‘晕单朱砂’	实生选种	66	‘粉红杏’梅	‘粉红’梅×杏
52	‘茑宿’	引自日本	67	‘红晕杏’梅	辽梅山杏×‘大羽’
53	‘淡黄金’	引自日本	68	‘丰后’	引自日本
54	‘黄金梅’	引自日本	69	‘淡丰后’	引自日本
55	‘华农跳枝’	实生选种	70	‘小粉杏’梅	‘粉朱’梅×杏
56	‘单红垂枝’	实生选种	71	‘俏美人’梅	株选
57	‘粉单垂枝’	实生选种	72	‘小美人’梅	法国引进
58	‘江粉垂枝’	实生选种	73	‘山桃白’梅	‘小绿萼’×山桃
59	‘汉羽垂枝’	实生选种	74	‘美人’梅	美国引进
60	‘磨山垂枝’	实生选种	75	‘玉台照水’	实生选种

实 验 实 训

实验实训一　植物花粉母细胞减数分裂的制片与观察

一、实验实训的目的要求

学习花粉母细胞减数分裂的观察和涂抹制片技术，观察植物减数分裂各个时期染色体的变化特征。

二、实验实训的材料与用具

1. 材料　玉米（*Zea mays*，$2n-20$）的雄穗，或普通小麦（*Triticum aestivum*，$2n=42$）的幼穗。

2. 药品　45％醋酸、醋酸洋红、80％酒精、95％酒精。

3. 用具　显微镜、载玻片、盖玻片、镊子、解剖针、培养皿、酒精灯、吸水纸等。

三、实验实训的方法步骤

（一）制片

1. 取材　（1）玉米雄穗。在玉米孕穗初期，即雄穗露尖前7～10d，植株中部略显膨软，先用手从喇叭口往下捏叶鞘，于感觉松软的部位用刀片划开。取出4～6mm长的幼穗，固定在固定液中12～24h后，用95％酒精洗净乙酸气味后，保存于70％酒精中备用。（2）小麦幼穗。选取旗叶与倒二叶叶耳间距1.5cm左右的植株，取出幼穗，花药长1.5～2mm，呈黄绿色，取材时间以10：00～13：00为宜。固定保存方法同玉米。

2. 制片染色　取出固定好的花穗，剥开花蕾，取出花药，放在载玻片上。在花药上滴一滴醋酸洋红，并用解剖针横断花药，轻轻挤压，使花粉母细胞散出。用镊子仔细将所有的花药壁残渣清除干净以后，加盖玻片在低倍镜下做初步检查。若材料可用，则将载片移置酒精灯上微微加热，注意切勿使染液沸腾，不可烧干。把片子放在吸水纸下，用拇指匀力下压，使材料分开，并把周围的染色液吸干。若染色浅，在盖片边上稍加染色液，微烘后再压。若染色过深可用冰醋酸褪色。

（二）镜检观察

先在低倍镜下寻找花粉母细胞，一般花粉母细胞较大，圆形或扁圆形，细胞核大，着色较深。观察到有一定分裂相的花粉母细胞后，再用高倍镜观察减数分裂各时期染色体的行为和特征。

（三）永久性封片

如果制成的片子染色良好，分裂时期典型，可将片子浸入1∶1的95%酒精冰醋酸溶液中，并加几滴正丁醇。轻轻揭开盖片，浸5～6min。转入95%乙醇与正丁醇1∶1的溶液中1～2min。再转入纯正丁醇透明1～2min。用滤纸吸去多余溶液，打开盖片，加1～2滴树胶封片，赶除气泡后，写上分裂时期，保存在较低温度下。

四、实验实训的结果与分析

1. 用涂抹法每人制作一张可观察到染色体的临时片。
2. 绘制观察到的分裂图，注明时期，并简要叙述染色体的行为和特征。

实验实训二　染色体组型分析

一、实验实训的目的要求

1. 初步掌握染色体制片技术，有条件的实验室还可以学习染色体显微摄影及放大技术。
2. 掌握染色体组型分析方法。

二、实验实训的材料与用具

1. 材料　牡丹（$2n=10$）、郁金香（$2n=24$）根尖或木本植物的茎尖，或幼嫩花药。

2. 用具　附摄影装置的显微镜、目镜测微尺、透明直尺、镊子、剪刀、绘图纸、培养皿、小烧杯、玻璃棒、载玻片、盖玻片、酒精灯、滤纸等。

3. 药品　饱和的对二氯苯溶液、0.075mol/L KCl溶液、2%国产纤维素酶、醋酸甲醇（1∶2）固定液、pH7.2的磷酸缓冲液、二甲苯、加拿大树胶。

三、实验实训的方法步骤

染色体组型分析时，可以利用体细胞有丝分裂时期的染色体，也可以利用性母细胞减数分裂时期的染色体。

（一）染色体制片技术

1. 预处理　剪取2mm左右的牡丹或郁金香根尖，用对二氯苯饱和溶液处理3h左右，洗净。

2. 低渗处理　用0.075mol/L KCl溶液处理30min，洗净。

3. 酶解 用2%纤维素酶处理3h左右。水洗2～3次后，在蒸馏水中停留30min。

4. 固定 固定液（醋酸甲醇1∶2）处理30min左右。

5. 制成细胞悬浮液 用玻棒将根尖捣碎即成。

6. 制片染色 同实验实训一。

7. 封片 镜检后，将染色体分散效果好的、清晰的片子用二甲苯透明后，用加拿大树胶封存。

（二）有丝分裂时期的染色体组型分析

1. 镜检测量 用制好的染色体玻片标本，放在显微镜下检查，选出3～10个处于有丝分裂中期的细胞，其染色体分散良好，无重叠，细胞内各条染色体处于同一平面，并且着色鲜明，形态清晰，着丝粒明显。如果染色体具有随体，应明显可见。如经过显带处理，染色体带纹应清楚。在细胞内选取较平直的染色体，用目镜测微尺量取其长度，以计算放大倍数和实际长度。

2. 显微照相、冲洗和放大 将在显微镜下选定的符合要求的细胞进行显微照相、冲洗（或用描绘器画图）。然后选用图像清晰的底片，放大洗印出染色体形态清晰的照片，或选底片，利用放大机，用绘图纸在放大机下精确描绘染色体的放大图像。洗相宜用黑白反差大的相纸。每个细胞至少5张。

3. 测量染色体的照相长度 在放大的照片上用透明直尺准确地量出各条染色体的总长度和每条染色体两臂的长度，将结果填入下表。

染色体形态测量数据表

染色体标号	照相长度/mm			绝对长度/mm			相对长度	臂比	带型	染色体类型
	长臂	短臂	全长	长臂	短臂	全长				
1										
2										
3										
4										
5										

4. 计算 根据测量结果计算出放大倍数，绝对长度、相对长度、臂比，将计算结果填入表中。

（1）放大倍数＝放大照片上某染色体的照相长度（μm）/目镜测微尺测定的实际长度（μm）。

（2）某染色体（或臂）的绝对长度＝某染色体（或臂）的照相长度（μm）/放大倍数。

（3）某染色体（或臂）的相对长度＝某染色体（或臂）的长度/染色体组内全部染色体长度×100%。

（4）臂比（率）＝长臂长度/短臂长度。

5. 剪贴配对 把放大照片上的各条染色体剪下，根据染色体的相对长度、臂比和形态特征，将同源染色体归类成对。

6. 将配对染色体按照由小到大的顺序依次排列起来 排列时把各对染色体的着丝粒排在一条直线上，并且使短臂在上，长臂在下。对于长度相同的染色体，要把短臂较长的染色体排在前面。随体染色体排在最后或单独排列。可用“*”标出。如果有性染色体和超数染色体单独排列。然后粘贴整齐，并将染色体编号，所编号码填入染色体形态测量数据表。

带有随体、次缢痕或其他特征的染色体应在表中注明。如果进行了显带处理可同时将染色体带型填入染色体形态测量数据表内。

在测量时，对于随体染色体中的随体长度，可计入或不计入染色体长度之内，但应注明。对于每条染色体的着丝点应平分为二，计入两臂长度之内。如果染色体弯曲不能用直尺测量时，可以先用细线量取染色体相等的长度，然后再用尺子量出线相应的长度。

染色体的类型根据臂比的大小确定，标准如下。

臂比	染色体类型	表示符号
1.00	正中部着丝点染色体	M
1.01～1.70	中部着丝点染色体	m
1.71～3.00	近中部着丝点染色体	sm
3.01～7.00	近端部着丝点染色体	st
>7.01	端部着丝点染色体	t

7. 翻拍及绘图 将剪贴排列好的染色体组型图片进行拍照洗印，并用绘图制出染色体模式图。如经显带处理，应在模式图上标出染色体带型。最后将一张完整的染色体放大照片、一张翻拍的染色体组型照片和绘制的模式图贴在同一张绘图纸上，并在图下注明材料名称、染色体总数($2n$)、染色体组数和染色体基数。

（三）减数分裂时期的染色体组型分析

主要是利用性母细胞第一次减数分裂粗线期的染色体。因为这一时期的染色体缩得最短、最粗，形态特征表现得最明显，并且此时同源染色体已经联会，原来的 $2n$ 条染色体联会成 n 个二价体。此时进行染色体组型分析，能更好地研究染色体的形态特征。

粗线期染色体组型分析方法，除取材和制片有所不同，其他方法与有丝分裂组型分析相同。

四、实验实训的结果与分析

1. 绘制染色体组型图（照片剪贴图和绘制的组型模式图）；填写染色体形态测量数据表。
2. 写出实验体会。

实验实训三　分离现象的观察

一、实验实训的目的要求

通过玉米杂交后代的粒色显性和隐性性状的观察、统计，验证分离规律并加以巩固。

二、实验实训的材料与用具

1. 材料　玉米白粒自交系与黄粒自交系杂交的杂种一代（F_1）、杂种二代（F_2）果穗。也可用其他植物具有一对相对性状差异的两个亲本杂交的杂种一代、杂种二代代替玉米。如有芒小麦（或水稻）和无芒小麦（或水稻），红果番茄和黄果番茄等。

2. 用具　记录用品、种子袋、计数板、计算器等。

三、实验实训的方法步骤

先观察 F_1 和 F_2 果穗在粒色上的不同之处，再仔细统计每一个 F_2 果穗上黄色和白色子粒的数目，将统计结果填入下表。最好将多个果穗的统计结果填入一个表中，这样统计接近于理论值。

F_2 玉米果穗粒色统计表

果穗号	显性粒数	隐性粒数	显隐性比例
1			
2			
⋮			
合计			

四、实验实训的结果与分析

1. F_1、F_2 各有多少种粒色？为什么会出现这种现象？
2. 通过计算统计，各种果穗粒色显隐性的比例是否都符合 3∶1？为什么？

实验实训四　园林植物种质资源调查

一、实验实训的目的要求

了解园林植物种质资源调查的意义、方法。

二、实验实训的材料与用具

1. 材料 选择本地区主要栽培的园林植物1～2种，如松、柏、杨、柳、月季、杜鹃、牡丹、竹、兰、菊、梅及地被植物。

2. 用具 记录用品、简单测量用具、标本夹、种子袋、照相机、天平、有关工具书。

三、实验实训的内容

1. 种质资源调查及分类研究。
2. 地区种质资源状况分析评价。
3. 本地种质发展趋势预测。

四、实验实训的结果与分析

1. 每组完成一份本地区有关种质资源名录及检索表。
2. 每人写一份本地有关种质的专题报告。

实验实训五　单株选择

一、实验实训的目的要求

通过单株选择的实际操作，掌握单株选择育种的方法步骤。

二、实验实训的材料与用具

1. 材料 自花授粉园林植物的种子，如凤仙花、桂竹香、香豌豆、紫罗兰、一串红等（也可用异花授粉植物的种子，但要经过多次单株选择，才能得到稳定的品系）。

2. 用具 放大镜、游标卡尺或量径尺、钢卷尺、挂牌、记录本、铅笔、种子袋等。

三、实验实训的方法步骤

1. 播种 整地作畦，然后采用条播或撒播的方法播种。播后喷水，遮荫。

2. 选择优株 根据育种目标，选择综合性状优良、个别性状优点突出的单株或单花序。选择贯穿整个生长季节，重点放在性状表现最明显的时期。如在苗期、开花初期、开花盛期、开花末期及生长后期多次进行，重点在花期，如要选抗病类型，重点在病害发生期进行。如发现符合标准的，就要及时做好标记，挂牌并注明主要优点，以保证选择的准确性。每次可选优良单株数株或十几株。等种子成熟后，分别采收，分别保存。

3. 株行试验 将入选的每个单株的种子，分别播种为株行（即每株的种子播成1行或数行），各株行按顺序排列，每隔数行种1行原品种作为对照。严格比较、鉴定，选出优良株行。入选的株行各成一个品系。

4. 品系鉴定 将入选各品系种成小区，并设重复和对照，认真观察。比对照表现好的品系均可入选，成熟时分别采收种子。

5. 品种鉴定 将鉴定入选的品系，采用随机区组设计，3次重复，每重复设一对照，用统一标准对各品系和对照进行比较、鉴定，从而选出最优良的品种。

四、实验实训的结果与分析

以组为单位进行单株选择试验，并总结选育过程，写出总结报告。也可直接到苗圃、试验圃、生产圃选择优良单株。然后再进行株行试验、品系鉴定、品种鉴定。

实验实训六　混合选择

一、实验实训的目的要求

通过混合选择的实际操作，掌握混合选择育种的方法步骤。

二、实验实训的材料与用具

1. 材料 自花授粉或异花授粉植物的草花类种子，如凤仙花、香豌豆、半支莲、石竹、金鱼草、一串红、鸡冠花、三色堇、虞美人等。

2. 用具 放大镜、游标卡尺或量径尺、钢卷尺、挂牌、记录本、铅笔、种子袋等。

三、实验实训的方法步骤

1. 播种 整地作畦，然后采用条播或撒播的方法播种。播后喷水，遮荫。

2. 选择优株 根据育种目标，在生长期、花期、观赏期等时期进行。选择主要性状类似的优良单株或单花序。发现符合标准的，挂牌标记。可选优良单株数株或十几株。等种子成熟后，混合收取种子。

3. 混合播种 将收取的优良单株的种子混合播种，并播种原品种为对照，再从混合播种区选优良单株。并挂牌标记，等种子成熟后，再混合收取种子。以后可视选出群体的优异情况和稳定情况再进行一至数次选择，直至选出表现优良、性状稳定的品系。

4. 比较鉴定 将选出的品系进行鉴定和品种鉴定，从而选出比原品种表现优异的品种。选择和鉴定的方法可参考单株选择法进行。

四、实验实训的结果与分析

1. 学生以组为单位进行混合选择试验，并总结选育过程，写出总结报告。
2. 比较单株选择与混合选择的异同。

实验实训七　园林植物引种因素分析

一、实验实训的目的要求

掌握影响园林植物引种驯化成败的因素，学会分析寻找限制性因子及可能的解决方法。

二、实验实训的材料与用具

1. 材料　有关植物的书面资料，标本，图片，有关引种地区的土壤、气象资料等。
2. 用具　计算器、计算机及有关软件、表格纸等。

三、实验实训的内容

1. 收集引种植物的生物学、生态学资料，收集引种地的全部环境资料，筛选限制因子。
2. 调查同类植物引种状况，比较分析该植物引种前景，制订相应的引种方案。

四、实验实训的结果与分析

每人完成一种园林植物的引种分析报告。

实验实训八　花粉收集、贮藏及花粉生命力的测定

一、实验实训的目的要求

掌握花粉收集、贮藏的方法及花粉生命力测定的技术。

二、实验实训的材料与用具

1. 材料　各种园林植物的花粉，如百合、牡丹、菊花、松树、杨树、杉木、柳树等植物花粉。

2. 用具　修枝剪、筛子、载玻片、毛笔、指形瓶或小玻璃瓶、脱脂棉、标签、记号笔、显

微镜、干燥器、冰箱、恒温箱、天平、培养皿、大广口瓶等。

3. 药品 氯化钙、蔗糖、葡萄糖、蒸馏水、稀薄的硼酸（1∶100 000）、联苯胺、酒精、碳酸钠、过氧化氢、α-萘乙酚、琼脂、醋酸钾饱和溶液或生石灰等。

三、实验实训的方法步骤

（一）花粉收集

1. 树上收集 这种方法适用于花粉量多、散粉期较长的植物。多数园林植物在上午 9：00 左右开始散粉，11：00～14：00 是雄花盛开时间，可以预先用纸袋套上雄花，使花粉散落掉入袋中，取下收集袋即可。

2. 摘取花序收集 不便上树收集花粉的植物，如杨树、杉木、松树等，可以直接采集即将散粉的雄花穗，在室内摊在纸上阴干，待花粉自然开裂收集。

3. 水培后取花枝收集 杨树、柳树等种子小、成熟期短的植物可预先剪取花枝，进行水培，待散粉时可轻轻敲击花序，使花粉落于光滑洁净的纸上，进行收集。

（二）花粉贮藏

1. 干燥 把花粉放在散光下晾干、阴干或放在盛有氯化钙的干燥器中干燥，一般以花粉易分散为度（即不黏附在玻璃容器壁）。

2. 去杂 干燥过的花粉要过筛去杂，花粉筛的孔径以 50～70μm 为宜。操作时轻轻摇动筛子，使花粉落在纸上。不可用毛笔或刷子扫刷。

3. 贮藏 ①把处理好的花粉装入指形瓶或小玻璃瓶中，不超过容器的 1/5；②用脱脂棉封口，瓶外贴上标签，注明品种、采集日期和采集人等；③然后将小瓶置于干燥器内，干燥器底层可放置无水氯化钙、硅胶、醋酸钾饱和溶液或生石灰等；④最后将干燥器放于阴凉、黑暗的地方，最好是放置在冰箱中，温度保持在 0～2℃。

（三）花粉生命力的测定

1. 培养发芽法

（1）配置培养基。 取 100ml 蒸馏水，倒入烧杯中，并作液面标记，加热至沸，加 1g 琼脂，使之溶化，然后加入 5g 蔗糖或葡萄糖和 0.01g 硼酸。用玻璃棒不断搅拌至均匀。在加热溶解过程中，随时补充蒸发的水分。充分溶解后，将烧杯放在水浴锅内，以保持温度。此即为 5%蔗糖（葡萄糖）培养基。用同样的方法可配制 10%、15%、20%浓度的培养基。

（2）制片。用玻璃棒蘸少量培养基，趁热滴入凹型载玻片，放置片刻，使其凝固，然后均匀撒上花粉。注意花粉不可过多，否则，会造成观察困难。

（3）发芽。将制好的玻片放于培养皿中，下面垫上脱脂棉，加入少量水，以保持湿度。将培养皿盖好，放在恒温箱中，保持 20～26℃。

（4）观察。不同的植物种类，其花粉发芽所需的时间不同，发芽快的花粉，如凤眼莲、凤仙花等经过数小时，即可观察，而有些则经过十几小时或数十小时才能观察到发芽的花粉。观察时，随机在显微镜下取5个视野，计算花粉总数及发芽数，算出平均发芽率。不发芽者为无生活力的花粉。

$$花粉生活力=\frac{有生活力花粉数}{观察花粉总数}\times100\%$$

2. 染色法

（1）配制药液。

①将0.20g联苯胺溶于100ml 50%乙醇中，盛入棕色瓶中，放暗处备用。

②将0.15g α-萘乙酚溶于100ml乙醇中，盛入棕色瓶中，放暗处备用。

③将0.25g碳酸钠溶于100ml蒸馏水中，盛大广口瓶中备用。

④将以上三种溶液等量混合为“甲液”，盛入棕色瓶中备用。

⑤将过氧化氢用蒸馏水稀释成0.3%溶液为“乙液”，随配随用。

（2）观察。取花粉少许，洒入凹型载玻片，滴入“甲液”，片刻后，再滴入“乙液”，3～5min后在显微镜下观察。凡有生活力的花粉为红色或玫瑰红色。不着色者，为无生活力的花粉。

四、实验实训的结果与分析

1. 用培养发芽法计算花粉生活力（5个视野）。
2. 用染色法计算花粉生活力（5个视野）。

实验实训九　园林植物有性杂交技术

一、实验实训的目的要求

了解植物不同的花器结构和开花习性，初步掌握植物有性杂交技术。

二、实验实训的材料与用具

1. 材料　两性花园林植物的开花植株。如月季、百合、唐菖蒲、凤仙花、菊花、牡丹、芍药等。

2. 用具　毛笔或海绵、细铁丝、标牌、镊子、放大镜、套袋、70%酒精、小瓶或培养皿等、修枝剪、硫酸纸袋、标签、回形别针等。

三、实验实训的方法步骤

（一）树上杂交技术

1. 选择亲本　根据育种目标，选择具有本品种典型性，生长健壮、无病虫害、雌雄蕊正常的植株作父本和母本。

2. 花序选择及疏花 为保证营养和种子的饱满，要适当整理植株，去除过多无效的分枝，杂交用花序选主茎。每花序留15个左右的饱满花蕾，去除已经开放或多余的幼小花蕾。

3. 收集花粉 同实验实训八

4. 去雄、隔离 如果是两性花植物，每株选数朵花，在母本雄蕊成熟之前去雄，一般在花蕾即将开放时进行。若是单性花只需隔离。去雄要在花粉成熟之前进行，一般先去掉花冠，用镊子直接剔除花中的雄蕊。去雄时要仔细、彻底，不要损伤雌蕊，更不能刺破花药。另外，去雄时用的镊子、剪刀等工具要常浸在酒精中消毒，以杀死粘上的花粉。去雄后及时套袋隔离。

5. 授粉 在雌蕊充分成熟（柱头分泌黏液，发亮）时即可授粉。一般选择晴朗无风天气，8：00～10：00、15：00～17：00为宜。用毛笔或海绵蘸取父本花粉，轻轻涂于柱头上并立即套袋。可在第二天、第三天再连续授粉1～2次，以保证授粉成功。授粉后挂牌，注明杂交组合、授粉日期、操作者姓名等。

6. 杂交后的管理

（1）授粉后的最初几天要检查套袋，如脱落、破碎则可能发生意外杂交，这些杂交花就无效了，应重新补做杂交。一周后开始检查，如果母本子房膨大，说明杂交成功，可将套袋去掉，以免影响种子发育。

（2）将母株上多余花蕾、花朵及细弱枝、病虫枝、徒长枝和过密枝剪去。

（3）加强肥水管理、病虫害防治。

（4）适当保护，防止意外损伤和倒伏。

（5）及时采收种子，妥善保存。

（6）杂种培育及选择，将种子按杂交组合播种、培育，然后按育种目标选择、鉴定。

（二）室内切枝杂交

对于种子小而成熟期短的某些园林植物，如杨树、柳树、榆树、菊花等，可剪取枝条在温室内水培杂交。

1. 花枝的采集和修剪 从已选好的母树树冠的中上部，选一二年生无病虫害的、生长粗壮的枝条。采回的枝条入室前先进行修剪，除去无花芽的徒长枝。雄花枝除将生长不良的花枝、生长过密的小枝、无花芽的徒长枝和带有病虫害的枝条剪掉外，尽量保留全部花芽，以便收集到大量花粉。雌花每枝留1～2个叶芽、3～5个花芽，其他全部去掉。

2. 水培和管理 把已修剪好的枝条，在水中将基部剪成斜面插于盛有清水的广口瓶中，每隔3～4d换水1次，天热时应勤换水，同时洗去枝条基部的分泌物，隔一定时间基部修剪1次。培养期间保持室内空气流通。

3. 挂签、记录 在每个雌花枝上挂一个标签，注明植物名称，采枝时间和花序数目，并按需要项目进行观察记载。

4. 隔离 为了防止自然授粉，应将所有的雌雄花枝在没有开花之前先行隔离。可把同一组合的雌雄花枝放在同一室内，或同一父本的雌花枝放在同一室内，而不同组合或不同的父本，则要分别放在不同的室内，必要时也可以在雌花枝上套袋。

5. 去雄、授粉 去雄、授粉和种子采收等方法同树上杂交技术。

四、实验实训的结果与分析

1. 简述园林植物树上杂交和室内杂交技术。
2. 在园林植物有性杂交过程中应注意哪些问题?

实验实训十 园林植物多倍体的诱发与鉴定

一、实验实训的目的要求

掌握用秋水仙素诱发园林植物产生多倍体的方法；初步掌握鉴定植物多倍体的方法。

二、实验实训的材料与用具

1. 材料 园林植物的植株、插条或种子。

2. 用具 米尺、放大镜、标签、脱脂棉、显微镜、测微尺、载玻片、盖玻片、镊子、解剖针、培养皿、滴管、试剂瓶、吸水纸。

3. 药品 秋水仙素、醋酸、浓硝酸、铬酸、氯化钾、碘、碘化钾、蒸馏水。

三、实验实训的方法步骤

(一) 秋水仙素处理

1. 配制药液 称取一定量秋水仙素，加蒸馏水配成1%浓度的溶液备用。

2. 处理液的配制 通常按0.2%～1%浓度范围配成2～3个处理，每个处理重复3～4次，以蒸馏水为对照。

3. 处理材料的选择 选用园林植物的植株或插条上正处于分裂状态的芽或生长点，或选刚萌动的种子，或刚展子叶的小苗进行处理。

4. 处理方法

(1) 滴液法。将秋水仙素溶液滴在幼苗的顶芽或大苗的侧芽处，事先在芽上裹一个小脱脂棉球，每日滴数次，6～8h滴一次，连续处理2～3d，处理时，处理的芽最好置于黑暗的条件下，并保持一定湿度。然后去除棉球。

(2) 浸渍法。先将秋水仙素配成一定浓度的水溶液，然后将材料放入溶液中浸泡。方式有种子浸渍、生长点倒置浸渍、腋芽浸渍、插条接穗浸渍等。用种子处理时，选干种子或萌动的种子，将其放入培养皿内，再倒入一定浓度的秋水仙素溶液，溶液量为淹没种子的2/3为宜，放入黑暗处，避免日光照射，处理的时间多为24h，时间太长容易使幼根变肥大而根毛的发生受到阻碍，从而影响幼苗的生长，最好是在发根以前处理完毕。处理完毕后应用清水洗净再播种于土中。

5. 挂签观察 每个处理的芽均要挂上标签，记载处理日期、次数与方法，并观察其生长变异情况。

（二）多倍体诱变材料的鉴定

1. 外部形态鉴定 仔细观察处理株与对照株在形态上的差异，例如，枝条长度、粗度、节间长度；叶片的大小、厚度，叶绿素深浅，有否变形叶、镶嵌叶，叶缘不规则；花器的大小、形态、颜色；果实的大小、形态、颜色及成熟期等。根据多倍体的特征初步判断是否是多倍体变异。

2. 花粉粒的鉴定 取诱变材料的成熟花粉置于45%醋酸溶液中浸泡一下，取少许于载玻片上，加1滴1% I-IK溶液，置于显微镜下观察，与对照花粉比较有无变大的情况，如大小变化不明显，再用测微尺测定其纵、横径。

3. 气孔鉴定 一般叶片的表皮是容易剥取的，可直接用刀片刮去上表皮和叶肉，留下透明的下表皮，取下一小块表皮，滴上1滴1% I-IK溶液即可观察。有些叶片，下表皮不容易剥下，可采用酸水解法，具体操作如下：①将叶片用刀片切成若干2～5cm^2的小块，浸泡在许而司浸离液（氯酸钾1g＋浓硝酸50ml）或乔菲律浸离液（等量的10%硝酸和10%的铬酸溶液）中，10～15min；②待叶片失绿后取出叶片在蒸馏水中冲洗干净；③用刀片刮去上表皮和叶肉，留下白色、透明的下表皮，也可直接用镊子撕下一块下表皮（1～3mm）放在载玻片上，滴上1滴1% I-IK溶液，静止片刻，然后盖上盖玻片；④将制得的玻片放在显微镜下，用测微尺测量气孔的长度和宽度。每个试材制5个玻片，每个片子测5～10个气孔，分别计算气孔长和宽的平均值，以二倍体品种为对照，比较试材与对照的差别。

四、实验实训的结果与分析

1. 诱变材料和对照株的外部形态特征记入下表。

树种和品种	处理	新梢					叶片					花				果实			
		抽梢时间	梢长/cm	粗度/cm	花粉大小	种子数目	大小	厚度	色泽	叶序	其他	大小	形态	色泽	花粉大小	大小	形态	色泽	其他

2. 气孔大小观察结果记入下表。

树种、品种	处理	平均纵径/μm	平均横径/μm

实验实训十一　γ射线处理与诱变材料性状的观察

一、实验实训的目的要求

初步了解和掌握园林植物辐射育种方法、特点和效果；观察诱变体性状变异情况与特点。

二、实验实训的材料与用具

1. 材料　当地园林植物材料、经诱变处理的材料和对照株。

2. 用具　钴（^{60}Co）源等设备、试验地、米尺、卡尺、铅笔、记录本等。

三、实验实训的方法步骤

在教师或有关技术人员讲解和引导下，进行以下观察记载、统计分析。

（一）参观钴源和利用γ射线辐射处理种子的方法

教师介绍钴源设施并演示钴源辐射操作系统。取园林植物如绣线菊干种子10份，分别以6.45C/kg、7.74C/kg、9.03C/kg的剂量照射，每种剂量重复处理2次。

（二）观察记载

观察各辐射诱变世代（M_1～M_3）的种植方式、密度、群体大小和对照品种行（区）的设置情况。

（三）辐射后代表现的观察鉴定与统计分析（以绣线菊干种子辐射后代为例）

1. 诱变处理生理损伤的鉴定

（1）萌芽率与存活数量的鉴定。在处理材料播种或嫁接后1～3个月，于试验圃里分次计算萌芽株数和发芽率。在苗木出圃时统计存活株数。为加速观察和验证处理效果，可将诱变处理的枝条插入完全营养液里，置于20℃左右的室温下，3～4周统计萌发率和生理损伤情况。

（2）幼苗高度的测定。是鉴定诱变效应的一种简便而快速的方法。通常在诱变苗和对照嫁接苗第一次停止生长时，随机选择处理和对照苗木各30～50株，测量幼苗高度，并计算其平均数、标准差。

2. 突变体性状的观察与选择

（1）株型的变异。通常有株高、节间长度、生长习性、树体结构等。

（2）叶片的变异。包括叶序、叶的大小、形状、颜色等。

（3）花的变异。包括花色、花型、花的大小、花瓣形态及数量等。

（4）果实的变异。包括果实大小、形状、颜色、花期的早晚等。

选已开花结果的突变体与原株作对照，观察其株型、叶片、花、果皮颜色、果形等变异表现，并一一进行记录。

四、实验实训的结果与分析

1. 诱变材料生理损伤与对照株情况观察记载表。

树种	处理方式或对照	处理材料	处理种苗数	萌芽情况		存活情况		幼苗高度/cm	
				萌芽数	萌芽率/%	存活数	存活率/%	平均数	标准差

2. 突变体与对照株性状观察记载表。

树种	处理	节间长度/cm	叶片				果实				其他性状
			大小/cm	厚薄/cm	叶绿素缺失	畸形叶	果皮色	果形	果肉色	每果种子数	

实验实训十二　种子繁殖植物的良种繁育

一、实验实训的目的要求

掌握良种繁育技术。

二、实验实训的材料与用具

1. 材料　一二年生草本植物的优良品种，如三色堇、虞美人、金鱼草、一串红、鸡冠花、矮牵牛、石竹、香豌豆等的种子。

2. 用具　放大镜、游标卡尺、钢卷尺、记录本、铅笔、标牌、种子袋等。

三、实验实训的方法步骤

1. 播种　选肥沃、疏松、阳光充足、排灌方便的地块。土壤消毒后整地作畦，然后播种。

2. 间苗或移栽　种子出苗后，如果不需要移栽，要间苗，留生长健壮、本品种特征明显的植株，拔除多余的植株。株行距要适当增大。如果需要移栽，要选健壮优良植株，移栽于疏松肥沃的土壤，株行距也要适当增大，弱苗、病苗、本品种特征不明显的苗要拔除。

3. 去杂 从幼苗期到开花期要经常做好去杂工作，凡是杂苗、劣苗要经常拔除，要选留生长健壮、品种纯正的植株。特别是花期，要根据植株高度、茎叶特征、花色、花径、花型、开花数量、花瓣多少、花期长短等主要观赏性状做重点选择。

4. 隔离 在开花前1～2周，做好隔离工作。对同类品种要严格相互隔离，可用纱网或薄膜覆盖。如果只播种一个品种，且附近无同类植物，可不隔离。花谢后1～2周去掉隔离物。

5. 摘心和修剪 在幼苗期到开花前，对于有些品种，为增加分枝，采用一次摘心或多次摘心的方法，可增加花序数量。对于过密枝、细弱枝、徒长枝、病虫枝要剪除。对花期后再长出的花序及过于细弱、生长不良的花序也要及时剪除。

6. 栽培管理和病虫害防治 从幼苗出土到种子成熟，应加强肥水管理和病虫害防治。还要控制好光照、温度、湿度等环境因素，确保植株健壮生长。

7. 授粉 自然授粉或人工辅助授粉对异花授粉植物，可任其同品种内自由授粉，对自花授粉植物可自由授粉或人工授粉，人工授粉可用点授、喷授等方法。

8. 种子采收 种子成熟时，应及时收取种子。霉变者、带病虫者、落地者等不良者不收。

9. 种子贮藏 采收后的种子先充分晾干，不可暴晒，然后分级，装入种子袋。种子袋一般用牛皮纸制成。并注明品种名称、等级、颜色、数量、日期、采种人姓名等。

四、实验实训的结果与分析

以组为单位进行该试验，每人写出种子繁育过程的总结报告。

实验实训十三　采穗圃的经营管理

一、实验实训的目的要求

认识采穗圃的类别，掌握采穗圃管理的一般内容及技术要点，调查分析不同管理水平下的效果。

二、实验实训的材料与用具

1. 材料 已建采穗圃1～2处，树种可选杨、柳、樱花、桑、月季、杜鹃、山茶等。

2. 用具 修枝剪、嫁接刀、记录计算用具、测量工具、农具等。

三、实验实训的内容

1. 定条、除蘖、采条。

2. 缺肥诊断与施肥，病虫害调查与防治。

3. 密度、树形、土壤状况等因素与产量的关系分析。

4. 效益分析与市场前景预测。

四、实验实训的结果与分析

每人完成1～2个内容的专题报告。

实验实训十四　园林植物品种比较和区域试验

一、实验实训的目的要求

了解和初步掌握植物品种比较与区域试验的方法，学会品种比较试验结果的统计分析。

二、实验实训的材料与用具

1. 材料　植物品种比较与区试的试验田。

2. 用具　田间观察记载资料、产量结果及室内考种资料、计算器或计算机及各种统计表格等。

三、实验实训的方法步骤

（一）品种比较试验

品种比较试验简称品比试验，是育种单位在一系列育种工作中最后的一个重要环节。它要对所选育的品种作最后的全面评价，鉴定供试品种在当地的适应性和应用价值，选出显著优于对照品种的优良新品种，以便进一步参加区域试验。

1. 品种比较试验材料的来源　主要是从鉴定圃选出的优良新品系和上年品比试验保留的品系，此外还包括外地新引进的优良品种。品种比较试验参试材料数目不宜过多，通常10～15个。

2. 田间设计和布置

（1）试验区的面积和形状。一个品种种一个试验小区，小区面积较大，因植物种类而异，一二年生园林植物一般是20～60m²，试验小区形状可分为长方形和方形两种。

（2）重复次数。品比试验中每一个品种种几个试验小区就叫作几次重复。设置重复能减少试验地的土壤肥力差异以及其他偶然因素对试验结果的影响，是增加试验精确性的有效方法。有了重复，就可以了解和测定试验的误差大小，有利于对试验结果作出比较正确的评价。至于应该设几次重复，要视具体情况而定。试验田条件好、土壤肥力差异较小、小区面积较大的，重复次数可少些；反之，应多些。一般以3～5次为宜。

（3）试验小区排列。一般采用随机区组设计，即先划分成几个区组。例如，某一个试验共包含8个品种，重复4次，那么这一试验就有4个区组，每一区组包含所有8个品种的各一个小区。区组内各个品种小区的排列则是随机的，即每个品种都有同等的机会被放置在区组内的任何位置上（如图所示）。

2	7	1	8	6	4	5	3	Ⅰ
6	5	4	2	3	7	1	8	Ⅱ
7	3	6	8	1	5	2	4	Ⅲ
1	4	2	7	8	3	6	5	Ⅳ

随机排列示意图

Ⅰ，Ⅱ，Ⅲ，…为区组号码，1，2，3，…为处理代号

（4）保护行的设置及其他。为了保证试验的安全和精确性，在每个区组的两旁、整个试验地的两端或四周种植几行与对照相同的品种，称为保护行。还要考虑试验田中道路的设置。一般在区组间的道路要宽些，小区间往往不设置道路。试验田周围的保护行还应适当地设置出入道路。

3. 对试验的要求

（1）试验田要有代表性。不论在气候、地形、土壤类型、土壤肥力和生产条件等方面，都要尽可能地代表试验所服务的大田。尽可能要求地势平坦，形状整齐。土壤肥力要求均匀一致，尽量减少试验误差。

（2）试验地耕作方法、施肥水平、播种方式、种植密度及栽培管理技术接近或相同于大田条件，并注意做到全田管理措施一致。

（3）试验期间要严格系统地进行观察记载，结合成熟期的最后鉴定、产量结果和室内考种，对参试材料作出当年的综合评价和处理意见。各参试品种一般均参加两年以上的品比试验。

（二）区域试验

区域试验是由有关部门组织的、在一定的自然区域内多点、多年的品种比较试验，以进一步鉴定新品种的主要特征、特性，确定其是否有推广价值，为优良品种划定最适宜的推广地区，并确定各地区最适宜推广的主要优良品种和搭配品种，同时研究新品种的适宜栽培技术，便于做到良种良法相结合。区域试验的试验方法，基本上与品种比较试验相类似，但要密切结合各地的主要栽培条件进行。

1. 参试品种的条件 申请参加区域试验的品种，必须经过连续两年以上的品种比较试验，性状稳定，增产效果显著，或者具有某些特殊优良性状，如抗逆性、抗病性强，品质好，或在成熟期方面有利于轮作等。

2. 划分试验区，选择试验点 根据自然条件和耕作栽培条件划分成若干个不同的生态区，然后在各生态区内选择有代表性的若干试验点承担区试。

3. 设置合适的对照品种 在自然栽培条件相近的各试验点，应以生产上大面积推广的优良品种作为共同对照。各试验点根据需要，可加入当地一个当家品种作为第二对照。对照品种的种子应是原种或一级良种。

4. 试验方法 与品种比较试验基本相似，不再赘述。但要做到不同试验点之间统一参试品

种，统一供应种子，统一田间设计，统一调查项目及观察记载标准，统一分析总结。区域试验一般进行2～3年。

（三）随机区组设计品比试验结果的方差分析

在品比试验中各小区产量的差异是受三个主要因素影响的，即品种本身的差异；每一重复存在着土壤肥力的差异；偶然的误差。随机排列设计的品比试验结果可以用方差分析法进行分析，用方差来度量各种因素引起的变异，并通过该分析方法比较参试品种间差异是否显著。

如有 n 个处理（包括参试品种和对照品种共 n 个），重复 k 次，即试验小区总数 $N=nk$，则分析方法步骤如下。

1. 列出品比试验产量结果表

品比试验产量结果表

处理名称	小区产量/kg				处理（T_i）	品种（系）小区平均产量/kg
	区组Ⅰ	区组Ⅱ	区组Ⅲ	区组Ⅳ		
CK						
A						
B						
C						
D						
E						
区组和（T_j）						

2. 平方和和自由度的分解

（1）平方和的分解。

矫正数（C）＝各小区产量总和的平方/全试验小区数＝$(\sum X)^2/N$。

总平方和＝各小区产量平方的总和－矫正数＝$\sum X^2-C$。

区组间平方和＝（各区组和平方的总和/每一区组内的处理数）－矫正数＝$\sum (T_i)^2/n-C$。

处理间平方和＝（各处理和平方的总和/每一处理所占的区组数）－矫正数＝$\sum (T_i)^2/k-C$。

误差平方和＝总平方和－区组间平方和－处理间平方和。

（2）自由度的分解。

总自由度＝全试验小区数－1＝$nk-1$。

区组间自由度＝区组数－1＝$k-1$。

处理间自由度＝处理数－1＝$n-1$。

误差自由度＝总自由度－区组间自由度－处理间自由度＝$(n-1)(k-1)$。

3. 方差分析和F测验

区组间均方=区组间平方和/区组间自由度。

处理间均方=处理间平方和/处理间自由度。

误差均方=误差平方和/误差自由度。

区组间F值=区组间均方/误差均方。

处理间F值=处理间均方/误差均方。

将上述计算结果列成方差分析表，即品种比较试验方差分析表。

品种比较试验方差分析表

变异来源	自由度（df）	平方和（SS）	均方（MS）	F值	$F_{0.05}$	$F_{0.01}$
区组间						
处理间						
误差						
总和						

如果计算所得F值大于$F_{0.05}$值（或$F_{0.01}$值），说明处理间差异显著（或极显著），可进一步比较参试品种间（包括与对照品种）的均数差异显著性。以t测验为例说明。

（1）列出产量差异分析表。

一般以小区平均产量从高到低的顺序，将参试品种名称填入品种比较试验产量的t测验分析表中“品种”栏，第（2）直列是对应的各品种的平均产量；第（3）直列是品种A的平均产量与其他5个品种平均产量的差；第（4）直列是品种B的平均产量与其他4个品种平均产量的差；以此类推。

（2）计算小区平均产量差异显著最低标准。

品种比较试验产量的t测验分析表

品种	平均产量/（kg/小区）	品种间均数的差及差异显著性				
(1)	(2)	(3)	(4)	(5)	(6)	(7)
A						
B						
CK						
E						
D						
C						

$$LSD_{0.05}=t_{0.05}\sqrt{\frac{MSe}{k}\times 2} \qquad LSD_{0.01}=t_{0.01}\sqrt{\frac{MSe}{k}\times 2}$$

式中，$LSD_{0.05}$和$LSD_{0.01}$——分别为在5%和1%显著标准时产量差异显著的最低标准；

MSe——误差均方，可由统计表直接查得；

$t_{0.05}$和$t_{0.01}$——从t值表中查得，其自由度为$(n-1)(k-1)$。

（3）差异显著性比较。用差异显著最低标准衡量各品种两两之间产量平均数的差异显著性。若两个平均数之间的差异大于$LSD_{0.05}$，则表明差异显著；差异大于$LSD_{0.01}$，则差异极显著；差异小于$LSD_{0.05}$，则差异不显著。

用一个星号“*”表示差异显著，两个星号“**”表示差异极显著，并标于每个差值的右上角。若两个均数之差不显著，则不标任何符号。

四、实验实训的结果与分析

1. 结合具体的品种比较试验，进行田间主要性状调查记载，并对试验数据进行方差分析和品种间产量差异显著性检验，写出试验总结报告。

2. 哪些因素可影响品种比较及区域试验的精确性，在实际工作中应注意哪些问题？

实验实训十五　园林植物抗病性鉴定

一、实验实训的目的要求

掌握园林植物抗病性鉴定的基本方法。

二、实验实训的材料及用具

1. 材料　盆栽幼苗及菌种。

2. 用具　接种针、毛玻璃、小喷雾器、喷粉器、滴瓶、保湿桶、铅笔、指形管、酒精、塑料薄膜（或玻璃）、滑石粉及注射器等。

三、实验实训的方法步骤

抗病性是园林植物育种的主要目标之一，抗病性鉴定是抗病育种的重要基础，从原始材料筛选，后代选择，直到品种推广的全过程都离不开抗病性鉴定。抗病性鉴定是评价寄主品种、品系或种质对特定病害抵抗或感染程度。鉴定方法包括田间鉴定、接种鉴定等，在实际工作中则需根据植物、病害种类，目的要求和设备条件分别采用不同的方法。

田间鉴定是在自然发病条件下鉴定抗病性的最基本方法，具体鉴定时因植物种类不同而存在很大差异。如果某植物在大田发生了某种病害，可全年不使用任何杀菌药，并于发病盛期，直接进行抗病性鉴定。

接种鉴定又称诱发鉴定，是指将病原菌孢子或病毒直接接种到温室或田间植株的叶片、果实或根上，然后观察植物的反应。它适合对所有植物进行抗病性鉴定。如果未发生某种病害，又要知道某植物的抗病性，就需要进行人工接种，然后再鉴定。使用这种方法时，由于抗病现象是寄主、病原物及环境条件三者共同作用的结果，因此，这种鉴定结果也能真实地反映被鉴定材料的抗病性，可靠性强。

接种鉴定的技术规程包括育苗、接种体的制备（病菌的分离、保存与孢子诱发）及接种三个环节，接种的方法有涂抹法、喷雾法、浸根法、摩擦法及注射法等，叶片及果实接种，适宜选用涂抹法或喷雾法，而对于土传病害，可采用孢子悬浮液浸根法进行接种。

（一）田间鉴定

1. 制定病情分级标准 当用田间鉴定法对植物抗病性进行鉴定时，首先必须有统一的病情分级标准。病情分级标准因植物、病原菌的种类不同而不同，例如，葡萄叶、果黑痘病的病情分级标准是：

级别	分级标准
0	全叶无病斑，全穗无病粒；
1	病斑占叶面积5%以下，感病果粒占全穗5%以下；
2	病斑占叶面积6%～25%，病果占全穗6%～25%；
3	病斑占叶面积26%～50%，病果占全穗26%～50%；
4	病斑占叶面积51%～75%，病果占全穗51%～75%；
5	病斑占叶面积76%～100%，病果占全穗76%～100%。

2. 田间抽样调查各病级株数

3. 计算病情指数

$$\text{病情指数}=\frac{\sum xa}{n\sum x}=\frac{x_1a_1+x_2a_2+\ldots+x_na_n}{n\sum x}$$

式中，x_0、x_1、x_2... 为各病情级的频率；

a_0、a_1、a_2.... 为各病情级的值；

n 为最高病情级值。

病情指数反应了病害的普遍率和严重程度。指数越大，说明病情越严重，寄主的抗病性越差；指数越小，说明病情越轻，寄主的抗病性越强。根据病情指数，可将植物对一些病害的抗病性进行分类。

（二）接种鉴定（以锈病为例）

1. 幼苗接种 一般在温室内进行，单子叶植物在第一片叶子长达4～5cm时接种，双子叶植物在8叶期以前接种。等充分发病后再进行鉴定，这种方法的好处是可在较短的时间内测定大量材料对某种真菌病害的抗病性。幼苗鉴定的接种方法有以下几种。

（1）涂抹法。此法主要在繁殖少量菌种或接种少量鉴定材料时应用。对培育待鉴定植物品种的幼苗进行接种，并以一个品种为易感病的诱发品种作对照。接种时先从繁殖病菌孢子的幼苗上采集病菌孢子放置于小指形管中，然后从指形管中取出少许病菌孢子放在洁净的毛玻璃上，用滴管加入少量水，用接种针将病菌孢子与水拌匀备用。另外，用洁净的手指蘸清水或0.1%吐温（tween）水溶液将幼苗的叶片摩擦数次，去掉叶片表面的蜡质和茸毛，以利于菌液吸附于叶面上。用消毒过的接种针蘸上调制好的孢子液，涂抹于叶面进行接种。接种后把幼苗随即放入保湿桶中（即用一铁皮桶，其内盛水，保持99%～100%湿度），再用喷雾器喷降水雾，使幼苗和保湿桶的内壁粘满雾滴。喷雾后，马上盖严塑料薄膜或玻璃，把保湿桶放置在适宜的温度条件下，经24h左右。最后将幼苗取出，移至阳光充分的温室内常规管理，约经两周幼苗发病后，即可鉴定品种的抗病力。

（2）喷粉法。小喷粉器经消毒、干燥后，加入适量的干燥滑石粉，再加入少量新采集的病菌孢子，混合均匀待用（滑石粉与孢子的比例为20～30：1）。开始接种前，先将已去除叶片蜡质的盆栽幼苗放入保湿桶内，用喷雾器在幼苗上均匀喷上雾滴，随即用喷粉器将上述稀释的孢子粉均匀地喷到每盆幼苗的叶片上，再用喷雾器喷雾，使幼苗和保湿桶内壁都粘上水滴，掌握水滴不下滴为度。最后盖上塑料薄膜，保湿阶段和以后各项操作及注意事项同前述。

2. 成株接种　成株接种多在田间进行，其方法是在待鉴定抗病力的品种或育种材料的四周播种高度感染锈病的品种作为锈病鉴定的诱发行。为了造成发病的环境，以得到可靠的鉴定结果，常需要在诱发行上每隔一定距离的幼苗上进行人工接种，以造成病害的发病中心。接种的方法如下。

（1）喷粉法。接种前，用手蘸清水将叶片拂擦数下，以去掉叶片蜡质，然后用喷雾器喷上雾滴，用喷粉器将由滑石粉稀释好的孢子粉喷于幼苗上，再用喷雾器喷上水雾，随即用小花盆或塑料薄膜覆盖保湿，历时24h揭开。

（2）注射法。接种前，应配制好孢子悬浮液。一般在诱发行上每隔1m左右选取3～5个单茎分别注射接种。其方法是用注射器将孢子悬浮液注入幼茎，针头宜向下倾斜刺入，但不要刺穿，挤压少量悬浮液，以见到心叶处冒出水珠为度。孢子悬浮液必须随用随搅拌或振荡。田间接种注射最好在阴天的傍晚进行。如天气干旱，接种后在接种点上浇水1～2次，也可以在接种前或接种后适当灌水，以提高田间湿度，利于病菌孢子萌发、侵染和发病。

3. 抗锈性鉴定

（1）幼苗鉴定。幼苗期鉴定一般考察植株受病菌侵染后的保卫性反应，可以用过敏性坏死的有无、强弱，孢子堆能否形成，孢子堆的大小、多少等来判断。

（2）成株鉴定。成株期主要调查发病率和发病程度。衡量植物品种对病菌的抗病和发病程度，常用严重度和普遍率等指标。

①发病率（普遍率）：根据调查对象的特点，调查其在单位面积、单位时间或一定寄主单位上出现的数量。发病率是指发病田块、植株和器官等发病的普遍程度，一般用百分比表示。在实际工作中，可根据被鉴定材料小区面积的大小，随机选取30～60片叶进行观察记载。

发病率＝[病叶（秆或株）数/调查总叶（秆或株）数]×100％

②严重度：根据调查对象的特点，调查发病器官在单位面积上的发病情况。严重度表示田块植株和器官的发病严重程度。

严重度＝[叶（秆）孢子堆面积/调查叶（秆）总面积]×100％

③病情指数：锈病分级标准如下：

级别	孢子堆占叶面积的百分率（严重率）
0	无孢子堆；
1	孢子堆占叶面积5％以下；
2	孢子堆占叶面积5％～10％；
3	孢子堆占叶面积11％～25％；

4　　　孢子堆占叶面积 26%～40%；
5　　　孢子堆占叶面积 41%～65%；
6　　　孢子堆占叶面积 65%以上。

病情指数是由普遍率和严重度综合得出的数值，表示总的病情。

病情指数 $= \sum$(病级株数 × 代表数值)/ 株数总和 × 发病最重级的代表数值 × 100

发病最重的病情指数是 100，完全无病是 0，所以其数值表示发病的程度。

四、实验实训的结果与分析

1. 园林植物抗病性鉴定的基本方法有哪些?
2. 什么是病情指数? 如何调查与计算?

主要参考文献

周希澄，郭平仲，冀耀如等．1992．遗传学．第二版．北京：高等教育出版社

浙江农业大学．1989．遗传学．第二版．北京：中国农业出版社

刘祖洞．2000．遗传学．第二版．北京：高等教育出版社

朱之悌．1990．林木遗传学基础．北京：中国林业出版社

宋运淳等．1989．普通遗传学．武汉：武汉大学出版社

卢良峰．2006．遗传学．第二版．北京：中国农业出版社

朱家骏．1994．林木育种学．第二版．北京：中国林业出版社

王明庥．2001．林木遗传育种学．北京：中国林业出版社

杨晓红等．2004．园林植物遗传育种学．北京：气象出版社

李国庆等．1981．树木引种技术．北京：中国林业出版社

全国职业高中种植类专业编写组．1994．遗传与良种繁育（试用本）．北京：高等教育出版社

陈佩度．2001．作物育种生物技术．北京：中国农业出版社

田波，许智宏等．1996．植物基因工程．济南：山东科学技术出版社

杨业华．2001．分子遗传学．北京：中国农业出版社

杨竹平，胡水全，周兴良等．2000．生物技术与可持续农业．上海：上海科学技术出版社

陈中辉．1999．生物工程基础．北京：高等教育出版社

何启谦等．1992．园林植物育种学．北京：中国林业出版社

宋邦钧等．1996．作物遗传与育种学．北京：中国农业出版社

李元惠等．1996．作物遗传与育种学．北京：中国农业出版社

沈熙环．1992．种子园技术．北京：北京科学技术出版社

牛春山．1980．陕西杨树．西安：陕西科学技术出版社

陈有民．1990．园林树木学．北京：中国林业出版社

刘淑敏等．1987．牡丹．北京：中国建筑工业出版社

余树勋．1992．月季．北京：金盾出版社

孙可群等．1990．花卉及观赏树木栽培手册．北京：中国林业出版社

程金水等．2000．园林植物遗传育种学．北京：中国林业出版社

杭州市园林技工学校．1999．园林植物育种．北京：北京科学技术出版社

陈树国等．1991．观赏园艺学．北京：中国农业科学技术出版社

王关林，方宏筠等．2002．植物基因工程．第二版．北京：科学出版社

天津市园林学校．1996．园林植物育种学

湖南农业大学．园林植物育种学．（内部使用本）

孙振雷．1999．观赏植物育种学．北京：民族出版社

金陵科技学院．2005．园艺作物遗传育种．北京：中国农业科学技术出版社

宋思扬，楼士林等．2003．生物技术概论．北京：科学出版社

刘仲敏，林兴兵，杨生玉等．2004．现代应用生物技术．北京：化学工业出版社

张献龙，唐克轩．2004．植物生物技术．北京：科学出版社
李淑芹．2006．园林植物遗传育种．重庆：重庆大学出版社
曹春英．2006．植物组织培养．北京：中国农业出版社

图书在版编目（CIP）数据

园林植物遗传育种/张明菊主编．—2版．—北京：中国农业出版社，2007.12(2015.8重印)
普通高等教育“十一五”国家级规划教材．21世纪农业部高职高专规划教材
ISBN 978-7-109-11958-1

Ⅰ．园…　Ⅱ．张…　Ⅲ．园林植物—遗传育种—高等学校—教材　Ⅳ．S680.32

中国版本图书馆CIP数据核字（2007）第163269号

中国农业出版社出版
（北京市朝阳区农展馆北路2号）
（邮政编码 100125）
责任编辑　戴碧霞　田彬彬

北京中科印刷有限公司印刷　　新华书店北京发行所发行
2001年7月第1版　　2008年1月第2版
2015年8月第2版北京第6次印刷

开本：820mm×1080mm　1/16　　印张：17
字数：393千字
定价：34.00元